国家出版基金项目
"十四五"国家重点出版物出版规划项目

信息融合技术丛书

何 友 陆 军 丛书主编 熊 伟 丛书执行主编

多源图像融合与应用

方发明 张桂戌 汪婷婷 著

電子工業出版社
Publishing House of Electronics Industry
北京 · BEIJING

内 容 简 介

本书以遥感图像融合为例，以图像融合技术的发展历程为主线，系统介绍了图像融合的基本概念、融合原理、融合方法及应用实例。

全书共有 9 章。第 1 章介绍了图像融合的定义、发展历史、研究现状和分类，让读者对图像融合有一个直观的认识。第 2 章从研究背景与意义、研究现状、评价体系三个角度讲述了遥感图像融合的基础知识。第 3～8 章系统地介绍了各种图像融合方法。第 9 章结合图像融合的具体应用实例，介绍了图像融合的应用，并且对未来的发展进行了展望。

本书可作为高等院校高年级本科生、研究生学习图像融合技术的教材和教学参考书，也可作为从事图像融合研究和应用的科技人员的参考书。

图书在版编目（CIP）数据

多源图像融合与应用/方发明等著. —北京：电子工业出版社，2023.8

（信息融合技术丛书）

ISBN 978-7-121-46190-3

I. ① 多… II. ① 方… III. ①图像处理-研究

IV. ①TP391.413

中国国家版本馆 CIP 数据核字(2023)第 157289 号

责任编辑：张正梅　　文字编辑：底　波

印　　刷：天津善印科技有限公司

装　　订：天津善印科技有限公司

出版发行：电子工业出版社

北京市海淀区万寿路 173 信箱　　　邮编：100036

开　　本：720×1000　1/16　　印张：19.75　　字数：398 千字

版　　次：2023 年 8 月第 1 版

印　　次：2023 年 8 月第 1 次印刷

定　　价：128.00 元

凡所购买电子工业出版社图书有缺损问题，请向购买书店调换。若书店售缺，请与本社发行部联系，联系及邮购电话：（010）88254888，88258888。

质量投诉请发邮件至 zlts@phei.com.cn，盗版侵权举报请发邮件至 dbqq@phei.com.cn。

本书咨询联系方式：zhangzm@phei.com.cn。

“信息融合技术丛书”
编委会名单

丛书序

信息融合是一门新兴的交叉领域技术，其本质是模拟人类认识事物的信息处理过程，现已成为各类信息系统的关键技术，广泛应用于无人系统、工业制造、自动控制、无人驾驶、智慧城市、医疗诊断、导航定位、预警探测、指挥控制、作战决策等领域。在当今信息社会中，“信息融合”无处不在。

信息融合技术始于 20 世纪 70 年代，早期来自军事需求，也被称为数据融合，其目的是进行多传感器数据的融合，以便及时、准确地获得运动目标的状态估计，完成对运动目标的连续跟踪。随着人工智能及大数据时代的到来，数据的来源和表现形式都发生了很大变化，不再局限于传统的雷达、声呐等传感器，数据呈现出多源、异构、自治、多样、复杂、快速演化等特性，信息表示形式的多样性、海量信息处理的困难性、数据关联的复杂性都是前所未有的，这就需要更加有效且可靠的推理和决策方法来提高融合能力，消除多源信息之间可能存在的冗余和矛盾。

我国的信息融合技术经过几十年的发展，已经被各行各业广泛应用，理论方法与实践的广度、深度均取得了较大进展，具备了归纳提炼丛书的基础。在中国航空学会信息融合分会的大力支持下，组织国内二十几位信息融合领域专家和知名学者联合撰写“信息融合技术丛书”，系统总结了我国信息融合技术发展的研究成果及经过实践检验的应用，同时紧紧把握信息融合技术发展前沿。本丛书按照检测、定位、跟踪、识别、高层融合等方向进行分册，各分册之间既具有较好的衔接性，又保持了各分册的独立性，读者可按需读取其中一册或数册。希望本丛书能对信息融合领域的设计人员、开发人员、研制人员、管理人员和使用人员，以及高校相关专业的师生有所帮助，能进一步推动信息融合技术在各行各业的普及和应用。

“信息融合技术丛书”是从事信息融合技术领域各项工作专家们集体智慧的结晶，是他们长期工作成果的总结与展示。专家们既要完成繁重的科研任务，又要在百忙中抽出时间保质保量地完成书稿，工作十分辛苦，在此，我代表丛书编委会向各分册作者和审稿专家表示深深的敬意！

本丛书的出版，得到了电子工业出版社领导和参与编辑们的积极推动，得到了丛书编委会各位同志的热情帮助，借此机会，一并表示衷心的感谢！

何友

中国工程院院士

2023 年 7 月

前言

在信息时代，随着智能手机、数字相机、无人机等数字设备的广泛使用，图像采集手段日新月异，数据量也迅速增加。这对如何更好地利用这些海量图像数据进行分析和应用提出了更高的要求。图像融合技术可以将来自不同传感器或不同模态的多源信息进行融合，以提高图像的质量和信息量，从而扩展图像的应用范围，因此成为图像处理领域的一项重要技术，并且广泛应用于医学成像、卫星图像、安防监控等领域，受到了越来越多人的关注。

近 20 年来，各个国家和地区的学者针对图像融合提出了很多创新性的成果，涌现了大量的新技术和新方法。但是纵观整个中文图书市场，系统地介绍图像融合新技术和新应用的书籍稀缺，许多初学者因此望而却步，这不利于推动图像融合研究和应用的进一步深入和普及。基于这一背景，本书在作者多年从事图像融合研究的基础上，集合国内外学者及本课题组的有关研究成果著写而成。

本书主要以遥感图像融合为例，以融合技术的发展历程为主线，全面介绍了成熟的图像融合理论和经典的融合方法。针对各种融合方法，本书不仅进行了大量理论分析和实验研究，还对融合效果进行了主观和客观性能评价分析。此外，本书还介绍了最新的图像融合技术研究进展和应用实例，旨在帮助读者更好地了解该领域的前沿发展和应用现状。

全书共 9 章。第 1 章介绍了图像融合的定义、发展历史、研究现状和分类，让读者对图像融合有一个直观的认识。第 2 章从研究背景与意义、研究现状、评价体系三个角度讲述了遥感图像融合的基础知识。第 3~8 章系统地介绍了各种图像融合方法，其中包括基于金字塔变换的图像融合、基于小波族的图像融合、基于智能优化算法的图像融合、基于数学模型的图像融合、基于深度学习的图像融合、基于颜色迁移的图像融合等。第 9 章结合图像融合的具体应用实例，介绍了图像融合的应用，并且对未来的发展进行了展望。本书着重介绍图像融合技术中最基本和最成熟的方面，并在一定程度上反映了国内外学者的当前工作。

借此书出版之际，作者衷心感谢团队各位老师及同学们的大力支持，本书作者的有关研究得到了科技创新 2030——“新一代人工智能” 重大项目 (2022ZD0161800)、国家自然科学基金项目 (61961160734、61871185) 和上海市启明星计划项目 (21QA1402500) 的资助，尤其是在书稿定稿之际获得了 2023 年度国家出版基金和华东师范大学精品教材建设专项基金的立项资助，在此特向科技部、国家自然科学基金委员会等单位表示感谢!

本书由华东师范大学方发明教授、张桂戌教授、汪婷婷博士著。项目组多位研究生参与了本书内容的讨论和书稿的整理校阅工作。其中，博士生朱豪坤参与了第 3 章校阅，朱雨杰参与了第 4 章校阅，李中阳参与了第 7 章校阅，硕士生李宇琦参与了第 5、7 章校阅、全书的表格制作、文字校对等，代宇晖参与了第 5 章校阅及全书图表修改，叶永旭参与了第 1、2、9 章校阅及第 3、4 章的实验整理，卢烨凯参与了第 8 章校阅及全书图表修改，赵鸿飞参与了第 8 章校阅，虞千迪参与了参考文献的整理校阅。

本书是一本较为全面的图像融合技术指导书籍。通过本书的学习，读者不仅可以了解图像融合技术的基本概念和各种算法，还可以了解图像融合技术在不同领域中的应用，提高自身的技术水平和实践能力。希望本书能够为推动图像融合技术的发展和应用发挥作用。

限于作者水平，书中难免有疏漏和不妥之处，敬请读者批评指正。

方发明

2023 年 6 月

目录

第1章

走进图像融合

1.1 什么是图像融合

信息融合属于通信技术、计算机科学和人工智能等多种学科和应用的交叉领域。不同研究领域的研究者对信息融合有不同的理解和定义，归根结底，信息融合是指综合利用多源信息以期获得对同一事物或场景更全面客观的理解。近年来，随着现代信息产业和相关科学技术的飞速发展，人们对信息的需求也在不断增加，极大地带动了信息融合技术的研究。在军事方面，信息融合不仅能用于目标检测、识别和追踪等低级应用，也可以用于态势评估和威胁估计等高级应用。此外，信息融合应用已迅速扩展到民用领域，主要包括无人飞机、航空航天应用、目标检测和跟踪，以及机器人技术。

信息融合包含很多分支，图像融合是其中应用最广泛的分支之一。现代社会，图像作为人类感知、获取和传递外部信息的主要途径，承载了丰富的视觉信息，并广泛应用于社会生活的方方面面，在国防建设和国民经济发展中发挥着不可替代的作用。得益于新型传感器和现代成像技术的进步以及数字成像设备的日益普及，图像的获取途径越来越多，获取方式越来越便捷，进一步推动了视觉信息保存和传输技术的发展。由于传感器之间的物理特性和设计初衷的差异，不同传感器对同一目标场景采集到的信息具有不同的特征。比如，医学成像中的 CT 和 MRI 图像分别侧重于突出骨骼和软组织的结构，而红外传感器能够捕获目标的热辐射。为了有效整合不同传感器所成像中的有用信息进而将图像应用到更广泛的领域，图像融合作为信息融合的一个分支开始蓬勃发展。

研究发现，不同传感器对于同一场景或者同一传感器在不同时间采集到的不同图像（这些图像称为多源图像）的信息具有冗余性和互补性。如图 1.1 所示（这里以两幅源图像为例），图像融合从多个图像中收集重要信息，并将它们整合在较少数量的图像中，一般是单幅图像，该融合图像比任何单一源图像都包含有更丰富、更准确的必要信息。图像融合不仅可以消除多源图像之间的冗余信息从而减少数据量，而且能够构建更适合人类和机器感知的图像，实现对该场景更准确的理解和描述，有助于后续计算机对图像的解译任务。图像融合克服了单一传感器技术限制带来的成像信息不足的问题，致力于探索信息更高效的表达形式，覆盖更广泛的空间和时间范围，提高系统的鲁棒性（健壮性）以及可靠性，因此在医学、军事、农业、航空航天、遥感、工业等领域发挥了重要的作用。

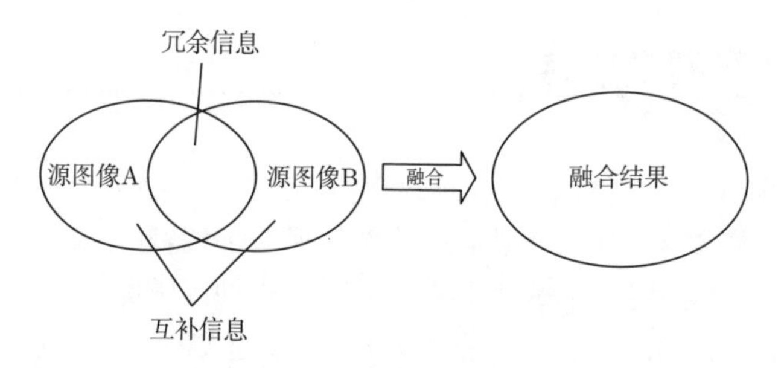

图 1.1　图像融合图解

1.2　图像融合的发展历史与研究现状

20 世纪 80 年代多传感器应用的出现，以及基于金字塔的变换方法的广泛研究，使得图像融合作为获取更高质量图像以进行人类可视化的一种技术开始发展起来。

早期融合的主要目的仅限于人类观察和决策。最早也是最基本的融合形式是像素平均，即所有输入图像的每个像素单独相加，并将它们的平均像素值作为融合结果。这种方法非常粗糙，很大概率会引入伪影，尤其是当仅存在于一幅输入图像中的特征被“叠加”在融合输出上时。在两个输入具有相同显著性但对比度相反的特征的情况下，它还会导致模式消除和对比度降低。

随后基于金字塔分解的图像融合方法开始出现。图像金字塔是多分辨率分析（MRA）的早期形式，包含一组经过过滤和缩放的图像表示。融合是通过从源图像金字塔中选择每个尺度的系数来执行的，然后对结果金字塔进行逆变换得到最终融合图像。金字塔方法首先由 Burt 等人于 1984 年提出，他们引入了低通拉普拉斯金字塔进行双目融合。随后许多改进的基于金字塔的研究方案被提出并用于图像融合，包括梯度金字塔等。1988 年，Rogers 等人首次将融合应用于可见光、热成像和红外图像。到目前为止，金字塔分解方法已在图像融合中得到广泛使用，但是融合图像往往包含块状伪影，尤其在多模态输入存在较大差异的图像区域，并且该融合方法缺乏灵活性，即缺乏各向异性和方向信息。

1993 年，Huntsberger 等人提出了一种基于小波变换的图像融合方法。1995 年，Li 等人对其进行改进，使用小波作为多传感器图像融合的替代基函数，它能够凭借其方向性克服基于金字塔分解的缺陷。Chipman 等人的另一项融合方案的提出，开启了使用小波变换进行图像融合的趋势。1997 年，Rockinger 等人提出了一种位移不变的离散小波变换（DWT）方法，该方法放弃了子采样。Chibani 等人引入了冗余小波变换 (RWT)，使用了二元滤波器树的非抽取形式。基于复数的小波变换，即双树复数小波变换（DT-CWT）的发展，克服了先前小波模型的方向和频率选择性差的问题，此外还可以减少过度完备性并轻松实现完美重构。从小波变换派生的分支包括轮廓波、脊波和曲波变换，结合了各向异性和方向敏感性，可以更好地促进对边缘等基本图像特征的分析。

1998 年，Sharma 等人首次提出基于贝叶斯理论的图像融合。自此，基于统计和模型的融合方法蓬勃发展，在高要求应用中实现了卓越的性能，尽管这通常以更高的计算复杂度为代价。进入 21 世纪以来，图像融合的相关研究吸引了越来越多学者的关注，相关研究成果也不断涌现，热度持续不下的原因主要有三点。

（1）对开发低成本和高性能成像技术的需求增加。受到技术限制，相比较设计具有更高质量或某些特定特性的传感器，图像融合更加经济且能满足大部分应用的要求。

（2）信号处理与分析理论的发展。例如，近年来提出了稀疏表示和多尺度分解等 20 多种强大的信号处理工具，为进一步提高图像融合的性能带来了机会。

（3）在不同应用中获得的互补图像的数量和多样性不断增加。例如，在遥感应用中，越来越多的卫星正在获取具有不同空间、光谱和时间分辨率的观测场景的遥感图像。同样地，在医学领域多种成像模式能够提供各种模态的医学影像。

最近十年，机器学习和卷积神经网络（CNN）在计算机视觉领域“大展拳脚”，基于学习的图像融合方法逐渐成为研究主流。这类方法通过海量训练数据集进行学习，得到的融合模型能够做到实时的融合且融合效果突出，已经在多个领域得到了广泛的应用。未来，图像融合依然会是医学、遥感和计算机视觉领域的研究热点。

1.3 图像融合分类

图像融合根据不同的关注点有多种分类方式，下面对常见的分类方式进行介绍。

1.3.1 按融合层次分类

图像融合是将多幅图像的信息进行整合的过程，一般可以分为 4 个层次，每个层次处于不同的阶段，如图 1.2 所示。其中底层的信号级融合指的是在传感器输出原始信号的阶段进行融合。由于这一操作是在信号域进行的，并不涉及图像，所以一般研究者在进行图像融合分类时并不考虑该层次，即在大多数文献中仅将图像融合分为像素级融合、特征级融合和决策级融合三个层次。这三种融合层次均在图像域进行，区别仅在于针对的研究目标和初级阶段不同。图 1.3 展示了这三种融合层次在一般图像处理过程中所处的阶段，即图像融合层次对比。由于它们处于互不干扰、互相独立的不同阶段，所以也可以联合起来对图像进行融合。下面将详细介绍这三种图像融合层次。

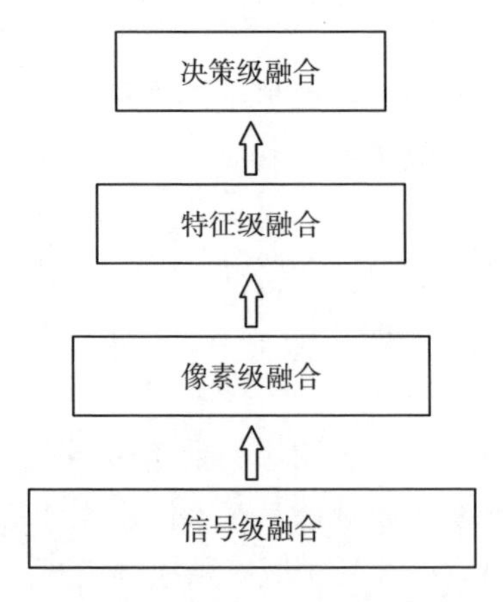

图 1.2　图像融合的不同层次

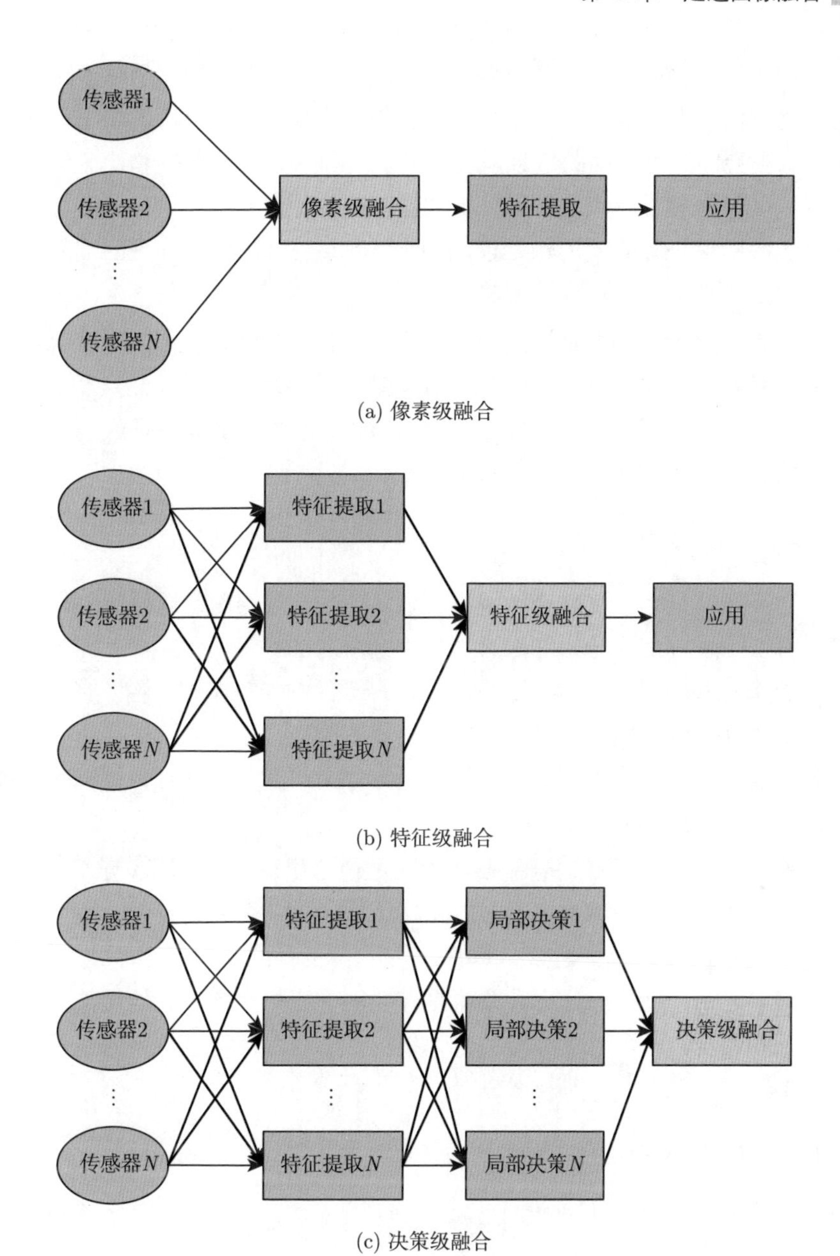

图 1.3　图像融合层次对比

1.3.1.1　像素级融合

像素级融合是图像域上最低级别的融合，也是目前图像融合领域的研究重点。像素级融合可以尽可能地保留场景的原始信息，丰富图像细节，通过对多源图像进行像素级融合，可以增强图像单个像素的信息，提供另外两个融合级别无法提供的细节信息。与原始的源图像相比，像素级融合后的融合图像包含更丰富、更全面、更准确的信息，从而可以指导后续特征级别和决策级别的图像融合，也有利于对图像进一步分析处理。在执行像素级融合之前，可以根据需求对多源图像进行必要的预处理，同时一定要进行图像配准且配准精度一般应达到像素级别，否则融合结果将会出现巨大的误差。

当前大多数图像融合都采用像素级融合方法，以保证融合图像含有原始图像信息。因此，像素级融合一直以来都是图像融合领域的研究热点和重点，研究者们提出了很多用于像素级图像融合的方法。总的来说，像素级融合方法可以分成两大类：空间域方法和变换域方法。

1.3.1.2 特征级融合

特征级融合是像素级融合的下一个层次，通过从源图像或原始信号中提取出多个特征来进行综合分析和融合。这种方法对图像噪声不敏感，并且对图像的配准要求也没有严格到像素级别。该融合层次既能够保留足够的原始图像信息，还能有效压缩图像信息，提高实时处理能力。特征级图像融合一般用于图像分割或者变化检测的预处理。然而，与像素级融合相比，特征级融合过程会丢失更多的图像信息。

在特征级对图像进行融合需要从输入图像中提取特征，特征可以是像素强度、边缘或者纹理等，具体选取时应该视图像的性质和融合图像的应用而定。融合的典型特征信息包括边缘、形状、大小、长度以及相似亮度或景深区域。在特征提取之后，通过特定的选择过程将这些特征与存在于其他输入图像中的相似特征相结合，以形成最终的融合结果。主要的特征级融合策略包括聚类分析法、神经网络法、贝叶斯估计法等。

1.3.1.3 决策级融合

决策级融合是最高级别的图像融合层次，将不同类型的当前信息和先验知识相结合，从而做出最优融合决策。相对于其他两个融合层次来说，决策级融合准确且拥有最佳的实时性能，在一定程度上可以解决单一传感器成像的缺点（一个传感器的故障不会对整体的融合结果产生较大的影响），但是决策级融合的主要缺点是信息丢失严重。决策级融合包含四个步骤：多传感器成像处理、决策生成、融合中心收敛及最终的融合结论的确定。决策级融合一般使用各种逻辑推理方法、统计方法及信息理论方法，如投票表决法、聚类分析法、贝叶斯法、D-S 证据理论法、模板法、模糊集合理论法、关系事件代数方法等。

1.3.2　按融合图像源分类

随着传感器技术的发展，各种类型的图像传感器相继出现。由于这些图像传感器具有不同的成像机制和不同的工作波长范围，所以会采集到不同的图像信息。源图像的差异使得图像融合衍生出多个研究方向。总的来说，图像融合可根据图像源分为五类。

（1）多聚焦图像融合

常见的成像设备在进行日常拍摄时受到光学系统的限制，无法同时聚焦不同景深的物体，导致非聚焦的物体成像模糊，丢失了大部分细节信息。为了获取场景内所有物体都清晰的图像，更好地服务于人类视觉感知系统和计算机对图像的后续处理加工，多聚焦图像融合将来自同一场景不同焦距的两幅或多幅图像进行融合，过滤掉其中不清晰的部分，使得融合后的图像物体尽可能清晰。

（2）医学图像融合

常见的医学成像有磁共振成像（MRI）、计算机断层扫描（CT）和正电子发射断层扫描（PET）等，不同模态的医学成像方式都有其自身的特点和实际局限性，如 MRI 图像具有较好的软组织清晰度，但是缺乏身体代谢等信息；CT 图像具有扫描时间短、成像分辨率高的特点，但是软组织表征不佳；PET 图像具有高灵敏度的特性，但分辨率较低。医学图像融合是将来自同一组织的不同模态的医学成像进行融合，在保留特定特征的同时提高成像质量，以增强图像在临床诊断和评估中的适用性，如图 1.4 所示。

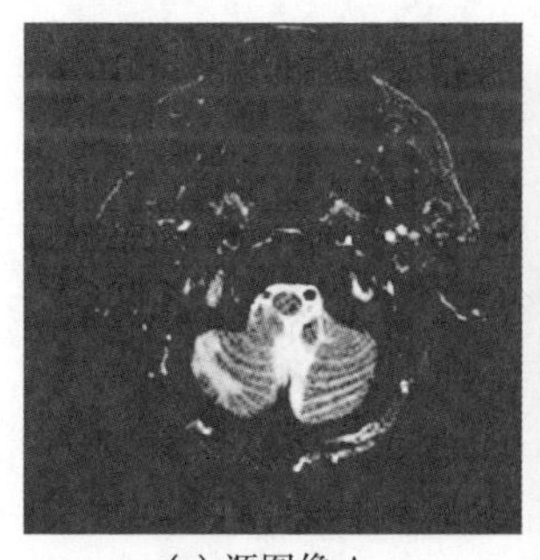

(a) 源图像 A

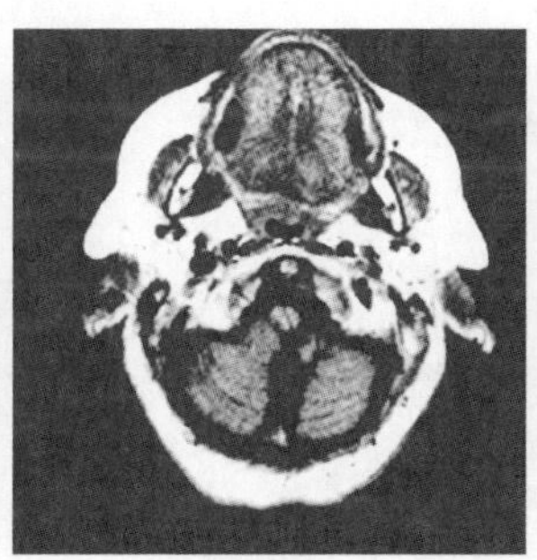

(b) 源图像 B

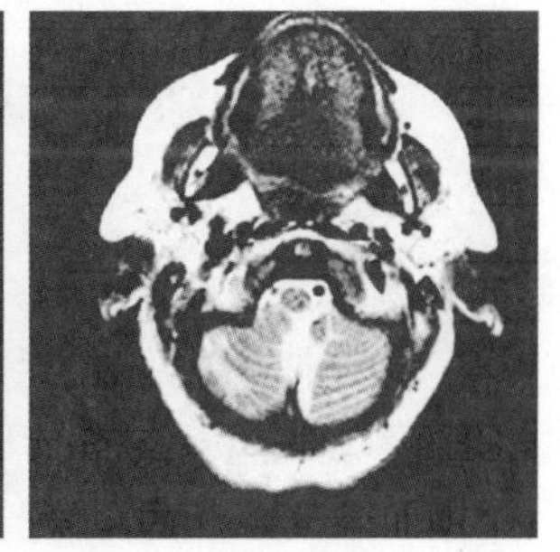

(c) 融合结果

图 1.4　医学图像融合实例

（3）可见光与红外图像融合

红外图像可以捕获热辐射，根据辐射差异将目标与背景区分开来，因此可以不分昼夜地全天候工作，且不易受到外界恶劣条件如大雾、暴雨等影响，但是通常红外图像的分辨率较低，图像质量较差；相比之下，可见光图像虽然抗干扰能力较差，但是成像更加清晰，含有丰富的细节纹理信息和色彩信息，符合人类的视觉感知。将可见光图像与红外图像进行融合，能够将可见光图像中丰富的细节和色彩信息与红外图像中的目标信息相结合，提高系统的目标识别能力，如图 1.5 所示。

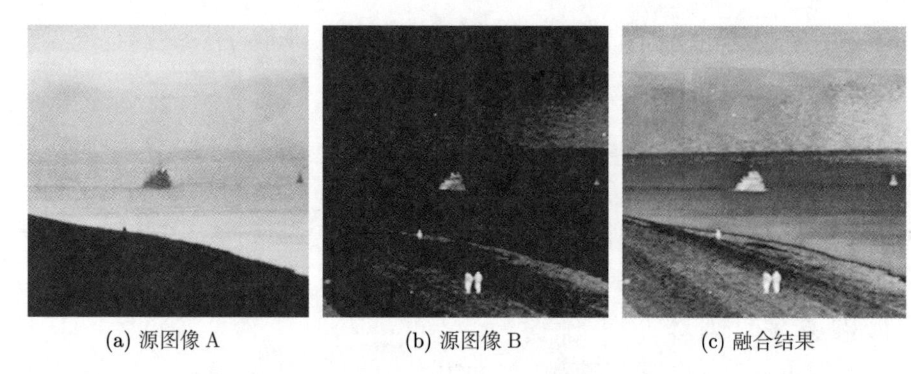

(a) 源图像 A　　(b) 源图像 B　　(c) 融合结果

图 1.5　可见光与红外图像融合实例

（4）多曝光图像融合

由于技术限制，成像设备捕获的图像的动态范围远比真实场景的动态范围小得多，具有固定曝光时间的单次曝光不可避免地会导致动态范围的损失。多曝光图像融合可以融合多幅曝光时间不同的低动态范围图像，生成包含场景绝大部分信息的高动态范围图像，如图 1.6 所示。

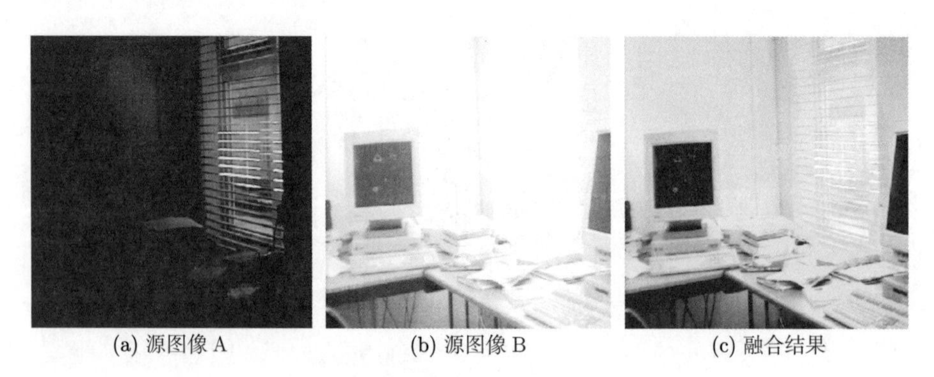

(a) 源图像 A　　(b) 源图像 B　　(c) 融合结果

图 1.6　多曝光图像融合实例

（5）**遥感图像融合**

由于不同设备传感器所采集的遥感图像在时间、几何和空间分辨率等方面存在着不同程度的差异，因此单一设备所提供的遥感图像具有明显的局限性，通常难以满足实际应用需求。遥感图像融合将来自同一卫星不同传感器获取的同一场景的图像进行融合，得到更为精确、全面和可靠的遥感图像，如图 1.7 所示。

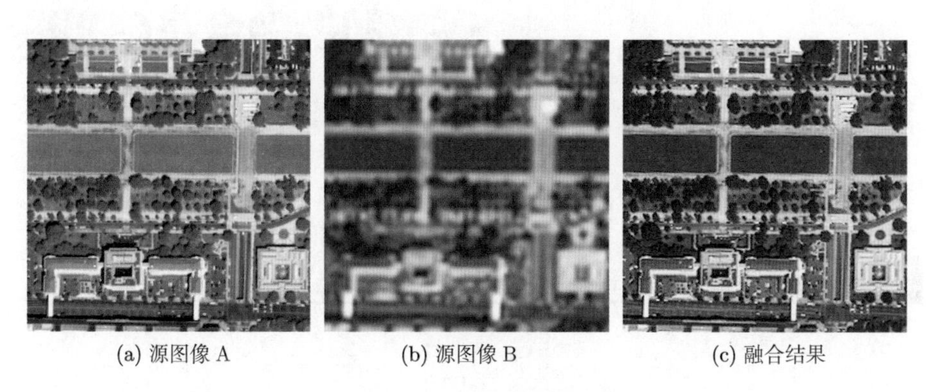

(a) 源图像 A　　(b) 源图像 B　　(c) 融合结果

图 1.7　遥感图像融合实例

第2章

遥感图像融合基础知识

2.1 遥感图像融合的研究背景与意义

本章主要以遥感图像融合为例进行介绍。首先对高分辨率遥感技术的发展和特点以及遥感图像融合的研究意义进行介绍。

2.1.1 高分辨率遥感技术的发展

遥感是在不与物体物理接触的情况下获取有关物体或现象的信息的方法，该术语特别适用于获取有关地球的信息。航空摄影作为遥感的雏形，在第一次世界大战期间成为一种宝贵的侦察工具，并在第二次世界大战期间发挥了极大的作用。将遥感传感器合理地带入太空是从在新墨西哥州白沙发射的德国 V-2 火箭上安装自动照相系统开始的。1957 年人造卫星（Sputnik）的出现帮助人们实现了将胶卷相机安装在轨道飞船上的可能性。最初的人类宇航员携带照相机记录下他们在太空航行时目标区域的情况。从 20 世纪 60 年代开始，经过调整的传感器被安装在飞行的气象卫星上从而获得类似黑白电视图像的地球照片。这些卫星上的其他传感器可以在一定高度范围内对大气特性进行探测或测量。

作为一种计划用于重复收集地球相关信息的操作系统，20 世纪 70 年代遥感技术逐渐走向成熟，开始搭载在 Skylab（以及后来的航天飞机）和 Landsat 卫星（第一颗专门用于监测陆地和海洋表面的卫星）上。到了 20 世纪 80 年代，各种专用传感器（CZCS、HCMM 和 AVHRR 等）被送入了太空。1982 年，JPL（喷气推进实验室）在航天飞机上使用了第一个非军事雷达系统——航天飞机成像雷达（SIR-A）。20 世纪 80 年代，遥感的商业应用已在美国、法国、俄罗斯、日本等国家广泛扎根。

随着对地观测技术的进步以及人们对地球资源和环境认识的不断深化，用户对高质量遥感图像的需求日益增长。1986 年法国发射 SPOT-1 号卫星，使得现势性极好的传输型高分辨率卫星遥感图像开始出现并投入广泛应用，这也引起了世界各国的普遍关注，遥感技术逐渐向高分辨率遥感技术过渡。高分辨率遥感图像的出现，不仅使土地利用、城市规划、环境监测等民用领域有了更可靠的数据来源，而且在军事领域大大提高了目标识别和战场环境仿真的精度，因此具有重要的战略价值。

美国的光学遥感卫星技术一直处于世界领先水平。1972 年，美国发射了连续对地观测长达 40 年的 Landsat 系列卫星的第一颗。1999 年，美国太空成像公司成功发射了第一颗商业高分辨率遥感卫星 IKONOS，开创了商业高分辨率遥感卫星的新时代。自此，美国商业高分辨率卫星产业蓬勃发展，相继发射了世界上最先提供亚米级分辨率的商业卫星 QuickBird（2001 年）、标志着分辨率优于 0.5m 的商用遥感卫星进入实用阶段的 GeoEye 卫星（2008 年）和代表了美国当前商业遥感卫星最高水平的 WorldView 系列卫星（从 2007 年开始）。Landsat 系统是美国对地观测体系内负责中分辨率遥感的主要系统。Landsat-7 卫星属于第三代卫星，搭载有增强型专题制图仪（ETM+）；Landsat-8 卫星属于第四代卫星，主要搭载陆地成像仪（OLI）和热红外遥感器（TIRS）。Landsat 卫星已连续对地观测达 40 年，能实现广域观测，且对全球免费开放，因此 Landsat 卫星数据也是应用最为广泛的卫星数据。IKONOS 卫星、QuickBird 卫星、GeoEye 卫星、WorldView 系列卫星作为国外光学遥感卫星的标志，都能代表当时商用光学遥感卫星的顶尖技术水平。所有这些国外常见遥感卫星的参数见表 2.1。

与美国等发达国家相比，我国的遥感技术起步较晚。2006 年，我国将高分辨率对地观测系统重大专项列入《国家中长期科学与技术发展规划纲要（2006—2020 年）》，自此开展了“高分专项”计划，旨在大力发展高分辨率对地观测卫星。高分辨率多模综合成像卫星（高分多模卫星）是《国家民用空间基础设施中长期发展规划（2015—2025 年）》中分辨率最高的光学遥感卫星，也是我国第一颗 0.5m 分辨率的敏捷智能遥感卫星，于 2018 年立项。实际上，“高分专项”是一个非常庞大的遥感技术项目，包含多颗高分系列卫星和其他观测平台，截止到目前，高分系列已经从高分一号发展到高分十四号，其中高分一号至高分七号为民用卫星，相关数据可在自然资源部国土卫星遥感应用中心的“自然资源卫星遥感服务平台”获取，高分八号至高分十四号为军用卫星。图

2.1 显示了部分高分系列卫星影像示例图。

表 2.1　国外常见遥感卫星的参数

遥感卫星	发射时间	在轨高度	传感器	成像类型	分辨率/m	波长/nm
Landsat-7	1999 年	705km	ETM+	PAN 图像	15	520~900
				MS 图像	30	450~515
						525~605
						630~690
						750~900
						1550~1750
						2090~2350
					60	10400~12500
Landsat-8	2013 年	705km	OLI	PAN 图像	15	500~680
				MS 图像	30	433~453
						450~515
						525~600
						630~680
						845~885
						1560~1660
						2100~2300
						1360~1390
			TIRS	MS 图像	100	10600~11200
						11500~12500
IKONOS	1999 年	681km	光学敏感器系统	PAN 图像	1	450~900
				MS 图像	4	450~530
						520~610
						640~720
						760~860
QuickBird	2001 年	705km	全波段相机传感器	PAN 图像	0.61	450~900
			多光谱相机	MS 图像	2.44	450~520
						520~600
						630~690
						760~900
GeoEye-1	2008 年	705km	地球之眼成像系统	PAN 图像	0.41	450~800
				MS 图像	1.64	450~510
						510~580
						655~690
						780~920
WorldView-1	2007 年	496km	WorldView-1	PAN 图像	0.45	400~900
WorldView-2	2009 年	770km	WorldView-2	PAN 图像	0.46	450~800
				MS 图像	1.8	400~450
						450~510
						510~580
						585~625
						630~690

续表

遥感卫星	发射时间	在轨高度	传感器	成像类型	分辨率/m	波长/nm
						705～745
						770～895
						860～1040
WorldView-3	2014 年	617km	WorldView-3	PAN 图像	0.31	450～800
				MS 图像	1.24	400～450
						450～510
						510～580
						585～625
						630～690
						705～745
						770～895
						860～1040

高分系列遥感卫星具体信息如下。

（1）高分一号：2013 年 4 月 26 日在酒泉卫星发射中心成功发射的光学成像遥感卫星，服务主用户为自然资源部等。卫星搭载了 2m 分辨率全色相机和 8m 分辨率多光谱相机，以及四台 16m 分辨率多光谱相机。高分一号卫星突破了高空间分辨率、多光谱与高时间分辨率结合的光学遥感技术、多载荷图像拼接融合技术、高精度高稳定度姿态控制技术等关键技术。在国内民用小卫星上首次具备中继测控能力，可实现境外时段的测控与管理。

(a) 高分一号

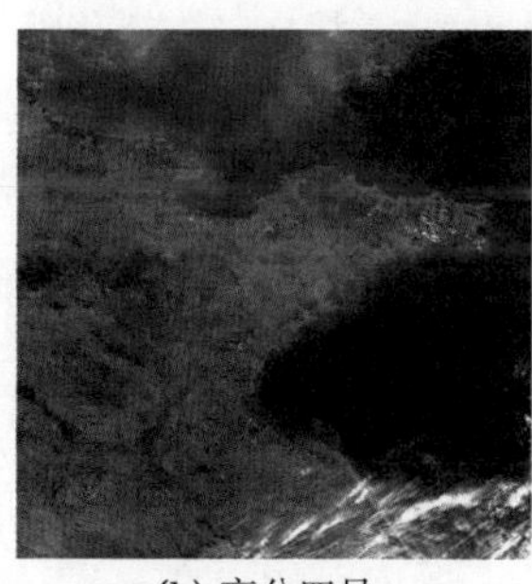
(b) 高分四号

(c) 高分七号

图 2.1　部分高分系列卫星影像示例图

（2）高分二号：2014 年 8 月 19 日在太原卫星发射中心成功发射，是我国自主研制的首颗空间分辨率优于 1m 的民用光学遥感卫星，服务主用户为自然资源部等。卫星搭载了高分辨率 1m 全色相机和 4m 多光谱相机以实现拼幅成像。高分二号卫星作为我国首颗分辨率达到亚米级的宽幅民用遥感卫星，突破了亚米级大幅宽成像技术和高稳定度快速姿态侧摆机动等关键技术，标志着我国遥感卫星进入了亚米级“高分时代”。

（3）高分三号：2016 年 8 月 10 日在太原卫星发射中心成功发射，是我国首颗分辨率达到 1m 的 C 频段多极化合成孔径雷达（SAR）卫星，自然资源部为其主用户。高分三号卫星在系统设计上进行了全面优化，具有高分辨率、大成像幅宽、多成像模式、长寿命运行等特点，其主要技术指标达到或超过国际同类卫星水平，显著提升了我国对地遥感观测能力，是高分专项工程实现时空协调、全天候、全天时对地观测目标的重要基础。

（4）高分四号：2015 年 12 月 29 日在西昌卫星发射中心成功发射，是我国第一颗地球同步轨道遥感卫星。服务主用户为民政部、国家林业和草原局、中国地震局、中国气象局。它搭载了一台可见光 50m、中波红外 400m 分辨率、大于 400km 幅宽的凝视相机，采用面阵凝视方式成像，具备可见光、多光谱和红外成像能力，在轨设计寿命为 8 年。高分四号卫星开辟了我国地球同步轨道高分辨率对地观测的新领域。

（5）高分五号：2018 年 5 月 9 日在太原卫星发射中心成功发射，是世界上第一颗同时对陆地和大气进行综合观测的卫星，自然资源部为其主用户。高分五号卫星首次搭载了大气痕量气体差分吸收光谱仪、大气主要温室气体探测仪、大气多角度偏振探测仪、大气环境红外甚高分辨率探测仪、可见短波红外高光谱相机、全谱段光谱成像仪共 6 台载荷。高分五号卫星所搭载的可见短波红外高光谱相机是国际上首台同时兼顾宽覆盖和宽谱段的高光谱相机，标志着我国实现了高光谱分辨率对地观测能力。

（6）高分六号：2018 年 6 月 2 日在酒泉卫星发射中心成功发射，自然资源部为其主用户。高分六号卫星配置 2m 全色相机、8m 多光谱高分辨率相机、16m 多光谱中分辨率宽幅相机。高分六号卫星实现了 8 谱段 CMOS 探测器的国产化研制，国内首次增加了能够有效反映作物特有光谱特性的“红边”波段。高分六号卫星与高分一号卫星组网运行后，使遥感数据获取的时间分辨率从 4 天缩短到 2 天，真正实现了空间分辨率、时间分辨率和光谱分辨率的优化组合。

（7）高分七号：2019 年 11 月 3 日在太原卫星发射中心成功发射，服务主用户为自然资源部等。高分七号卫星搭载的两线阵立体相机可获取 20km 幅宽、优于 0.8m 分辨率的全色立体影像和 3.2m 分辨率的多光谱影像。搭载的两波束激光测高仪以 3Hz 的观测频率进行对地观测，地面足印直径小于 30m，并以高于 1GHz 的采样频率获取全波形数据。卫星通过立体相机和激光测高仪复合测绘的模式，打破了地理信息产业上游的高分辨率立体遥感影像市场大量依赖国外卫星的现状，开启了我国自主大比例尺航天测绘新时代。

（8）高分多模卫星：2020 年 7 月 3 日在太原卫星发射中心成功发射，服务用户包括自然资源部、应急管理部、农业农村部、生态环境部、住房和城乡建设部、国家林业和草原局等。高分多模卫星配置了 4 类有效载荷：1 台分辨率全色 0.5m/多光谱 2m 的高分辨率光学相机、1 台 20 通道的大气同步校正仪、1 套数据传输设备（含在轨图像处理、区域提取功能）、1 套星间激光通信终端。

总体来说，我国高分系列卫星已经形成覆盖了从全色、多光谱到高光谱，从光学到雷达，从太阳同步轨道到地球同步轨道等多种类型的全面发展的遥感卫星体系，构成了一个具有高空间分辨率、高时间分辨率和高光谱分辨率能力的对地观测系统。我国高分系列卫星的参数见表 2.2。

表 2.2　我国高分系列卫星的参数

遥感卫星	发射时间	在轨高度	传感器	成像类型	分辨率/m	波长/nm
高分一号（GF-1）	2013 年	645km	高分相机	PAN 图像	2	450~900
				MS 图像	8	450~520
						520~590
						630~690
						770~890
			宽幅相机	PAN 图像	—	450~520
				MS 图像	16	450~520
						520~590
						630~690
						770~890
高分二号（GF-2）	2014 年	631km	全色/多光谱相机	PAN 图像	0.8	450~900
				MS 图像	3.2	450~520
						520~590
						630~690
						770~890
高分三号（GF-3）	2016 年	755km	C 频段多极化合成孔径雷达（SAR）			
高分四号（GF-4）	2015 年	36000 km	凝视相机	可见光近红外	50	450~900
						450~520
						520~600
						630~690
						760~900
				中波红外	400	350~410

续表

遥感卫星	发射时间	在轨高度	传感器	成像类型	分辨率/m	波长/nm
高分五号（GF-5）	2018 年	705km	可见短波红外高光谱相机（AHSI）	高光谱图像	30	400～2500
			全谱段光谱成像仪（VIMS）	MS 图像	20	450～520
						520～600
						620～680
						760～860
						1550～1750
						2080～2350
				MS 图像	40	3500～3900
						4850～5050
						8010～8390
						8420～8830
						10300～11300
						11400～12500
高分六号（GF-6）	2018 年	645km	高分相机	PAN 图像	2	450～900
				MS 图像	8	450～520
						520～600
						630～690
						760～900
			宽幅相机	MS 图像	16	450～520
						520～590
						630～690
						770～890
						690～730
						730～770
						400～450
						590～630
高分七号（GF-7）	2019 年	505km	两线阵立体相机	PAN 图像	0.65	450～900
				MS 图像	2.6	450～520
						520～590
						630～690
						770～890

续表

遥感卫星	发射时间	在轨高度	传感器	成像类型	分辨率/m	波长/nm
高分多模卫星	2020 年	643.8 km	高分辨率相机	PAN 图像	0.5	450~900
				MS 图像	8	400~450
						450~520
						520~590
						590~625
						630~690
						705~745
						770~890
						860~1040

2.1.2 遥感卫星图像的特点

遥感卫星的种类繁多，能够提供丰富的数据类型。本书只针对常见的高分辨率遥感卫星展开研究。

在高分辨率遥感领域，图像的质量取决于空间分辨率和光谱分辨率。遥感成像系统的空间分辨率取决于一个像素捕获的地面区域的面积，影响着场景内细节的再现。随着像素尺寸的减小，图像的数字表示可以保留更多的场景细节。空间分辨率取决于 IFOV（瞬时视场，即在给定的瞬间感测到的地面区域），对于给定的像素数目，IFOV 越小，空间分辨率越高。空间分辨率也被视为图像中可用的高频细节信息的清晰度。遥感领域的空间分辨率通常以米或英尺为单位，表示单个像素所覆盖区域的长度。图 2.2 显示了相同地面区域但具有不同空间分辨率的多光谱图像，其中第一幅分辨率为 2.44m 的图像是由 QuickBird 卫星捕获的，而另外两幅分辨率分别为 4.88m 和 9.76m 的图像是基于第一幅图像模拟得到的。对比这三幅图像可以看出，空间分辨率从 9.76m 增加到 2.44m，图像的细节信息变得更加清晰。

光谱分辨率是传感器产生给定图像的信号的电磁带宽，光谱带宽与光谱分辨率成反比。如果平台捕获的图像具有多个光谱带（通常为 4~8 个），则它们被称为多光谱（MS）数据，而如果光谱带的数量达到数百或数千个，则它们被称为高光谱（HS）数据。卫星通常在提供 MS 或 HS 图像的同时，也会提供全色（PAN）图像。PAN 图像是一幅包含从可见光到热红外的反射数据的图像，也就是说，它集成了色度信息。可见光谱带的 PAN 图像将红色、绿色和蓝色数据的组合捕获到单个反射率度量中。

(a) 2.44m (b) 4.88m (c) 9.76m

图 2.2 不同空间分辨率的多光谱图像

高分辨率遥感卫星成像系统的设计经常面临相互约束的条件，其中最重要的约束条件是 IFOV 和信噪比（SNR）之间的权衡。由于与 PAN 传感器相比，MS 或 HS 的传感器具有较小的光谱带宽，因此对于给定的 IFOV，它们通常具有较小的空间分辨率，以便收集更多的光量子并保持图像的 SNR。许多传感器具有一组 MS/HS 波段和一个同步的更高空间分辨率 PAN 波段，即它们可以同时提供同一地面区域的 PAN 图像和 MS/HS 图像。随着科技的发展，成熟的商业卫星数量越来越多，先进的商用卫星提供的 PAN 图像的空间分辨率甚至低于 0.5m，而 MS 图像的光谱分辨率可以高达 8 个波段，覆盖可见光和近红外范围，HS 图像甚至可以拥有上百个光谱波段。

2.1.3 遥感图像融合的研究意义

卫星得到的 PAN 图像具有高空间分辨率低光谱分辨率，而 MS 图像则相反，具有低空间分辨率高光谱分辨率，这两类图像都不适用于后续较高级的遥感图像处理和识别任务。既然物理限制使得单个卫星传感器无法获得同时在空间域和光谱域中拥有最高分辨率的图像，那么 PAN 图像和 MS 图像的融合是实现该目标的唯一可能性，即使用适当的算法融合原始的 PAN 和低分辨率 MS（LRMS）数据并生成具有更高分辨率的 MS（HRMS）图像。此过程属于多传感器数据融合中的像素级融合，称为 MS 图像的全色锐化。融合可以提高图像的解译能力，提供更可靠的结果。

全色锐化是指将卫星在同一区域上同时捕获的多光谱（MS）图像和全色（PAN）图像进行融合的操作，如图 2.3 所示。它可以看作数据融合的一个特殊问题，因为其目的在于将 PAN 图像包含的空间细节（但不存在于 MS 图像中）与 MS 图像的光谱信息（相对于 PAN 图像的单个波段）结合起来。锐化的目的是增加 MS 图像的空间分辨率，因此，全色锐化可以在提高空间分辨率的同时，将光谱信息保留在 MS 图像中，从而得到既具有高光谱分辨率也具有高空间分辨率的遥感图像。

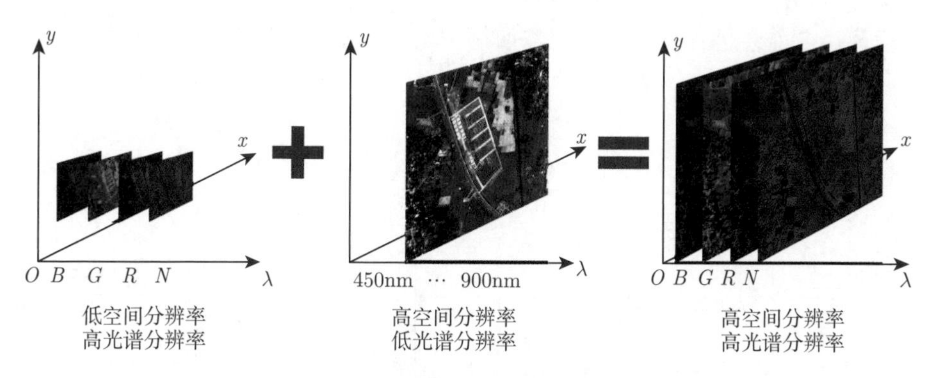

图 2.3 多光谱图像与全色图像融合示意图

近几年，由于使用高分辨率图像（如 Google Earth 和 Bing Maps 等）的商业产品不断增加，对高空间分辨率的多光谱数据的需求持续增长。此外，MS 图像与 PAN 图像融合是许多遥感任务增强图像的重要前序步骤，如变化检测、物体识别、视觉图像分析和场景解释，具体包括改善几何校正，增强某些在单个数据中不可见的特征，使用时态数据集更改检测以及增强分类等。因此，探索更高效且有效的全色锐化技术一直是近几年遥感图像领域的研究热点。

2.2 全色锐化的主流方法及研究现状

全色锐化的基本追求是保留 PAN 图像的空间信息的同时保留 MS 图像的光谱信息。针对该目标，研究者们提出了各种解决方法。总的来说，全色锐化的主流方法可以分成四大类：分量替换（CS）、多分辨率分析（MRA）、模型求解和深度学习。

2.2.1 分量替换（CS）

CS 方法是基于 MS 图像到另一空间的投影变换，该变换必须能够将 MS 图像的空间结构信息与光谱信息分离。首先，将 MS 图像进行合适的上采样使其与 PAN 图像具有同样的尺寸，然后对上采样后的 MS 图像进行投影变换使其空间信息与光谱信息分离；然后，将投影后包含图像空间结构的成分替换为 PAN 图像；最后，通过逆变换将替换后的数据还原到原始空间，即完成了全色锐化过程，如图 2.4 所示。该方法的关键在于待替换的空间结构成分与 PAN 图像之间相关性要高，相关性越高，产生的失真则越小。因此，在 PAN 图像进行替代之前会进行直方图匹配，使得 PAN 图像与待替换成分具有相同的均值和方差。

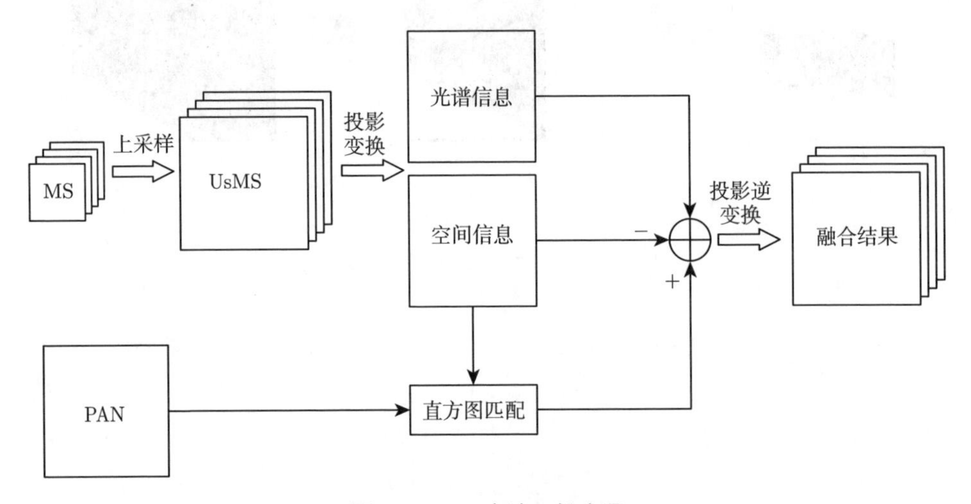

图 2.4　CS 方法一般步骤

CS 方法是全局性的，即在整个图像上无差别地操作，因此具有操作简单的优势，但也有一定的局限性。更详细地说，这类方法得到的融合结果通常会有高度保真的空间细节信息，并且处理快速且易于实现。但是，它们无法解决 PAN 图像和 MS 图像之间由仪器引起的光谱不匹配导致的局部差异问题，这可能会产生明显的光谱失真。常见的 CS 方法有强度-色度-饱和度（IHS）变换、主成分分析（PCA）和 Gram-Schmidt（GS）。下面将着重介绍这三类 CS 方法。

2.2.1.1　强度-色度-饱和度（IHS）变换

IHS 变换可以将 RGB 图像的光谱信息都存放在其 H 和 S 两个通道分量中，同时将大部分空间信息存放在 I 通道中，所以只需要用 PAN 图像替换 I 通道再执行逆变换即可得到融合结果。根据 CS 方法的步骤，第一步将 MS 图像转换到 IHS 空间，用数学公式表达如下：

$$\begin{bmatrix} \boldsymbol{I} \\ \boldsymbol{V}_1 \\ \boldsymbol{V}_2 \end{bmatrix} = \begin{bmatrix} \frac{1}{3} & \frac{1}{3} & \frac{1}{3} \\ \frac{-\sqrt{2}}{6} & \frac{-\sqrt{2}}{6} & \frac{2\sqrt{2}}{6} \\ \frac{1}{\sqrt{2}} & -\frac{1}{\sqrt{2}} & 0 \end{bmatrix} \begin{bmatrix} \uparrow \boldsymbol{M}_1 \\ \uparrow \boldsymbol{M}_2 \\ \uparrow \boldsymbol{M}_3 \end{bmatrix} \tag{2.1}$$

式中，$\uparrow \boldsymbol{M}_i$ 为上采样后的 MS 图像的第 i 个频带（这里以三通道 MS 图像为例）。为了减少光谱失真，对 PAN 图像 $\boldsymbol{P}$ 与 MS 图像的 $\boldsymbol{I}$ 分量进行直方图匹配：

$$\boldsymbol{P} = \frac{\boldsymbol{P} - \mu(\boldsymbol{P})}{\sigma(\boldsymbol{P})} \cdot \sigma(\boldsymbol{I}) + \mu(\boldsymbol{I}) \tag{2.2}$$

式中，μ 和 σ 分别表示求均值和方差操作。直方图匹配后用 $\boldsymbol{P}$ 代替 $\boldsymbol{I}$ 并执行 IHS 到 RGB 空间的逆变换：

$$\begin{bmatrix} \boldsymbol{Z}_1 \\ \boldsymbol{Z}_2 \\ \boldsymbol{Z}_3 \end{bmatrix} = \begin{bmatrix} 1 & -\frac{1}{\sqrt{2}} & \frac{1}{\sqrt{2}} \\ 1 & \frac{-1}{\sqrt{2}} & \frac{-1}{\sqrt{2}} \\ 1 & \sqrt{2} & 0 \end{bmatrix} \begin{bmatrix} \boldsymbol{P} \\ \boldsymbol{V}_1 \\ \boldsymbol{V}_2 \end{bmatrix} \tag{2.3}$$

则新图像 $\boldsymbol{Z}$ 即为融合得到的 HRMS 图像。

Guo 等人提出将离散分数随机变换与 IHS 相结合。然而简单的 IHS 变换只能对 RGB 真彩色图像进行操作，这限制了其在遥感图像领域的应用。为了解决该问题，Tu 等人提出了一种改进的 IHS 融合方法。这种方法除具有快速计算功能外，还可以将传统的 IHS 变换扩展到对任意通道数都可以进行操作。但是，不论是基础的 IHS 变换还是改进的版本，都无法避免光谱失真。Gonzalez-Audicana 等人考虑了快速 IHS 方法的最小化问题，在一定程度上减少了融合图像的光谱失真，但是要以牺牲效率为代价，不能快速融合大量的卫星数据。随后，Choi 等人提出使用折中参数提供了一种快速简便的实现方法。广义的 IHS 和类 IHS 也陆续被提出，用于融合具有三个以上波段的 MS 图像。

2.2.1.2　主成分分析（PCA）

主成分分析（PCA）是一种统计方法，可以将具有相关变量的多变量数据转换为不相关变量。它使用正交线性变换将数据投影到一个基上，其中第一个坐标对应最大方差（称为第一主成分），第二个坐标对应第二大方差，以此类推。在数学上，将数据标准化为零均值，然后计算协方差矩阵及其特征值和特征向量，特征值最高的特征向量称为第一个主成分。

在全色锐化任务中，将 PCA 变换应用于所有 MS 波段，进行直方图匹配后，将主成分替换为全色图像以增强边缘并提高图像的空间质量。该想法基于这样一个事实：具有最大方差的主成分应包含大多数空间信息（因为边缘的强度变化很大，因此导致较大的方差），而其他成分则包含的是 MS 波段特有的光谱信息。Shahdoosti 等人将 PCA 变换应用于相邻像素的空间信息并提出了一种将频谱 PCA 和空间 PCA 方法相结合的混合算法。除了二阶统计分量变换，基于数据方差的 PCA 和基于 SNR 的最大噪声分数（MNF）变换、基于高阶统计量的成分分析转换，如基于三阶统计量的偏度，以及基于四阶统计量的峰度和基于统计独立性的独立成分分析（ICA）等，也被用于全色锐化任务。

2.2.1.3 Gram-Schmidt (GS)

Gram-Schmidt（GS）也是一种广泛使用的 CS 方法。该方法由 Laben 和 Brover 于 1998 年提出，并获得 Eastman Kodak 专利。Farebrother 提出，GS 转换是线性代数和多元统计中用于正交化一组向量的常用技术。GS 用于正交化矩阵数据或数字图像的波段，以消除包含在多个波段中的冗余（即相关）信息。如果输入波段之间存在完美的相关性，则 GS 正交化过程将产生一个所有元素都为零的最终波段。

为了使 GS 转换可以应用于全色锐化，Laben 等人对其进行了修改。修改之后，在执行正交化之前会从每个像素中减去对应波段的平均值，以产生更准确的结果。具体地讲，首先对 MS 波段进行插值使其具有与 PAN 图像一样的大小，然后将所有波段转换为长度为 PAN 图像像素个数的向量；接着从同一向量的所有分量中减去对应波段的平均值；在正交化过程中，合成的 PAN 图像的低分辨率近似用作新正交基的第一个向量，MS 向量在前一步得到的正交向量及其正交分量确定的超平面上进行投影，其中正交分量和投影分量之和等于原始波段的零均值。

Aiazzi 等人提出了一种增强型 GS 方法，其中低分辨率 PAN 图像是通过 MS 波段的加权平均值生成的，并且使用下采样的 PAN 图像来最小化 MMSE 从而得到估计的权重。总的来说，GS 比 PCA 更通用，可以将 PCA 理解为 GS 的特殊情况，其中低分辨率的 PAN 图像是第一主成分。

2.2.2　多分辨率分析（MRA）

近年来，基于多尺度分解（MD）的方法，如金字塔变换和离散小波变换方法，已成功应用在不同类型的图像融合中，如高光谱图像融合。基于 MD 的图像融合方法一般包括三个步骤：首先，使用金字塔变换或小波变换将源图像分解为不同尺度；然后，在源图像的每个尺度上进行图像融合；最后，进行逆变换以合成融合图像。虽然使用多尺度变换增加了计算复杂性，但是基于 MD 的图像融合方法同时保证了良好的空间和光谱特性。与其他融合方法相比，它将融合规则直接应用于源图像，基于 MD 的融合方法的基本理念是将融合规则应用于不同分辨率的转换图像。

基于 MD 的融合方法在全色锐化领域一般称为多分辨率分析（MRA）法。大多数基于 MRA 的方法都采用小波变换、曲线波变换和轮廓波变换。在 MRA 中抽取空间细节信息常用的方法有：抽样小波变换、非抽样小波变换、àtrous 小波变换、拉普拉斯金字塔变换、轮廓波变换、曲线波变换。在金字塔表示中，从一个级别降低到下一个级别时，空间分辨率和图像大小也随之降低；而在小波变换算法中空间分辨率同样随级别降低，但是图像大小对于所有级别都是恒定的。

Chahremani 等人提出了一种基于小波变换和压缩感知理论的遥感图像融合方法，利用小波从 PAN 图像中提取空间细节，然后通过提出的基于压缩感知的模型将其注入 MS 波段，以使得融合结果相对于原始 MS 波段的光谱失真最小。

Upla 等人提出了一种使用轮廓波变换进行多分辨率融合的方法，将低空间分辨率高光谱分辨率的 MS 图像建模为高空间分辨率 MS 图像被噪声污染后的版本。具体地说，首先通过轮廓波变换域学习获得 MS 图像和 PAN 图像的融合图像的初步估计，然后将最终融合图像的纹理建模为使用像素之间空间依赖性的均质马尔可夫随机场（MRF），结合初步估计的融合图像构建正则化求解模型。

与多小波相比，多轮廓波变换更适合于表示带有大量细节和方向信息的遥感图像，并具有更好的方向选择性和能量收敛性。Chang 等人提出了一种基于多轮廓波变换的自适应遥感图像融合方法，基于黄金分割算法自适应地选择低通系数的融合权重，利用局部能量特征为高频方向系数选择更好的系数以进行融合。

Wang 等人提出了一种基于离散“小波包”进行多传感器图像融合的算法，

当在小波包空间中融合图像时，不同的频率范围进行不同的处理。这种处理可以充分融合来自源图像的信息，并提高信息分析和特征提取的能力。

HPFA (High-pass Filter Additive) 可以将高分辨率图像的结构和纹理细节插入到分辨率较低的图像中。Gangkofner 等人提出了一种改进的 HPFA 融合方法，使其成为一种可调的、通用的且标准化的图像融合工具。Shahdoosti 等人设计了一种最佳过滤器，该过滤器能够从 PAN 图像中提取相关的和非冗余的信息。与小波等其他核相比，从图像的统计特性中提取的最佳滤波系数与遥感图像的类型和纹理更加一致。

Joshi 等人提出了一种多分辨率融合的新方法，借助多分辨率自回归（AR）结构，利用已知的高分辨率 PAN 图像来学习未知的 HRMS 图像的空间关系。在只关注像素之间的空间依赖性的前提下，假设在 PAN 图像学习到的参数对所有 MS 的波段都适用，因此为了提高 MS 图像的空间分辨率，将从 PAN 图像中学习到的 AR 参数看成融合图像的通道 AR 参数。

另外，有一些混合方法将 CS 融合和 MRA 融合的思路进行结合。Chen 等人提出了一种改进的 ICA 融合方法，该方法利用小波分解提取 PAN 图像的详细信息。Chahremani 等人提出了一种基于曲线波和 ICA 的图像融合方法。这些混合方法在一定程度上能够保留这两类融合方法的优势。

2.2.3 模型求解

随着优化理论研究的深入，基于模型的全色锐化方法逐渐出现。该类型融合算法大概可以分成三类：基于成像模型框架、基于贝叶斯框架和基于稀疏编码框架。下面分别介绍这三类框架的融合算法。

2.2.3.1 基于成像模型框架的融合算法

基于成像模型框架的融合算法受图像复原算法启发，通过建模 PAN/LRMS 与 HRMS 之间的关系，并结合其他关于图像的先验知识，构建数学模型，然后迭代求解模型最优解从而得到融合结果。这类模型往往由保真项和正则项构成，其中保真项构建 MS 图像和 PAN 图像的成像特性，正则项引入额外的 HRMS 图像先验，两者相辅相成。

P+XS 开创了变分模型求解全色锐化的先河。该算法的能量方程包含三项。

（1）线性组合匹配项: 该项成立的前提是假设全色图像是多光谱图像的不同波段与某些混合系数 α_i 的线性组合。即如果 $\boldsymbol{Z}$ 是高分辨率多光谱图像，N

为其频带数，则假定 PAN 图像 $\boldsymbol{P}(x)=\sum_{i=1}^{N}\alpha_i\boldsymbol{Z}_i(x)$。因此，使用线性组合 $\sum_{i=1}^{N}\alpha_i\boldsymbol{Z}_i(x)$ 与 PAN 图像之间的差作为能量泛函的第一项：

$$\int\left(\sum_{i=1}^{N}\alpha_i\boldsymbol{Z}_i(x)-\boldsymbol{P}\right)^2\mathrm{d}x \tag{2.4}$$

该假设后来被广泛应用在变分全色锐化方法中。

（2）低分辨率 MS 图像颜色匹配项: 第二项将 LRMS 图像 $\boldsymbol{M}_n$ 中已知的颜色与 HRMS 图像进行匹配，其前提假设是每个低分辨率像素都是由高分辨率像素通过低通滤波后再进行下采样形成的。因此，需要最小化以下能量项：

$$\sum_{n=1}^{N}\int_{\Omega}\Pi_S((k_n*\boldsymbol{Z}_n)-\uparrow\boldsymbol{M}_n)^2\mathrm{d}x \tag{2.5}$$

式中，k_n 表示卷积核；$*$ 表示卷积操作；Π_S 是由网格 S 确定的狄拉克梳状函数，指示哪些彩色像素是低分辨率 MS 图像中已知的。

（3）PAN 图像的空间信息匹配项：第三项的构造基于图像的几何信息包含在其水平集中这一假设。图像的水平集可以由包含这些水平集的所有单位法向量的向量场表示。如果用 $\boldsymbol{\theta}$ 表示全色图像中所有水平集的单位法向量，则 $\boldsymbol{P}$ 满足 $\boldsymbol{\theta}\cdot\nabla\boldsymbol{P}=|\nabla\boldsymbol{P}|$（$\nabla$ 表示求梯度算子）。为了约束每个 MS 波段都具有与 PAN 图像相同的水平集，将它们的水平集的法向量对齐。因此，待恢复图像的每个波段都应满足 $|\nabla u_n|-\boldsymbol{\theta}\cdot\nabla\boldsymbol{Z}_n=0$，当且仅当 $\nabla\boldsymbol{Z}_n\parallel\boldsymbol{\theta}$。这些项之和的积分被添加到能量函数中，通过引入参数 γ_n 可以分别为每个波段加权此约束，累加后得到能量项：

$$\sum_{n=1}^{N}\gamma_n\int_{\Omega}(|\nabla\boldsymbol{Z}_n|+\mathrm{div}(\boldsymbol{\theta})\cdot\boldsymbol{Z}_n)\mathrm{d}x \tag{2.6}$$

P+XS 模型在全色锐化方面做得非常出色，并且可以通过调整参数来生成各种不同类型的图像。尽管通常它们都很难被准确估计，但是，它要求必须确定狄拉克梳状函数和卷积核。为了避免模糊核的估计，AVWP 将 P+XS 模型中光谱保持项用光谱比率约束来代替，同时约束融合结果与其他方法得到的融合结果相似。在 SIRF 中，作者将全色锐化问题转换成最小化最小二乘拟合项和动态梯度稀疏性正则项的线性组合的凸优化问题，前者用于保留多光谱图像的准确光谱信息，而后者则用于保留高分辨率全色图像的锐利边缘。不同于 P+XS 模型中 LRMS 图像上采样与模糊后的 HRMS 图像相似的假设，SIRF 假设模糊后的 HRMS 图像进行下采样应该与 LRMS 图像接近，从而有效避免了上采样导致的模糊和失真等问题。

2.2.3.2 基于贝叶斯框架的融合算法

贝叶斯方法将原始 HRMS 图像 $\boldsymbol{Z}$ 的退化过程建模为观察到的 LRMS 图像 $\boldsymbol{M}$ 和 PAN 图像 $\boldsymbol{P}$ 的条件概率分布，$\boldsymbol{Z}$ 的概率称为似然度，并表示为 $g(\boldsymbol{M},\boldsymbol{P}\mid\boldsymbol{Z})$。考虑在先验分布 $g(\boldsymbol{Z})$ 中建模关于融合图像的预期特征的可用先验知识，以通过贝叶斯定律确定后验概率分布 $g(\boldsymbol{F}\mid\boldsymbol{M},\boldsymbol{P})$：

$$g(\boldsymbol{F}\mid\boldsymbol{M},\boldsymbol{P})=\frac{g(\boldsymbol{M},\boldsymbol{P}\mid\boldsymbol{F})g(\boldsymbol{F})}{g(\boldsymbol{M},\boldsymbol{P})} \tag{2.7}$$

式中，$g(\boldsymbol{M},\boldsymbol{P})$ 是联合概率分布。从后验分布进行推断，可以得到原始 HRMS 图像 $\boldsymbol{Z}$ 的估计值。贝叶斯方法的主要优点是将全色锐化问题置于一个清晰的概率框架中，而为条件分布和先验分布选择合理的分布以及推理方法催生了大量的贝叶斯全色锐化模型。

对于先验分布，Hardie 等人及 Fasbender 等人假设无信息的先验 $g(\boldsymbol{F})\propto 1$，给所有可能的解决方案相等的概率，即没有解决方案是最优的，因为 HRMS 图像上没有明确的信息可用。Mascarenhas 等人提出先验信息是由插值运算符及其协方差矩阵决定的，两者将分别用作贝叶斯过程的均值向量和协方差矩阵。Molina 等人借助每个波段内物体亮度分布的平滑先验知识从而使用同步自回归模型（SAR）对 $\boldsymbol{Z}$ 的分布进行建模。更高级的模型尝试在约束平滑性的同时尽可能保留图像的边缘信息。这些模型包括自适应 SAR 模型，全变分（TV）模型，基于马尔可夫随机场（MRF）的模型和随机混合模型（SMM）。考虑 MS 图像波段之间的相关性，Vega 等人提出了一个 TV 先验来建模空间像素之间的关系和一个二次项来约束不同波段中处于相同位置的像素之间的相似性。

在贝叶斯框架中，如何建模 HRMS 图像退化成 LRMS 图像和 PAN 图像是必须考虑的。对 LRMS 图像建模的过程通常描述为：

$$\boldsymbol{M}=f_s(\boldsymbol{Z})+\boldsymbol{n}_s \tag{2.8}$$

式中，$f_s(\cdot)$ 表示将 $\boldsymbol{Z}$ 与 $\boldsymbol{M}$ 相关联的函数；$\boldsymbol{n}_s$ 为 LRMS 图像的噪声。对于

PAN 图像如何由 HRMS 图像退化得到的过程一般建模为：

$$\boldsymbol{P} = f_p(\boldsymbol{Z}) + \boldsymbol{n}_p \tag{2.9}$$

式中，$f_p(\cdot)$ 表示将 $\boldsymbol{Z}$ 与 $\boldsymbol{P}$ 相关联的函数；$\boldsymbol{n}_p$ 为 PAN 图像的噪声。由于全色锐化算法会被这些模型准确性所限制，因此应在建模时充分考虑传感器的物理特性，特别是传感器的调制传递函数（MTF）和传感器的光谱响应。

给定原始图像，观察图像的条件分布 $g(\boldsymbol{M}, \boldsymbol{P} \mid \boldsymbol{Z})$ 通常定义为：

$$(\boldsymbol{M}, \boldsymbol{P} \mid \boldsymbol{Z}) = g(\boldsymbol{M} \mid \boldsymbol{Z}) g(\boldsymbol{P} \mid \boldsymbol{Z}) \tag{2.10}$$

考虑到给定 HRMS 图像，观测到的 LRMS 图像和 PAN 图像是相互独立的，因此很容易地建立退化模型。

已经有很多不同的模型来建模条件分布 $g(\boldsymbol{M} \mid \boldsymbol{Z})$ 和 $g(\boldsymbol{P} \mid \boldsymbol{Z})$。简单的模型假设 $f_s(\boldsymbol{Z}) = \boldsymbol{Z}$，那么 $\boldsymbol{M} = \boldsymbol{Z} + \boldsymbol{n}_s$，其中 $\boldsymbol{n}_s \sim N(0, \Sigma_s)$。在这种情况下，$\boldsymbol{M}$ 具有与 $\boldsymbol{Z}$ 相同的分辨率，因此必须使用插值方法从 LRMS 图像上采样得到 $\boldsymbol{M}$，这会带来信息丢失和模糊问题。另一部分研究者认为 $\boldsymbol{M} = \boldsymbol{H}\boldsymbol{F} + \boldsymbol{n}_s$，其中 $\boldsymbol{H}$ 表示模糊矩阵，通常由其 MTF、传感器积分函数和空间二次采样决定，而 $\boldsymbol{n}_s$ 是捕获噪声，假定符合均值为零方差为 $1/\beta$ 的高斯分布，所以有分布：

$$g(\boldsymbol{M} \mid \boldsymbol{Z}) \propto \exp\left\{ -\frac{1}{2}\beta \parallel \boldsymbol{M} - \boldsymbol{H}\boldsymbol{Z} \parallel^2 \right\} \tag{2.11}$$

该模型已被广泛使用，并且是基于超分辨率的融合方法的基础。Mascarenhas 等人提出的退化模型也可以写成这种形式。

另外，$f_p(\boldsymbol{Z})$ 被定义为将 MS 像素关联到 PAN 像素的线性回归模型，即

$$f_p(\boldsymbol{Z}) = a + \sum_{n=1}^{N} \lambda_n \boldsymbol{Z}_n \tag{2.12}$$

式中，a 和 $\lambda_n (n = 1, 2, \cdots, N)$ 是回归参数；N 为 MS 图像波段数量。IHS、PCA 和 Brovey 等方法也使用此模型来关联 PAN 和 HRMS 图像。Mateos 等人使用了 $f_p(\cdot)$ 的一种特殊情况，其中回归系数 $a = 0$ 且 $\lambda_n \geqslant 0 (n = 1, 2, \cdots, N)$ 可以从表示 MS 图像每个波段对 PAN 图像的贡献的传感器光谱特性中获取。在所有这些文献中，均假设噪声 $\boldsymbol{n}_p$ 是均值为零且协方差矩阵为 $\boldsymbol{C}_p$ 的高斯噪声，因此有：

$$(\boldsymbol{M} \mid \boldsymbol{Z}) \propto \exp\left\{ -\frac{1}{2}((\boldsymbol{x} - f_p(\boldsymbol{Z})))^t \boldsymbol{C}_p^{-1} (\boldsymbol{x} - f_p(\boldsymbol{Z})) \right\} \tag{2.13}$$

2.2.3.3 基于稀疏编码框架的融合算法

随着压缩感知和稀疏表示理论的提出，稀疏先验在图像处理中逐渐获得研究者们的关注。稀疏表示理论指出，信号本身具有稀疏性，在过完备字典中可以用尽可能少的基原子线性表示。该稀疏先验不仅在自然图像中适用，也可以在遥感图像处理中发挥巨大的作用。越来越多的图像融合研究开始引入压缩感知和稀疏表示。这类全色锐化技术可以大大减少融合所需的处理时间，并使用更少的非零系数来保证融合图像的质量。

Li 等人提出的全色锐化方法利用从高分辨率图像中抽取的图像块来构建过完备字典，使得融合图像的空间信息保持得到了很大的提升。然而由于该方法用来构建字典的高分辨率图像实际上并不存在，只能用原始分辨率的多光谱遥感图像来代替，所以导致该方法在真实数据集上的融合效果不佳。为了解决该问题，Jiang 等人在此方法的基础上进行了改进，不再利用图像块来进行字典的构建，而是通过 K-SVD 算法从大量的 PAN 图像和 MS 图像数据集中训练学习得到字典。学习得到的字典既包含图像的光谱信息，也包含空间信息，在真实数据集和模拟数据集上均取得了良好的融合结果。并且字典规模相对要小，处理速度也得到了提升。Deng 等人使用稀疏矩阵分解来表示空间和光谱融合模型，所提出的方法分为两个阶段：第一阶段，模型从低空间分辨率数据中学习光谱字典；第二阶段，使用学习到的光谱字典和已知的高空间分辨率数据来预测所需的高空间分辨率和高光谱分辨率数据。

2.2.4 深度学习

近几年来，卷积神经网络（CNN）由于其超强的非线性拟合能力而异军突起，使得以 CNN 为基础的深度学习算法席卷图像处理各个领域并在很多领域带来了极大的性能提升。越来越多的研究者开始使用 CNN 这个强大的工具来研究全色锐化问题，从而充分利用现有的海量的遥感数据。这些方法通常需要训练一个端对端的融合网络，向训练好的网络输入 LRMS 图像和 PAN 图像，便可以直接输出准确的融合结果。

Masi 等人受超分辨思想启发，将用于自然图像超分辨的一个简单的三层卷积神经网络用于全色锐化，该网络称为 PNN。由于用于超分辨的网络只允许一幅低分辨率图像作为输入，所以 Masi 等人将上采样后的 LRMS 图像（UsMS）与 PAN 图像叠加作为 PNN 的输入，如图 2.5 所示。由于实际上并不存在真实 HRMS 标签数据，所以需要构建模拟数据集用于训练网络。PNN 训练数据集的构建过程如图 2.6 所示。在原始分辨率上对 PAN 图像和 MS 图像进行下采样，然后对下采样的 MS 图像进行插值得到 UsMS 图像，并与 PAN 图像叠加送入网络进行训练，而原始的 MS 图像作为真实标签数据对训练过程进行监督。在训练期间，网络不断更新参数用于产生与参考图像尽可能相似的输出，最终将学习到的参数用于对原始分辨率的 MS 图像进行全色锐化。显然，整个过程都基于以下假设：性能并不严格取决于图像尺寸和分辨率。但是实际上该假设并不总能满足。因此，为了减少因为数据失配导致的性能下降，PNN 使用与传感器的 MTF 匹配的滤波器在下采样之前对数据进行平滑处理。同样，使用中提出的插值内核对 MS 分量进行上采样。

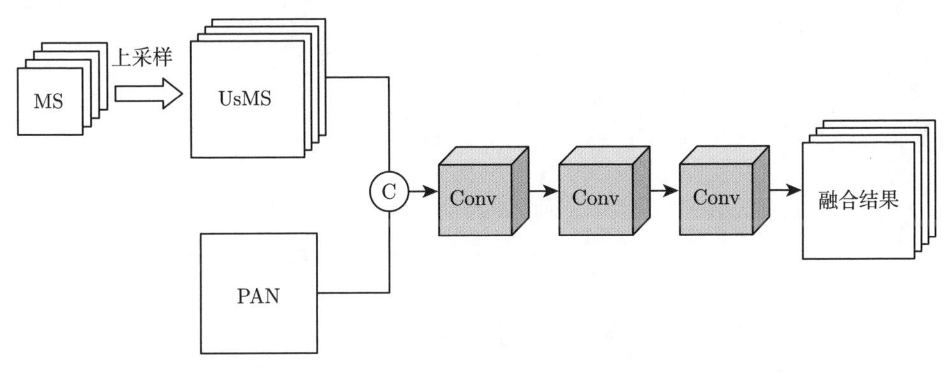

图 2.5　PNN 的基本网络结构

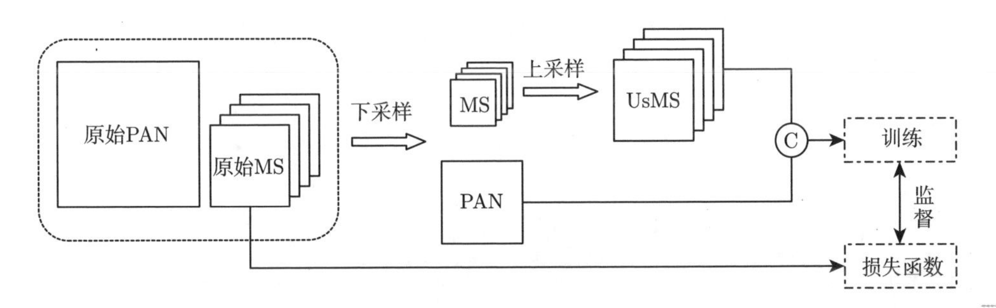

图 2.6　PNN 训练数据集的构建过程

该方法后来被他们改进为 APNN，主要有三点改进：将 L_2 损失更改为 L_1 损失；使用残差连接；使用更深的网络。这三点改进给融合质量带来了明显的提升, 并且 APNN 在初步训练好之后会针对特定的融合卫星图像进一步训练来微调网络参数，这保证了在处理与训练集差异较大的数据时也能得到较好的融合结果。

APNN 通过网络再训练微调网络参数解决训练数据与测试数据差异较大引起的融合质量下降问题，这相当于为全色锐化任务增加了额外的步骤。为了避免网络的再训练，PanNet 提出在高频空间而不是图像空间进行训练。PanNet 的基本网络结构如图 2.7 所示。该网络主要分成两部分，分别针对全色锐化的两大目标（空间信息保持和光谱信息保持）进行设计。针对光谱信息保持，将 MS 图像进行上采样并与网络的输出做残差连接，一方面保证了网络只专注于学习空间信息，另一方面也保证了 MS 图像的光谱信息不会在网络传播过程中出现损耗。针对空间信息保持，PanNet 并没有直接将 PAN 图像和 MS 图像输入网络进行学习，而是先对它们进行高通滤波提取高频信息，再对 MS 图像高频信息进行上采样并与 PAN 图像的高频信息叠加输入网络。这样操作的好处是强制网络学习 PAN 图像包含的空间信息（高频信息）如何映射到 MS 图像的各个波段中，并且高频空间学习还增强了网络的泛化性，使得网络可以处理在图像空间训练的全色锐化网络无法处理的数据不匹配问题。

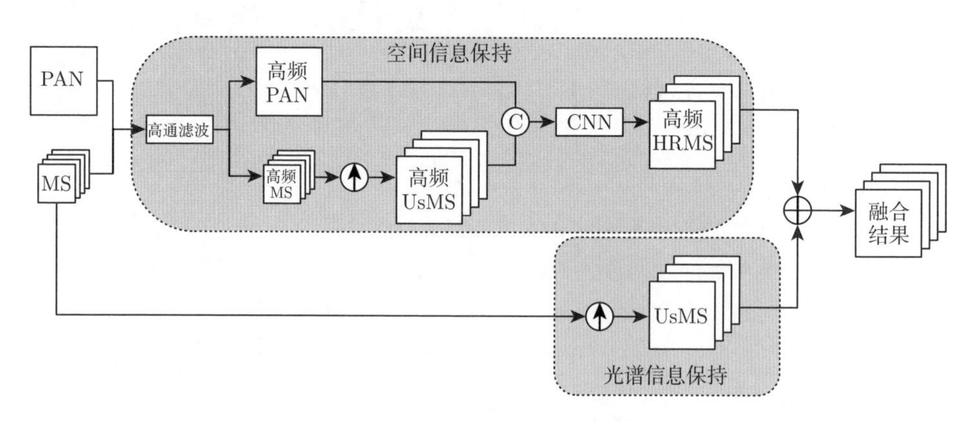

图 2.7　PanNet 的基本网络结构

Wei 等人提出一种深度残差网络（DRPNN）被用来执行 MS 图像和 PAN 图像的高质量融合。Huang 等人提出了一种改进的稀疏去噪自编码器（MSDA）算法，以训练 HR 和 LR 图像块之间的映射关系，HR/LR 图像块分别从已有的 HR/LR PAN 图像采样，无须其他训练图像。具体而言，首先，通过连接一系列 MSDA 得到可以有效地预训练网络的堆叠式 MSDA（S-MSDA）；然后，通过反向传播再次训练整个网络；最后，假设 HR/LR MS 图像块之间的关系与 HR/LR PAN 图像块之间的关系相同，利用训练好的网络从 LRMS 图像重建 HRMS 图像。武汉大学袁强强等人将残差学习和多尺度特征提取引入了基本的 CNN 体系结构，并提出了用于全色锐化任务的多尺度多深度 CNN

（MSDCNN）。为了描述 LRMS/PAN 图像和 HRMS 图像之间复杂的非线性映射关系，Wang 等人引入了一个非常深的残差网络，利用密集块（Dense Block）的密集连接以促进训练过程中的梯度流和隐式深度监督。为了解决在降分辨率级别上训练的网络在原分辨率实际数据集上性能无法保证的问题，Vitale 等人提出了一种用于全色锐化的跨尺度学习策略，采用更复杂的损失计算方法，使得网络能够同时在降分辨率和原分辨率下进行训练。

总的来说，基于深度学习的全色锐化方法大部分受自然图像恢复研究启发，并考虑了遥感图像区别于自然图像的特性，网络设计能够同时兼顾 MS 图像的光谱信息保持和 PAN 图像的空间信息保持，在全色锐化领域取得了巨大的成功。

2.3 全色锐化评价体系

像大多数数据融合问题一样，缺少参考图像是限制评估全色锐化结果的主要问题，研究者提出了两种折中的评估方式。第一种评估方式将卫星采集的原始图像进行空间下采样作为输入，并使用原始 MS 图像作为参考。尽管这种方式允许使用既定指标对结果进行精确评估，但在降分辨率体系下获得的性能与融合结果的真实质量之间可能会出现不匹配的情况。实际上，评估的可信度本质上与降低分辨率的方式有关，尤其是对于采用空间滤波器的锐化方法。第二种评估方式使用的质量指标不需要参考图像也可以处理原始图像和融合结果之间的关系，因此可以直接在原始分辨率上对数据进行操作，但是指标的设计容易引起偏差。由于这两种定量评估方式都不是最优的，所以通过视觉分析比较对融合结果进行定性评估仍然是评估局部光谱失真和空间细节精度的必要手段。

2.3.1 降分辨率评估

降分辨率评估的过程主要基于 Wald 协议，该协议由以下三个要求组成。

（1）融合结果的每个波段降分辨率后都应该尽可能地与输入 MS 图像的对应波段相近。

（2）融合结果的每个波段都应该尽可能地与 HRMS 图像的对应波段相同。

（3）融合结果的波段集合应该尽可能地与 HRMS 图像的波段集合相同。

具体操作时，将低通滤波器（LPF）和抽取运算符应用于观测的 MS 图像和 PAN 图像从而获得降分辨率的图像，采样因子等于两个图像的分辨率之比，分别用 MS↓ 和 PAN↓ 表示分辨率降低后的 MS 图像和 PAN 图像。

显然，在此验证协议中，滤波器的选择至关重要。通常，定义该滤波器是为了确保全色锐化过程的一致性（由 Wald 协议第一条定义）。由于经过锐化处理的图像（此处应尽可能匹配原始 MS 图像），一旦退化到其原始分辨率，就应该与原始 MS 图像相同，因此自然而然地必须采用模拟遥感传感器传递函数的滤波器来执行分辨率降低这一操作。换句话说，退化滤波器必须与传感器的调制传递函数（MTF）相匹配。另外，还必须设计用于获取 PAN↓ 图像的滤波器，以便保留尽可能多的细节。因此，通常会利用理想滤波器进行下采样。

对于有可用参考图像的情况，已经提出了几种指标来评估融合结果的空间和光谱畸变。下面简要介绍几个使用广泛的指标。

（1）SAM (Spectral Angle Mapper)：根据 Wald 协议，单个光谱波段上的测量指标和所有波段上的相似性矢量测量指标都是衡量融合图像质量的关键。其中，矢量测量对光谱畸变的量化具有非常重要的意义。在遥感图像处理领域，一个最简单且常见的矢量测量指标就是 SAM。它将每个光谱波段作为一个坐标轴，然后计算融合图像与参考图像在空间坐标抽上相对应像素之间的夹角。假设 HRMS 图像含有 N 个波段，其像素矢量表示为 $\boldsymbol{Z}_{\{n\}}=[\boldsymbol{Z}_{1,\{n\}},\cdots,\boldsymbol{Z}_{N,\{n\}}]$，则图像 $\boldsymbol{Z}$ 与参考图像 $\boldsymbol{J}$ 的 SAM 值定义为：

$$\mathrm{SAM}(\boldsymbol{Z}_{\{i\}},\boldsymbol{J}_{\{i\}})=\arccos\left(\frac{\langle\boldsymbol{Z}_{\{i\}},\boldsymbol{J}_{\{i\}}\rangle}{\|\boldsymbol{Z}_{\{i\}}\|\|\boldsymbol{J}_{\{i\}}\|}\right) \tag{2.14}$$

式中，$\langle\cdot,\cdot\rangle$ 表示矢量内积；$\|\cdot\|$ 表示矢量的 l_2 范数。SAM 指标的最优值为 0。

（2）RMSE (Root Mean Squared Error)：用于衡量空间失真的指标 RMSE 定义如下：

$$\mathrm{RMSE}=\sqrt{(E(\boldsymbol{Z}-\boldsymbol{J})^2)} \tag{2.15}$$

式中，$E(\cdot)$ 表示求期望。RMSE 反映了输入图像对应像素间的差异，RMSE 的值越小，两幅图像的差异越小，即融合效果越好。RMSE 的主要缺点是每个波段的误差与波段本身的平均值无关。

（3）ERGAS (Erreur Relative Globale Adimensionnelle de Synthèse)：常见的用于衡量全色锐化效果的全局指标是 EGRAS，其计算公式如下：

$$\mathrm{ERGAS}=\frac{100}{r}\sqrt{\frac{1}{N}\sum_{k=1}^{N}\left(\frac{\mathrm{RMSE}(\boldsymbol{Z}_k,\boldsymbol{J}_k)}{\mu(\boldsymbol{Z}_k)}\right)^2} \tag{2.16}$$

式中，r 表示 PAN 图像与 LRMS 图像空间分辨率比；$\mu(\cdot)$ 表示求均值操作。由于 ERGAS 定义为一系列 RMSE 值的加和，所以该指标的最优值也为 0。

（4）UIQI (Universal Image Quality Index)：为克服 RMSE 的某些局限性而开发的另一个指标是由 Wang 和 Bovik 提出的 UIQI 或 Q–index。UIQI 的计算公式为：

$$\text{UIQI} = \frac{\sigma(\boldsymbol{ZJ})}{\sigma(\boldsymbol{Z})\sigma(\boldsymbol{J})} \frac{2\mu(\boldsymbol{ZJ})}{(\mu(\boldsymbol{Z})^2 + \mu(\boldsymbol{J})^2)} \frac{2\sigma(\boldsymbol{Z})\sigma(\boldsymbol{J})}{(\sigma(\boldsymbol{Z})^2 + \sigma(\boldsymbol{J})^2)} \tag{2.17}$$

式中，$\sigma(\cdot)$ 表示求图像的标准差；$\sigma(\cdot,\cdot)$ 表示求两幅图像的协方差。UIQI 指标的定义包含三项，按顺序包括相关系数的估计以及平均亮度和平均对比度的差异。UIQI 指标在 $[-1,1]$ 范围内变化，其中 1 表示最佳保真度。

（5）Q^n(A vector extension of the UIQI)：Alparone 等人提出将 UIQI 扩展到最多四个通道的矢量数据来衡量频谱失真，该指标称为 Q^4，后来又被扩展为可以对通道数为 2 的指数倍的数据进行评估的 Q^{2^n}。例如，当光谱通道数为 8 时，指标就是 Q^8。

（6）SCC (Spatial Correlation Coefficient)：常见的用于衡量融合图像与参考图像之间空间相似性的指标为 SCC，计算公式如下：

$$\text{SCC} = \frac{\sum_{k=1}^{N}\sum_{k=1}^{N}(\boldsymbol{Z}_k - \mu(\boldsymbol{Z}))^2(\boldsymbol{J}_k - \mu(\boldsymbol{J}))^2}{\sqrt{\sum_{k=1}^{N}(\boldsymbol{Z}_k - \mu(\boldsymbol{Z}))^2\sum_{k=1}^{N}(\boldsymbol{J}_k - \mu(\boldsymbol{J}))^2}} \tag{2.18}$$

SCC 指标取值在 $[-1,1]$ 之间，值越高，表明融合图像具有更好的空间细节信息，图像质量越好。

2.3.2 原分辨率评估

一些融合质量评价指标并不需要参考图像，而是借助比较已有的输入图像对与融合结果之间的关系来衡量融合质量。

（1）QNR(Quality w/No Reference)：为了在原始分辨率对全色锐化结果进行质量评估，Alparone 等人提出了 QNR 指标。QNR 指标定义为：

$$\text{QNR} = (1 - D_\lambda)^\alpha (1 - D_s)^\beta \tag{2.19}$$

从式 (2.19) 中可以看出，QNR 由两个单独的值的乘积组成，分别对频谱失真和空间失真进行量化。QNR 指标越高，融合图像质量越好。当 D_λ 和 D_s 都等于 0 时，QNR 指标的最大理论值为 1。

指标 D_λ 可以用来衡量光谱失真，其定义如下：

$$D_\lambda = \sqrt[p]{\frac{1}{N(N-1)}\sum_{i=1}^{N}\sum_{j=1,j\neq i}^{N}|d_{i,j}(\boldsymbol{Z},\boldsymbol{M})|^p} \tag{2.20}$$

其中 $d_{i,j}(\boldsymbol{Z},\boldsymbol{M})$ 定义为：

$$d_{i,j}(\boldsymbol{Z},\boldsymbol{M}) = \mathrm{UIQI}(\boldsymbol{Z}_i,\boldsymbol{Z}_j) - \mathrm{UIQI}(\boldsymbol{M}_i,\boldsymbol{M}_j) \tag{2.21}$$

该定义旨在产生具有与原始 MS 图像 $\boldsymbol{M}$ 相同的光谱特征的融合图像 $\boldsymbol{Z}$。因此，在增强过程中必须保留 MS 图像波段之间的关系。UIQI 指标用于计算成对的通道之间的差异，参数 p 通常设置为 1。

空间失真的衡量指标 D_s 定义为：

$$D_s = \sqrt[q]{\frac{1}{N}\sum_{i=1}^{N}|\mathrm{UIQI}(\boldsymbol{Z}_i,\boldsymbol{P}) - \mathrm{UIQI}(\boldsymbol{M}_i,\boldsymbol{P}\downarrow)|_q} \tag{2.22}$$

式中，$\boldsymbol{P}$ 为 PAN 图像；$\downarrow$ 表示采样率为 r 的下采样；q 通常设置为 1。从实践的角度来看，应确保 MS 图像的插值上采样版本与 PAN 图像完美对齐，以避免失去该衡量指标的含义。

（2）Q^F (Objective image fusion performance measure)：标准化的客观图像融合性能评价首先是由 Xydeas 等人提出来的，它反映的是融合前后图像空间信息质量的保留程度，其定义如下：

$$Q^F = \frac{\sum_{i=1}^{N}\int_{\Omega} Q^{\boldsymbol{Z}_i\boldsymbol{P}}(x)\omega^{\boldsymbol{Z}_i}(x)\mathrm{d}x}{\sum_{i=1}^{N}\int_{\Omega}\omega^{\boldsymbol{Z}_i(x)}\mathrm{d}x} \tag{2.23}$$

式中，$\omega^{\boldsymbol{Z}_i}(x)$ 表示权重；$Q^{\boldsymbol{Z}_i\boldsymbol{P}}(x) \in [0,1]$ 是一个空间信息保留情况指标，$Q^{\boldsymbol{Z}_i\boldsymbol{P}}(x) = 0$ 表示空间信息完全丢失，$Q^{\boldsymbol{Z}_i\boldsymbol{P}}(x) = 1$ 表示空间信息完全保留。对于 $0 \leqslant Q^F \leqslant 1$，$Q^F$ 越接近于 1 表示融合结果空间信息越精确。

（3）CC (Correlation Coefficient)： CC 描述的是两个图像之间的相关程度，其主要思想是：融合图像 $\boldsymbol{Z}$ 各波段之间的相关度应该与输入 MS 图像 $\boldsymbol{M}$ 保持一致 。在数学上，CC 可以表达为：

$$\mathrm{CC}(\boldsymbol{Z},\boldsymbol{M})=\frac{2\sum_{i=1}^{N}\sum_{j=1}^{N}|\mathrm{Cor}(\boldsymbol{M}_i,\boldsymbol{M}_j)-\mathrm{Cor}(\boldsymbol{Z}_i,\boldsymbol{Z}_j)|}{N(N-1)} \tag{2.24}$$

这里

$$\mathrm{Cor}(\boldsymbol{X}_i,\boldsymbol{X}_j)=\frac{\displaystyle\int_{\Omega}(\boldsymbol{X}_i-\overline{\boldsymbol{X}}_j)(\boldsymbol{X}_i-\overline{\boldsymbol{X}}_j)\mathrm{d}x}{\sqrt{\displaystyle\int_{\Omega}(\boldsymbol{X}_i-\overline{\boldsymbol{X}}_j)^2\mathrm{d}x\int_{\Omega}(\boldsymbol{X}_i-\overline{\boldsymbol{X}}_j)^2\mathrm{d}x}} \tag{2.25}$$

式中，$\overline{\boldsymbol{X}}$ 表示 $\boldsymbol{X}$ 的均值。CC 值越接近 1 代表融合结果的光谱质量就越高。

（4）FCC (Filtered Correlation Coefficient)：基于 PAN 图像空间信息主要包含在高频空间中的假设，FCC 有如下定义：

$$\mathrm{FCC}(\boldsymbol{Z},\boldsymbol{P})=\frac{1}{N}\sum_{i=1}^{N}\mathrm{Cor}(\boldsymbol{H}*\boldsymbol{Z}_n,\boldsymbol{H}*\boldsymbol{P}) \tag{2.26}$$

式中，Cor(·) 的定义由式(2.25)给出，且 $\boldsymbol{H}$ 为高频信息提取算子，定义为：

$$\boldsymbol{H}=\begin{bmatrix}-1 & -1 & -1\\ -1 & 8 & -1\\ -1 & -1 & -1\end{bmatrix}$$

FCC 的理想值为 1。

（5）SID (Spectral Information Divergence)：与 CC 和 SAM 一样，SID 也被用来描述融合前后光谱的差异。给定一个随机向量

$$\boldsymbol{\theta}(\boldsymbol{X})=(\boldsymbol{X}_1,\cdots,\boldsymbol{X}_N)$$

定义它的标准化值如下：

$$\boldsymbol{v}^{\boldsymbol{X}}=\left(v_1^{\boldsymbol{X}},\cdots,v_N^{\boldsymbol{X}}\right)=\frac{\boldsymbol{\theta}(\boldsymbol{X})}{|\boldsymbol{\theta}(\boldsymbol{X})|}$$

则 SID 的定义由下式给出：

$$\mathrm{SID}(\boldsymbol{Z},\boldsymbol{M})=\frac{1}{|\Omega|}\int_{\Omega}\sum_{i=1}^{N}\left(v_n^{\boldsymbol{Z}}\log_2\frac{v_n^{\boldsymbol{Z}}}{v_n^{\boldsymbol{M}}}+v_n^{\boldsymbol{M}}\log_2\frac{v_n^{\boldsymbol{M}}}{v_n^{\boldsymbol{Z}}}\right)\mathrm{d}x \tag{2.27}$$

这里，SID 值越小表示光谱相关度信息保持得越好。

（6）SF (Spatial Frequency)：SF 通过行频率和列频率来描述整幅图像的信息丰富程度，这里行频率和列频率在数值上对应着行向和列向的差分。SF 的详细计算方法如下：

$$\mathrm{SF}(\boldsymbol{Z})=\sqrt{(\mathrm{RF})^2+(\mathrm{CF})^2}$$

式中，RF 和 CF 分别是行频率和列频率，其定义如下：

$$\mathrm{RF}=\sqrt{\frac{1}{|\Omega|}\int_{\Omega}|\nabla_x\boldsymbol{Z}_n|^2\mathrm{d}x}$$

$$\mathrm{CF}=\sqrt{\frac{1}{|\Omega|}\int_{\Omega}|\nabla_y\boldsymbol{Z}_n|^2\mathrm{d}x}$$

式中，∇_x 和 ∇_y 分别是行方向和列方向的差分。因为图像值域为 $[0,1]$，则 $\nabla_x\boldsymbol{Z}_i\in[-1,1]$，从而可以推导出 $\mathrm{RF}\in[0,2]$，进而得出 $\mathrm{SF}\in[0,\sqrt{2}]$。很明显，SF 越大表示信息量越大，即融合的结果越好。

第 3 章

基于金字塔变换的图像融合

3.1 引言

像素级图像融合是最基础的图像融合，广泛应用于遥感、医学成像和计算机视觉领域。早期的像素级图像融合主要研究基于空间域的融合方法。空间域图像融合的优点是方法简单、易于实现，如加权融合方法直接将多源图像对应位置处像素点的灰度值进行简单的加权平均从而得到融合后的图像，然而这类方法在许多情况下并不能得到理想的融合效果，因此逐渐被变换域的图像融合所取代。

变换域的像素级图像融合多基于多尺度分解方法，融合步骤如图 3.1 所示，一般可分为三步：首先利用变换方法将多源图像分解到不同尺度上；然后在不同尺度上采用不同的融合策略，多层次、多方向地完成融合；最后通过逆变换将融合后的不同尺度图像进行复原，从而实现图像的融合。由于融合过程

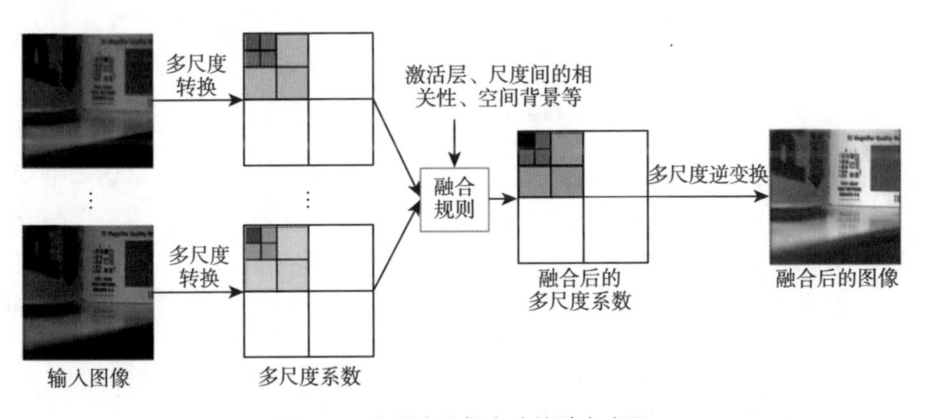

图 3.1 多尺度分解方法的融合步骤

是在多尺度、多空间分辨率、多分解层次上进行的，因此可以获得效果明显改善的融合结果。

本章将介绍最早应用于图像融合的多尺度分解方法——图像金字塔。一幅图像的金字塔是一系列来自同一幅原始图像的、分辨率逐步降低的图像集合，一层一层堆叠起来形如“金字塔”，集合中的每一幅图像都被称为金字塔的层，底层是原始图像的高分辨率表示，顶层则是低分辨率近似，层级越高，图像越小，分辨率越低。

3.2 常见图像金字塔变换

随着图像处理技术的不断发展，图像金字塔的变换方法不断完善。目前，在图像融合领域，较为常用的图像金字塔变换包括高斯金字塔变换、拉普拉斯金字塔变换、比率低通金字塔变换、对比度金字塔变换、梯度金字塔变换等。下面将分别对这些变换进行介绍。

3.2.1 高斯金字塔变换

高斯金字塔是一种基础的图像金字塔，于 1987 年由 Burt 和 Adelson 提出，其变换的基本步骤为：首先使用高斯低通滤波器对原始图像进行平滑，然后对平滑后的图像进行下采样操作，得到在较低尺度上的低分辨率近似图像。重复上述步骤，便可得到一系列图像集合，即完整的图像高斯金字塔。具体地讲，高斯金字塔中的每一层图像均由上一层图像经过高斯窗口函数卷积以及隔行隔列的下采样得到，公式表达如下：

$$\boldsymbol{G}_k(x,y) = \sum_{m=-2}^{2}\sum_{n=-2}^{2}\boldsymbol{W}(m,n)\boldsymbol{G}_{k-1}(2x+m,2y+n), \tag{3.1}$$

$$0 < k \leqslant N, 0 < x \leqslant R_k, 0 < y \leqslant C_k$$

式中，N 为金字塔层数；R_k 代表第 k 层图像的行数；C_k 代表第 k 层图像的列数；$\boldsymbol{G_k}(x,y)$ 为第 k 层高斯金字塔图像；$\boldsymbol{G}_0$ 为原始图像；高斯窗口函数 $\boldsymbol{W}(m,n)$ 具有以下性质。

（1）可分性：$\boldsymbol{W}(m,n) = \boldsymbol{w}(m)\cdot\boldsymbol{w}(n)^{\mathrm{T}}, -2 \leqslant m \leqslant 2, -2 \leqslant n \leqslant 2, \boldsymbol{w}$ 为列向量。

（2）归一化：$\sum\limits_{m=-2}^{+2}\boldsymbol{w}(m) = 1$。

（3）对称性：$\boldsymbol{w}(m)=\boldsymbol{w}(-m)$。

（4）奇偶等贡献：$\boldsymbol{w}(2)+\boldsymbol{w}(-2)+\boldsymbol{w}(0)=\boldsymbol{w}(-1)+\boldsymbol{w}(1)$。

按照上述条件，可构造：$\boldsymbol{w}(0)=\dfrac{3}{8},\boldsymbol{w}(1)=\boldsymbol{w}(-1)=\dfrac{1}{4},\boldsymbol{w}(2)=\boldsymbol{w}(-2)=\dfrac{1}{16}$，从而得到的高斯窗口函数 $\boldsymbol{W}(m,n)$ 为矩阵：

$$\boldsymbol{W}(m,n)=\frac{1}{256}\begin{bmatrix}1&4&6&4&1\\4&16&24&16&4\\6&24&36&24&6\\4&16&24&16&4\\1&4&6&4&1\end{bmatrix} \tag{3.2}$$

一般来说，窗口函数的尺寸没有严格限制，选择该尺寸，是因为能够在比较低的运算代价下提供足够的滤波精度。按照上述方法操作即可得到一系列图像 $\boldsymbol{G}_k$，且每一层图像尺寸均为上一层图像的四分之一，将所有图像依次堆叠起来，形如“金字塔”，故此得名。图 3.2 展示了对一幅遥感图像进行四层高斯金字塔变换后得到的结果。

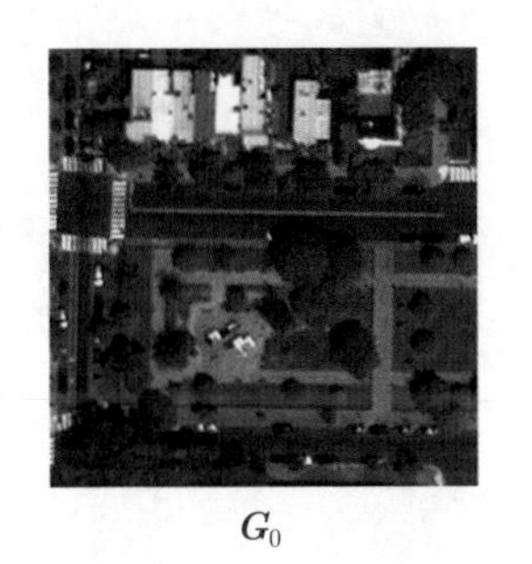

$\boldsymbol{G}_0$

$\boldsymbol{G}_1$

$\boldsymbol{G}_2$

$\boldsymbol{G}_3$

图 3.2 遥感图像的四层高斯金字塔

3.2.2 拉普拉斯金字塔变换

图像在进行高斯金字塔分解过程中由于卷积与下采样操作导致部分图像细节信息丢失。为了对丢失的信息进行描述，在高斯金字塔基础上 Burt 与 Adelson 又提出了图像的拉普拉斯金字塔。拉普拉斯金字塔构建过程为：首先将高斯金字塔中的第 k 层图像 $\boldsymbol{G}_k$ 进行内插放大，得到一个放大图像 $\boldsymbol{G}_k^*$，使得 $\boldsymbol{G}_k^*$ 的尺寸与 $\boldsymbol{G}_{k-1}$ 相同，为此引入一个扩大算子 Expand，即：

$$\boldsymbol{G}_k^*=\text{Expand}\left(\boldsymbol{G}_k\right) \tag{3.3}$$

具体方法为在偶数行列中插入 0 值，再利用高斯窗口函数进行滤波处理，运算公式如下：

$$\boldsymbol{G}_k^*(x,y) = 4\sum_{m=-2}^{2}\sum_{n=-2}^{2}\boldsymbol{W}(m,n)\boldsymbol{G}_{k'}\left(\frac{m+x}{2},\frac{n+y}{2}\right) \tag{3.4}$$

其中

$$\boldsymbol{G}_k'\left(\frac{m+x}{2},\frac{n+y}{2}\right) = \begin{cases} \boldsymbol{G}_k\left(\frac{m+x}{2},\frac{n+y}{2}\right), & \text{当}\frac{m+x}{2}\text{与}\frac{n+y}{2}\text{为整数时} \\ 0, & \text{其他} \end{cases} \tag{3.5}$$

由于 $\boldsymbol{G}_k$ 是对 $\boldsymbol{G}_{k-1}$ 进行低通滤波并下采样得到的，因此 $\boldsymbol{G}_k$ 与 $\boldsymbol{G}_k^*$ 的细节均少于 $\boldsymbol{G}_{k-1}$，考察 $\boldsymbol{G}_k^*$ 与 $\boldsymbol{G}_{k-1}$ 的差别，即可得到拉普拉斯金字塔层 $\mathbf{LP}_{k-1}$。因此，拉普拉斯金字塔变换公式如下：

$$\begin{cases} \mathbf{LP}_k = \boldsymbol{G}_k - \text{Expand}\left(\boldsymbol{G}_{k+1}\right), & 0 \leqslant k < N \\ \mathbf{LP}_N = \boldsymbol{G}_N, & k = N \end{cases} \tag{3.6}$$

所有 **LP** 层构成图像的拉普拉斯金字塔，它的每一层图像是高斯金字塔本层图像与其高一层图像经放大后图像的差，此过程相当于带通滤波。可以想到，除顶层外拉普拉斯金字塔各层均保留和突出了图像的重要特征信息，这些重要信息对于图像的压缩、分析、理解、处理均有重要作用。在拉普拉斯金字塔中，这些特征信息被按照不同尺度分别分离在不同分解层上。图 3.3 展示了拉普拉斯金字塔生成过程。

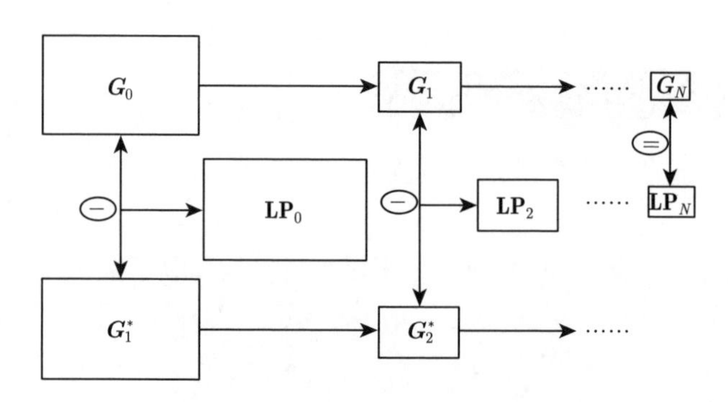

图 3.3　拉普拉斯金字塔生成过程

图 3.4 展示了将遥感图像进行四层拉普拉斯金字塔变换后得到的结果，为了更清晰地展示结果，对原结果图像进行了反色处理。

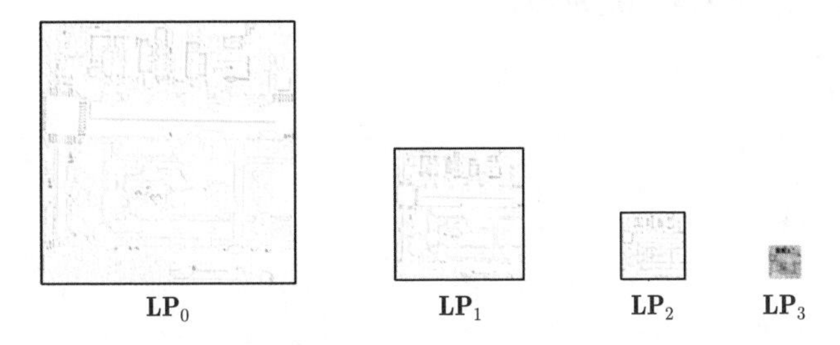

图 3.4　反色处理后的遥感图像拉普拉斯金字塔

3.2.3　比率低通金字塔变换

比率低通金字塔变换同样需要建立图像的高斯金字塔，再由图像的高斯金字塔建立比率塔形分解，定义如下：

$$\begin{cases} \mathbf{RP}_k = \dfrac{\boldsymbol{G}_k}{\text{Expand}\ (\boldsymbol{G}_{k+1})}, & 0 \leqslant k < N \\ \mathbf{RP}_N = \boldsymbol{G}_N, & k = N \end{cases} \tag{3.7}$$

所有 N 个 **RP** 层构成图像的比率低通金字塔。

3.2.4　对比度金字塔变换

对比度金字塔是基于人类视觉系统对于局部对比度更加敏感的视觉特性提出来的。图像的对比度定义为：

$$C = \frac{g - g_b}{g_b} = \frac{g}{g_b} - 1 \tag{3.8}$$

式中，g 为当前像素点的灰度值；g_b 为当前点所在邻域处的背景灰度值。将 $\boldsymbol{G}_k^*$ 看作 $\boldsymbol{G}_k$ 的背景，对比度金字塔层定义如下：

$$\begin{cases} \mathbf{CP}_k = \dfrac{\boldsymbol{G}_k}{\text{Expand}\ (\boldsymbol{G}_{k+1})} - 1, & 0 \leqslant k < N \\ \mathbf{CP}_N = \boldsymbol{G}_N, & k = N \end{cases} \tag{3.9}$$

所有 N 个 **CP** 层构成图像的对比度金字塔。对比度金字塔不仅是图像的多尺度、多分辨率的塔形分解，并且每层分解图像均反映了图像在相应尺度、分辨率上的对比度信息。

3.2.5 梯度金字塔变换

梯度金字塔额外提供了图像的边缘方向等细节信息。在高斯金字塔的基础上，对各分解层分别计算四个方向的梯度信息，定义方向梯度滤波算子：

$$\boldsymbol{d}_1=\begin{bmatrix}1 & -1\end{bmatrix},\boldsymbol{d}_2=\frac{1}{\sqrt{2}}\begin{bmatrix}0 & -1\\ 1 & 0\end{bmatrix},\boldsymbol{d}_3=\begin{bmatrix}-1\\ 1\end{bmatrix},\boldsymbol{d}_4=\frac{1}{\sqrt{2}}\begin{bmatrix}-1 & 0\\ 0 & 1\end{bmatrix} \tag{3.10}$$

利用滤波算子对高斯金字塔除最高层外各层的不同方向进行梯度滤波，在每一分解层上均可得到包含水平、垂直以及两个对角线方向的边缘信息的四个分解图像：

$$\mathbf{GP}_{km}=\boldsymbol{d}_m*(\boldsymbol{G}_k+\boldsymbol{W}*\boldsymbol{G}_k),0\leqslant k<N,0\leqslant m\leqslant 4 \tag{3.11}$$

式中，$\mathbf{GP}_{km}$ 代表第 k 层、第 m 个方向的梯度金字塔图像；$\boldsymbol{d}_m$ 为第 m 个方向上的梯度滤波算子；$*$ 代表卷积运算；$\boldsymbol{W}$ 为卷积核，一般可取为：

$$\boldsymbol{W}=\frac{1}{16}\begin{bmatrix}1 & 2 & 1\\ 2 & 4 & 2\\ 1 & 2 & 1\end{bmatrix} \tag{3.12}$$

3.3 基于金字塔变换的图像融合方法

基于金字塔变换的图像融合方法一般遵循着统一的思路，其流程如图 3.5 所示，主要包含三个步骤。

（1）对于每幅源图像进行同一种金字塔分解，建立各图像的金字塔。

（2）对金字塔的各分解层进行融合处理，不同的融合层可以采用不同的融合规则，得到融合金字塔。

（3）根据金字塔类型，对融合后的金字塔进行逆变换，重构得到的图像即为融合图像。

因此，各种融合方法间的差异主要在于融合规则的选取以及金字塔重构的方法。下面给出各种金字塔重构的方法并以基于拉普拉斯金字塔变换的图像融合为例，介绍基于平均梯度的融合规则、基于像素值的融合规则以及基于区域能量的融合规则。

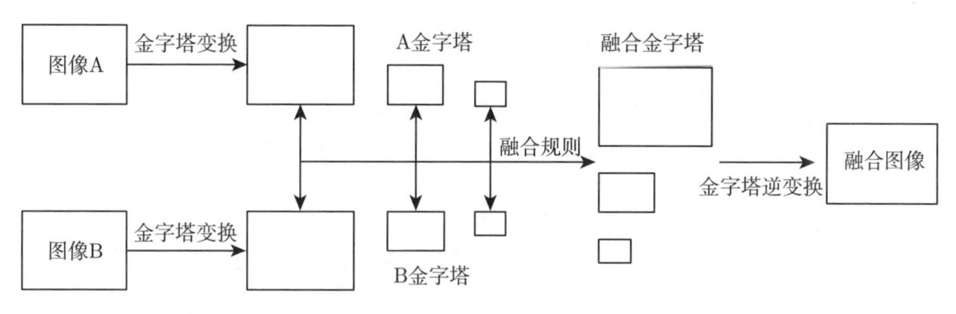

图 3.5　基于金字塔变换的图像融合方法流程

3.3.1　基于拉普拉斯金字塔变换的图像融合

对拉普拉斯金字塔变换式(3.6)进行逆推，可以得到：

$$\begin{cases} \boldsymbol{G}_k = \mathbf{LP}_k + \text{Expand}\left(\boldsymbol{G}_{k+1}\right), & 0 \leqslant k < N \\ \boldsymbol{G}_N = \mathbf{LP}_N, & k = N \end{cases} \tag{3.13}$$

因此，从拉普拉斯金字塔的顶层开始逐层由上至下，可以恢复对应的高斯金字塔，并最终精确重构出原始图像 $\boldsymbol{G}_\mathbf{0}$。

对于两幅待融合图像 **GA** 与 **GB**，假设 $\mathbf{LPA}_k$ 与 $\mathbf{LPB}_k$ 分别为经过拉普拉斯金字塔变换后的第 k 层图像，融合后结果为 $\mathbf{LF}_k$。首先进行顶层图像的融合，这里以基于平均梯度的融合规则为例。第一步需要计算以每个像素为中心点的、区域大小为 $M \times N$ 的区域平均梯度 **GR**，其中 M、N 取大于或等于 3 的奇数：

$$\mathbf{GR}(x,y) = \frac{1}{(M-1)(N-1)} \sum_{m=1}^{M-1} \sum_{n=1}^{N} \sqrt{\left(\Delta I_x^2 + \Delta I_y^2\right)/2} \tag{3.14}$$

其中

$$\begin{aligned} \Delta I_x &= \boldsymbol{G}(x,y) - \boldsymbol{G}(x-1,y) \\ \Delta I_y &= \boldsymbol{G}(x,y) - \boldsymbol{G}(x,y-1) \end{aligned} \tag{3.15}$$

代表了像素在两个方向上的差分。由于平均梯度反映了图像中的微小细节反差和纹理变化特征，同时也反映出图像的清晰度，且一般来说平均梯度越大，图像层次越丰富，图像越清晰。因此，在分别计算出两图像的金字塔顶层平均梯度 $\mathbf{GRA}_N$ 与 $\mathbf{GRB}_N$ 后，倾向于选择两图像中平均梯度较大的像素值作为融合图像对应点处的像素值，基于像素值融合规则可以表示为：

$$\mathbf{LF}_N(x,y)=\begin{cases}\mathbf{LPA}_N(x,y), & \mathbf{GRA}_N(x,y)\geqslant \mathbf{GRB}_N(x,y)\\ \mathbf{LPB}_N(x,y), & \mathbf{GRA}_N(x,y)<\mathbf{GRB}_N(x,y)\end{cases}\tag{3.16}$$

在顶层融合后，接下来进行其余层的融合。可以进行简单的像素值计算，包括但不限于加权平均、取大值等简单计算，如取大值时对应的融合规则为：

$$\mathbf{LF}_k(x,y)=\begin{cases}\mathbf{LPA}_k(x,y), & \mathbf{GA}_k(x,y)\geqslant \mathbf{GB}_k(x,y)\\ \mathbf{LPB}_k(x,y), & \mathbf{GA}_k(x,y)<\mathbf{GB}_k(x,y)\end{cases}\tag{3.17}$$

此外，还有基于区域能量的融合规则，即计算两图像各区域的区域能量：

$$\begin{aligned}\mathbf{ARE}_k(x,y)&=\sum_{a=-p}^{p}\sum_{b=-q}^{q}\boldsymbol{W}(a,b)\left|\mathbf{LPA}_k(x+a,y+b)\right|\\ \mathbf{BRE}_k(x,y)&=\sum_{a=-p}^{p}\sum_{b=-q}^{q}\boldsymbol{W}(a,b)\left|\mathbf{LPB}_k(x+a,y+b)\right|\end{aligned}\tag{3.18}$$

式中，a 和 b 决定区域大小，$\boldsymbol{W}(a,b)$ 代表权重，一般也可以取为式(3.12)。与之类似，融合规则为：

$$\mathbf{LF}_k(x,y)=\begin{cases}\mathbf{LPA}_k(x,y), & \mathbf{ARE}_k(x,y)\geqslant \mathbf{BRE}_k(x,y)\\ \mathbf{LPB}_k(x,y), & \mathbf{ARE}_k(x,y)<\mathbf{BRE}_k(x,y)\end{cases}\tag{3.19}$$

最后，在得到一系列的融合拉普拉斯金字塔图像后，利用拉普拉斯重构式(3.13)，即可得到融合后的图像。

上述融合方法针对的是两幅图像的融合，对于多幅图像的融合，其方法的推广也是简单且直接的，只需要进行最值选择即可。

3.3.2 基于比率低通金字塔变换的图像融合

图像的比率低通金字塔分解同拉普拉斯金字塔分解一样，都是被分解图像的完备表示，因此，由比率低通金字塔也可精确地重构被分解图像 $\boldsymbol{G}_0$，其重构过程如下：

$$\begin{cases}\boldsymbol{G}_k=\mathbf{RP}_k\times\ \mathrm{Expand}\ (\boldsymbol{G}_{k+1}), & 0\leqslant k<N\\ \boldsymbol{G}_N=\mathbf{RP}_N, & k=N\end{cases}\tag{3.20}$$

3.3.3　基于对比度金字塔变换的图像融合

对比度金字塔也可以精确地重构被分解图像 $\boldsymbol{G}_0$，其重构过程如下：

$$\begin{cases} \boldsymbol{G}_k = (\mathbf{CP}_k + \mathbf{1}) \times \text{ Expand } (\boldsymbol{G}_{k+1}), & 0 \leqslant k < N \\ \boldsymbol{G}_N = \mathbf{CP}_N, & k = N \end{cases} \tag{3.21}$$

3.3.4　基于梯度金字塔变换的图像融合

梯度金字塔的重构过程不同于前述金字塔。首先，建立方向拉普拉斯金字塔：

$$\mathbf{LP}_{km} = -\frac{1}{8}\boldsymbol{d}_k * \mathbf{GP}_{km} \tag{3.22}$$

式中，$\mathbf{LP}_{km}$ 代表第 k 层、第 m 个方向上的拉普拉斯金字塔图像。然后，将方向拉普拉斯金字塔进行累加：

$$\hat{\boldsymbol{L}}_k = \sum_{m=1}^{4} \mathbf{LP}_{km} \tag{3.23}$$

接着，将累加后的结果变换为拉普拉斯金字塔：

$$\mathbf{LP}_k \approx (\mathbf{1} + \boldsymbol{W}) * \hat{\boldsymbol{L}}_k \tag{3.24}$$

最后，利用拉普拉斯金字塔的重构方法，还原图像 $\boldsymbol{G}_0$。值得注意的是，由于还原时出现了不等号，所以并不是原始图像的精确重构，会产生误差。

3.4　实验结果与分析

本节将上述常见的基于金字塔变换的图像融合方法应用于遥感图像全色锐化并给出实验结果及分析。实验考虑了来自 WorldView-2 (WV-2) 卫星的图像数据，其中 MS 图像含有 8 个波段，空间分辨率为 2m，PAN 图像空间分辨率为 0.5m。

由于所有基于金字塔变换的融合方法针对的都是具有相同尺寸且相同波段数的输入图像对，因此在实验中首先对 MS 图像进行上采样，得到与 PAN 图像同样尺寸的插值 MS 图像，然后分别取每一波段与 PAN 图像进行融合。实验中所使用的金字塔变换的融合方法以及实现细节如下。

（1）拉普拉斯金字塔: 对 PAN 图像和 MS 图像分别构造拉普拉斯金字塔，除最高层使用平均梯度融合规则外，其他各层均使用区域能量算法。

（2）比率低通金字塔: 对 PAN 图像和 MS 图像分别构造比率低通金字塔，除最高层使用平均梯度融合规则外，其他各层均使用区域能量算法。

（3）对比度金字塔: 对 PAN 图像和 MS 图像分别构造对比度金字塔，除最高层直接使用 MS 图像外，其他各层均使用 PAN 图像与 MS 图像基于像素值的融合规则。

（4）梯度金字塔: 对 PAN 图像和 MS 图像分别构造梯度金字塔，除最高层直接使用 MS 图像外，其他各层均使用 PAN 图像与 MS 图像基于像素值的融合规则。

3.4.1 降分辨率分析

首先在降分辨率的模拟数据集上进行实验，输入图像为 256 像素 $\times$ 256 像素的 PAN 图像以及由 64 像素 $\times$ 64 像素的 MS 图像插值上采样得到的 256 像素 $\times$ 256 像素的 MS 图像。基于四种金字塔变换的图像融合方法在 WV-2 降分辨率图像上的融合结果如图 3.6 所示。可以看出，使用金字塔变换，融合后的结果都能够较好地保留图像的边缘信息。其中基于梯度金字塔的方法对于轮廓等高频的地方有更好的融合效果，但低频区域相较于其他方法表现得并

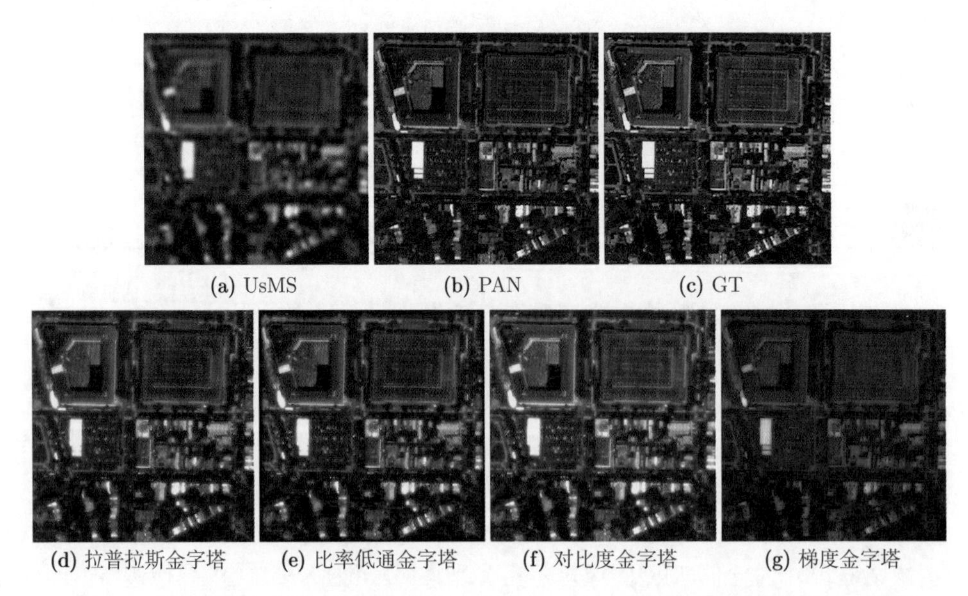

图 3.6 基于四种金字塔变换的图像融合方法在 WV-2 降分辨率图像上的融合结果

不理想。此外，四种方法的融合结果均有不同程度的光谱失真，基于对比度金字塔和基于梯度金字塔的方法较为明显，前者比真实图像更亮，而后者比真实图像显得稍暗。

表 3.1 给出了不同方法使用质量评价指标得到的定量结果，其中包括 Q^{2^n}（针对 WV-2 图像即为 Q^8）、QAVE、SAM、ERGAS、SCC 以及算法平均运行时间（Time）。从该表中可以看出，表现最好的方法当属于基于对比度金字塔的方法，在各项指标上都已经达到最优结果。同时值得注意的是，基于拉普拉斯金字塔的方法虽然在平均运行时间上表现最差，但在 Q^8、ERGAS、SCC 的指标上与对比度金字塔表现相差不大。基于对比度金字塔和基于梯度金字塔的方法在平均运行时间上大大优于其他两种融合方法，这与它们所采用的融合规则有关，前者相较于后者在融合规则的处理上更为简单且直接。

表 3.1　定量结果

指标	Q^8	QAVE	SAM	ERGAS	SCC	Time/s
理想值	**1**	**1**	**0**	**0**	**1**	**0**
拉普拉斯金字塔	0.7701	0.7791	10.2873	7.5408	0.7759	24.1417
比率低通金字塔	0.6929	0.7818	10.1147	8.3308	0.7356	22.5696
对比度金字塔	**0.7794**	**0.8079**	**8.8285**	**7.1970**	**0.7932**	**0.1043**
梯度金字塔	0.5810	0.6140	9.9789	8.4446	0.7785	0.1258

3.4.2　原分辨率分析

为了验证不同金字塔融合方法在真实数据集上的融合结果，使用 WV-2 卫星采集的原始分辨率图像进行对比分析，输入图像为 256 像素 × 256 像素的 PAN 图像以及由 64 像素 × 64 像素的 MS 图像插值上采样得到的 256 像素 × 256 像素的 MS 图像，基于四种金字塔变换的图像融合方法在 WV-2 原分辨率图像上的融合结果如图 3.7 所示。从融合结果看，四种金字塔融合方法的融合结果的空间细节信息保持都不太理想，虽然低频信息得以保留，但是主要的高频信息大量丢失，导致图像模糊，细节不清晰。同时，四种方法也存在较明显的光谱失真，基于拉普拉斯金字塔和比率低通金字塔的融合结果比较相近，但与输入 MS 图像的光谱信息相比还是略有不足，而基于对比度金字塔的融合结果在视觉上亮度较高，基于梯度金字塔的融合结果显得较暗。

表 3.2 给出了不同方法使用质量评价指标得到的定量结果，其中包括无参考图像评价指标（QNR）、分别用于评估光谱失真和空间失真的 D_λ 和 D_S 以及算法平均运行时间（Time）。对指标结果进行分析，总体上每种方法的 QNR

指标相差不大，其中基于拉普拉斯金字塔的融合方法能在 D_λ 指标中表现突出，即相比于其他方法能更好地保持光谱信息；而基于比率低通金字塔的融合方法则取得了最优的 D_S，这说明该方法能够较好地保留空间信息。

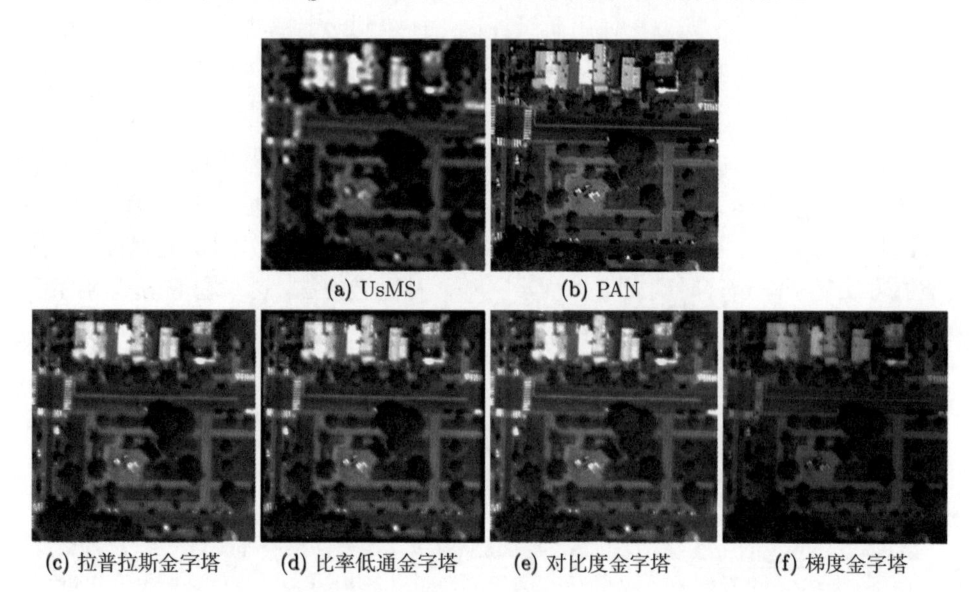

(a) UsMS　(b) PAN

(c) 拉普拉斯金字塔　(d) 比率低通金字塔　(e) 对比度金字塔　(f) 梯度金字塔

图 3.7　基于四种金字塔变换的图像融合方法在 WV-2 原分辨率图像上的融合结果

表 3.2　定量结果

指标	D_λ	D_S	QNR	Time/s
理想值	0	0	1	0
拉普拉斯金字塔	**0.1660**	0.1682	0.6938	23.8998
比率低通金字塔	0.2254	**0.0785**	0.7140	26.5363
对比度金字塔	0.1831	0.1654	**0.6822**	**0.1760**
梯度金字塔	0.1933	0.1517	0.6848	0.2183

3.5 本章小结

本章介绍了图像金字塔这一最早应用于图像融合的多尺度方法，阐述了各种图像金字塔在对图像进行分解以及逆向融合时的具体步骤，介绍了平均梯度和区域能量的融合规则，并利用遥感数据进行了实际的实验分析。值得一提的是，虽然图像金字塔作为一种便捷的图像融合多尺度分析方法，迄今为止仍被广泛使用，但也存在如分解冗余、信息丢失等诸多问题。为了克服其缺点，近年来，更多的多尺度分解图像融合方法也被不断提出，从而促进了图像融合方法的进步。

第 4 章

基于小波族的图像融合

4.1 引言

基于多分辨率分析的图像融合方法自提出以来便一直得到广泛的关注。其中，除了第 3 章介绍的基于金字塔变换的方法外，基于小波变换的方法也是早期图像融合领域中使用最多的方法之一。小波族的构造利用了多分辨率分析的尺度收缩特性，因此可以捕获数据中的局部相似性。本章将系统地介绍相关理论。

4.2 小波变换的基本理论

小波理论是相对较新的数学分支，1909 年由 Alfred Haar 提出的 Haar 小波是最早也是最简单的小波。随后，研究者们对小波变换在图像融合中的应用进行了大量研究。研究发现，由于小波能同时在时间和空间上选择包含图像细节的高频信息，因此可以用来从一幅图像中提取细节信息并将其注入到另一幅图像中。最终的融合图像可以是任意数量图像的组合，它包含所有源图像的最佳特征。

4.2.1 小波族

小波可以用两组函数来描述：小波函数和尺度函数。通常也可以用小波族 (wavelet family) 来称呼它们：小波函数是母小波 (mother wavelet)，尺度函数是父小波 (father wavelet)，然后其对应的子小波是小波子函数 (daughter wavelet) 和尺度子函数 (son wavelet)。

以 Haar 小波为例，其尺度函数和小波函数的定义及图示如式(4.1) 和图 4.1 所示，其中 $\phi(x)$ 表示尺度函数，$\psi(x)$ 表示小波函数。

$$
\begin{aligned}
\phi_{\text{Haar}}(x) &= \begin{cases} 1, & 0 \leqslant x < 1 \\ 0, & \text{其他} \end{cases} \\
\psi_{\text{Haar}}(x) &= \begin{cases} 1, & 0 \leqslant x < 1/2 \\ -1, & 1/2 \leqslant x < 1 \\ 0, & \text{其他} \end{cases}
\end{aligned}
\tag{4.1}
$$

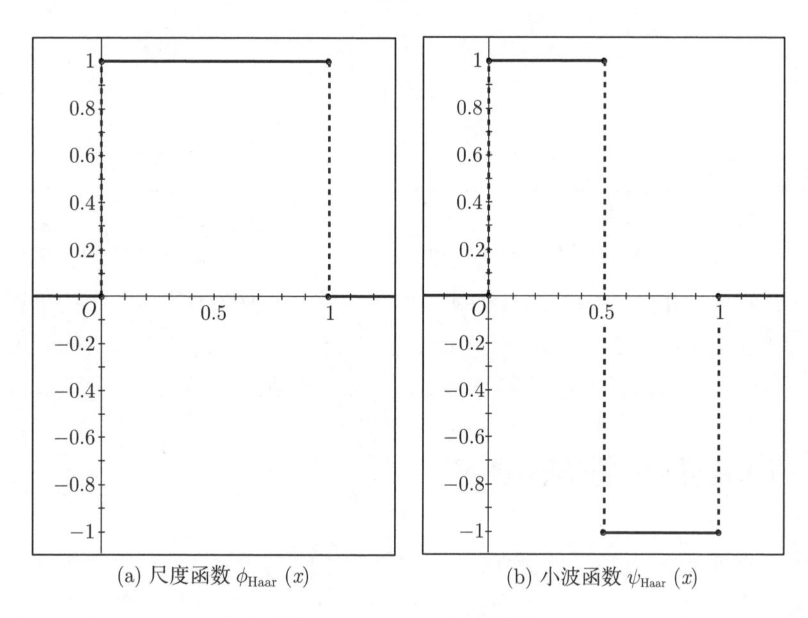

(a) 尺度函数 $\phi_{\text{Haar}}(x)$ (b) 小波函数 $\psi_{\text{Haar}}(x)$

图 4.1 Haar 小波图示

4.2.2 小波函数与子函数

通常一个小波族是由小波函数来描述的，将小波函数记作 $\psi(x)$，为了保持小波函数在变换后是稳定可逆的，需要满足以下三个条件：

$$\int |\psi(x)|^2 \mathrm{d}x = 1 \tag{4.2}$$

$$\int |\psi(x)| \mathrm{d}x < \infty \tag{4.3}$$

$$\int \psi(x) \mathrm{d}x = 0 \tag{4.4}$$

其中，式(4.2)称为小波函数的归一条件，同时也表明 $\psi(x)$ 属于 $L^2(\mathbb{R})$ 空间；式(4.3)表明 $\psi(x)$ 属于 $L^1(\mathbb{R})$ 空间；式(4.4)称为零阶消失矩。

为了满足小波函数的三个条件，其子函数可以由以下公式定义：

$$\psi_{a,b}(x) = a^{-\frac{1}{2}}\psi((x-b)/a) \tag{4.5}$$

式中，$a, b \in \mathbb{R}$ 且 $a \neq 0$。这里 a 称为缩放因子或膨胀因子，b 称为平移因子。在实际应用中由于计算机是用二进制数处理信息的，通常取 $a = 2^{-j}$ 和 $b = 2^{-j}k$，其中 $j, k \in \mathbb{Z}$。于是式(4.5)往往表达为：

$$\psi_{j,k}(x) = 2^{\frac{j}{2}}\psi(2^j x - k) \tag{4.6}$$

这种尺度因子和平移因子的选择也称为二进制采样。在图 4.2 中，我们以 Haar 小波为例来表示小波函数与子函数的关系。

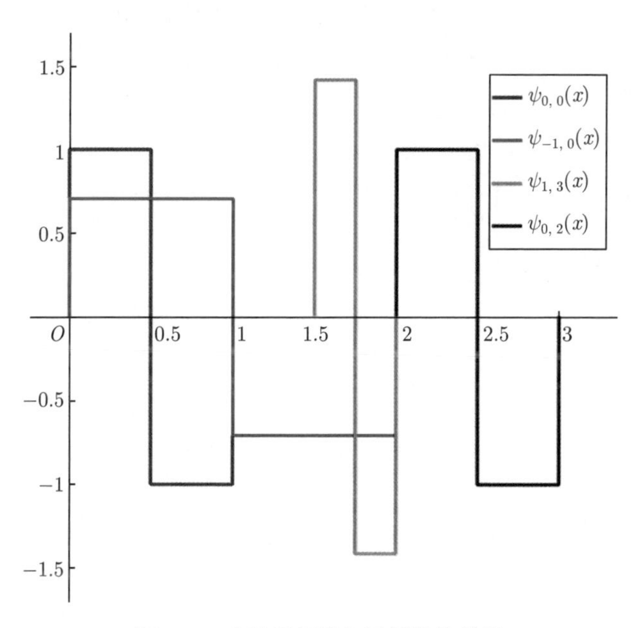

图 4.2　小波子函数与子函数的关系

4.2.3　尺度函数与子函数

在离散小波变换中，如果将小波函数视为高通滤波器，则尺度函数就是低通滤波器，需要尺度函数来覆盖低频信息。因此，尺度函数不能有消失矩，通常定义尺度函数的零阶消失矩为 1，将尺度函数记作 $\phi(x)$，则：

$$\int \phi(x)\mathrm{d}x = 1 \tag{4.7}$$

类似于小波函数与子函数的关系，尺度子函数可以定义为：

$$\phi_{a,b}(x) = a^{-\frac{1}{2}}\phi((x-b)/a), \quad a,b \in \mathbb{R}\text{且}a \neq 0 \tag{4.8}$$

同理，二进制采样下的尺度子函数定义为：

$$\phi_{j,k}(x) = 2^{\frac{j}{2}}\phi(2^j x - k), \quad j,k \in \mathbb{Z} \tag{4.9}$$

4.2.4 多分辨率分析

多分辨率分析是小波分解与重构的理论基础，其概念由 Mallat 于 1989 年首次提出，主要思想为通过在 $L^2(\mathbb{R})$ 的一个子空间建立基底，然后经过一些简单的变换，将子空间的基底扩充到 $L^2(\mathbb{R})$ 上。定义在 $L^2(\mathbb{R})$ 空间上的多分辨率分析是指 $L^2(\mathbb{R})$ 中满足以下条件的嵌套子空间序列 $\{V_j\}_{j\in\mathbb{Z}}$：

（1）对任意 $j \in \mathbb{Z}$，$V_j \subset V_{j+1}$；

（2）$\bigcap\limits_{j\in\mathbb{Z}} V_j = \{0\}$，$\overline{\bigcup\limits_{j\in\mathbb{Z}} V_j} = L^2(\mathbb{R})$；

（3）对任意 $j \in \mathbb{Z}$，$f(x) \in V_j \iff f(2x) \in V_{j+1}$；

（4）对任意 $j,k \in \mathbb{Z}$，$f(x) \in V_j \iff f(x - 2^{-j}k) \in V_j$；

（5）存在 $\phi(x) \in L^2(\mathbb{R})$，使得 $\{\phi(x-k)\}_{k\in\mathbb{Z}}$ 为 V_0 的一组 Riesz 基。

若这组基 $\{\phi(x-k)\}_{k\in\mathbb{Z}}$ 是标准正交基，则称这个多分辨率分析是正交的，可以将条件 (5) 写成：存在 $\phi(x) \in L^2(\mathbb{R})$，使得 $\{\phi(x-k)\}_{k\in\mathbb{Z}}$ 为 V_0 的一组标准正交基。

如果已经找到了满足条件的 $\phi(x)$，则称 $\phi(x)$ 为小波的尺度函数。根据子空间之间的关系，可以定义：

$$V_j = \mathrm{span}\{\phi_{j,k}(x) = 2^{\frac{j}{2}}\phi(2^j x - k) \mid k \in \mathbb{Z}\} \tag{4.10}$$

子空间 V_j 称为近似子空间，可以验证 $\{V_j\}_{j\in\mathbb{Z}}$ 为 $L^2(\mathbb{R})$ 上满足条件 (1)~(5) 的一组嵌套子空间序列。

为了定义 V_j 和 V_{j+1} 之间的差值，引入 V_j 在 V_{j+1} 中的正交补 W_j，即：

$$W_j = \{f \in V_{j+1} \mid f \perp V_j\} \tag{4.11}$$

称子空间 W_j 为小波子空间，于是 V_{j+1} 可以表示为子空间 V_j 和 W_j 的和

$$V_{j+1} = V_j \oplus W_j \tag{4.12}$$

事实上，当尺度函数 $\phi(x)$ 确定后，可以选择 $\psi(x) = \phi(2x) - \phi(2x-1)$，使得 $\{\psi_{j,k}(x) = 2^{\frac{j}{2}}\psi(2^j x - k)\}_{k\in\mathbb{Z}}$ 为 W_j 的一组标准正交基。由式(4.12)可知 $\{\phi_{j,k}(x)\}_{k\in\mathbb{Z}}\bigcup\{\psi_{j,k}(x)\}_{k\in\mathbb{Z}}$ 也是 V_{j+1} 的一组基，因此对任意 $f_j(x)\in V_j$，可以进行如下分解：

$$\begin{aligned} f_j(x) &= f_{j-1}(x) + g_{j-1}(x) \\ &= \sum_k c_k^{j-1}\phi_{j-1,k}(x) + \sum_k d_k^{j-1}\psi_{j-1,k}(x) \end{aligned} \tag{4.13}$$

式中，$f_{j-1}\in V_{j-1}$，$g_{j-1}\in W_{j-1}$。而由式(4.12)逐层展开可以得到：

$$V_j = V_{j_0}\oplus W_{j_0}\oplus W_{j_0+1}\oplus\cdots\oplus W_{j-1},\quad j_0 < j \tag{4.14}$$

因此可以将式(4.13)继续分解得到如下的多尺度分解：

$$f_j(x) = \sum_k c_k^{j_0}\phi_{j_0,k}(x) + \sum_{p=j_0}^{j-1}\sum_k d_k^p\psi_{p,k}(x),\quad j_0 < j \tag{4.15}$$

4.2.5　信号分解与重构

多分辨率分析可以对信号进行分解与重构，其主要流程分为四步：(1) 信号近似；(2) 信号分解；(3) 自定义操作；(4) 信号重构。

4.2.5.1　信号近似

对于 $L^2(\mathbb{R})$ 空间的一个信号函数 $f(x)$，由多分辨率分析的渐进完全性可以知道存在 V_j 足够接近 $L^2(\mathbb{R})$ 空间。通常假设 $f(x)$ 属于一个较高分辨率的空间 V_j，因此第一步是将 $f(x)$ 从 $L^2(\mathbb{R})$ 空间投影到 V_j 上。由正交投影的性质可以得到：

$$f(x)\approx f_j(x) = \sum_k c_k^j\phi_{j,k}(x),\quad c_k^j = < f,\phi_{j,k} > \tag{4.16}$$

式中，$<\cdot,\cdot>$ 为 $L^2(\mathbb{R})$ 空间上的内积，定义为：

$$< f,g > = \int_{-\infty}^{+\infty} f(x)g(x)\mathrm{d}x \tag{4.17}$$

将式 (4.17) 代入式 (4.16) 得到：

$$
\begin{aligned}
c_j^k &= \int_{-\infty}^{+\infty} f(x)\phi_{j,k}(x)\mathrm{d}x \\
&= 2^{\frac{j}{2}} \int_{-\infty}^{+\infty} f(x)\phi(2^j x - k)\mathrm{d}x \\
&= 2^{\frac{j}{2}} \int_{2^{-j}k}^{2^{-j}(k+1)} f(x)\mathrm{d}x
\end{aligned} \tag{4.18}
$$

为了方便计算，取中点作为估计值：

$$
c_j^k \approx 2^{-\frac{j}{2}} f\left(2^{-j}\left(k+\frac{1}{2}\right)\right) \tag{4.19}
$$

于是得到了 $f(x)$ 投影到 V_j 上的近似 $f_j(x)$。

4.2.5.2 信号分解

运用多尺度分解，可以将 $f_j(x)$ 分解为式(4.15) 的形式。在实际计算时，由于 $V_{j-1} \subset V_j$ 且 $W_{j-1} \subset V_j$，因此有：

$$
\phi_{j-1,0}(x) = \sum_k l_k \phi_{j,k}(x) \tag{4.20}
$$

$$
\psi_{j-1,0}(x) = \sum_k h_k \phi_{j,k}(x) \tag{4.21}
$$

通常在给定定义域下，小波基是有限的，因此可以通过基变换来快速计算分解系数。这里的 $\{l_k\}$ 和 $\{h_k\}$ 也称为低通滤波器系数和高通滤波器系数。

4.2.5.3 自定义操作

这一步主要由任务性质来决定如何对小波分解系数进行处理。如果是信号分析任务，则进行多尺度分解后进行分析；如果是降噪任务，则可以舍去一些较小的小波系数。图像融合任务上的操作将在 4.3 节详细说明。

4.2.5.4 信号重构

这一步是在对系数进行操作后，再逆向重构出信号的过程，可以用公式表达为：

$$
\hat{f}_j(x) = \sum_k \hat{c_k^{j_0}} \phi_{j_0,k}(x) + \sum_{p=j_0}^{j-1} \sum_k \hat{d_k^p} \psi_{p,k}(x), \quad j_0 < j \tag{4.22}
$$

式中，$\{\hat{c_k^{j_0}}\}$ 和 $\{\hat{d_k^p}\}$ 为经过自定义操作后的系数。

4.3 基于小波变换的图像融合

使用基于小波变换的方法执行图像融合任务有以下好处。

（1）它是一种多尺度 (多分辨率) 方法，适合管理不同分辨率的图像，近年来的研究表明，多尺度信息可用于包括图像融合在内的多种图像处理任务。

（2）通过离散小波变换的图像分解可以得到保留图像信息的不同频段的系数。

（3）从不同图像中分解获得的系数可以通过融合来获得新系数，这样可以收集到全部源图像中的信息。

（4）一旦将系数融合，则通过逆离散小波变换获得的图像将包含融合后的信息。

4.3.1 图像的二维离散小波变换

由于图像为 $L^2(\mathbb{R}^2)$ 空间中的元素，因此我们可以将 $L^2(\mathbb{R})$ 空间上的多分辨率分析进行推广。令 $\boldsymbol{V}_j = V_j \otimes V_j$，其中 $\otimes$ 为空间上的张量积，这里的 $\{V_j\}_{k\in\mathbb{Z}}$ 为 $L^2(\mathbb{R})$ 上多分辨率分析中的嵌套子空间序列，那么有：

$$\begin{aligned}\boldsymbol{V}_{j+1} &= (V_j \oplus W_j) \otimes (V_j \oplus W_j) \\ &= (V_j \otimes V_j) \oplus (V_j \otimes W_j) \oplus (W_j \otimes V_j) \oplus (W_j \otimes W_j) \\ &= \boldsymbol{V}_j \oplus \boldsymbol{W}_j\end{aligned} \tag{4.23}$$

式中，$\boldsymbol{W}_j = (V_j \otimes W_j) \oplus (W_j \otimes V_j) \oplus (W_j \otimes W_j)$；$\{\boldsymbol{V}_j\}_{k\in\mathbb{Z}}$ 就是 $L^2(\mathbb{R}^2)$ 上的嵌套子空间序列，且为 $L^2(\mathbb{R}^2)$ 上多分辨率分析。

在给定一维小波的情况下，以 $L^2(\mathbb{R})$ 上的尺度函数 $\phi(x)$ 和小波函数 $\psi(x)$ 作为分量进行张量积得到二维尺度函数和二维小波函数，可以将一维小波分解推广到二维。通过组合 $\phi(x)$ 和 $\psi(x)$ 可以获得一个二维尺度函数和三个二维小波函数：

$$\begin{aligned}&\boldsymbol{\Phi}(x,y) = \phi(x)\phi(y), \quad \boldsymbol{\Psi}^1(x,y) = \phi(x)\psi(y), \\ &\boldsymbol{\Psi}^2(x,y) = \psi(x)\phi(y), \quad \boldsymbol{\Psi}^3(x,y) = \psi(x)\psi(y)\end{aligned} \tag{4.24}$$

标准的二维小波基是由所有可能的一维小波基的张量积组合而成的，由此可以定义对应的尺度子函数和小波子函数：

$$\begin{aligned}&\boldsymbol{\Phi}_{j,k,l}(x,y) = \phi_{j,k}(x)\phi_{j,l}(y), \quad \boldsymbol{\Psi}^1_{j,k,l}(x,y) = \phi_{j,k}(x)\psi_{j,l}(y), \\ &\boldsymbol{\Psi}^2_{j,k,l}(x,y) = \psi_{j,k}(x)\phi_{j,l}(y), \quad \boldsymbol{\Psi}^3_{j,k,l}(x,y) = \psi_{j,k}(x)\psi_{j,l}(y)\end{aligned} \tag{4.25}$$

如果选择的一维小波基是正交基，则得到的二维小波基也是正交基。二维 Haar 小波基如图 4.3 所示，通过这组二维正交基，可以得到 $\boldsymbol{V}_j$ 上的一个分解：

$$
\begin{aligned}
f_j(x,y) = & \sum_{k,l} \boldsymbol{S}_{k,l} \varPhi_{j-1,k,l}(x,y) + \sum_{k,l} \boldsymbol{W}_{k,l}^{V} \varPsi_{j-1,k,l}^{1}(x,y) + \\
& \sum_{k,l} \boldsymbol{W}_{k,l}^{H} \varPsi_{j-1,k,l}^{2}(x,y) + \sum_{k,l} \boldsymbol{W}_{k,l}^{D} \varPsi_{j-1,k,l}^{3}(x,y) \\
= & A^{j-1} + V^{j-1} + H^{j-1} + D^{j-1}
\end{aligned} \tag{4.26}
$$

式中，$f_j(x,y) \in \boldsymbol{V}_j$，$\{\boldsymbol{S}_{k,l}\}$ 为近似系数；$\{\boldsymbol{W}_{k,l}^{V}\}$、$\{\boldsymbol{W}_{k,l}^{H}\}$、$\{\boldsymbol{W}_{k,l}^{D}\}$ 为垂直、水平、对角细节系数；A^{j-1}、V^{j-1}、H^{j-1}、D^{j-1} 为分解得到的各方向的细节分量，A^{j-1} 为近似分量，V^{j-1} 为垂直分量，H^{j-1} 为水平分量，D^{j-1} 为对角分量。

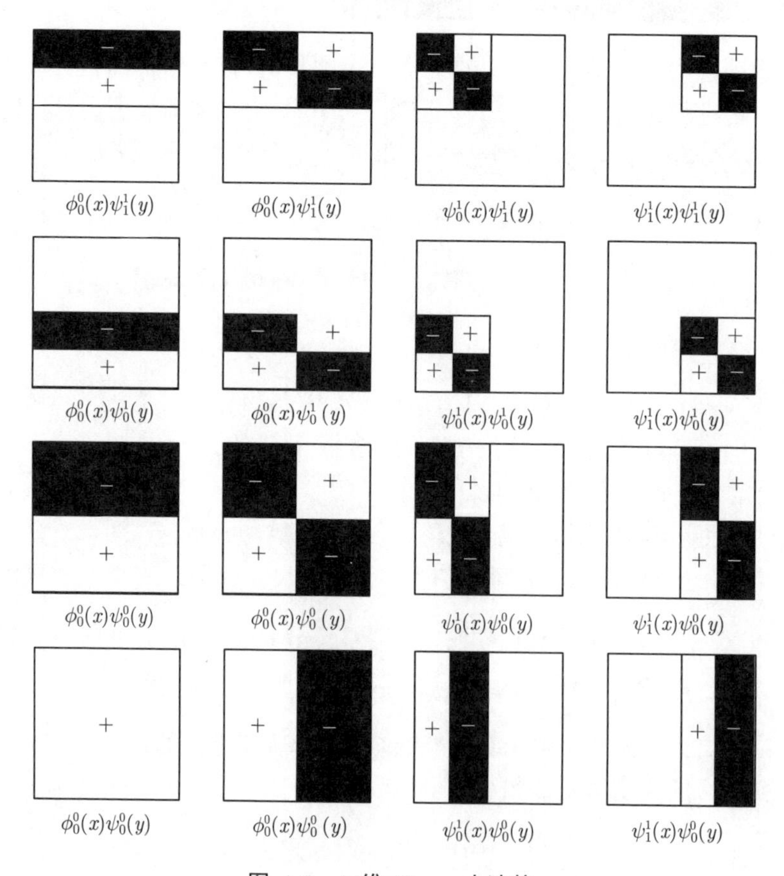

图 4.3　二维 Haar 小波基

4.3.2 图像融合过程

基于小波变换的图像融合过程类似于信号分解与重构过程，只是将其中的自定义操作替换为系数融合规则，具体步骤如下。

（1）图像近似：事实上由于图像 $\{I_i(x,y)\}$ 的离散性质，总能找到 $\boldsymbol{V}_j$ 使得 $\{I_i(x,y)\}\subset V_j^2$。

（2）图像分解：通过离散小波分解，可以将图像分解为多尺度细节系数和分量。

（3）图像融合：这里融合规则是将所有图像的近似分量求加权平均，然后对各个尺度下每个方向的分量求最大值，即

$$\begin{aligned}\tilde{A^{j_0}}&=\bar{A^{j_0}_{(i)}}, & \tilde{V^p}&=\max_i\{V^p_{(i)}\},\\ \tilde{H^p}&=\max_i\{H^p_{(i)}\}, & \tilde{D^p}&=\max_i\{D^p_{(i)}\}\end{aligned}\tag{4.27}$$

（4）图像重构：最后将融合后的多尺度细节分量进行组合，就能获得融合图像：

$$\tilde{I}=\tilde{A^{j_0}}+\sum_{p=j_0}^{j}\tilde{V^p}+\sum_{p=j_0}^{j}\tilde{H^p}+\sum_{p=j_0}^{j}\tilde{D^p}\tag{4.28}$$

4.4 小波选择

小波的选择直接决定小波族以及由小波基构造的嵌套子空间 $\{V_j\}$ 和多分辨率分析的选择。本节主要介绍在应用中常见的小波函数。

4.4.1 多小波

为了满足 $L^2(\mathbb{R})$ 上多分辨率分析的伸缩规则性和平移不变性，尺度函数的选择通常很单一。为了能用更少的分解层描述更多的信息，于是一个自然的想法就是引入多个尺度函数 $\{\phi^i(x)\}$，这样可以描述更多空间的细节信息，为此，我们先对多分辨率分析进行推广。

定义在 $L^2(\mathbb{R})$ 上的 r 重正交多分辨率分析是指 $L^2(\mathbb{R})$ 中满足以下条件的嵌套子空间序列 $\{V_j\}_{j\in\mathbb{Z}}$：

（1）对任意 $j\in\mathbb{Z}$，$V_j\subset V_{j+1}$；

（2）$\bigcap\limits_{j\in\mathbb{Z}}V_j=\{0\}$，$\overline{\bigcup\limits_{j\in\mathbb{Z}}V_j}=L^2(\mathbb{R})$；

（3）对任意 $j \in \mathbb{Z}$，$f(x) \in V_j \iff f(2x) \in V_{j+1}$；

（4）对任意 $j,k \in \mathbb{Z}$，$f(x) \in V_j \iff f(x-2^{-j}k) \in V_j$；

（5）存在一组函数 $\phi^1(x), \phi^2(x), \cdots, \phi^r(x) \in L^2(\mathbb{R})$，使得 $\{\phi^i(x-k) \mid k \in \mathbb{Z}, 1 \leqslant i \leqslant r\}$ 为 V_0 的一组正交基。

如果找到了满足条件的 $\{\phi^i(x) \mid 1 \leqslant i \leqslant r\}$，则称 $\Phi(x) = \begin{pmatrix} \phi^1(x) \\ \phi^2(x) \\ \vdots \\ \phi^r(x) \end{pmatrix}$ 为多小波的尺度函数。

由条件 (5) 可知，对任意 $f \in V_0$，存在唯一一组系数 $\{\boldsymbol{f}_k\}$，使得

$$f(x) = \sum_k \boldsymbol{f}_k^{\mathrm{T}} \Phi(x-k) \tag{4.29}$$

由条件 (3) 我们知道 V_j 是由 V_0 中的函数压缩 2^j 倍所组成的，于是可以得出 $\{\phi_{j,k}^i(x-k) = 2^{j/2}\phi^i(2^j x - k) \mid k \in \mathbb{Z}, 1 \leqslant i \leqslant r\}$ 为 V_j 的一组基。

为了描述 V_j 和 V_{j+1} 的差值，我们引入 W_j 使得 $V_{j+1} = V_j \oplus W_j$，但由于尺度函数的增加，单个小波函数难以成为正交补的基，因此我们找到一组基 $\{\Psi^s\}$ 需满足以下条件：

（1）$\overline{\bigoplus_n W_n} = L^2(\mathbb{R})$；

（2）若 $k \neq n$，则 $W_k \perp W_n$；

（3）对任意 $j \in \mathbb{Z}$，$f(x) \in W_j \iff f(2x) \in W_{j+1}$；

（4）对任意 $j,k \in \mathbb{Z}$，$f(x) \in W_j \iff f(x-2^{-j}k) \in W_j$；

（5）存在一组向量值函数 $\Psi^1(x), \Psi^2(x), \cdots, \Psi^m(x) \in L^2$，两两正交且都正交于 $\Phi(x)$，于是

$$\{\Psi^s(x-k) \mid k \in \mathbb{Z}, 1 \leqslant s \leqslant m\} \tag{4.30}$$

构成了 W_0 的一组基，且

$$\{\Psi_{n,k}^s(x) = 2^{n/2}\Phi^s(2^n x - k) \mid n,k \in \mathbb{Z}, 1 \leqslant s \leqslant m\} \tag{4.31}$$

构成了 L^2 的一组基；

（6）对任意 $\Phi^s(x) \in V_1$，存在系数矩阵 $\{\boldsymbol{G}_k^s\}$，使得

$$\Psi^s(x) = \sqrt{2}\sum_k \boldsymbol{G}_k^s \Phi(2x-k) \tag{4.32}$$

向量值函数 $\{\Psi^s(x)\}$ 称为多小波函数，Φ 和 Ψ^s 合在一起构成了一个多小波。正交多小波 SAI 如图 4.4 所示。

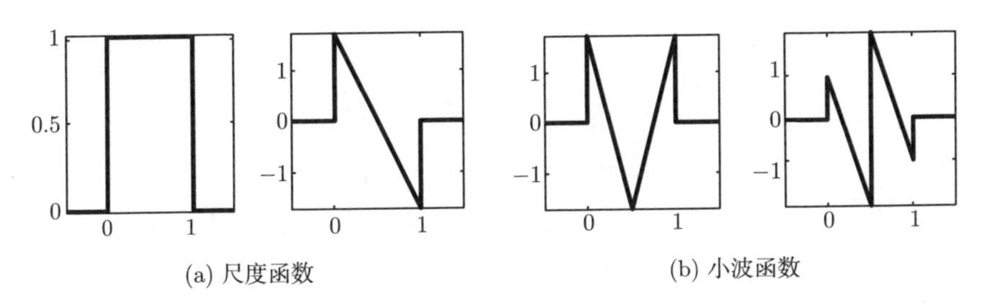

(a) 尺度函数　　(b) 小波函数

图 4.4　正交多小波 SAI

4.4.2　轮廓波

对于一维分段信号近似，小波是个很好的工具，可以为这些信号提供最佳表示，然而自然图像并不是一维分段平滑扫描线的叠加。二维小波虽然能够分离边缘的不连续性，但不能看到沿着轮廓的平滑度。由于二维小波是由一维小波的张量积构造而成的，所以只能用方形区域来描述纹理 (见图 4.5)，随着分辨率的提高，需要使用很多精细的点来捕获轮廓。

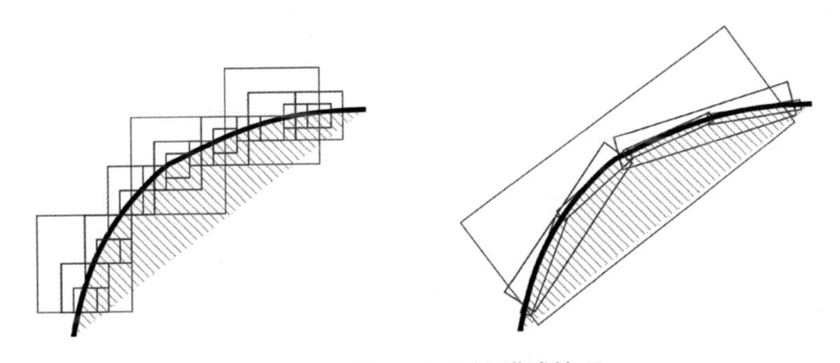

图 4.5　用方形区域来描述纹理

基于人类视觉系统的视觉皮层的感受也具有局限性、定向性和带通性这一事实，研究者提出了轮廓波变换，也称为塔形方向滤波器组。轮廓波变换是一种多分辨率的、局部的、有方向性的图像表示方法，通常先应用多尺度变换，然后再进行局部方向变换，将相同尺度的相邻基函数进行组合。具体地讲，轮廓波变换使用了一种双滤波器组结构，如图 4.6 所示，用于捕获具有平滑轮廓的图像稀疏表示。在该双滤波器组中，首先使用拉普拉斯金字塔来捕获点的不连续性，然后使用方向滤波器组将不连续点合并为一个系数。因为轮廓波允许每个尺度使用不同数目的分解方向，因此最终类似于用分段轮廓作为基的结构来逼近源图像。

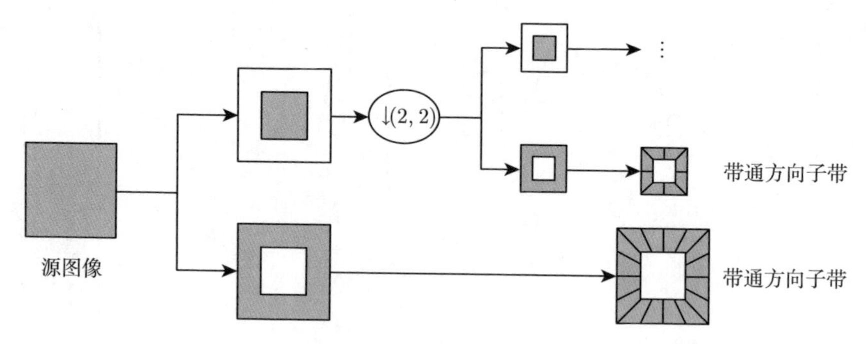

图 4.6 双滤波器组结构

轮廓波分解由拉普拉斯金字塔和方向滤波器组两部分组成。在图像上应用的二维方向滤波器组 (Directional Filter Bank, DFB) 是由 Bamberger 和 Smith 提出并构建的，它可以抽取并获得完全的重构。DFB 由 l 级二叉树分解实现，该分解产生 2^l 个方向子带，且为楔形划分，如图 4.7(a) 所示。

将 l 级树结构的 DFB 看作 2^l 个并联的通道滤波器组，如图 4.7(b) 所示，拥有等价滤波器和采样矩阵，其全部采样矩阵具有如下形式：

$$\boldsymbol{S}_k^{(l)} = \begin{cases} \operatorname{diag}(2^{l-1}, 2), & 0 \leqslant k < 2^{l-1} \\ \operatorname{diag}(2, 2^{l-1}), & 2^{l-1} \leqslant k < 2^l \end{cases} \tag{4.33}$$

于是可以得到 $l^2(\mathbb{Z}^2)$ 上离散信号的一组基：

$$\{d_k^{(l)}[\boldsymbol{n} - \boldsymbol{S}_k^{(l)}\boldsymbol{m}] \mid 0 \leqslant k < 2^l, \boldsymbol{m} \in \mathbb{Z}^2\} \tag{4.34}$$

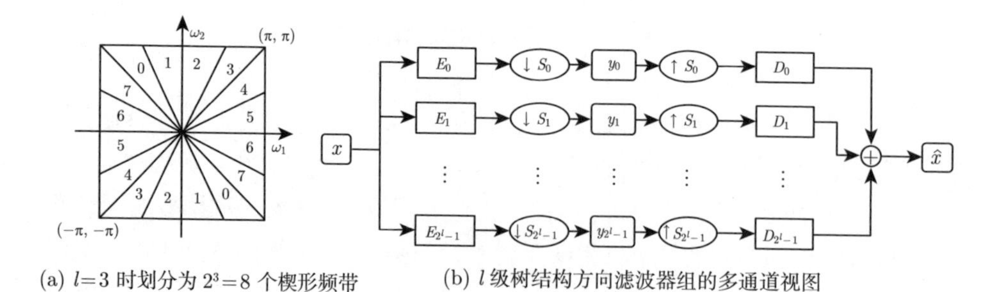

(a) l=3 时划分为 $2^3=8$ 个楔形频带　　(b) l 级树结构方向滤波器组的多通道视图

图 4.7 方向滤波器组

从滤波器的角度看，轮廓波变换首先通过拉普拉斯金字塔分解为低频子带和高频子带，高频子带经过方向滤波器组分解为 2^l 个方向子带，然后对低频子带重复上述过程。由多采样率理论可知，对滤波后的图像再进行下采样会发生频谱混叠，因此低频子带和高频子带均存在频谱混叠现象。

为了消除轮廓波变换的频谱混叠现象，基于非下采样的思想，研究者提出了非下采样轮廓波变换（Non-Subsampled Contourlet Transform, NSCT）。NSCT 采用非下采样金字塔分解（NSPFB）和非下采样方向滤波器组（NSDFB），避免了下采样操作，所以 NSCT 没有频谱混叠现象，其分解示意图如图 4.8 所示。

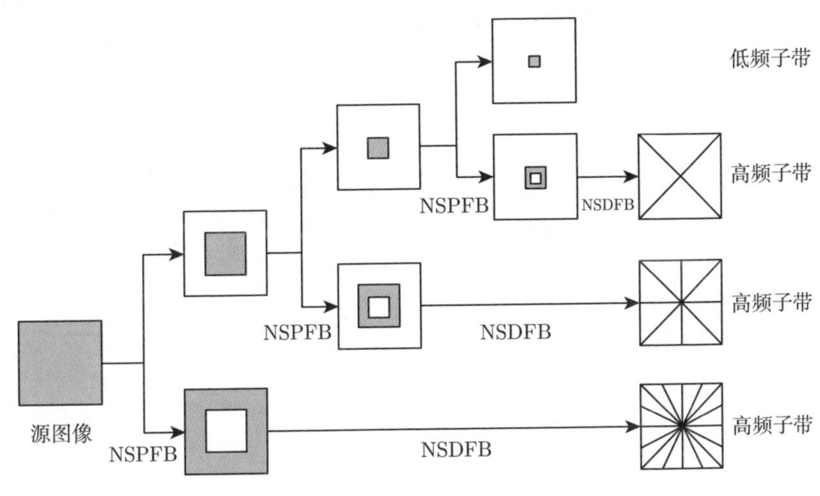

图 4.8　NSCT 分解示意图

4.4.3　剪切波

为了有效处理多维信号的几何特征，研究者们提出了多种小波构造方式。这些构造的主要思想是为了获得空间上不连续多元函数的有效表示，使得能包含比经典小波更多形状和方向的基元素。使用合成小波理论，可以将仿射系统和多尺度分析结合来构造剪切波。具有合成膨胀的二维仿射系统表示为：

$$\mathcal{A}_{\boldsymbol{AB}}(\psi)=\{\psi_{i,j,k}(\boldsymbol{x})=|\det\boldsymbol{A}|^{i/2}\psi(\boldsymbol{B}^j\boldsymbol{A}^i\boldsymbol{x}-\boldsymbol{k})\mid i,j\in\mathbb{Z},\boldsymbol{k}\in\mathbb{Z}^2\} \tag{4.35}$$

式中，$\psi\in L^2(\mathbb{R}^2)$；$\boldsymbol{A}$ 和 $\boldsymbol{B}$ 为 2×2 的可逆矩阵且 $|\det\boldsymbol{B}|=1$。当 $\mathcal{A}_{\boldsymbol{AB}}(\psi)$ 为 $L^2(\mathbb{R}^2)$ 上的紧框架 (也称 Parseval 框架) 时，即对任意 $f\in L^2(\mathbb{R}^2)$ 满足

$$\sum_{i,j,k}|<f,\psi_{i,j,k}>|^2=\|f\|^2 \tag{4.36}$$

称该仿射系统里的元素为合成小波。

剪切波是合成小波的一种特殊情况，此时选择

$$\begin{aligned}\boldsymbol{A}_a &= \begin{pmatrix} a & 0 \\ 0 & \sqrt{a} \end{pmatrix}, \quad a > 0 \\ \boldsymbol{B}_s &= \begin{pmatrix} 1 & s \\ 0 & 1 \end{pmatrix}, \quad s \in \mathbb{R}\end{aligned} \tag{4.37}$$

式中，$\boldsymbol{A}_a$ 为抛物型缩放矩阵；$\boldsymbol{B}_s$ 为剪切矩阵。由于图像的存储是离散的，因此为了保证在缩放和剪切变换后像素还在网格点上，通常选择 $a = 4$ 和 $s = 1$。

令 $\psi_1 \in L^2(\mathbb{R})$ 满足 $\hat{\psi_1} \in \boldsymbol{C}^\infty(\mathbb{R}), \text{supp}(\hat{\psi_1}) \subseteq \left[-\frac{1}{2}, -\frac{1}{16}\right] \cup \left[\frac{1}{16}, \frac{1}{2}\right]$ 和离散 Calderòn 条件，即

$$\sum_{j\in\mathbb{Z}} |\hat{\psi_1}(2^{-j}\xi)|^2 = 1, \quad \xi \in \mathbb{R} \tag{4.38}$$

$\hat{f}$ 为 f 经过傅里叶变换后的函数，$\text{supp}(f)$ 为 f 的支撑集，可以选择 Lemariè-Meyer 小波作为满足条件的 ψ_1。

令 $\psi_2 \in L^2(\mathbb{R})$ 满足 $\hat{\psi_2} \in \boldsymbol{C}^\infty(\mathbb{R}), \text{supp}(\hat{\psi_2}) \subseteq [-1, 1]$，以及

$$\sum_{k\in\mathbb{Z}} |\hat{\psi_2}(\xi + k)|^2 = 1, \quad \xi \in \mathbb{R} \tag{4.39}$$

那么可以选择 Bump 函数作为满足条件的 ψ_2。

于是可以从频域上定义 $\psi \in L^2(\mathbb{R}^2)$：

$$\hat{\psi}(\xi) = \hat{\psi_1}(\xi_1)\hat{\psi_2}\left(\frac{\xi_2}{\xi_1}\right), \quad \boldsymbol{\xi} = (\xi_1, \xi_2) \in \mathbb{R}^2 \tag{4.40}$$

ψ 也称为经典剪切波。可以验证，由经典剪切波 ψ 定义的仿射系统 $\mathcal{A}_{\boldsymbol{AB}}(\psi)$ 为 $L^2(\mathbb{R}^2)$ 上的紧框架，其频域剖分图如图 4.9 所示。

剪切波变换的一个优点是对剪切变换的数量没有限制，此外与轮廓波用到的方向滤波器组不同，剪切波对剪切滤波器的支撑集大小没有约束。类似于 NSCT 的思想，研究者也提出了非下采样剪切波变换（Non-Subsampled Shearlet Transform, NSST）。NSST 由非下采样拉普拉斯金字塔和几种不同的剪切滤波器组成，NSST 不仅具有平移不变性，而且具有多尺度性和多方向扩展性。

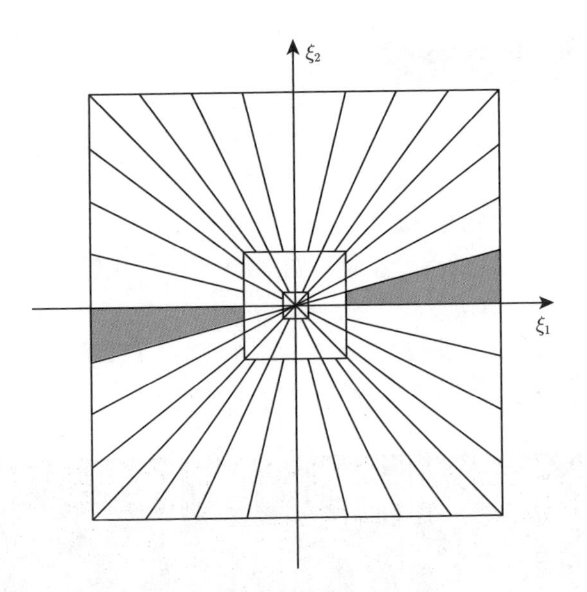

图 4.9　经典剪切波的频域剖分图

4.5 实验结果与分析

本节将上述常见的基于小波变换的图像融合方法应用于遥感图像全色锐化并给出实验结果及分析。同第 3 章一样，实验考虑了来自 WV-2 卫星的图像数据，其中 MS 图像含有 8 个波段，空间分辨率为 2m，PAN 图像空间分辨率为 0.5m。实验中首先对 MS 图像进行上采样，得到与 PAN 图像同样尺寸的插值 MS 图像，然后分别取每一波段与 PAN 图像进行融合。实验中所使用的小波变换方法以及实现细节如下。

用于比较的算法如下所列。

（1）小波变换: 基于二维离散小波变换的图像融合方法。低频系数采用 MS 图像分解后得到，高频系数采用 MS 图像分解后得到。

（2）多小波变换: 基于多小波变换的图像融合方法。低频系数采用自适应模糊逻辑算法，高频系数采用模值取较大的方法。

（3）轮廓波变换: 基于非下采样轮廓波变换（NSCT）的图像融合方法。低频系数采用自适应模糊逻辑算法，高频系数采用模值取较大的方法。

（4）剪切波变换: 基于非下采样剪切波变换（NSST）的图像融合方法。低频系数采用局域平均能量与区域内改进的拉普拉斯能量相结合的方法，高频系数采用模值取较大的方法。

4.5.1 降分辨率分析

首先在降分辨率的模拟数据集上进行实验，输入图像为 256 像素 × 256 像素的 PAN 图像以及由 64 像素 × 64 像素的 MS 图像插值上采样得到的 256 像素 × 256 像素的 MS 图像（UsMS）。基于小波族变换的图像融合方法在 WV-2 降分辨率图像上的融合结果如图 4.10 所示。从视觉上分析，基于小波变换、轮廓波变换、剪切波变换的融合方法保持了较好的空间信息，而基于多小波变换的融合结果较为模糊。基于小波变换的方法能保持更好的光谱信息，而基于剪切波变换的算法光谱失真的问题最为明显。

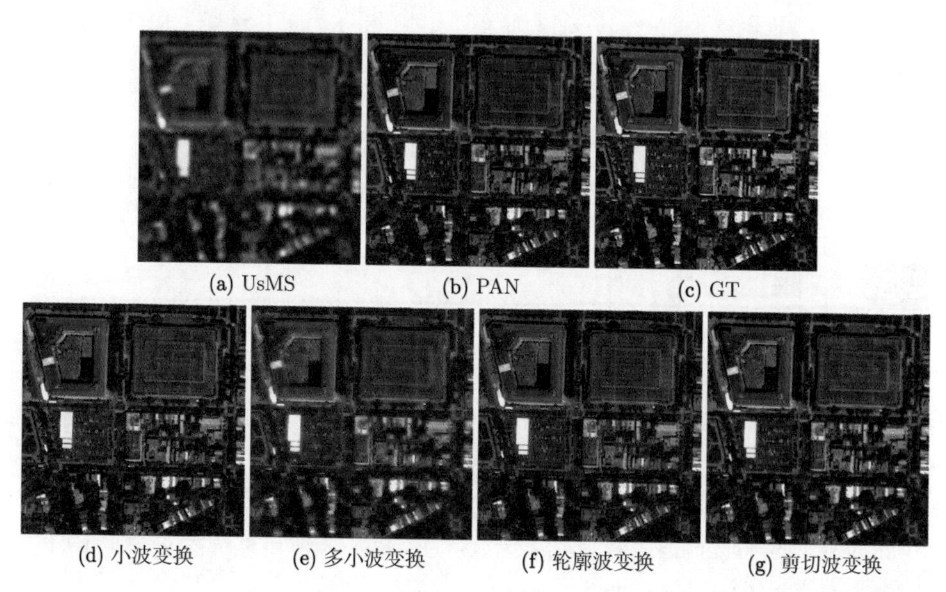

(a) UsMS　(b) PAN　(c) GT

(d) 小波变换　(e) 多小波变换　(f) 轮廓波变换　(g) 剪切波变换

图 4.10　基于小波族变换的图像融合方法在 WV-2 降分辨率图像上的融合结果

表 4.1 给出了不同方法使用质量评价指标得到的定量结果，其中包括 Q^{2^n}（针对 WV-2 图像即为 Q^8）、QAVE、SAM、ERGAS、SCC 以及算法平均运行

表 4.1　定量结果

指标	Q^8	QAVE	SAM	ERGAS	SCC	Time/s
理想值	**1**	**1**	**0**	**0**	**1**	**0**
小波变换	0.8763	0.8468	8.7104	4.8659	0.8340	**0.2225**
多小波变换	0.8015	0.7850	8.4273	6.3027	0.7507	2.0030
轮廓波变换	**0.8953**	**0.8693**	**7.4476**	**4.8564**	**0.8638**	115.4020
剪切波变换	0.8694	0.8534	9.7646	5.8205	0.8572	8.8449

时间（Time）。从指标对比结果看，基于轮廓波变换的方法在大部分指标上都达到了最好的精度，但在算法平均运行时间上却远远超出其他方法。其中，基于小波变换的融合方法所用平均运行时间最少，且在质量指标 Q^8、ERGAS 上与基于轮廓波变换的方法表现比较接近。

4.5.2 原分辨率评估分析

为了验证不同小波族融合方法在真实数据集上的融合结果，使用 WV-2 卫星采集的原始分辨率图像进行对比分析，输入图像为 256 像素 × 256 像素的 PAN 图像以及由 64 像素 × 64 像素的 MS 图像插值上采样得到的 256 像素 × 256 像素的 MS 图像，基于小波族的图像融合方法在 WV-2 原分辨率图像上的融合结果如图 4.11 所示。从融合结果来看，它与降分辨率的分析基本一致，仍然是基于小波变换、基于轮廓波变换、基于剪切波变换的方法能保持较好的空间细节，而基于多小波变换的方法会出现条带状噪声。基于轮廓波变换的方法对于光谱信息的保持是最好的，其次是基于小波变换的方法，基于剪切波变换的方法光谱失真较严重。

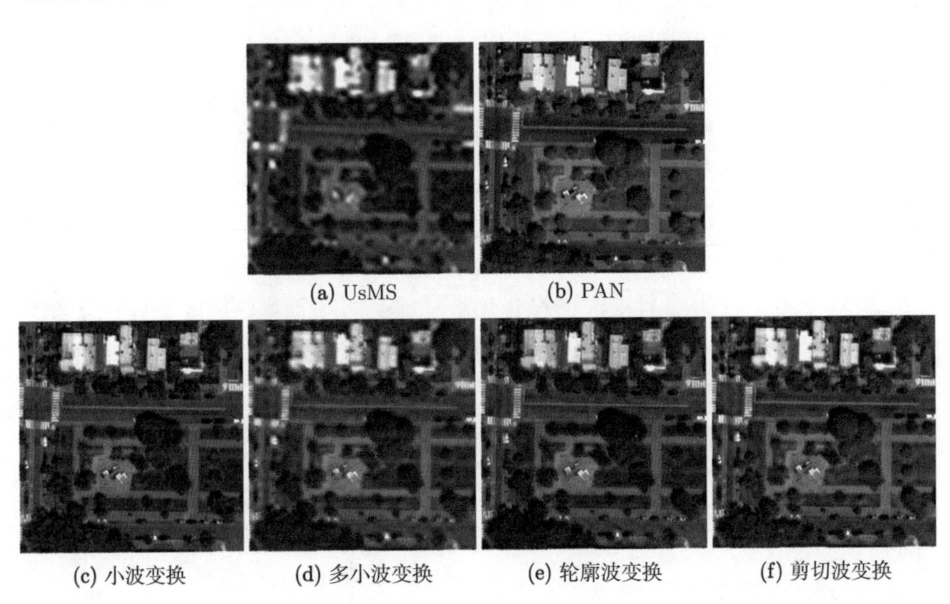

(a) UsMS　(b) PAN

(c) 小波变换　(d) 多小波变换　(e) 轮廓波变换　(f) 剪切波变换

图 4.11　基于小波族的图像融合方法在 WV-2 原分辨率图像上的融合结果

表 4.2 给出了不同方法使用质量评价指标得到的定量结果，其中包括无参考图像评价指标（QNR）、分别用于评估光谱失真和空间失真的 D_λ 和 D_S 以

及算法平均运行时间（Time）。基于轮廓波变换的方法能保持相对较好的 D_λ，即该方法能更好地降低光谱失真；而基于多小波变换的融合方法在 D_S 指标和 QNR 指标上表现突出，表明该方法能够保留更多的空间细节信息，且整体融合效果最优。

表 4.2　定量结果

指标	D_λ	D_S	QNR	Time/s
理想值	**0**	**0**	**1**	**0**
小波变换	0.1142	0.1818	0.7250	**0.3232**
多小波变换	0.0895	**0.0962**	**0.8228**	2.3017
轮廓波变换	**0.0770**	0.1380	0.7958	116.4981
剪切波变换	0.1679	0.1912	0.6732	9.5009

4.6 本章小结

小波是一种多尺度几何分析工具，使用小波可以捕获图像中的线面特征和边缘结构。本章主要对小波应用于图像融合方面的工作进行了梳理，在介绍完小波基础理论后，对几种常见小波应用在遥感图像融合任务上的效果进行了评估和分析。

首先介绍了小波的基本理论。小波由尺度函数和小波函数所描述，其子函数构成了空间上的一组基。小波分解的形式来源于多分辨率分析，是一种多尺度分解。通过小波分解，我们可以对系数进行分析和操作，而在图像融合任务中，将系数进行融合，来重构出融合图像。

然后介绍了使用经典小波的图像融合。通过将 $L^2(\mathbb{R})$ 空间上的多分辨率分析推广到 $L^2(\mathbb{R}^2)$ 空间上，可以用一维小波来定义二维小波。如果将图像看作信号，那么图像融合跟信号分解与重构的过程是一致的。

由于经典小波描述细节的能力较为单一，因此本章还介绍了几种研究者们改进后的小波，其中 NSCT 和 NSST 方法是现在常用的传统图像融合方法。最后我们以遥感图像为例来比较各种小波在图像融合任务上的效果。

第5章

基于智能优化算法的图像融合

5.1 引言

优化算法分为智能优化算法和非智能优化算法。智能优化算法是人们受自然界或生物界规律的启发，根据自然界或生物界的原理，模仿其规律而设计的求解问题的算法。智能优化算法的目标就是求解组合优化问题的全局最优解，当前应用比较广泛的有模拟退火算法、遗传算法和粒子群算法等。这一类算法由于其自身的局限性，虽然不能保证求得优化问题的精确解，但由于其收敛速度较快，并且能根据目标函数找到局部最优解得到较为理想的近似最优解，而图像融合通常也可以转化为目标函数最优解问题，因此在图像融合领域也有较为广泛的应用。

本章主要介绍智能优化算法在图像融合中的应用，首先介绍什么是进化算法，然后分别详细地介绍三种基于进化算法的图像融合方法，即基于贝叶斯网络及进化算法的全色锐化融合、基于进化算法的 IHS 全色锐化融合和基于多目标优化的 IHS 全色锐化融合。针对这三种方法，本章从方法叙述、模型定义、算法流程以及实验分析这四个方面进行介绍。

5.2 智能优化算法简介

目前，存在很多求解图像处理问题的优化方法和思路，如牛顿法、爬山法、梯度下降法、交替方向乘子法（ADMM）、模拟退火算法、遗传算法（GA）、禁忌搜索算法、粒子群算法（PSO）、进化算法（EA）、神经网络方法等。这些方法大致可以分为非智能优化算法和智能优化算法两大类，本节主要介绍包括遗传算法（GA）、进化算法（EA）、粒子群算法（PSO）等群体搜索算法在内的智能优化方法。

5.2.1 智能优化算法分类

适应度函数（Fitness Function）是定量评价候选解个体优劣的标准。一个种群在每一次进化过程中产生的子代个体，可能比父代优秀，也可能没有父代优秀，甚至某些进化算法可以产生多个子代，所以需要一个定量评估标准来决定哪些子代个体胜出进入种群，以开始后继的进化。这个标准指引了整个种群的进化方向, 称为适应度函数（又叫目标函数）。只优化一个适应度函数的算法叫作单目标优化算法；优化多个适应度函数的算法叫作多目标优化算法。下面分别对这两类算法中的经典方法进行介绍。

5.2.1.1 单目标优化算法

单目标优化指使用一个适应度函数对可行解进行评价，所评测目标只有一个，只需要根据具体的函数条件求得最优值。首先以遗传算法（GA）、进化算法（EA）、粒子群算法（PSO）为例，简要介绍单目标优化算法。

（1）遗传算法（GA）：遗传算法是 Holland 模仿达尔文的进化学说以及孟德尔的杂交学说而提出的一种启发式搜索方法，它充分利用了自然界中优胜劣汰、适者生存等生存法则，将搜索空间中的候选解通过二进制的方式编码为染色体的形式。该染色体包含由多个 0 和 1 的代码组成的基因，并通过适应度函数来评估染色体的好坏，使用选择、变异及交叉等算子来产生下一代优良的解。

（2）进化算法（EA）：与遗传算法使用染色体中的基因变化来寻找可行解不同，进化算法则是以群体中的个体变化来寻找可行解，是个体级的变化。具体地说，进化算法将可行解描述成个体的形式，在对解进行操作时，针对每一个个体进行变化。比较常见的两类进化算法为进化策略和进化规划，其中进化策略使用变异和重组产生新解，而进化规划主要使用变异产生新解。

（3）粒子群算法（PSO）：粒子群算法是由 J. Kennedy 和 R. Eberhart 等人于 1995 年提出的一种新的进化算法。该算法模拟大自然中群鸟觅食的行为，将解空间中的可行解描述成粒子的形式，该粒子不仅含有在搜索空间中的位置信息，还有粒子运行中的方向信息，通过粒子本身含有的方向、粒子历史中最优位置的方向以及所有粒子历史中最优位置的方向来调节粒子的运行方向，以便下一代找到更好的位置。

5.2.1.2　多目标优化算法

单目标优化使用一个适应度函数对可行解进行评价，但在生活中面对的问题并不是只有一种评价函数，而是有多种评价函数，这就不可避免地需要在满足多种评价函数的前提下获得一种折中解，这种求解的方法被称为多目标优化算法。传统的优化算法在面对多种评价函数时，主要通过对不同的评价函数分配不同的权重进而组合成一种目标函数，再进行优化，但是最优权重的设置非常困难。多目标优化算法的提出为解决该问题提供了可能，它可以对多个目标进行并行优化，并且不需要设置任何权重。现有的多目标优化算法有很多，包括多目标遗传算法（MOGA）和非支配排序遗传算法（NSGA）等在内的前期研究主要集中在非支配排序上，而没有将问题的特性和优化算法结合在一起；包括改进的非支配排序遗传算法（NSGA-II）和强度多目标优化算法（SPEA）等在内的中期研究主要集中在如何使用精英保留机制和保持新种群多样性，提出了基于聚类的、基于密度的和基于网格的多样性保持方法。现阶段研究主要集中在高维目标的优化上，主要包括基于分解的多目标优化算法（MOEA / D），以及基于正则化的多目标分布估计算法（RM-MEDA）等。下面选择其中几种算法进行简单介绍。

（1）NSGA-II 算法：NSGA-II 是由 Srinivas 和 Deb 于 2000 年在 NSGA 的基础上提出的一种基于遗传算法的多目标优化算法，它使用了遗传算法中的选择、交叉和变异机制。为了获得所有个体的排序，该算法使用锦标赛算法对种群进行级别划分，并对相同级别的个体使用拥挤距离来度量重要性。该算法的优点主要有：降低了算法的时间复杂度；加入精英保留机制以使好的个体得以保存；使用拥挤距离保持算法的多样性。

（2）RM-MEDA：RM-MEDA 由周爱民于 2008 年提出。该算法是一种基于正则化的多目标分布估计算法。基于多目标优化的可行解在解空间中可遵循一种 $m-1$ 维的流形分布，该算法首先将该流形分类，再针对每个类别使用局部 PCA 寻找代表该子类概率模型的主成分，而后对获得的多维线性空间采样来产生下一代种群。

（3）MOEA / D：MOEA / D 由张青富于 2007 年提出。该算法将一个多目标优化问题转换为多个子目标问题，其中每个子问题由一个均匀分布的权重向量构成，每生成一个新解，则基于聚合函数对该子问题附近的解进行替换，使用权重向量的邻域来寻找附近的解。该算法在处理高维多目标问题时有较好的效果，同时在时间复杂度上有了很好的改善。

5.2.2 进化算法概述

5.2.2.1 进化算法

达尔文的《物种起源》揭示了物种在瞬息万变的自然界中进行遗传和变异，并经过自然选择不断优化，让生命得以传承、延续和进化的过程。受自然界启发，将物种进化理论引入到优化问题的求解进而发展出进化算法的历史源远流长。1948 年，Turing 提出遗传进化研究；1975 年，J.Holland 提出遗传算法（Genetic Algorithm，GA）相关理论；1992 年，J.Koze 提出遗传规划（Genetic Programming，GP）。进化算法（Evolutionary Algorithm, EA）跨越了数学规划、计算智能、运筹学、生物、物理等学科，是模拟自然界中物种进化过程的一种全局优化算法。

作为基于群体的随机搜索算法，EA 总是维持着一个候选解种群。候选解种群是由多个候选解个体组成的集合，种群的学习过程是通过个体的学习实现的。图 5.1 展示了 EA 的总体框架。首先，在取值范围内随机初始化一定数量的个体，形成最初的候选解种群；然后，根据变异、交叉这两种算子来产生新的候选解个体，通过适应度函数来计算出每个候选解个体对应的适应值，通过选择算子选择具有更优适应度的候选解个体来组成下一次进化的种群；重复此过程从而迭代地产生新的候选解种群，直到达到设定的迭代次数阈值，终止进化；最后，所得结果集种群中的最优解个体就可认为是问题的近似最优解。

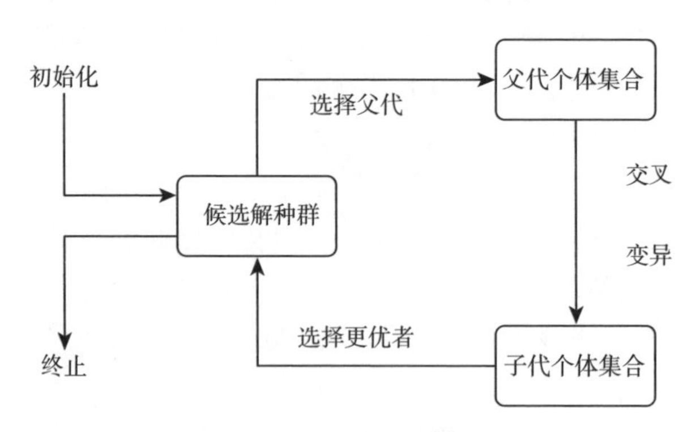

图 5.1 EA 的总体框架

用 EA 求解优化问题时，先将候选解编码成进化算法种群中的个体，这样才能进行交叉、变异和选择，以产生新个体，完成一次进化过程。不断地进化就会使候选解个体有更好的适应度，不断地靠近优化问题的最优解，当进化到一定程度时，候选解个体不再改变，收敛于某个值，或者达到设定的最大阈值，进化过程终止，此时的种群中取最佳适应度的个体就可以看作待求优化问题的近似最优解。

5.2.2.2　组合差分进化算法

差分进化（Differential Evolution，DE）算法于 1995 年由 Storn 和 Price 首次提出，是进化算法的一个简单有效的变种，它加入了个体间的差量。此后，DE 算法因其优异的性能，受到颇多关注并在各种竞赛中获奖，还被应用于信号处理、运筹学、计算机视觉等众多领域。DE 算法的变异算子中使用了两个候选解个体的差量来参与指导如何进行变异。本章后续内容会采用 DE 算法中的组合差分进化（Composite DE，CoDE）算法。下面详细介绍 CoDE 算法的流程。

CoDE 算法的进化机制是随机选取两个染色体，然后将这两个带差分权重的染色体与随机选取的第三个染色体进行交叉，从而产生一个新的子代向量，再将得到的新子代向量与父代向量进行对比，若新的混合向量能得到更好的优化结果，则用新产生的个体向量来代替父代中的向量。CoDE 算法的框架如图 5.2 所示，下面对该算法中的关键步骤进行具体说明。

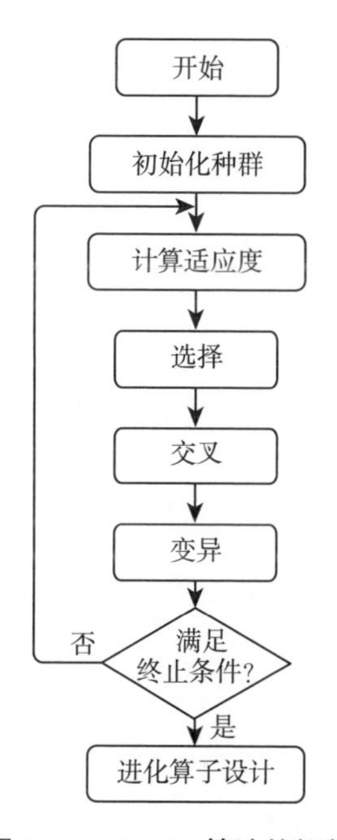

图 5.2　CoDE 算法的框架

1. 染色体表示

假设优化的目标函数为 $\min f(\boldsymbol{t})$，其中 $\boldsymbol{t}$ 为待优化变量，可行解空间为 $\Omega=[L_i,U_i]$，g 表示运行的代数，当 $g=0$ 时，如果用 $\mathrm{rand}(0,1)$ 表示 $[0,1]$ 上服从均匀分布的随机数，则随机生成初始种群可以表示为：

$$\boldsymbol{t}_{ij}(0)=\boldsymbol{t}_{ij}^L+\mathrm{rand}(0,1)\left(\boldsymbol{t}_{ij}^U-\boldsymbol{t}_{ij}^L\right) \tag{5.1}$$

如果用 N_P 表示种群规模，则种群个数 $i=(1,2,\cdots,N_\mathrm{P})$，每个个体的下标 i 和 j 表示第 i 个体的第 j 维子分量。种群规模 N_P 越大，群体的多样性越好，算法的搜索能力越强，但同时算法的计算量也会越大，导致算法效率降低；相反，种群规模 N_P 减小时，虽然算法效率得到了提高，群体多样性却会降低。因此，种群规模 N_P 一般设置为 20～100。

2. 变异算子

对于每一代，差分进化算法都会产生每个个体 $\boldsymbol{t}_i(g)$ 的变异体，可描述为 $\boldsymbol{v}_i(g+1)=(\boldsymbol{v}_{i_l}(g+1),\cdots,\boldsymbol{v}_{i_d}(g+1))$ 。其中，常用的变异算子有五种，分别为：

DE/rand/1

$$\boldsymbol{v}_i(g+1)=\boldsymbol{t}_{r_1}(g)+F_0\cdot(\boldsymbol{t}_{r_2}(g)-\boldsymbol{t}_{r_3}(g)) \tag{5.2}$$

DE/rand/2

$$\boldsymbol{v}_i(g+1)=\boldsymbol{t}_{r_1}(g)+F_0\cdot(\boldsymbol{t}_{r_2}(g)-\boldsymbol{t}_{r_3}(g))+F_0\cdot(\boldsymbol{t}_{r_4}(g)-\boldsymbol{t}_{r_5}(g)) \tag{5.3}$$

DE/best/1

$$\boldsymbol{v}_i(g+1)=\boldsymbol{t}_{\mathrm{best}}\ (g)+F_0\cdot(\boldsymbol{t}_{r_1}(g)-\boldsymbol{t}_{r_2}(g)) \tag{5.4}$$

DE/best/2

$$\boldsymbol{v}_i(g+1)=\boldsymbol{t}_{r_1}(g)+F_0\cdot(\boldsymbol{t}_{r_1}(g)-\boldsymbol{t}_{r_2}(g))+F_0\cdot(\boldsymbol{t}_{r_3}(g)-\boldsymbol{t}_{r_4}(g)) \tag{5.5}$$

DE/current-to-best/1

$$\boldsymbol{v}_i(g+l)=\boldsymbol{t}_i(g)+F_0\cdot(\boldsymbol{t}_{\mathrm{best}}\ (g)-\boldsymbol{t}_i(g))+F_0\cdot(\boldsymbol{t}_{r_1}(g)-\boldsymbol{t}_{r_2}(g)) \tag{5.6}$$

式中，r_1、r_2、r_3、r_4、r_5 表示随机整数；F_0 表示缩放因子；$\boldsymbol{t}_{\mathrm{best}}(g)$ 表示当前代最好的个体。这五种变异算子分别表示算法的不同功能，具体来说，DE/rand/1

和 DE/rand/2 算子中新个体基于随机选择的解生成，可以提高新种群的多样性；DE/best/1 和 DE/best/2 算子中新个体基于全局最优解生成，所以更有利于局部寻优；DE/current-to-best/1 算子中新个体基于当前个体与全局最优个体生成，为各变异体的生成融入了相应个体的搜索方向信息。

3. 交叉算子

经过变异算子后，CoDE 算法需要重组 $\boldsymbol{t}_i(g)$ 和 $\boldsymbol{v}_i(g+1)$ 中的部分基因，并根据交叉概率 $P_{\rm co}$ 产生新的中间个体 $\boldsymbol{u}_i(g+1)$。$P_{\rm co}$ 表示的是父代向量和子代向量生成新的混合向量的概率，其取值范围为 $[0,1]$。交叉算子的生成过程如图 5.3 所示，中间个体 $\boldsymbol{u}_i(g+1)$ 的生成通过式(5.7)实现。

$$\boldsymbol{u}_{ij}(g+1)=\begin{cases}\boldsymbol{v}_{ij}(g),\mathrm{rand}(0,1)\leqslant P_{\rm co}\ 或 j=\mathrm{rand}(1,n)\\ \boldsymbol{t}_{ij}(g),\mathrm{rand}(0,1)>P_{\rm co}\ 或 j\neq\mathrm{rand}(1,n)\end{cases}\tag{5.7}$$

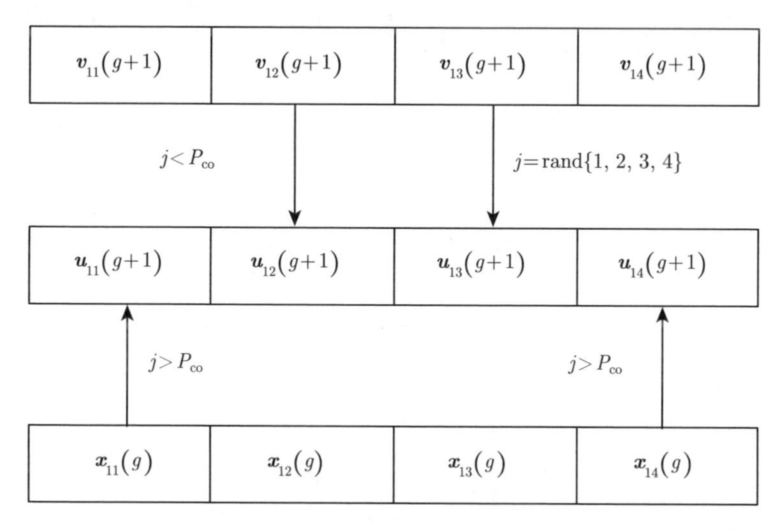

图 5.3　交叉算子的生成过程

4. 选择算子

使用评价函数 $f(\cdot)$ 对向量 $\boldsymbol{v}_i(g+1)$ 和向量 $\boldsymbol{t}_i(g)$ 进行比较，选择对应评价函数值小的向量作为新的子代向量，其具体定义如下：

$$\boldsymbol{t}_i(g+1)=\begin{cases}\boldsymbol{v}_i(g+1), & f\left(\boldsymbol{v}_i(g+1)\right)<f\left(\boldsymbol{t}_i(g)\right)\\ \boldsymbol{t}_i(g), & f\left(\boldsymbol{v}_i(g+1)\right)\geqslant f\left(\boldsymbol{t}_i(g)\right)\end{cases}\tag{5.8}$$

总体上讲，CoDE 算法延续了智能算法的特点，其操作也与进化算法近似，首先对种群进行初始化，然后不断对每个个体进行选择、交叉和变异操作，直到符合最终的终止条件。其算法步骤的具体描述如算法 5.1 所示。

算法 5.1　组合差分进化（CoDE）算法

输入：种群数目 N_{p}**，染色体长度** D**，迭代次数计数器** g**，最大迭代次数 Max_**g

输出：最优向量（最优解）　Δ

$g \leftarrow 1$**(初始化);**

　for $i=1$ to N_{p} **do**

　　for $j=1$ to D **do**

　　　$\boldsymbol{t}_{ij}(0)=\boldsymbol{t}_{ij}^{L}+\mathrm{rand}(0,1)(\boldsymbol{t}_{ij}^{U}-\boldsymbol{t}_{ij}^{L})$

　　end for

　end for

　while $(|f(\Delta)|\geqslant\varepsilon)$ or $(g\leqslant \mathrm{Max\_}g)$ **do**

　　for $i=1$ to N_{p} **do**

　　　//**变异**

　　　$\boldsymbol{v}_{ij}(g+1)=\mathrm{Mutation}(\boldsymbol{t}_{ij}(g))$;

　　　//**交叉**

　　　$\boldsymbol{u}_{i}(g+1)=\mathrm{Crossover}(\boldsymbol{t}_{i}(g),\boldsymbol{v}_{i}(g+1))$;

　　　//**选择**

　　　if $f(\boldsymbol{u}_i(g+1))<f(\boldsymbol{t}_i(g))$ **then**

　　　　$\boldsymbol{t}_i(g+1)\leftarrow\boldsymbol{u}_i(g+1)$;

　　　else

　　　　$\boldsymbol{t}_i(g+1)\leftarrow\boldsymbol{t}_i(g)$;

　　　end if

　　end for

　　$g\leftarrow g+1$;

　end while

返回最优向量（最优解）　Δ;

CoDE 算法的优点大致可以归纳为：

- 全局搜索，易于寻找问题的最优解，避免陷入局部最优；
- 算法智能，无须过多的人工干预；

- 具有很强的通用性，与所求解的问题无关联；
- 易于与其他算法混合，构造出性能更优的算法。

其缺点可以归纳为：

- CoDE 算法由于变异操作能修正染色体的差异，导致后期染色体的差异不明显，以至算法在后期会收敛变慢，从而会有陷入局部最优的可能；
- CoDE 算法的搜索空间是固定的，故存在群体搜索的盲目性。

5.2.2.3　多目标进化算法

一个多目标问题可以定义如下：

$$\min F(\boldsymbol{t}) = (f_1(\boldsymbol{t}), \cdots, f_M(\boldsymbol{t}))^{\mathrm{T}}, \quad \text{s.t. } \boldsymbol{t} \in \varOmega \tag{5.9}$$

式中，$\varOmega$ 表示搜索空间；$\boldsymbol{t}$ 是决策变量；$F: \varOmega \to \mathbb{R}^M$，$M$ 表示目标函数个数，$\mathbb{R}^M$ 表示目标空间。式(5.9)通常存在一组折中最优解集，这组解集对于 M 个目标函数而言是无法比较优劣的，这组解集即为 Pareto 最优集。

考虑多目标进化问题的 M 个目标分量 $f_i(\boldsymbol{t})$, $i = 1, 2, \cdots, M$，对于任意给定的两个决策变量 $\boldsymbol{t}_k$、$\boldsymbol{t}_j$，对应的 $f_i(\boldsymbol{t}_k)$、$f_i(\boldsymbol{t}_j)$ 有如下定义：

- 当对于所有 $\forall i \in \{1, \cdots, M\}$，都有 $f_i(\boldsymbol{t}_k) < f_i(\boldsymbol{t}_j)$，则 $\boldsymbol{t}_k$ 支配 $\boldsymbol{t}_j$；
- 当对于所有 $\forall i \in \{1, \cdots, M\}$，都有 $f_i(\boldsymbol{t}_k) \leqslant f_i(\boldsymbol{t}_j)$，且至少存在一个 $j \in \{1, 2, \cdots, M\}$，使 $f_i(\boldsymbol{t}_k) < f_i(\boldsymbol{t}_j)$，则 $\boldsymbol{t}_k$ 弱支配 $\boldsymbol{t}_j$；
- 当存在 $i \in \{1, \cdots, M\}$，有 $f_i(\boldsymbol{t}_k) < f_i(\boldsymbol{t}_j)$；同时存在 $j \in \{1, \cdots, M\}$，使得 $f_i(\boldsymbol{t}_k) > f_i(\boldsymbol{t}_j)$，则 $\boldsymbol{t}_k$ 与 $\boldsymbol{t}_j$ 互不支配，即不存在其他决策变量能够支配它，该决策变量为非支配解。

此外，还有如下常见的基本定义。

（1）Rank 等级：也称为 Pareto 等级，指的是在一组解集中，将非支配解的 Rank 等级取值为 1，组成 Rank1，再将非支配解从 Rank1 的解集中移除，将剩下的解组成 Rank2，以此类推，最后得到所有解集，Pareto 分级如图 5.4 所示。

（2）Pareto 最优解 (Pareto Optimal Solution)：当且仅当 $\boldsymbol{t}^*$ 不被其他的解支配时，称解 $\boldsymbol{t}^*$ 为 Pareto 最优解。

（3）Pareto 集 (Pareto Set)：在一个多目标进化问题中，如果一组给定的最优解集中的解是相互非支配的，即任意两个都不是支配关系，那么称这个解集为 Pareto 集。

（4）Pareto 前沿 (Pareto Front)： Pareto 集中每个解对应的目标值向量组成的集合称之为 Pareto 前沿。

（5）近似集 (Approximation Set)：一般来说，准确的 Pareto 集难以得到，其近似集更易得到，因此一般只需用一定数量的近似集来表示 Pareto 集。

（6）近似前沿 (Approximation Front)：近似集中每个解对应的目标值向量组成的集合称之为近似前沿。

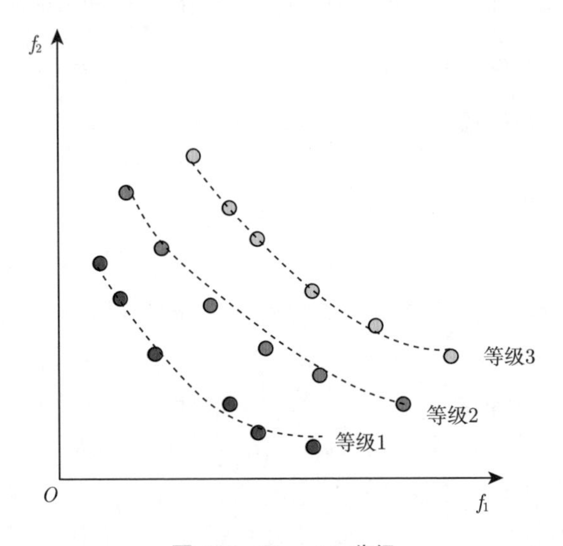

图 5.4 Pareto 分级

多目标进化算法的种类很多，基于不同的选择机制，可以对其进行分类：

① 基于 Pareto 支配关系（Pareto-based Approaches）；

② 聚集函数（Aggregating Functions）；

③ 基于群体的方法（Population-based Approaches）。

以基于 Pareto 支配关系的多目标进化算法为例来介绍多目标进化算法的一般流程。如图 5.5 所示，首先初始化种群 P，选择某一个进化算法对 P 执行进化操作（如选择、交叉、变异等），得到新的种群 R；然后构造 $P \cup R$ 的当前最优解集 N_{set}，假设最优解集的大小设置为 N，如果当前最优解集 N_{set} 的大小不等于 N，那么就需要调整 N_{set} 的大小，同时必须注意调整过后的 N_{set} 需要满足分布性要求；最后判断是否满足算法终止条件，如果不满足则将 N_{set} 中的个体复制到种群 P 中继续下一轮的进化，否则结束算法。该算法的终止条件一般设置为不超过最大迭代次数。

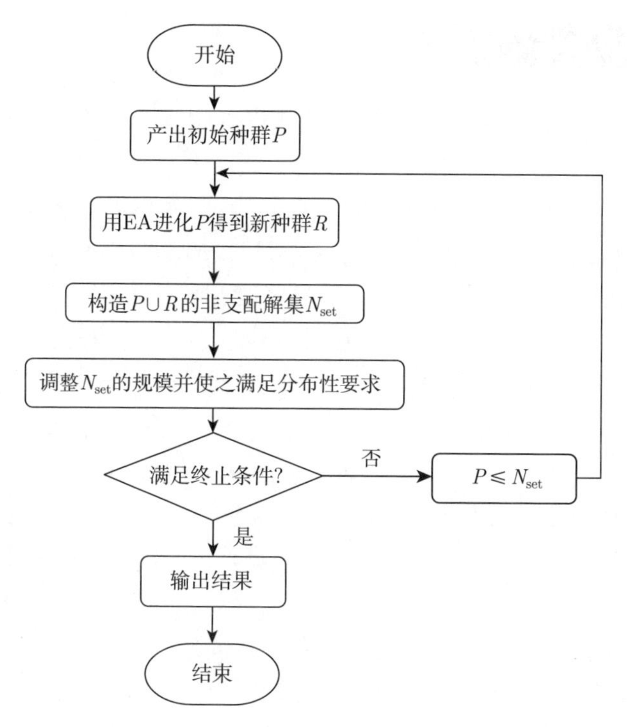

图 5.5　基于 Pareto 支配关系的多目标进化算法的一般流程

在多目标进化算法中，算法收敛的必要条件是保留上一代的最优解集并将其加入新一代的进化过程。如此循环往复，进化种群的最优解集不断向真正的 Pareto 前沿面收敛，最终便可以得到令人满意的进化结果。

5.3 基于贝叶斯网络及进化算法的全色锐化融合模型

本节针对全色锐化融合过程涉及的 LRMS 图像、PAN 图像和 HRMS 图像间相关关系的表述以及融合模型的参数取值问题，提出了基于贝叶斯网络及进化算法的遥感图像融合方法 EA-BNP。具体来说，提出了一种基于贝叶斯网络的全色锐化融合模型，使用有向无环图来表述 LRMS 图像、PAN 图像和 HRMS 图像的依赖关系，将对 HRMS 图像的求解转化为最大后验概率问题，然后将模型中的 12 个参数编码成进化算法的个体，再组合两种评估全色锐化融合质量指标作为评估这些个体的适应程度的目标函数，通过优化目标函数得出最优的参数组合和 HRMS 图像。

5.3.1 模型构建

图像融合的本质是寻找合适的融合规则，使得融合后的图像能综合原始的多幅单一图像的互补信息，去除冗余信息，从而更好地描述拍摄目标。融合规则体现了原始图像与融合图像之间的关系，这种关系可以理解为一种先验知识和后验知识的关系，一种条件相关关系，可以由概率图模型来表述。贝叶斯网络可以模拟推理问题中的依赖关系，形象化地表述不确定性处理模型，在解决复杂的不确定性和关联性问题上有较大优势。因此，本书提出一种基于贝叶斯网络的全色锐化融合模型 BNP。

首先介绍融合模型中会用到的符号：令 $\boldsymbol{P}:\Omega\to\mathbb{R}$ 表示 PAN 图像，$\boldsymbol{M}=(\boldsymbol{M}_1,\cdots,\boldsymbol{M}_N):\Omega\to\mathbb{R}^N$ 表示已经上采样成与 PAN 图像大小相同的 LRMS 图像，$\boldsymbol{Z}=(\boldsymbol{Z}_1,\cdots,\boldsymbol{Z}_N):\Omega\to\mathbb{R}^N$ 表示融合后的 HRMS 图像。其中，Ω 代表含 Lipschitz 边界的开集区域，N 表示 MS 图像包含的波段数目。

在理想情况下，如果融合后的图像存在并包含拍摄目标的全部信息，这些信息是基于人眼而不是经验对于目标的观察，是不会被直接或间接经验所影响的知识，则可以把融合后图像当作先验知识。通过传感器采集到的原始图像，是借助传感器来观察的、直接受传感器影响的知识，仅截取了目标的部分信息，因此可以把原始图像看作后验知识。同时，融合后图像和原始图像存在条件相关关系，这种不确定关系的网络拓扑结构可以通过一个有向无环图来表述，HRMS 图像、LRMS 图像及 PAN 图像在同一位置的像素点的贝叶斯模型如图 5.6 所示。图 5.6以 4 波段的 MS 图像为例，其中 (i,j) 的取值遍历整个图像空间的所有像素点，$\boldsymbol{Z}(i,j)$、$\boldsymbol{M}(i,j)$ 及 $\boldsymbol{P}(i,j)$ 分别表示 HRMS 图像，LRMS 图像及 PAN 图像中同一位置的像素点，$\boldsymbol{Z}(i,j)$、$\boldsymbol{M}(i,j)$ 的值是 4 维向量，分别描述 R、G、B 及近红外波段 NIR 的光谱值，$\boldsymbol{P}(i,j)$ 的值是 1 维向量。

为了求得融合图像，需要最大化后验概率 $p(\boldsymbol{Z}\mid\boldsymbol{M},\boldsymbol{P})$。根据贝叶斯理论有：

$$p(\boldsymbol{Z}\mid\boldsymbol{M},\boldsymbol{P})\propto p(\boldsymbol{M},\boldsymbol{P}\mid\boldsymbol{Z})p(\boldsymbol{Z}) \tag{5.10}$$

式中，$p(\boldsymbol{M},\boldsymbol{P}\mid\boldsymbol{Z})$ 为似然项；$p(\boldsymbol{Z})$ 是先验概率。根据概率理论的两个基本定律和贝叶斯网络的条件独立性，运用 D-分离理论，可将 $p(\boldsymbol{M},\boldsymbol{P}\mid\boldsymbol{Z})$ 分解成因子相乘的形式：

$$p(\boldsymbol{M},\boldsymbol{P} \mid \boldsymbol{Z}) = p(\boldsymbol{M} \mid \boldsymbol{Z})p(\boldsymbol{P} \mid \boldsymbol{Z}) \tag{5.11}$$

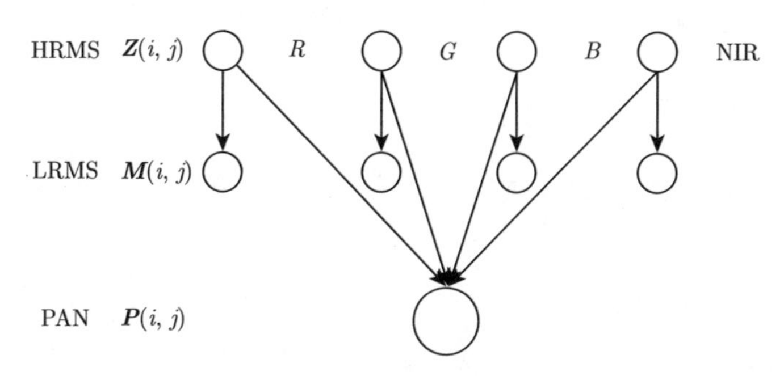

图 5.6　HRMS 图像、LRMS 图像及 PAN 图像在同一位置的像素点的贝叶斯模型

对于 Ω 区域内的所有像素点，假设 HRMS 图像和 LRMS 图像在同一波段的光谱信息相似，两者的误差服从均值为 0 且标准差为 $\sigma_n, n = 1, \cdots, N$ 的高斯分布，即

$$p(\boldsymbol{M} \mid \boldsymbol{Z}) = \prod_{n=1}^{N} \prod_{\Omega} N\left(\boldsymbol{M}_n - \boldsymbol{Z}_n \mid 0, \sigma_n\right) \tag{5.12}$$

另外，假设 HRMS 图像和 PAN 图像的空间信息相似, 即 HRMS 图像所有波段上的空间信息的加权和与 PAN 图像的空间信息相似。两者的误差服从均值为 0 且标准差为 σ 的高斯分布，即

$$p(\boldsymbol{P} \mid \boldsymbol{Z}) = \prod_{\Omega} N\left(\nabla \boldsymbol{P} - \sum_{n=1}^{N} \alpha_n \nabla \boldsymbol{Z}_n \mid 0, \sigma\right) \tag{5.13}$$

式中，$\alpha_n, n = 1, \cdots, N$ 为权重系数。

为了确保融合过程不会产生太多噪声，约定先验概率 $p(\boldsymbol{Z})$ 如下：

$$p(\boldsymbol{Z}) = \prod_{n=1}^{N} \prod_{\Omega} \mathrm{e}^{-\frac{|\boldsymbol{Z}_n|}{s}} \tag{5.14}$$

式中，s 为缩放因子。

于是，融合 LRMS 图像和 PAN 图像得到 HRMS 图像的过程可转化为对最大化后验概率 $p(\boldsymbol{Z} \mid \boldsymbol{M}, \boldsymbol{P})$。将式(5.11)、式(5.12)、式(5.13)、式(5.14)代入

式(5.10)，并左右两边求对数，化简得：

$$-\log_2 p(\boldsymbol{M},\boldsymbol{P}\mid\boldsymbol{Z})p(\boldsymbol{Z})=\sum_{n=1}^{N}\sum_{\Omega}\frac{|\boldsymbol{M}_n-\boldsymbol{Z}_n|^2}{2\sigma_n^2}+\sum_{\Omega}\frac{\left|\sum\limits_{n=1}^{N}\alpha_n\nabla\boldsymbol{Z}_n-\nabla\boldsymbol{P}\right|^2}{2\sigma^2}+\sum_{n=1}^{N}\sum_{\Omega}\frac{|\nabla\boldsymbol{Z}_n|}{s} \tag{5.15}$$

将式 (5.15) 左右两边同时乘以 $2\sigma^2$，并令 $E(\boldsymbol{Z})=-2\sigma^2\log_2 p(\boldsymbol{M},\boldsymbol{P}\mid\boldsymbol{Z})p(\boldsymbol{Z})$ 可得：

$$E(\boldsymbol{Z})=\sum_{n=1}^{N}\sum_{\Omega}\frac{\sigma^2|\boldsymbol{M}_n-\boldsymbol{Z}_n|^2}{\sigma_n^2}+\sum_{\Omega}\left|\sum_{n=1}^{N}\alpha_n\nabla\boldsymbol{Z}_n-\nabla\boldsymbol{P}\right|^2+\sum_{n=1}^{N}\sum_{\Omega}\frac{2\sigma^2|\nabla\boldsymbol{Z}_n|}{s} \tag{5.16}$$

令 $\lambda_n=\dfrac{\sigma^2}{\sigma_n^2}$，$\alpha_n=\mu_n$，$\tau_n=\dfrac{2\sigma^2}{s}$，则 $E(\boldsymbol{Z})$ 可简化为：

$$E(\boldsymbol{Z})=\sum_{n=1}^{N}\sum_{\Omega}\lambda_n|\boldsymbol{M}_n-\boldsymbol{Z}_n|^2+\sum_{\Omega}\left|\sum_{n=1}^{N}\mu_n\nabla\boldsymbol{Z}_n-\nabla\boldsymbol{P}\right|^2+\sum_{n=1}^{N}\sum_{\Omega}\tau_n|\nabla\boldsymbol{Z}_n| \tag{5.17}$$

至此,上述最大后验概率问题可转化为一个求能量最小问题,即求 $\min E(\boldsymbol{Z})$。融合目标是得到最优的融合结果 $\boldsymbol{Z}^*=(\boldsymbol{Z}_1^*,\cdots,\boldsymbol{Z}_N^*)$，即

$$\boldsymbol{Z}_n^*=\min_{\boldsymbol{Z}_n}E(\boldsymbol{Z}_n) \tag{5.18}$$

梯度下降法（Gradient Descent Method，GDM）可用来求解上述最小化问题：

$$\boldsymbol{Z}_n^{j+1}=\boldsymbol{Z}_n^j+\delta_t\frac{\partial E}{\partial\boldsymbol{Z}_n^j} \tag{5.19}$$

式中，j 表示迭代步数；δ_t 为迭代步长。当相邻两次迭代的误差小于某个给定的阈值或者迭代次数达到某个定值时停止迭代，即可得到最终的融合结果。

5.3.2 参数优化

BNP 融合模型中的超参数对融合结果的好坏有显著影响，因此引入进化算法来自动选择这些参数，称为 EA-BNP。要求解的参数被编码成进化算法中的个体，评估这些个体适应程度的目标函数是两种图像融合定量分析方法的组合，通过优化目标函数得出最优的参数，从而求出最优的融合图像。

5.3.2.1　目标方程

为了解决参数选择问题，要求解的参数被编码成进化算法中的个体，需要定义一个目标方程来评估参数的优劣。既然取值更合适的参数可以得到质量更好的融合结果，那么评估参数的优劣可以转化为评估融合结果的好坏，而融合图像的质量指标就可以客观评估融合图像的质量，并且不受环境影响。因此，使用已有的全色锐化融合质量评估的定量指标来组成目标方程比较合理。

（1）空间信息保真：在理想情况下，HRMS 图像的空间信息应该与 PAN 图像的空间信息相同。为了评估融合过程中空间信息的保真程度，即 HRMS 图像和 PAN 图像之间空间信息的相似程度，选择标准化的客观图像融合性能评价指标 Q^F（Objective image fusion performance measure）。Q^F 指标首先由 Xydeas 等人提出，反映了以边缘信息为主的空间信息的保留程度。

（2）光谱信息保真：光谱信息主要包含在 LRMS 图像中。均方根误差 RMSE 计算的是 HRMS 图像和 LRMS 图像相同位置的两个像素分别在不同波段的值构成的两个向量之间的光谱差异，因此选择 RMSE 衡量光谱保真度。

RMSE 指标的值越小，光谱保真度越好；Q^F 指标的值越大，空间信息保留得越多。图像质量的评估需要从光谱和空间两方面进行，即融合图像既要有丰富的光谱信息，也要保留足够的空间细节信息。基于上述分析，目标函数可以定义为

$$\boldsymbol{Z}(\boldsymbol{t}) = \frac{\text{RMSE}(\boldsymbol{Z}, \boldsymbol{M})}{Q^F(\boldsymbol{Z}, \boldsymbol{P})} \tag{5.20}$$

式中，$\boldsymbol{t} = (\lambda_1, \cdots, \lambda_N, \mu_1, \cdots, \mu_N, \tau_1, \cdots, \tau_N)$ 表示 BNP 融合模型中待求的参数组成的向量，也是进化算法中的个体。对于一组参数 $\boldsymbol{t}$，用式(5.18)计算出融合后图像 $\boldsymbol{Z}^*$，再利用式(5.20)计算出适应值，如果 $\boldsymbol{Z}(\boldsymbol{t})$ 的值越小，则全色锐化融合得到的 HRMS 图像质量越好，相应的参数向量个体越优秀。

5.3.2.2　算法框架

在引入进化算法选择参数时，需要明确染色体个体和适应度函数的定义。将待求解的 12 个参数（以 4 通道 MS 图像为例）组成的一个向量作为待进化种群中的一个染色体个体，再从空间信息保真和光谱信息保真两个方面定义进化算法中的适应度函数，最后使用组合差分进化（CoDE）算法的进化策略来构建整个算法的框架。

算法 5.2 所示为 EA-BNP，算法显示了使用 CoDE 算法求解 BNP 模型参数的一般流程，其中变量 g 记录种群当前正处于进化的第几代，变量 N_{P} 代

表种群的大小，变量 D 是要求解的参数的个数；变量 FES 记录了适应度函数当前迭代次数，常量 Max_FES 是适应度函数事先设定好的迭代次数的最大阈值，是决定进化何时停止的阈值；Q_g 代表第 g 代种群，Q_{g+1} 代表第 $g+1$ 代种群；$\boldsymbol{t}_{1,g}, \boldsymbol{t}_{2,g}, \cdots, \boldsymbol{t}_{N_P,g}$ 是组成种群的 N_{P} 个候选解个体，都是 D 维向量，每一维对应一个待求解的参数；$\boldsymbol{u}_{i1,g}$、$\boldsymbol{u}_{i2,g}$、$\boldsymbol{u}_{i3,g}$ 是经过交叉算子、变异算子作用产生的试探向量。

算法 5.2 EA-BNP

输入: $\boldsymbol{M}$ 为多光谱图像 LRMS，$\boldsymbol{P}$ 为全色图像 PAN

输出: 最优的参数向量 $\boldsymbol{t}$ 和融合后的 HRMS 图像 $\boldsymbol{Z}$

1: **初始化:**
2: 初始化参数: N_{P}，D，Max_FES;
3: 初始化一个种群 $Q_g = \{\boldsymbol{t}_{1,g}, \boldsymbol{t}_{2,g}, \cdots, \boldsymbol{t}_{N_{\mathrm{P}},g}\}$， $g=0$;
4: 用进化算法目标方程式(5.20)来评估种群 Q_g 的适应值情况，FES $= N_{\mathrm{P}}$;
5: **while** FES $<$ Max_FES **do**
6: $Q_{g+1} = \phi$
7: **for** $i = 1, \cdots, N_{\mathrm{P}}$ **do**
8: 为每一个个体 $\boldsymbol{t}_{i,g}$ 产生试探向量 $\boldsymbol{u}_{i1,g}$、$\boldsymbol{u}_{i2,g}$、$\boldsymbol{u}_{i3,g}$;
9: 对于 $\boldsymbol{u}_{ik,g}$， $k=1,2,3$，用式(5.20)计算适应值 $\boldsymbol{Z}_t(\boldsymbol{u}_{ik,g})$;
10: 选择最佳的试探向量 $\boldsymbol{u}_{i,g}$，即适应值 $\boldsymbol{Z}_t$ 最小的试探向量;
11: $Q_{g+1} = Q_{g+1} \cup \mathrm{select}(\boldsymbol{t}_{i,g}, \boldsymbol{u}_{i,g})$;
12: FES $=$ FES $+ 3$;
13: **end for**
14: $g = g + 1$
15: **end while**

算法框架中的第 2、3 步只负责初始化工作，即初始化进化算法种群的大小、候选解个体向量的维度以及用于终止算法的阈值，种群的初始化是通过对每个候选解个体向量每一维的参数在其取值范围内随机取值来完成的。第 4 步是对当前初始化的种群 Q_g 中的每一个候选解个体计算其对应的适应值。第 6~12 步是种群的一次进化过程，其中第 8~11 步是一个候选解个体的一次进化过程。对每一个候选解个体进行进化，使用交叉算子、变异算子产生 3 个试探向量，并分别计算出其对应的适应值，再使用选择算子从原父代个体新产生的 3 个试探向量个体中选择最优的个体作为下一代种群 Q_{g+1} 中的一个候选解个体。候选解个体的适应值的计算是将候选解个体 $\boldsymbol{t}$ 对应的 D 个参数代入到 BNP 模型中，计算出相应的 HRMS 图像 $\boldsymbol{Z}$，再通过目标函数衡量光谱和空间信息保真情况，计算出适应值。第 12 步记录总评估的次数。当总评估次数达到阈值后，就停止进化，输出近似最优的参数向量 $\boldsymbol{t}$ 和相应的融合后图像 $\boldsymbol{Z}$。

整个算法的时间复杂度是 $O\left(N_{\mathrm{P}}T\log_2(N_{\mathrm{P}}+T)\right)$，CoDE 算法的时间复杂度是 $O\left(N_{\mathrm{P}}\log_2 N_{\mathrm{P}}\right)$，其中变量 N_{P} 代表种群的大小，T 是图像包含的像素点个数。整个算法中最耗时的是根据贝叶斯网络模型计算融合后图像的梯度运算，它的时间复杂度是 $O\left(T\log_2 T\right)$。

5.3.3 实验对比与分析

本小节对本章提出的由 CoDE 算法进行参数优化的 BNP 融合方法进行实验以测试其性能。实验数据选取的是波段数 $N=4$ 的 QuickBird 图像，其中 LRMS 图像已经上采样为与 PAN 图像相同尺寸。要求解的参数的个数 $D=12$，种群大小 $N_{\mathrm{P}}=30$，适应度函数总的评估次数阈值为 $\mathrm{Max\_FES}=250\times N_{\mathrm{P}}\times 3$。参数的取值范围是: $\lambda_1,\cdots,\lambda_N,\mu_1,\cdots,\mu_N\in(0,1],\tau_1,\cdots,\tau_N\in[0.001,0.1]$。

实验结果分三部分进行展示并做出分析。首先给出 EA-BNP 的融合实例和参数的进化收敛过程，然后将 EA-BNP 与 3 种经典的全色锐化融合方法进行比较，包括 P+XS, VWP 和 AVWP，最后测试了最优参数在应用方面的可扩展性。

5.3.3.1 融合实例和参数的进化收敛

图 5.7 所示为 EA-BNP 的融合实例，其中图 5.7(a)、(b) 分别是 LRMS 图像和 PAN 图像，图 5.7(c) 为融合后 HRMS 图像。可以看出，融合后的图像自然且真实，不仅空间细节丰富，而且没有明显的光谱失真。

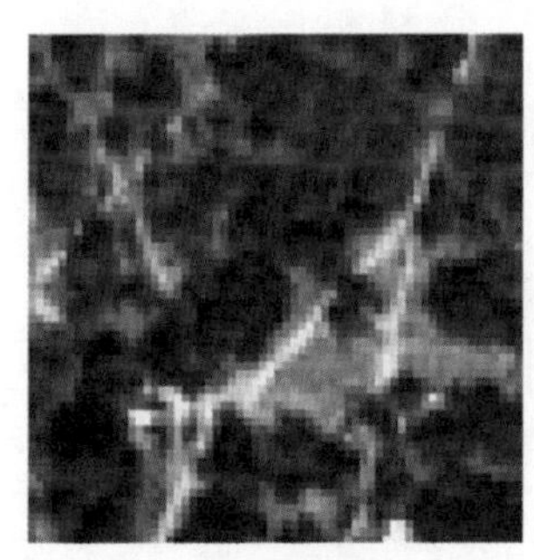
(a) LRMS

(b) PAN

(c) HRMS

图 5.7　EA-BNP 的融合实例

图 5.8 所示为种群中最优候选解个体参数的进化收敛过程。可以看出，随着进化代数的增加，种群中最优候选解个体的适应值 $\boldsymbol{Z}(\boldsymbol{t})$ 或减小或保持不变。在经过了大概 180 次进化后，适应值逐渐收敛到一个最小值，此后保持不变，一直进化到 250 代。

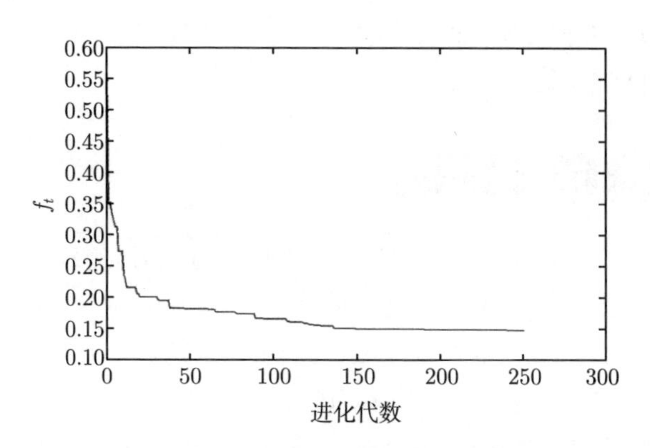

图 5.8　种群中最优候选解个体参数的进化收敛过程

5.3.3.2　与其他融合方法的比较

图 5.9 所示为 EA-BNP 与其他融合方法进行视觉比较的结果，其中图 5.9(a)、(b) 分别是输入的 LRMS 图像和 PAN 图像，图 5.9(c)、(d)、(e)、(f) 分别是 P+XS、VWP、AVWP 和 EA-BNP 方法的融合结果。可以看出，图 5.9(d)、(f) 相对于图 5.9(c)、(e) 来说细节更清晰，如左下角区域以及植被的细节信息。虽然 VWP 的融合结果空间轮廓清晰、细节丰富，但白色空地部分存在大量分散的黑色像素点，这说明 VWP 方法更侧重于空间信息的保留但光谱失真严重。本书提出的 EA-BNP 方法的融合结果既保留了丰富的细节信息，也没有明显的光谱失真，从视觉上来看要优于其他方法。

表 5.1 对应于图 5.9，给出了不同融合方法的指标比较结果，其中理想值显示在第二行，每个指标表现最优的加粗显示。这里选取的指标为 SAM、UIQI、Q^4、RMSE、FCC、Q^F、entropy。由于进化算法存在随机性，为了更公平地比较，以图 5.9(a)、(b) 为输入图像对，用提出的 EA-BNP 方法在相同的代码环境运行了 10 次来测试其稳定性，并显示 10 次测试结果的均值与标准差。从表 5.1 中可以看出，EA-BNP 方法在 UIQI、FCC、Q^F、entropy 这 4 个指标上均优于其他方法，表明该方法在光谱信息和空间信息保持上均表现优秀。VWP 的 Q^4 和 RMSE 指标最差，P+XS 的 Q^4 和 RMSE 指标最好，但是同时 SAM、UIQI、Q^F 以及 entropy 指标最差，这都与视觉比较的观察相一致。

AVWP 的各个指标值都处于中等，说明该方法的融合效果一般。

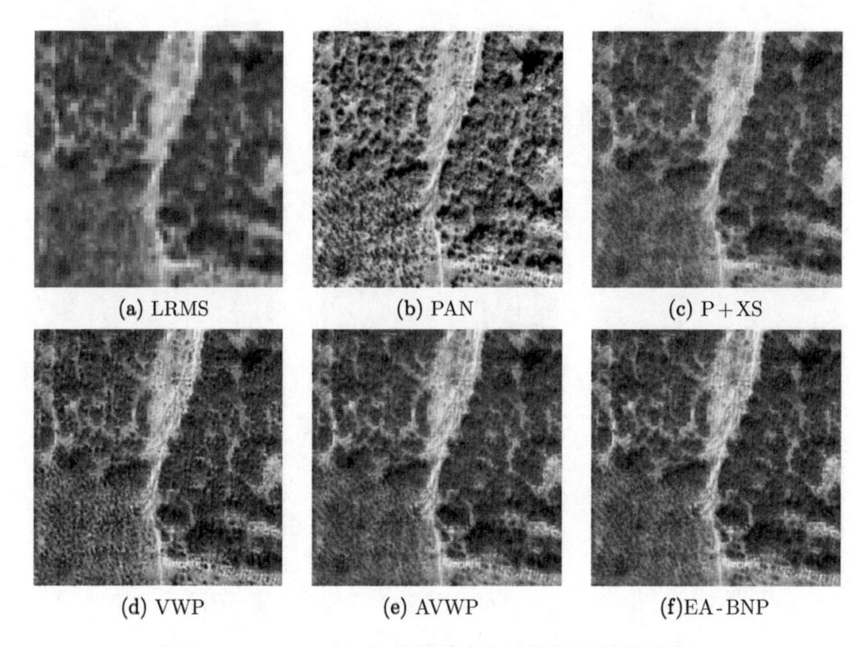

(a) LRMS　(b) PAN　(c) P+XS

(d) VWP　(e) AVWP　(f)EA-BNP

图 5.9　EA-BNP 与其他融合方法视觉比较的结果一

表 5.1　不同融合方法的指标比较结果一

指标	SAM	UIQI	Q^4	RMSE	FCC	Q^F	entropy
理想值	**0**	**1**	**1**	**0**	**1**	**1**	∞
P+XS	3.8140	0.8832	**0.8140**	**0.0722**	0.8275	0.4229	7.6594
VWP	**2.6911**	0.9240	0.7406	0.0905	0.8763	0.4016	7.7113
AVWP	2.7908	0.9188	0.7894	0.0781	0.8012	0.4204	7.6799
EA-BNP	2.7938 ±0.1305	**0.9533** ±0.0052	0.7790 ±0.0062	0.0893 ±0.0023	**0.9126** ±0.0018	**0.4981** ±0.0108	**7.7339** ±0.0046

5.3.3.3　最优参数在应用方面的可扩展性

为了测试最优参数在应用方面的可扩展性，将图 5.9(a)、(b) 融合时得出的 10 组参数应用于其他 LRMS 图像和 PAN 图像的融合。选取图 5.10(a)、(b) 所示的图像作为测试对象，图 5.10(c)、(d)、(e)、(f) 分别是使用 P+XS、VMP、AVMP 和 EA-BNP 进行融合得到的 HRMS 图像，其指标比较结果如表 5.2 所示。可以看出，EA-BNP 方法在 UIQI、FCC、Q^F、entropy 这 4 个指标均优于其他方法。VWP 的 SAM 指标最好，但 Q^4 和 Q^F 指标最差。P+XS 的 Q^4 和 RMSE 指标最好但它的 SAM、UIQI 和 entropy 指标最差。AVWP

的各个指标都处于中等，既没有很突出的也没有很差的。

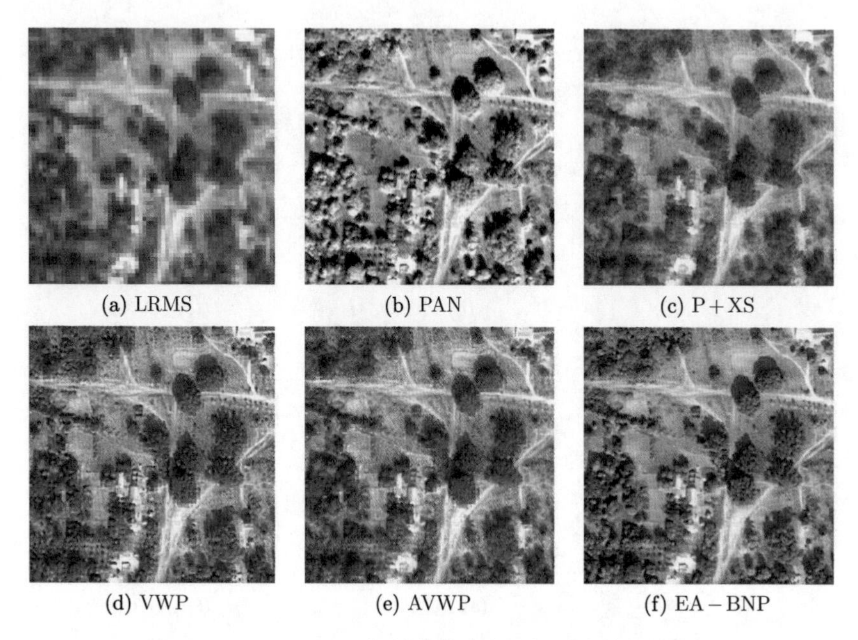

图 5.10 EA-BNP 与其他融合方法视觉比较的结果二

表 5.2 不同融合方法的指标比较结果二

指标	SAM	UIQI	Q^4	RMSE	FCC	Q^F	entropy
理想值	**0**	**1**	**1**	**0**	**1**	**1**	∞
P+XS	3.8140	0.8832	**0.8140**	**0.0722**	0.8275	0.4229	7.6594
VWP	**2.6911**	0.9240	0.7406	0.0905	0.8763	0.4016	7.7113
AVWP	2.7908	0.9188	0.7894	0.0781	0.8012	0.4204	7.6799
EA-BNP	2.7938 ±0.1305	**0.9533** ±0.0052	0.7790 ±0.0062	0.0893 ±0.0023	**0.9126** ±0.0018	**0.4981** ±0.0108	**7.7339** ±0.0046

综上所述，在图 5.9(a)、(b) 融合时使用进化算法选择的 10 组参数仍然适用于其他输入图像对，即最优参数可以应用于内容相似的输入图像，具有一定的可扩展性。

5.4 基于进化算法的 IHS 全色锐化融合模型

本节将对一种基于进化算法（EA）和 IHS 转换域的 MS 图像与 PAN 图像融合模型（EA-IHS）进行介绍。在对该模型进行介绍之前，首先对 IHS 算法进行深入介绍。

5.4.1　IHS 融合模型

IHS 彩色坐标系统具有易于识别和量化目标物体颜色属性的能力，其色彩的转换和调整也较为灵活方便，因而在实际应用中常常会进行 RGB 色彩空间和 IHS 色彩空间的变换，将标准 RGB 图像用代表空间信息的亮度（I）以及代表光谱信息的色度（H）和饱和度（S）来表示。

5.4.1.1　S-IHS 模型

对于三波段 RGB 图像而言，其 RGB-IHS 线性转换公式如下：

$$\begin{bmatrix} I \\ V_1 \\ V_2 \end{bmatrix} = \begin{bmatrix} 1/3 & 1/3 & 1/3 \\ -\sqrt{2}/6 & -\sqrt{2}/6 & -\sqrt{2}/6 \\ -1/\sqrt{2} & -1/\sqrt{2} & 0 \end{bmatrix} \begin{bmatrix} R \\ G \\ B \end{bmatrix} \tag{5.21}$$

式中，V_1、V_2 和 I 分别表示笛卡儿坐标系中的 x 轴、y 轴和 z 轴。此时 IHS 空间的光谱分量 H 和 S 可以由如下公式得到：

$$H = \arctan\left(\frac{V_2}{V_1}\right), \quad S = \sqrt{V_1^2 + V_2^2} \tag{5.22}$$

与之相对应，IHS 到 RGB 空间的转换如下：

$$\begin{bmatrix} R \\ G \\ B \end{bmatrix} = \begin{bmatrix} 1 & -1/\sqrt{2} & 1/\sqrt{2} \\ 1 & -1/\sqrt{2} & -1/\sqrt{2} \\ 1 & \sqrt{2} & 0 \end{bmatrix} \begin{bmatrix} I \\ V_1 \\ V_2 \end{bmatrix} \tag{5.23}$$

2.2.1 节已经对基础 IHS（S-IHS）模型进行了简要介绍，这里首先回顾一下 S-IHS 模型的一般步骤，基于 IHS 转换的全色锐化流程如图 5.11 所示。具体来说，在 S-IHS 模型中，首先对上采样后的 MS 图像（以三波段为例）进行 RGB-IHS 线性转换，获得 MS 图像在 IHS 空间的表示：

$$\begin{bmatrix} I_0 \\ V_{10} \\ V_{20} \end{bmatrix} = \boldsymbol{T} \begin{bmatrix} R_0 \\ G_0 \\ B_0 \end{bmatrix} \tag{5.24}$$

式中，$\boldsymbol{T}$ 为转换矩阵；R_0、G_0、B_0、I_0、V_{10} 和 V_{20} 表示原始 MS 图像的 RGB 和 IHS 空间的分量。随后，S-IHS 模型使用具有高空间分辨率的 PAN 图像

（这里记为 P）替换 MS 图像在 IHS 空间的 I_0 分量，并通过下式将 IHS 转换回原始 RGB 空间，获得最终的融合图像。

$$\begin{bmatrix} R_{\text{new}} \\ G_{\text{new}} \\ B_{\text{new}} \end{bmatrix} = \boldsymbol{T}^{-1} \begin{bmatrix} P \\ V_{10} \\ V_{20} \end{bmatrix} \tag{5.25}$$

式中，$\boldsymbol{T}^{-1}$ 为逆变换矩阵；R_{new}、G_{new} 和 B_{new} 表示最终获得的 HRMS 图像所对应的 RGB 分量。

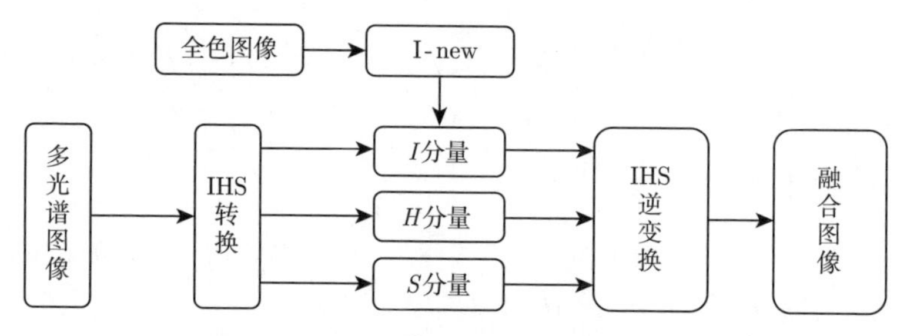

图 5.11　基于 IHS 转换的全色锐化流程

5.4.1.2　F-IHS 模型

S-IHS 模型实现过程涉及大量的乘法和加法运算，导致算法效率低下。为了解决这一问题，F-IHS 模型采用了一种不需要进行坐标转换的方法来处理，并且将处理对象由 3 通道 RGB 图像扩展到任意通道数 MS 图像。具体来说，将式(5.24) 和式(5.25)归并可得：

$$\begin{bmatrix} R_{\text{new}} \\ G_{\text{new}} \\ B_{\text{new}} \end{bmatrix} = \boldsymbol{T}^{-1} \begin{bmatrix} P \\ V_{10} \\ V_{20} \end{bmatrix} = \boldsymbol{T}^{-1} \begin{bmatrix} I_0 + (P - I_0) \\ V_{10} \\ V_{20} \end{bmatrix} = \boldsymbol{T}^{-1} \begin{bmatrix} I_0 + \delta \\ V_{10} \\ V_{20} \end{bmatrix} \tag{5.26}$$

式中，$\delta = P - I_0$。然后将 $\boldsymbol{T}^{-1}$ 展开有：

$$\boldsymbol{T}^{-1} \begin{bmatrix} I_0 + \delta \\ V_{10} \\ V_{20} \end{bmatrix} = \begin{bmatrix} 1 & -1/\sqrt{2} & 1/\sqrt{2} \\ 1 & -1/\sqrt{2} & -1/\sqrt{2} \\ 1 & \sqrt{2} & 0 \end{bmatrix} \begin{bmatrix} I_0 + \delta \\ V_{10} \\ V_{20} \end{bmatrix} = \begin{bmatrix} I_0 + \delta + \alpha \\ I_0 + \delta + \beta \\ I_0 + \delta + \gamma \end{bmatrix} \tag{5.27}$$

在没有用 PAN 图像替换 MS 图像的 $\boldsymbol{I}$ 分量时也进行展开：

$$\boldsymbol{T}^{-1}\begin{bmatrix} I_0 \\ V_{10} \\ V_{20} \end{bmatrix} = \begin{bmatrix} 1 & -1/\sqrt{2} & 1/\sqrt{2} \\ 1 & -1/\sqrt{2} & -1/\sqrt{2} \\ 1 & \sqrt{2} & 0 \end{bmatrix}\begin{bmatrix} I_0 \\ V_{10} \\ V_{20} \end{bmatrix} = \begin{bmatrix} I_0+\alpha \\ I_0+\beta \\ I_0+\gamma \end{bmatrix} = \begin{bmatrix} R_0 \\ G_0 \\ B_0 \end{bmatrix} \tag{5.28}$$

对比式(5.27)与式(5.28)可以得到：

$$\begin{bmatrix} R_{\text{new}} \\ G_{\text{new}} \\ B_{\text{new}} \end{bmatrix} = \begin{bmatrix} R_0+\delta \\ G_0+\delta \\ B_0+\delta \end{bmatrix} \tag{5.29}$$

式(5.29)为融合图像与输入图像之间的关系，这种关系可以很方便地拓展到多光谱图像的所有通道，即：

$$\boldsymbol{Z}_i = \boldsymbol{M}_i + \delta = \boldsymbol{M}_i + (\boldsymbol{P} - \boldsymbol{I}) \tag{5.30}$$

式中，$\boldsymbol{M}_i$ 与 $\boldsymbol{Z}_i$ 分别表示原始输入 MS 图像与融合后 HRMS 图像的第 i 个波段。

可以发现，F-IHS 模型只用到了强度分量 $\boldsymbol{I}$，而与另外两个分量无关。而事实上，强度分量 $\boldsymbol{I}$ 是所有 MS 图像波段的平均值，因此融合过程不再需要转换矩阵 $\boldsymbol{T}$，也不用再做正逆变换，直接用式(5.30)求出 HRMS 图像的每个波段后即可完成图像融合。

5.4.1.3　A-IHS 模型

S-IHS 和 F-IHS 模型都是高效的，能够快速地完成图像融合且融合结果的空间分辨率很高，但是光谱信息丢失严重，会出现明显的光谱失真现象，其主要原因在于 MS 图像的强度分量 $\boldsymbol{I}$ 取所有波段的均值，这与 PAN 图像的差异过大。为了解决该问题，研究者在这两种模型的基础上提出了 A-IHS 模型，基于 PAN 图像尽可能逼近 MS 图像强度分量 $\boldsymbol{I}$ 即可减少光谱失真的假设，令：

$$\boldsymbol{I} = \sum_{i=1}^{N} \alpha_i \boldsymbol{M}_i \approx \boldsymbol{P} \tag{5.31}$$

式中，α_i 为自适应参数，通过如下的约束方程进行求解：

$$\min_{\alpha}\left(\sum_{i}^{N} \alpha_i \boldsymbol{M}_i - \boldsymbol{P}\right)^2 + \lambda \sum_{i}^{N} \left(\max\left(0, -\alpha_i\right)\right)^2 \tag{5.32}$$

式中，λ 为权重参数。

此外，A-IHS 模型还引入了边缘检测算子 W_P 来提取 PAN 图像的边缘信息，以便得到更好的融合效果：

$$W_P = \exp - \frac{\eta}{|\nabla \boldsymbol{P}|^4 + \epsilon} \tag{5.33}$$

式中，$\eta = 10^{-9}$；$\epsilon = 10^{-10}$。利用得到的边缘算子完成最终的图像融合：

$$\boldsymbol{Z}_i = \boldsymbol{M}_i + W_P(\boldsymbol{P} - \boldsymbol{I}) \tag{5.34}$$

与 F-IHS 模型的融合式(5.30)对比可以发现，W_P 是对 $\delta = (\boldsymbol{P} - \boldsymbol{I})$ 的平滑处理，可以在一定程度上减少光谱失真。

综上所述，A-IHS 模型提出了两种改进思路用于克服光谱失真问题：改进自适应系数；借助边缘提取算子增强边缘的光谱保真度。这两种改进均取得了一定的效果。

5.4.2 EA-IHS 融合模型

下面提出一种将进化算法与 A-IHS 模型相结合的全色锐化 EA-IHS 融合模型，阐述用进化算法对模型进行优化的算法流程，包括染色体编码、初始种群生成、交叉算子、变异算子、选择算子及目标函数的设置等，并通过实验对提出的融合方法进行有效性分析。该方法的主要思想是，首先根据问题的特性来设置合适的控制参数知识库并选择最佳的进化策略知识库，接着对每个目标函数按约定的规则进行优化，将两个知识库中的向量进行组合，从而产生若干个组合向量。下面对该模型的设计进行介绍。

在图像融合前，首先对 LRMS 图像进行上采样，得到与 PAN 图像相同尺寸的 UsMS 图像。UsMS 图像 $\boldsymbol{M}$ 有 N 个光谱波段，表示为 $\boldsymbol{M} = (\boldsymbol{M}_1, \boldsymbol{M}_2, \cdots, \boldsymbol{M}_N)$，$\boldsymbol{M}_n$ 是 UsMS 图像的第 n 个光谱波段，$\boldsymbol{M}_n(x, y)$ 用来表示 $\boldsymbol{M}_n$ 中坐标位置为 (x, y) 的像素点。同理，HRMS 图像表示为 $\boldsymbol{Z} = (\boldsymbol{Z}_1, \boldsymbol{Z}_2, \cdots, \boldsymbol{Z}_N)$。PAN 图像用 $\boldsymbol{P}$ 表示。根据 A-IHS 模型融合思想，在 MS 图像的 I 分量已知的情况下，只需要根据式(5.34)即可完成图像融合。而 $\boldsymbol{I}$ 分量的求解依赖于自适应系数 α_n $(n = 1, \cdots, N)$ 的求解。为了避免 A-IHS 模型带来的光谱和空间失真问题，需要对该模型进行改进。

1. 空间信息保持项

融合图像空间域的细节信息主要来自 PAN 图像。为了使融合图像的空间细节信息保持，需要建立 PAN 图像 $\boldsymbol{P}$ 与 HRMS 图像 $\boldsymbol{Z}$ 之间的关系，从而尽可能保留 PAN 图像的空间信息，提高 HRMS 图像的空间质量。首先假设 PAN 图像可以近似为 HRMS 图像每个波段的线性组合，即可以通过 HRMS 图像各波段的空间结构信息组合构成高分辨率 PAN 图像的细节信息，这种约束关系可以表示为：

$$\boldsymbol{P} \approx \sum_{n=1}^{N} \theta_n \boldsymbol{Z}_n \tag{5.35}$$

式中，θ_n 为未知待求的权重系数, 且 $\theta_n \geqslant 0$。

2. 光谱信息保持项

融合图像的光谱信息主要由 LRMS 图像提供。假设 MS 图像的每个波段的像素值都可以认为由 HRMS 图像的对应光谱波段像素点所在的图像块经过空间卷积操作后得到，即利用空间滤波滤除 HRMS 图像中的结构信息后所保留的即为 MS 图像的主要成分，其数学表达如下：

$$\boldsymbol{M}_n(x,y) \approx \sum_{i=-1}^{1} \sum_{j=-1}^{1} K(i,j) \boldsymbol{Z}_n(x+i, y+j) \tag{5.36}$$

式中，K 表示 3×3 的卷积核。

3. 改进的 IHS 模型

根据以上两个假设, 可以得到改进的 IHS 模型：

$$(\alpha, \theta, K) = \arg\min H(\alpha, \theta, K) \tag{5.37}$$

其中待优化函数 $H(\alpha, \theta, K)$ 定义为：

$$\begin{aligned}
H(\alpha,\theta,K) = \sum_{x,y} \Bigg\{ & \left| \boldsymbol{P}(x,y) - \sum_{n=1}^{N} \theta_n \boldsymbol{Z}_n(x,y) \right|^p + \\
& \frac{1}{N} \sum_{n=1}^{N} \left| \boldsymbol{M}_n(x,y) - \sum_{i=-1}^{1} \sum_{j=-1}^{1} K(i,j) \boldsymbol{Z}_n(x-i, y-j) \right|^p \Bigg\}, \\
& \text{s.t.} \quad 0 \leqslant \alpha_n \leqslant 1, \quad 0 \leqslant \theta_n \leqslant 1, \\
& \sum_{i=-1}^{1} \sum_{j=-1}^{1} K(i,j) = 1, \quad 0 \leqslant K(i,j) \leqslant 1
\end{aligned} \tag{5.38}$$

式中，$\boldsymbol{Z}_n = \boldsymbol{M}_n + W_P(\boldsymbol{P} - \boldsymbol{I}) = \boldsymbol{M}_n + W_P\left(\boldsymbol{P} - \sum_{n=1}^{N}\alpha_n \boldsymbol{M}_n\right)$。优化函数的第一部分对应第一个假设，保证 HRMS 图像 $\boldsymbol{Z}$ 的空间质量；第二部分对应第二个假设，保证 HRMS 图像 $\boldsymbol{Z}$ 的光谱质量。下面给出利用 CoDE 算法进行优化的过程。

5.4.3 组合差分进化优化

根据上文分析，需要优化的融合模型为式(5.38)，以三波段的 MS 图像为例，待求解参数为 $\alpha_n(n=1,2,3)$、$\theta_n(n=1,2,3)$ 以及 3×3 卷积核 K 中的 9 个参数。这种情况下采用实数编码的方式更为合理且算法的运行效率更高，染色体编码方式表示为：

α_1	α_2	α_3	θ_1	θ_2	θ_3	K_{11}	K_{12}	K_{13}	K_{21}	K_{22}	K_{23}	K_{31}	K_{32}	K_{33}

每个染色体的初始状态随机生成，然后使用 CoDE 算法进行优化，通过以下三种不同的变异策略生成三个子代：

rand/1/bin

$$\boldsymbol{u}_{ij}(g) = \begin{cases} \boldsymbol{t}_{r_1 j}(g) + F_0\cdot(\boldsymbol{t}_{r_2 j}(g) - \boldsymbol{t}_{r_3 j}(g)), & \text{rand(0,1)} < P_{\text{co}} \text{ 或} j = j_{\text{rand}} \\ \boldsymbol{t}_{ij}(g), & \text{其他} \end{cases} \tag{5.39}$$

rand/2/bin

$$\boldsymbol{u}_{ij}(g) = \begin{cases} \boldsymbol{t}_{r_1 j}(g) + F_0\cdot(\boldsymbol{t}_{r_2 j}(g) - \boldsymbol{t}_{r_3 j}(g)) + F_0\cdot(\boldsymbol{t}_{r_4 j}(g) - \boldsymbol{t}_{r_5 j}(g)), \\ \qquad\qquad \text{rand(0,1)} < P_{\text{co}} \text{ 或} j = j_{\text{rand}} \\ \boldsymbol{t}_{ij}(g), \qquad \text{其他} \end{cases} \tag{5.40}$$

current-to-rand/1

$$\boldsymbol{u}_{ij}(g) = \boldsymbol{t}_{ij}(g) + \text{rand(0,1)}\cdot(\boldsymbol{t}_{r_1 j}(g) - \boldsymbol{t}_{ij}(g)) + F_0\cdot(\boldsymbol{t}_{r_2 j}(g) - \boldsymbol{t}_{r_3 j}(g)) \tag{5.41}$$

对于每一个父代个体，随机选取三种控制参数（$\{F_0=1.0, P_{\text{co}}=0.1\}$、$\{F_0=1.0, P_{\text{co}}=0.9\}$ 和 $\{F_0=0.8, P_{\text{co}}=0.2\}$）中的一种，然后通过三种策略生成三个不同的新个体，并从三个新个体中挑选出最好的个体作为下一代个体。

EA-IHS 融合模型算法流程如图 5.12 所示。

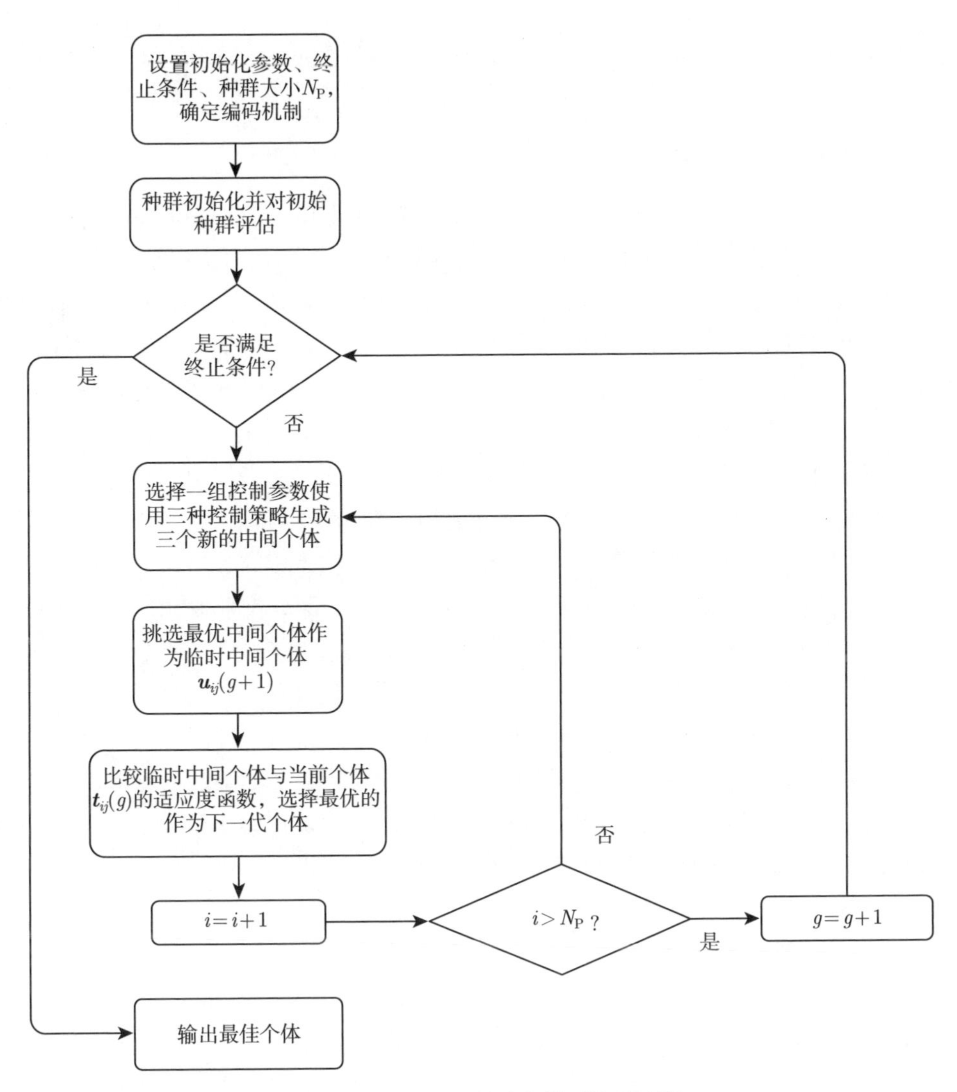

图 5.12　EA-IHS 融合模型算法流程

5.4.4　实验对比与分析

下面将 EA-IHS 融合模型与 A-IHS、PCA 以及 Wavelet 方法进行实验对比。实验中，CoDE 算法的参数设置如下：种群规模 N_P 设置为 20，算法迭代次数 Max_g 设置为 100，tp 参数分别取 0.5、1.0 和 2.0 三个值，记作 EA-IHS(tp)。由于 DE 是一个启发式方法，算法运行的次数不同可能会得到不同的运行结果，为了进行客观对比，实验中给出的融合结果均为运行 50 次所得到的。另外，在对实验结果进行客观对比分析时，采用 ERGAS、QAVE、RASE、RMSE、SAM、SID 这六个指标来进行评价。

5.4.4.1 视觉比较

图 5.13 和图 5.14 分别给出了不同方法在两组 QuickBird 卫星图像上的融合结果。从整体视觉效果来看，图 5.13 和图 5.14 中的所有融合方法都能很好地将 PAN 图像的空间信息与 MS 图像的光谱信息集成到一起。相对于原始的单波段 PAN 图像，融合图像的解译能力有了很大程度的提高，能够比较容易地分辨出图中地物的颜色和亮度等特征；相比较原始 MS 图像，融合结果增添了大量的空间细节和纹理信息，使得地物信息更为丰富。

具体来说，Wavelet 得到的融合图像中的地物比较清晰，空间信息最为丰富，但色彩和亮度整体偏暗，尤其白色地物部分光谱明显失真。PCA 得到的融合图像亮度稍暗，与 PAN 图像对比，会发现白色区域的细节信息存在一定的丢失；另外，与原始 MS 图像对比，PCA 获得的融合图像对比度反差比较明显，地物颗粒感较强，存在轻微的重影现象，图像细节也不够平滑。A-IHS 融合结果也存在空间信息丢失现象，尤其是图像的边缘部分，同时还出现了振铃现象，此外图像的纹理较模糊，清晰度不高。

对比 EA-IHS 的三种方法可以发现，$tp = 0.5$ 时融合结果的清晰度和亮度稍逊色于 $tp = 1.0$ 时的结果，而 $tp = 2.0$ 时可以获得最优融合效果，具体来说，EA-IHS(1.0) 融合结果中地物仍存在颗粒感和模糊现象，但是 EA-IHS(2.0) 的融合结果中地物细节的颗粒感明显减少了，细节信息变得更加清晰平滑。

为了更细致地对比，图 5.15 和图 5.16 分别给出了 A-IHS、PCA、EA-IHS(0.5) 和 EA-IHS(2.0) 的部分融合结果放大图。由于 Wavelet 融合结果的光谱失真较严重，因此没有进行对比。从放大图中可以看到，A-IHS 融合结果中的树成模糊团状，上边缘部分尤其明显；PCA 的融合结果从整体上看也较为模糊；EA-IHS(0.5) 融合结果整体清晰度很高，但对比原始图像和其他三幅图像，会发现亮度偏高，出现光谱失真现象；EA-IHS(2.0) 的清晰度最高，且没有明显的光谱失真现象。

通过视觉对比，可以直观地看出，提出的 EA-IHS 得到的融合图像整体明亮、平滑、清晰，无明显重影和模糊现象，比其他三种对比方法效果更好。针对不同取值的 tp，EA-IHS(2.0) 融合方法获得的图像视觉效果最好。

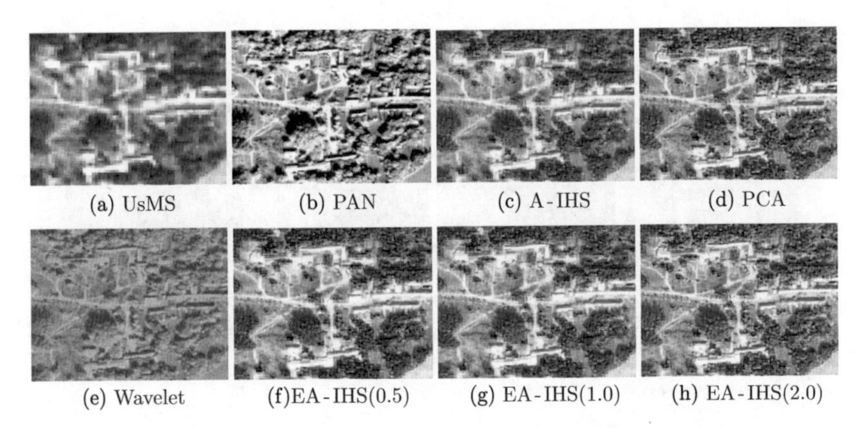

图 5.13　MS 图像与 PAN 图像融合结果比较一（图像来源：QuickBird 卫星）

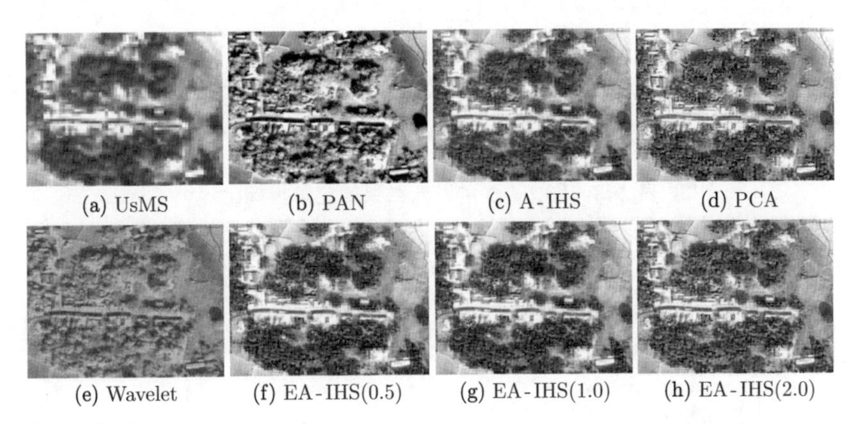

图 5.14　MS 图像与 PAN 图像融合结果比较二（图像来源：QuickBird 卫星）

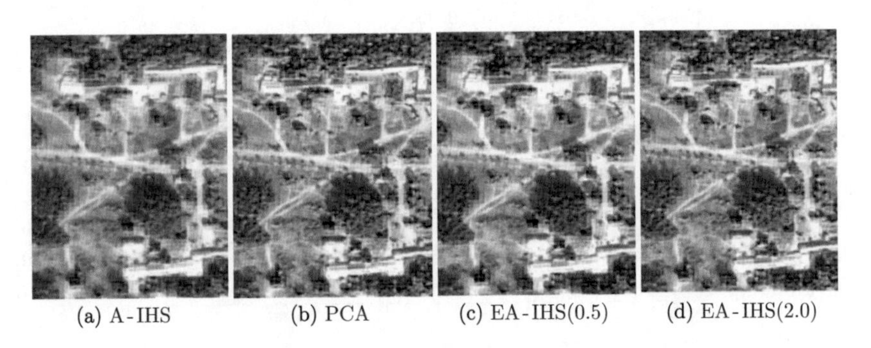

图 5.15　图 5.13 中部分融合结果放大图

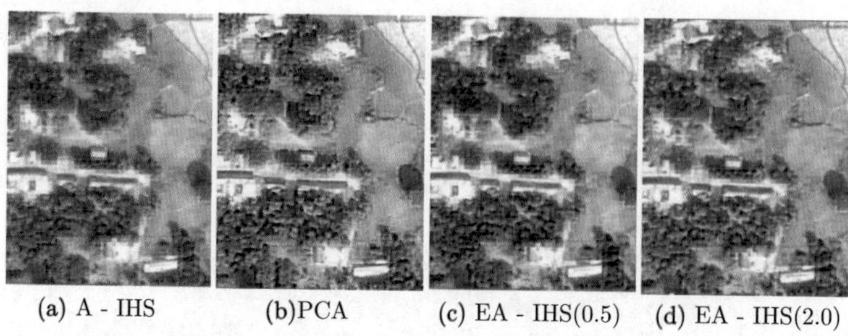

图 5.16　图 5.14 中部分融合结果放大图

5.4.4.2　指标比较

表 5.3 和表 5.4 所示为图 5.13 和图 5.14 的融合结果的定量指标比较。综合表中信息，EA-IHS(2.0) 除 SID 指标比 Wavelet 略差外，其他各项指标都是所有方法中最好的，其次是 EA-IHS(1.0)。Wavelet 方法除 SID 指标较好，其他指标基本都是排在末位。客观评价指标的对比也显示了提出的 EA-IHS 的有效性。

表 5.3　图 5.13 的融合结果的定量指标比较

指标	ERGAS	QAVE	RASE	RMSE	SAM	SID
理想值	**0**	**1**	**0**	**0**	**0**	**0**
A-IHS	6.5007	0.9586	25.5809	0.1297	3.2725	0.0749
PCA	6.7983	0.8745	26.6405	0.1351	5.5390	0.0882
Wavelet	6.9805	0.8409	28.5473	0.1447	4.5012	**0.0345**
EA-IHS(0.5)	5.8937 ±0.0676	0.9611 ±0.0010	23.0899 ±0.2620	0.1171 ±0.0013	3.2656 ±0.0599	0.0667 ±0.0010
EA-IHS(1.0)	5.2108 ±0.0810	0.9711 ±0.0011	20.4543 ±0.3136	0.1037 ±0.0016	2.6415 ±0.0690	0.0538 ±0.0021
EA-IHS(2.0)	**4.2844** ±0.0573	**0.9808** ±0.0005	**16.8296** ±0.2252	**0.0853** ±0.0011	**2.0571** ±0.0332	0.0364 ±0.0011

表 5.4　图 5.14 的融合结果的定量指标比较

指标	ERGAS	QAVE	RASE	RMSE	SAM	SID
理想值	**0**	**1**	**0**	**0**	**0**	**0**
A-IHS	6.1065	0.9663	23.4971	0.1208	2.9002	0.0706
PCA	6.5425	0.8564	25.0917	0.1290	5.7535	0.0961
Wavelet	6.8811	0.8070	28.8324	0.1483	4.9226	**0.0328**
EA-IHS(0.5)	5.7235 ±0.0544	0.9656 ±0.0007	21.9481 ±0.2072	0.1129 ±0.0011	3.0889 ±0.0446	0.0591 ±0.0009
EA-IHS(1.0)	5.3055 ±0.1152	0.9711 ±0.0015	20.3573 ±0.4378	0.1047 ±0.0023	2.7474 ±0.0961	0.0514 ±0.0024
EA-IHS(2.0)	**4.1622** ±0.0703	**0.9833** ±0.0006	**15.9902** ±0.2696	**0.0822** ±0.0014	**1.9671** ±0.0400	0.0360 ±0.0017

5.5 基于多目标优化的 IHS 全色锐化融合模型

类似 EA-IHS 这类单目标优化方法控制系数不能自动寻优或优化的目标函数是单一的，因此可能会陷入局部最优而无法找到全局最优解，导致融合后的图像丢失空间细节或者产生光谱失真。为解决这一问题，本节提出了一种基于多目标优化的 IHS 全色锐化融合模型，称之为 MO-IHS，该方法通过使用多个目标函数来协调控制和平衡参数。事实上，MO-IHS 是 EA-IHS 的延伸。EA-IHS 只考虑了一个优化目标，而 MO-IHS 设计了两个优化目标，将 MS 图像和 PAN 图像融合问题转换成多目标优化问题，并应用多目标进化算法来解决该问题。本节的实验结果表明，MO-IHS 在主观视觉效果和客观质量指标上都优于 EA-IHS。

5.5.1 目标函数

5.4.2 节提出了两个假设来构建目标函数，这两个假设体现的是 MS 图像与 PAN 图像融合的基本原理，目的是在 HRMS 图像和 PAN 图像、HRMS 图像和 MS 图像之间建立关联约束。MO-IHS 仍然基于这两个假设来构建目标函数。第一个目标函数与 EA-IHS 一致：

$$f_1=\sum_{x,y}\left\{\left|\boldsymbol{P}(x,y)-\sum_{n=1}^{N}\theta_n\boldsymbol{Z}_n(x,y)\right|^p+\frac{1}{N}\sum_{n=1}^{N}\left|\boldsymbol{M}_n(x,y)-\sum_{i=-1}^{1}\sum_{j=-1}^{1}K(i,j)\boldsymbol{Z}_n(x-i,y-j)\right|^p\right\}\tag{5.42}$$

式中，$\boldsymbol{Z}_n=\boldsymbol{M}_n+W_P(\boldsymbol{P}-\boldsymbol{I})=\boldsymbol{M}_n+W_P\left(\boldsymbol{P}-\sum_{n=1}^{N}\alpha_n\boldsymbol{M}_n\right)$。

式(5.42)包含两部分：第一部分是确保融合图像能够获得更好的空间质量；第二部分是确保融合图像能获得更好的光谱质量。事实上，即使当式(5.42)取得最优值时，也不一定意味着融合图像在有限的迭代次数内获得最佳空间质量或最佳光谱质量。因此，需要同时最小化式(5.42) 的分部，即第二个目标函数定义为：

$$f_2=\sum_{x,y}\left\{\left|\boldsymbol{P}(x,y)-\sum_{n=1}^{N}\theta_n\boldsymbol{Z}_n(x,y)\right|^p\right.\tag{5.43}$$

两个目标函数 f_1 和 f_2 中，待优化参数仍然是 α、θ 和 K，于是双目标的 MS 图像与 PAN 图像融合问题可以表述为：

$$\min(f_1, f_2) \quad \text{s.t.} \begin{cases} 0 \leqslant \alpha_n \leqslant 1, \quad 1 \leqslant n \leqslant N \\ 0 \leqslant \theta_n \leqslant 1, \quad 1 \leqslant n \leqslant N \\ 0 \leqslant K(i,j) \leqslant 1, \quad 1 \leqslant i,j \leqslant 3 \\ \sum_{i,j} K(i,j) = 1, \quad 1 \leqslant i,j \leqslant 3 \end{cases} \tag{5.44}$$

5.5.2 NSGA-II 优化

非支配排序遗传算法 (Non-dominated Sorting Genetic Algorithm, NSGA) 是由 Srinivas 和 Deb 等人于 1994 年首先提出来的，但由于其时间复杂度高、共享半径设置不合理等问题，Deb 等人在 2002 年对该算法进行了一系列的改进，并引入了精英保留策略，提出了一种新的基于快速非支配排序遗传算法，即 NSGA-II。

5.5.2.1 编码方式

为了对式(5.44)进行优化，用一组实数向量来表示染色体：

α_1	α_2	α_3	θ_1	θ_2	θ_3	K_{11}	K_{12}	K_{13}	K_{21}	K_{22}	K_{23}	K_{31}	K_{32}	K_{33}

每个染色体中的每个元素均是一个变量，取值范围为 $[0,1]$。在种群初始化过程中，种群规模设置为 N_P。

5.5.2.2 遗传算子

遗传算子在遗传算法中起重要的作用，它可以通过使用几个算子产生新一代的种群。本小节应用 CoDE 算法来生成下一代个体，算法包含变异和选择两种操作。用 $\boldsymbol{t}_{ij}(g)$ 和 $\boldsymbol{t}_{ij}(g+1)$ 分别代表第 g 代和第 $(g+1)$ 代的个体，使用三个变异算子为每个染色体 $\boldsymbol{t}_i(g)$ 生成三个子代，分别用 rand/1/bin、rand/2/bin 和 current-to-rand/1 表示。下面是三个算子的具体表达：

rand/1/bin

$$\boldsymbol{u}_{ij}(g) = \begin{cases} \boldsymbol{t}_{r_1 j}(g) + F_0 \cdot (\boldsymbol{t}_{r_2 j}(g) - \boldsymbol{t}_{r_3 j}(g)), & \text{rand(0,1)} < P_\text{co} \text{ 或} j = j_\text{rand} \\ \boldsymbol{t}_{ij}(g), & \text{其他} \end{cases} \tag{5.45}$$

rand/2/bin

$$\boldsymbol{u}_{ij}(g)=\begin{cases}\boldsymbol{t}_{r_1j}(g)+F_0\cdot(\boldsymbol{t}_{r_2j}(g)-\boldsymbol{t}_{r_3j}(g))+F_0\cdot(\boldsymbol{t}_{r_4j}(g)-\boldsymbol{t}_{r_5j}(g)), & \\ \qquad\qquad\qquad\qquad\text{rand(0,1)} \ < P_{\text{co}}\ \text{或} j=j_{\text{rand}} & \\ \boldsymbol{t}_{ij}(g), \qquad\qquad \text{其他} & \end{cases} \tag{5.46}$$

current-to-rand/1

$$\boldsymbol{u}_{ij}(g)=\boldsymbol{t}_{ij}(g)+\ \text{rand(0,1)}\ \cdot(\boldsymbol{t}_{r_1j}(g)-\boldsymbol{t}_{ij}(g))+F_0\cdot(\boldsymbol{t}_{r_2j}(g)-\boldsymbol{t}_{r_3j}(g)) \tag{5.47}$$

对于每一个父代个体，随机选取三种控制参数（$\{F_0=1.0,P_{\text{co}}=0.1\}$、$\{F_0=1.0,P_{\text{co}}=0.9\}$ 和 $\{F_0=0.8,P_{\text{co}}=0.2\}$）中的一种，然后通过三种策略生成三个不同的新个体，并从三个新个体中挑选出最好的个体作为下一代个体。

为了使每个染色体的取值落在 $[0,1]$ 范围内，在遗传操作后对染色体进行修正。$\boldsymbol{t}_{ij}$ 表示种群中第 i 个染色体的第 j 个元素。染色体在运行过程中的修复方式如下：

$$P_{\text{op}}(i,j)=\begin{cases}\text{rand}(0.5,1.0), & \boldsymbol{t}_{ij}>1\\ \text{rand}(0.0,0.5), & \boldsymbol{t}_{ij}<0\\ \boldsymbol{t}_{i,j}(\text{i,j}), & \text{其他}\end{cases} \tag{5.48}$$

式中，$\text{rand}(l,u)$ 表示返回一个取值范围为 $[l,u]$ 的随机值。

根据上述算子,可以得到两个种群:当前种群 $X(g)$ 和下一代种群 $X(g+1)$。采用非支配排序的 rank 等级和拥挤距离的大小来确定哪条染色体可能被选择，具体到本小节中，rank 等级低的和拥挤距离高的染色体会被选入作为下一代种群 $X(g+1)$。

5.5.3 MO-IHS 基本流程

算法 5.3 描述了 MO-IHS 的基本步骤。

算法 5.3 MO-IHS 的基本步骤

输入： PAN 图像 $\boldsymbol{P}$, MS 图像 $\boldsymbol{M}$

1. 将 MS 图像 $\boldsymbol{M}$ 上采样到与 PAN 图像 $\boldsymbol{P}$ 相同的大小；
2. 构建目标函数；
3. 进化计算：
   3.1. 初始化：随机生成初始种群 $X(0)$；

3.2. 变异：通过变异算子生成一组新的子代种群；
3.3. 选择：通过选择算子选择下一代种群 $X(g+1)$；
3.4. 重复 3.2 和 3.3，直到满足停止条件；
4. 返回目前为止发现的 Pareto 前沿；
5. 利用优化好的参数执行 MS 图像与 PAN 图像的 IHS 融合

输出：MS 图像与 PAN 图像融合图像 $\boldsymbol{Z}$

5.5.4 实验对比与分析

本小节通过实验对提出的 MO-IHS 的有效性进行分析。实验环境的具体设置如下：操作系统为 Windows 7，编程工具为 MATLAB 2015b。此外，实验的参数设置为种群规模 $N_{\mathrm{P}}=100$，算法迭代次数为 5000 次。多目标优化的一般流程实验选择的对比方法有 A-IHS、PCA、Wavelet 以及 5.4.2 节提出的 EA-IHS。为了说明 MO-IHS 的有效性，实验不仅包含有主观的视觉比较，同时也有客观的指标比较，所使用的衡量指标为 ERGAS、QAVE、RASE、RMSE、SAM 和 SID 等。

5.5.4.1 QuickBird 数据集分析

首先，用一组 QuickBird 数据集来测试提出的 MO-IHS 的性能。在原始 PAN/MS 图像上裁剪出 2048 像素 × 2048 像素/512 像素 × 512 像素 × 4 像素的区域，然后使用滤波器进行 2 倍下采样获得 1024 像素 × 1024 像素/256 像素 × 256 像素 × 4 像素大小的输入 LRMS/PAN 图像对，原始 MS 图像作为参考真值图像，融合结果比较如图 5.17 和图 5.18 所示。

图 5.17 和图 5.18 显示了不同方法的视觉结果，其中图 5.17(a)、(b) 和图 5.18(a)、(b) 分别代表上采样后的 MS 图像（UsMS）和 PAN 图像。可以看到 PAN 图像包含良好的空间信息，尽管 UsMS 图像能保留 HRMS 图像的光谱特性，但其空间细节已经退化。从图 5.17 和图 5.18 中可以明显看出，A-IHS、Wavelet 和 PCA 都能很好地保留空间细节，但在保持光谱信息方面还有所欠缺。EA-IHS 的融合结果有相对良好的空间信息和光谱信息，但是仍然与 MO-IHS 的融合结果有一定差距。

图 5.17 和图 5.18 的融合结果的定量指标比较如表 5.5 和表 5.6 所示，通过对指标的比较，可以得出 MO-IHS 在所有指标上都是最优的。

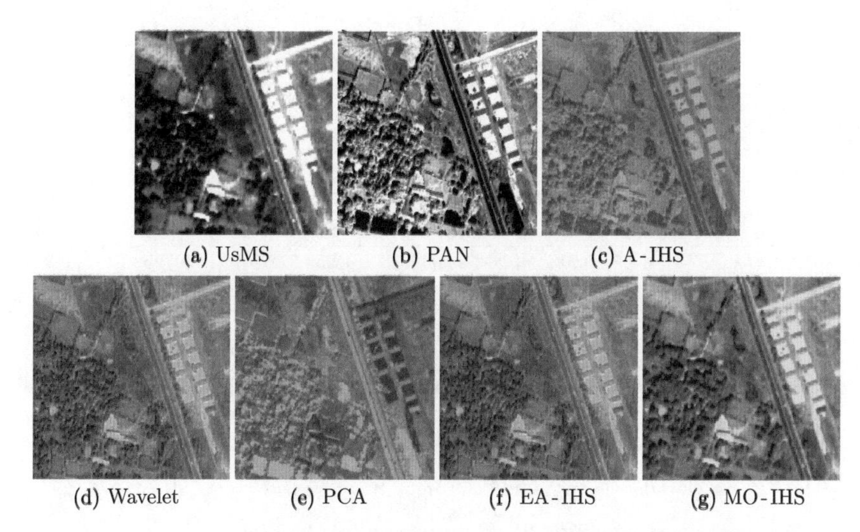

图 5.17 QuickBird 数据融合结果比较一（图像来源：QuickBird）

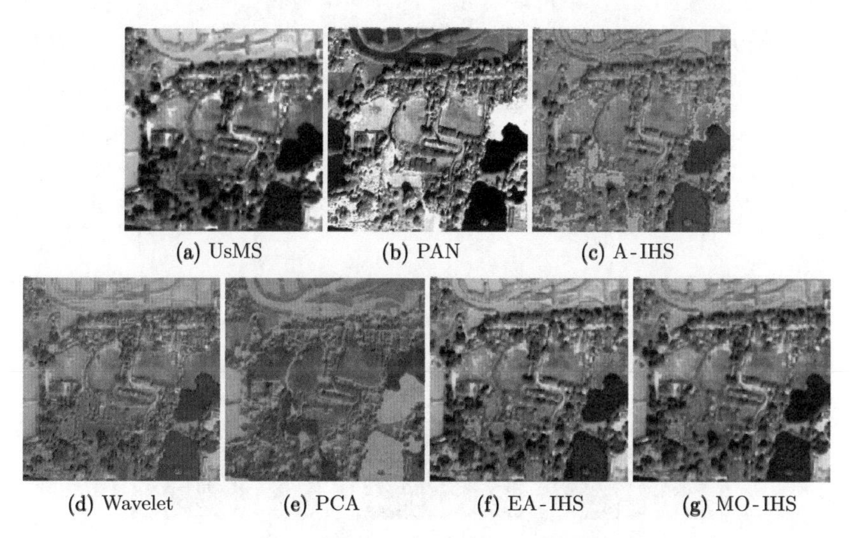

图 5.18 QuickBird 数据融合结果比较二（图像来源：QuickBird）

表 5.5 图 5.17 的融合结果的定量指标比较

指标	ERGAS	QAVE	RASE	RMSE	SAM	SID
理想值	**0**	**1**	**0**	**0**	**0**	**0**
A-IHS	14.3679	0.6926	61.9706	52.0962	12.6980	0.4287
Wavelet	45.0592	0.7426	43.9928	36.9830	20.1631	0.6454
PCA	17.9097	0.6349	91.7163	77.1022	8.2257	0.4155
EA-IHS	6.5428	0.8719	27.9649	23.5090	4.1708	0.2082
MO-IHS	**4.9974**	**0.9155**	**21.3291**	**17.9305**	**3.0774**	**0.2022**

表 5.6 图 5.18 的融合结果的定量指标比较

指标	ERGAS	QAVE	RASE	RMSE	SAM	SID
理想值	**0**	**1**	**0**	**0**	**0**	**0**
A-IHS	12.4163	0.7914	52.2695	45.1442	8.7510	0.4488
Wavelet	39.6583	0.7909	40.7593	35.2031	15.8552	0.6733
PCA	15.2355	0.6791	78.3705	67.6872	7.9034	0.3402
EA-IHS	6.8745	0.9184	29.0468	25.0872	3.0735	0.2097
MO-IHS	**4.5944**	**0.9541**	**19.4957**	**16.8381**	**2.1400**	**0.1423**

5.5.4.2 Google earth 数据集分析

接下来使用 Google earth 数据验证 MO-IHS 的有效性，融合结果比较如图 5.19 和图 5.20 所示，对应的融合结果的定量指标比较如表 5.7 和表 5.8 所示。

从图 5.19 和图 5.20 中可以看出，PCA 和 Wavelet 的融合结果对光谱信息的保留能力较弱，颜色对比度较差，与 UsMS 图像差距明显。A-IHS 具备相对良好的光谱保留能力，但仔细观察可以发现，A-IHS 产生的融合图像丢失了许多空间细节信息。EA-IHS 和 MO-IHS 在增加空间细节和保留光谱信息方面都表现得比较出色，但 MO-IHS 有更好的表现。具体来说，对于图 5.19 中的绿色草坪，EA-IHS 生成的融合图像相对较模糊，MO-IHS 的融合图像相对更加清晰。

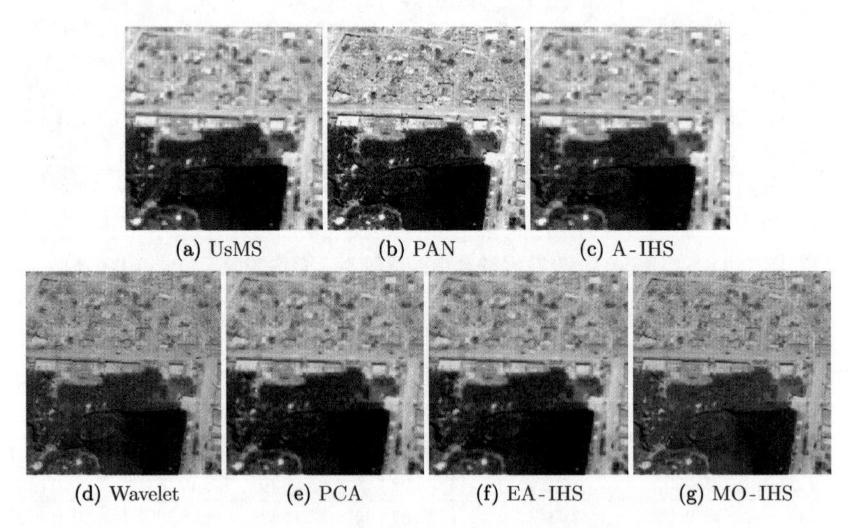

(a) UsMS (b) PAN (c) A-IHS

(d) Wavelet (e) PCA (f) EA-IHS (g) MO-IHS

图 5.19 Google earth 数据融合结果比较一（图像来源：Google earth）

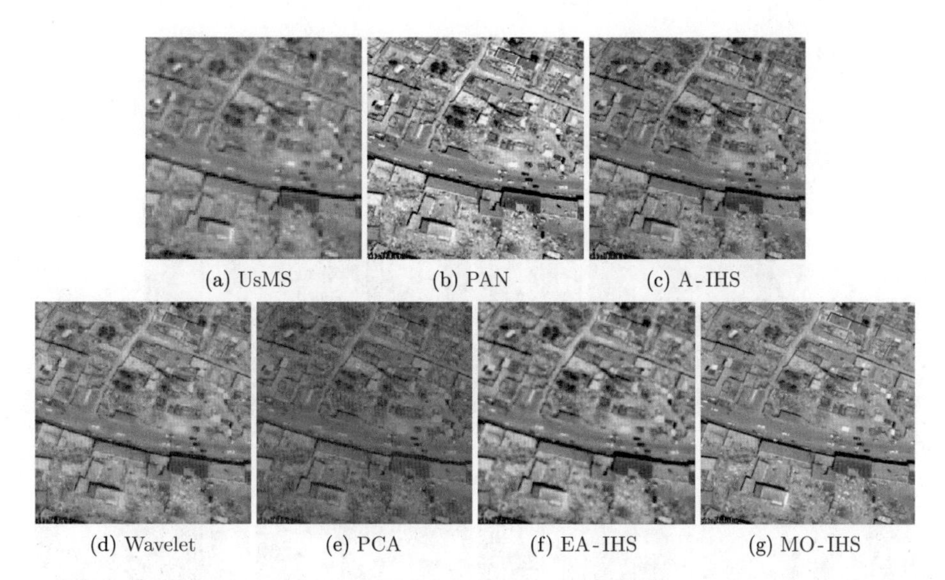

(a) UsMS　(b) PAN　(c) A-IHS

(d) Wavelet　(e) PCA　(f) EA-IHS　(g) MO-IHS

图 5.20　Google earth 数据融合结果比较二（图像来源：Google earth）

表 5.7　图 5.19 的融合结果的定量指标比较

指标	ERGAS	QAVE	RASE	RMSE	SAM	SID
理想值	**0**	**1**	**0**	**0**	**0**	**0**
A-IHS	4.1293	0.9410	16.4973	25.4539	2.3498	0.1313
Wavelet	4.1358	0.8050	16.5123	25.4772	3.9679	0.1441
PCA	5.8106	0.8514	23.3085	35.9630	3.0627	0.1418
EA-IHS	2.1211	0.9634	8.4647	13.0603	1.6253	**0.1125**
MO-IHS	**0.8983**	**0.9794**	**3.5899**	**5.0544**	**0.8721**	0.1469

表 5.8　图 5.20 的融合结果的定量指标比较

指标	ERGAS	QAVE	RASE	RMSE	SAM	SID
理想值	**0**	**1**	**0**	**0**	**0**	**0**
A-IHS	12.4163	0.7914	52.2695	45.1442	8.7510	0.4488
Wavelet	39.6583	0.7909	40.7593	35.2031	15.8552	0.6733
PCA	15.2355	0.6791	78.3705	67.6872	7.9034	0.3402
EA-IHS	6.8745	0.9184	29.0468	25.0872	3.0735	0.2097
MO-IHS	**4.5944**	**0.9541**	**19.4957**	**16.8381**	**2.1400**	**0.1423**

从表 5.7 和表 5.8 的结果来看，PCA 和 Wavelet 的指标最差，A-IHS 相较之下多项指标有略微提高，EA-IHS 则具有很强的竞争力，这充分证明了该方法具有良好的光谱和空间信息保留能力，而 MO-IHS 依旧得到了最好的融合效果。

5.5.4.3 Pleiades 数据集分析

最后用 Pleiades 卫星的遥感数据来验证 MO-IHS 的性能，融合结果如图 5.21 所示，定量指标比较如表 5.9 所示。

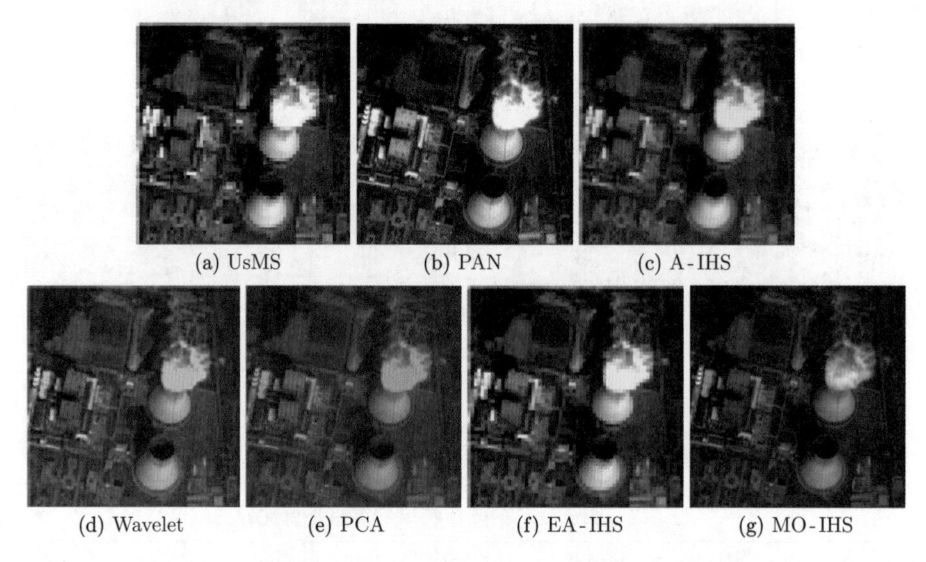

图 5.21 Pleiades 融合结果比较（图像来源：Pleiades）

表 5.9 图 5.21 的融合结果的定量指标比较

指标	ERGAS	QAVE	RASE	RMSE	SAM	SID
理想值	**0**	**1**	**0**	**0**	**0**	**0**
A-IHS	8.3631	0.9246	33.3907	22.9081	2.6158	0.0696
Wavelet	7.9938	0.9163	31.8892	21.8780	3.7401	0.0696
PCA	12.0097	0.8552	47.8852	32.8523	3.8125	0.0643
EA-IHS3(10000)	3.2076	0.9470	12.7992	8.7810	2.3369	0.0388
MO-IHS	**1.7718**	**0.9635**	**7.0693**	**4.8500**	**1.5149**	**0.0319**

从图 5.21 中可以看出，PCA 和 Wavelet 在保持高空间分辨率和高光谱分辨率上表现欠佳；A-IHS 虽能保留相对良好的光谱信息，但无法获得良好的空间图像细节，融合结果图中的烟雾出现了重影现象。MO-IHS 和 EA-IHS 融合结果的空间质量比较一致，但在光谱质量上，MO-IHS 的融合结果表现更胜一筹，这也可以从表 5.9 中的指标数据分析出来。

5.5.4.4 真实数据集分析

下面使用真实数据进行实验对比，以进一步说明 MO-IHS 的有效性。图 5.22 和图 5.23 展示的是各种全色锐化方法的融合结果，表 5.10 和表 5.11是对应的定量指标比较。

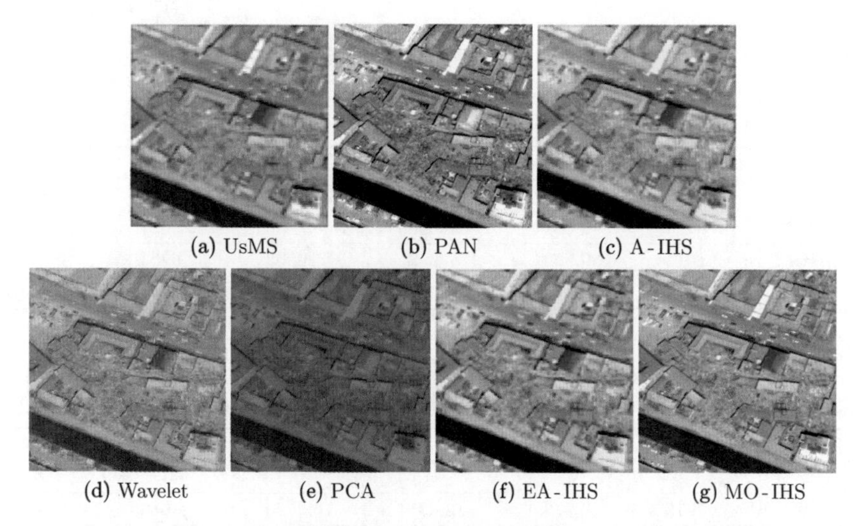

(a) UsMS　(b) PAN　(c) A-IHS

(d) Wavelet　(e) PCA　(f) EA-IHS　(g) MO-IHS

图 5.22　真实数据融合结果比较（图像来源：Google earth）

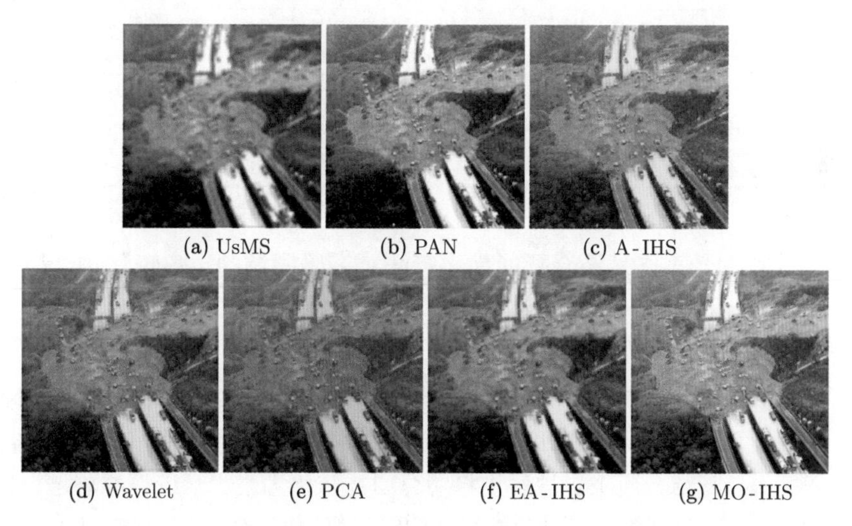

(a) UsMS　(b) PAN　(c) A-IHS

(d) Wavelet　(e) PCA　(f) EA-IHS　(g) MO-IHS

图 5.23　真实数据融合结果比较（图像来源：QuickBird）

从图中可以看到 A-IHS 和 Wavelet 方法存在一定的光谱畸变问题，尤其是倒塌的建筑物部分。PCA 方法的融合图像中存在严重的对比度失真现象，其结果图整体偏暗。EA-IHS 方法无明显的光谱失真和空间畸变现象，融合结果相对较好，但仍存在轻微的模糊现象。相比之下，本节提出的 MO-IHS 方法得到的融合图像细节清晰，光谱保真度高。同时，表 5.10 和表 5.11 的指标结果也表明了 MO-IHS 方法综合最优。

表 5.10 图 5.22 的融合结果的定量指标比较

指标	ERGAS	QAVE	RASE	RMSE	SAM	SID
理想值	**0**	**1**	**0**	**0**	**0**	**0**
A-IHS	4.1293	0.9410	16.4973	25.4539	2.3498	0.1313
Wavelet	4.1358	0.8050	16.5123	25.4772	3.9679	0.1441
PCA	5.8106	0.8514	23.3085	35.9630	3.0627	0.1418
EA-IHS	2.1211	0.9634	8.4647	13.0603	1.6253	0.1125
MO-IHS	**0.9320**	**0.9746**	**3.7205**	**5.7404**	**1.0968**	**0.0988**

表 5.11 图 5.23 的融合结果的定量指标比较

指标	ERGAS	QAVE	RASE	RMSE	SAM	SID
理想值	**0**	**1**	**0**	**0**	**0**	**0**
A-IHS	3.2720	0.9339	13.0914	16.3520	3.1089	0.0898
Wavelet	3.2293	0.8604	12.8932	16.1044	5.0228	0.0842
PCA	6.5749	0.8336	26.3658	32.9326	3.7781	0.0863
EA-IHS	2.7306	0.9413	10.9116	13.6293	2.6999	0.0831
MO-IHS	**1.9968**	**0.9533**	**7.9779**	**9.9649**	**2.1563**	**0.0759**

5.6 本章小结

本章的主要工作是结合智能优化算法对遥感图像的全色锐化融合模型与方法展开了一系列研究。在详细介绍常见的智能优化算法的基础上，提出了三个基于进化算法的全色锐化融合方法。

（1）EA-BNP 方法：提出了一种基于贝叶斯网络的全色锐化融合方法 BNP，使用有向无环图来表述 LRMS 图像、PAN 图像以及融合后的 HRMS 图像间的依赖关系，并结合两个合理假设将融合问题转化为最大后验概率问题。为了对 BNP 模型中的参数进行自动选择，将参数编码成进化算法中的个体，由两种全色锐化融合的质量评估标准组合成评估这些个体适应程度的目标函数，通过组合差分进化算法优化目标函数得出最优的参数组合和对应的 HRMS 图像。

（2）EA-IHS 方法：EA-IHS 方法在 A-IHS 方法的基础上，融合光谱信息保持和空间信息保持两个假设项构建目标函数，并采用组合差分进化算法对目标函数进行优化，从而获得最佳融合图像的控制参数，再将参数应用于 A-IHS 模型获得最终的融合结果。

（3）MO-IHS 方法：在 EA-IHS 目标函数的基础上，取其分部作为另一个目标函数，采用多目标优化算法 NSGA II 对两个目标函数同时进行优化，从而寻找全局最佳控制参数，使两个目标函数能同时获得最优解集，既能更好地保持原 MS 图像的光谱信息，也能完美地保持 PAN 图像的空间细节信息。

第 6 章

基于能量模型的图像融合

6.1 引言

变分法是 17 世纪末发展起来的用于处理泛函的一门数学分支，和处理数的函数的普通微积分相对。随着数学优化理论的不断发展与完善，变分法逐渐成为图像处理领域常用的工具。基于变分法的图像处理是图像处理领域的一个重要分支，它将图像处理问题转化为能量极小化问题，再寻找极小化值从而得到优化结果。它的应用范围几乎涵盖了图像处理的所有领域，许多相关工作也已经取得了卓越的成效，如 Monford-Shah 模型、Chan-Vese 模型、Geodesic Active Contours 模型、ROF(Rudin-Osher-Fatemi) 模型（又称为 TV 模型）等。

相比较其他图像处理技术，基于变分法的图像处理技术有以下优点。

（1）深厚的数学理论支撑：建立了能量泛函后，可以很容易从理论上分析模型的合理性，这为建立新模型提供了一个方向。

（2）可扩展性：在建立了一个能量泛函后，可以通过修改其中某个项来达到更理想的效果，同时一个能量泛函往往在简单修改之后就能应用到其他图像处理领域。

（3）灵活性高：随着变分法的发展，很多技术，如小波、随机场和信息论等，都可以融入到变分模型中，使得变分法越来越灵活。

由于变分法的诸多优势，本章将研究如何将变分法应用于图像融合。首先对变分法的基础知识进行介绍，然后介绍三种基于变分法的全色锐化融合模型，最后对本章内容进行小结。

6.2 变分法预备知识

6.2.1 泛函定义及性质

首先给出泛函的定义。

定义 6.2.1　给定函数集合 $Y=\{y(x)\}$，若对于 Y 中任意函数，均恒有某个确定的实数 $F(y(x))$ 与之对应，则称 $F(y(x))$ 为定义在 Y 上的一个泛函，Y 为泛函 $F(y(x))$ 的定义域，$y(x)$ 为泛函 $F(y(x))$ 的宗量。

令 X 为 Banach 空间，F 为定义在 X 上的泛函，则 X 有如下性质。

（1）X 的紧性性质。

若 X 自反，$x_n \in X$ 是有界序列，则存在子列（仍记为 x_n）以及 $x \in X$，使得在 X 的弱拓扑下有：

$$x_n \rightharpoonup x$$

令 X' 为 X 的对偶空间，则对于所有的 $l \in X'$ 有：

$$l(x_n) \to l(x)$$

（2）泛函的下半连续性。

若 $\{x_n\}$ 关于某拓扑 τ 收敛到 x，即：

$$\liminf_{n\to\infty} F(x_n) \geqslant F(x)$$

则泛函 F 关于该拓扑是下半连续的。

（3）泛函的强制性。

若泛函 F 关于某拓扑 τ 是强制的，即：

$$\lim_{\|x\|_\tau\to\infty} F(x)=+\infty$$

则泛函 F 关于该拓扑是强制的。

（4）泛函的凸性。

若对任意 $x,y \in X$ 和 $\omega \in [0,\ 1]$ 都有：

$$F(\omega x+(1-\omega)y) \leqslant \omega F(x)+(1-\omega)F(y)$$

则称泛函 F 是凸的。若其中的等号恒不成立，则称泛函 F 是严格凸的。

（5）泛函的次微分。

$x^* \in X'$ 称为 F 在 x_0 点的次梯度，若 $\forall x \in X$ 满足：

$$F(x_0) + \langle x^*, x - x_0 \rangle \geqslant F(x)$$

显然 x^* 并不唯一，记次微分 $\partial F(x_0)$ 为 x_0 点次梯度的集合。

如果 τ 取 X 的弱拓扑，且 $F(x)$ 强制和下半连续，则 $\inf\limits_{x \in X} F(x)$ 的解存在，此时若 F 是严格凸的，则解唯一。

6.2.2 BV 空间定义及性质

下面先给出 BV 函数的定义，在此只讨论二维情况，多维情况下的定义很容易推广得到。

定义 6.2.2 若 Ω 为二维平面中含 Lipschitz 边界的有界开集，给定 $u \in L^1(\Omega)$，令

$$\int_\Omega |Du| := \sup\left\{\int_\Omega u \operatorname{div}(\varphi)\mathrm{d}x \in C_0^1(\Omega)^2, \|\varphi\|_{L^\infty} \leqslant 1\right\}$$

其中，Du 为变量 u 的分布梯度，且

$$\varphi = (\varphi_1, \varphi_2),\ \operatorname{div}(\varphi) = \sum_i \frac{\partial \varphi_i}{\partial x_i},\ \|\varphi\|_{L^\infty} = \sup_x \sqrt{\sum_i \varphi_i^2}$$

若 $\int_\Omega |Du| < \infty$，则称 $u \in \mathrm{BV}(\Omega)$，且 $\int_\Omega |Du|$ 为全变差。

其中 BV 空间定义如下。

定义 6.2.3

$$\mathrm{BV}(\Omega) = \left\{u \mid u \in L^1(\Omega), \int_\Omega |Du| < \infty\right\}$$

BV 空间有如下关系：

$$W^{1,1}(\Omega) \subset \mathrm{BV}(\Omega) \subset L^1(\Omega)$$

且 $\mathrm{BV}(\Omega)$ 关于范数有：

$$\|u\|_{\mathrm{BV}} = \|u\|_1 + \int_\Omega |Du|$$

BV 空间具有如下五条性质。

（1）下半连续性。

若 $u_i \in \mathrm{BV}(\Omega)$，$u_i \underset{L^1(\Omega)}{\rightarrow} u$，则 $\int_\Omega |Du| \leqslant \liminf\limits_{i\to+\infty} \int_\Omega |Du_i|$。

（2）BV-w^* 拓扑（收敛性）。

若 u_i 在 BV 中一致有界，则：

$$u_i \underset{\mathrm{BV}-w^*}{\overset{*}{\rightharpoonup}} u \Leftrightarrow u_i \underset{L^1(\Omega)}{\rightarrow} u \text{ 且 } Du_i \underset{M}{\overset{*}{\rightharpoonup}} Du$$

其中，对于所有的 $\varphi \in C_0^N$，$Du_i \underset{M}{\overset{*}{\rightharpoonup}} Du$，即 $\int_\Omega \varphi Du_i \rightarrow \int_\Omega \varphi Du$。

（3）紧性。

任意给定一致有界序列 $\{u_i\} \subset \mathrm{BV}(\Omega)$，存在子列（仍记为 $\{u_i\}$）和 $u \in \mathrm{BV}(\Omega)$ 满足 $u_i \underset{\mathrm{BV}-w^*}{\overset{*}{\rightharpoonup}} u$。并且，当 $1 \leqslant p \leqslant \dfrac{N}{N-1}$ 时，$\mathrm{BV}(\Omega)$ 连续嵌入到 $L^p(\Omega)$，当 $1 \leqslant p < \dfrac{N}{N-1}$ 时 $\mathrm{BV}(\Omega)$ 紧嵌入到 $L^p(\Omega)$。

（4）分解性。

$$Du = \nabla u \, \mathrm{d}x + D_s u$$

其中，$\nabla u \in L^1(\Omega)$ 是 Lebesgue 测度，称为 Du 的正则部分，$D_s u$ 称为 Du 的奇异部分。$D_s u$ 又包含两部分：跳跃部分和 contour 部分，即：

$$D_s u = (u^+ - u^-) n_u \mathcal{H}_{S_u}^{N-1} + C_u$$

（5）光滑函数逼近。

对于所有的 $u \in \mathrm{BV}(\Omega)$，存在 $\{u_i\} \subset C^\infty(\Omega) \cap \mathrm{BV}(\Omega)$，满足：

$$u_i \underset{L^1(\Omega)}{\rightarrow} u \text{ 且 } \lim_{i\to+\infty} \int_\Omega |Du_i| = \int_\Omega |Du|$$

6.2.3 Bregman 迭代和分裂 Bregman 迭代

Bregman 算法是 1967 年由 L. Bregman 首先提出来的。2005 年，S. Osher 等人将 Bregman 算法引入到图像处理中。随着技术的发展，Bregman 算法被越来越多的人关注和应用。下面详细介绍 Bregman 算法。

6.2.3.1 带约束的优化问题

图像处理领域经常需要处理如下带约束的优化问题：

$$\min_{u} J(u),\ \text{s.t. } H(u)=0$$

这里的 J、H 均为凸泛函。为了便于求解，我们将上述问题转换成不带约束的优化问题：

$$\min_{u} J(u)+\alpha H(u) \tag{6.1}$$

式中，α 是惩罚权函数。为了满足 $H(u)=0$，α 必须尽可能大。

在实际操作中，一般用牛顿法相关的方法来求解式 (6.1)。这类方法需要求解目标函数的 Hessian 矩阵，然而，$\alpha \to \infty$ 会导致 Hessian 矩阵的条件数趋向于无穷大，这就使得一些快速算法（如 Gauss-Seidel 迭代法）不适用，进而导致式 (6.1)的数值计算非常困难。

6.2.3.2 Bregman 迭代

为了有效地求解式 (6.1)，这里介绍一种新的算法：Bregman 迭代。Bregman 迭代的核心是 Bregman 距离，首先给出 Bregman 距离的定义。

定义 6.2.4 假设 $J: R^n \to R^+$ 是一个连续的凸泛函，则 J 在 u、v 两点的 Bregman 距离定义为：

$$D_J^p(u,v)=J(u)-J(v)-\langle p,u-v\rangle$$

式中，$p\in\partial J(v)$，即 p 是 J 在 v 点的一个次微分。

不难发现，对于任意的 u、v 都有 $D_J^p(u,v)\geqslant 0$。然而，$D_J^p(u,v)\neq D_J^p(v,u)$，而且 $D_J^p(u,v)$ 不满足三角不等式，所以 Bregman 距离并不是一般意义下的距离。

当 J 不可微时，式 (6.1)的求解是很困难的，Bregman 迭代能有效地解决这个问题。首先用 J 的 Bregman 距离代替 J，则式 (6.1)可改写成：

$$\begin{aligned} u^{j+1} &= \arg\min_{u} D_J^p(u,u^j)+\lambda H(u) \\ &= \arg\min_{u} J(u)-\langle p^j,u-u^j\rangle+\lambda H(u) \end{aligned} \tag{6.2}$$

若 H 是可微的，则优化问题式 (6.2)等价于：

$$0 \in \partial \left(D_J^p(u, u^j) + \lambda H(u)\right) \Leftrightarrow 0 \in \partial \left(J(u) - \langle p^j, u - u^j \rangle + \lambda H(u)\right)$$
$$\Leftrightarrow 0 \in \partial J(u) - p^j + 2\lambda \nabla H(u)$$

其次，由于 $p^{j+1} \in \partial J(u^{j+1})$，可以得到：

$$p^{j+1} = p^j - \nabla H(u^{j+1}) \tag{6.3}$$

通过迭代式 (6.2)和式 (6.3)，就能得出式 (6.1)的解。

现在讨论 Bregman 迭代的一个非常重要的性质（此处仅罗列定理内容，其证明请参照相关文献。

定理 6.2.1　*设 J、H 为 $R^n \to R^+$ 的凸泛函，H 可微，且式 (6.2)存在解 u^*，则有如下性质：*

- *H 单调递减，即 $H(u^{j+1}) \leqslant H(u^j)$，且 $\lim\limits_{j\to\infty} H(u^j) \to 0$。*
- *$H(u^j) \leqslant H(u^*) + \dfrac{J(u^*)}{j}$。*

相对于传统方法，Bregman 迭代主要有以下优点。

- Bregman 迭代收敛速度非常快，尤其是对 J 含有 L^1 范数的泛函。
- 在 Bregman 迭代中，参数 α 无须趋向于无穷大，设置成一个固定的常数即可，这样就避免了算法的不稳定。

另外，该迭代简单、有效，已经被广泛应用到许多问题中，并且针对具体问题的 Bregman 迭代的各种改进方法也相继出现。

6.2.3.3　分裂 Bregman 迭代

分裂 Bregman 迭代是 Bregman 迭代的推广，它能很好地求解包含 L^1 范数的极小化问题。很多文献已经证明分裂 Bregman 迭代能精确地收敛到原问题的解，并且时间和内存开销都比现有方法低，是非常有效的快速算法。

接下来介绍分裂 Bregman 迭代，需要解决如下模型：

$$\min_u \|\Phi(u)\|_1 + \alpha H(u) \tag{6.4}$$

式中，$\|\cdot\|_1$ 是 L^1 范数；$\Phi(\cdot)$ 可微；$\|\Phi(\cdot)\|_1$、$H(\cdot)$ 均为凸泛函。

分裂 Bregman 迭代的关键思想是将式 (6.4)中的 $\Phi(\cdot)$ 和 $H(\cdot)$ 项分离，首先将其转换为如下带约束条件的优化问题：

$$\min_{u,d} \|d\|_1 + \alpha H(u), \text{ s.t. } d = \Phi(u) \tag{6.5}$$

显然，式 (6.4)与式 (6.5)等价。为了求解式 (6.5)，将其再次转换成不带约束的问题：

$$\min_{u,d} \|d\|_1 + \alpha H(u) + \frac{\beta}{2}\|d - \Phi(u)\|_2^2 \tag{6.6}$$

现在令 $J(u,d) = \|d\|_1 + \alpha H(u), \hat{H}(u,d) = \frac{\beta}{2}\|d - \Phi(u)\|_2^2$, 则式 (6.6)可写为类似于式 (6.4)的形式：

$$\min_{u,d} J(u,d) + \hat{H}(u,d)$$

类似于 Bregman 迭代，分裂 Bregman 迭代求解如下：

$$\begin{aligned}
(u^{j+1}, d^{j+1}) &= \min_{u,d} D_J^p(u, u^j, d, d^j) + \frac{\beta}{2}\|d - \Phi(u)\|_2^2 \\
p_u^{j+1} &= p_u^j - \gamma(\nabla\Phi)^{\mathrm{T}}(\Phi(u^{j+1}) - d^{j+1}) \\
p_d^{j+1} &= p_d^j - \gamma(d^{j+1} - \Phi(u^{j+1}))
\end{aligned}$$

同样也可以得到分裂 Bregman 迭代更简洁的第二形式：

$$(u^{j+1}, d^{j+1}) = \min_{u,d} \|d\|_1 + \alpha H(u) + \frac{\beta}{2}\|d - \Phi(u) - b^j\|_2^2 \tag{6.7}$$

$$b^{j+1} = b^j + \Phi(u^{j+1}) - d^{j+1} \tag{6.8}$$

用交替迭代求解式 (6.7), 即在固定 d、u 的情况下，分别求解 u、d：

$$u^{j+1} = \min_u \alpha H(u) + \frac{\beta}{2}\|d^j - \Phi(u) - b^j\|_2^2 \tag{6.9}$$

$$d^{j+1} = \min_d \|d\|_1 + \frac{\beta}{2}\|d - \Phi(u^{j+1}) - b^j\|_2^2 \tag{6.10}$$

通过 Gauss-Seidel 迭代或快速傅里叶变换可以很容易得到式 (6.9)的解，式 (6.10)的解则由下式直接给出：

$$d^{j+1} = \mathrm{shrink}\left(\Phi(u^{j+1}) + b^j, \frac{1}{\beta}\right)$$

其中

$$\mathrm{shrink}(\boldsymbol{x}, \varsigma) = \frac{\boldsymbol{x}}{\|\boldsymbol{x}\|} \cdot \max(\|\boldsymbol{x}\| - \varsigma, 0)$$

分裂 Bregman 迭代的典型应用是将其应用到 ROF 去噪模型中，此时 $\Phi(u) = \nabla u$，$H(u) = \|u - f\|_2^2$。考虑离散情形下 $\|\nabla u\|_1$ 的分类，情况如下：

- 在各向异性的情况下，考虑如下问题：

$$\min_u \|\nabla_x u\|_1 + \|\nabla_y u\|_1 + \alpha\|u - f\|_2^2$$

  下面引入分裂 Bregman 迭代；
- 在各向同性的情况下，考虑如下问题：

$$\min_u \sum_i \sqrt{(\nabla_x u)_i^2 + (\nabla_y u)_i^2} + \alpha\|u - f\|_2^2$$

  然后引入分裂 Bregman 迭代。

具体的算法细节在此不再介绍，感兴趣的读者可以自行参考相关文献。

6.3 变分全色锐化融合模型

本节首先基于 MS 图像和 PAN 图像的特性建立三个假设，然后在假设的基础上提出变分全色锐化模型，并称此模型为 VP 模型。本节主要内容包含以下几点。

- 提出三个假设和各自对应的能量，并得出全变分全色锐化模型，即 VP 模型。
- 在优化的框架下讨论 VP 模型能量泛函极小值的存在性问题。
- 在分裂 Bregman 迭代框架下实现 VP 模型的快速算法。
- 通过实验分析 VP 模型的融合效果和融合效率。

6.3.1 VP 模型构建

首先介绍将会用到的一些符号：令 $\boldsymbol{P}: \Omega \rightarrow R$ 为 PAN 图像；$\boldsymbol{M} = (\boldsymbol{M}_1, \cdots, \boldsymbol{M}_N): \Omega \rightarrow R^N$ 为 MS 图像，注意这里 $\boldsymbol{M}$ 表示的是上采样到与 PAN 图像尺寸一致的 UsMS 图像；$\boldsymbol{Z} = (\boldsymbol{Z}_1, \cdots, \boldsymbol{Z}_N): \Omega \rightarrow R^N$ 为融合后的 HRMS 图像，其中 $\Omega \subset R^2$ 表示一个有界开集区域（Lipschitz 边界），N 是 MS 图像的波段数。对于一个随机的像素点 $x \in \Omega$，$\boldsymbol{Z}_n(x)$ 是 $\boldsymbol{Z}_n$ 在 x 点的灰度值，其中 $n \in \{1, \cdots, N\}$。

全色锐化的目标是将 UsMS 图像和 PAN 图像融合得到 HRMS 图像，根据 MS 图像和 PAN 图像的特殊性，可以提出如下三个假设。

6.3.1.1 假设一：空间信息保持

一幅图像的空间信息一般可以用梯度来表示。换言之，$\nabla \boldsymbol{P}$ 和 $\nabla \boldsymbol{Z}_n$ 可以用来描述 $\boldsymbol{P}$ 和 $\boldsymbol{Z}_n$ 的空间信息。相比较 UsMS 图像，PAN 图像包含了 HRMS

图像绝大部分的空间信息，因此可以做出如下假设：HRMS 图像各波段空间信息加权之和与 PAN 图像的空间信息相似，其数学表达式如下：

$$\sum_{n=1}^{N}\gamma_n\nabla\boldsymbol{Z}_n=\nabla\boldsymbol{P} \tag{6.11}$$

式中，γ_n 为非负权重控制参数。需要说明的是，现有的部分全色锐化方法，如 S-IHS 和 P+XS，是基于如下假设的：

$$\sum_{n=1}^{N}\gamma_n\boldsymbol{Z}_n=\boldsymbol{P} \tag{6.12}$$

可以看出，由式 (6.12)可以推导出式 (6.11)，反之则不成立，则假设式 (6.11)可以视为式 (6.12)的推广。将提出的假设改写为变分形式，得到如下泛函：

$$E_G(\boldsymbol{Z})=\int_{\Omega}|\sum_{n=1}^{N}\gamma_n\nabla\boldsymbol{Z}_n-\nabla\boldsymbol{P}|\mathrm{d}x \tag{6.13}$$

权重控制参数 γ_n 的选择是一个难题，一些方法通过经验取值，或者令 $\gamma_n=\dfrac{1}{N}$。但是，一方面经验值极难获得，另一方面 $\gamma_n=\dfrac{1}{N}$ 并不准确，因此需要通过其他方法来求解 γ_n。

Thomas 等人提出，对比反转现象在遥感卫星图像中非常普遍，为了防止这种现象带来的不准确性，设定如下约束：

$$\gamma_n\nabla\boldsymbol{Z}_n\preccurlyeq\nabla\boldsymbol{P},\quad n=1,\cdots,N$$

式中，$\preccurlyeq$ 是广义不等号，它表示上式左边的每个元素都小于或等于右边的相对应元素。考虑以上约束，可以用如下泛函来求 γ_n 值：

$$\min_{\gamma_n}H(\gamma_n)=\int_{\Omega}|\sum_{i=1}^{N}\gamma_i\nabla\boldsymbol{Z}_i-\nabla\boldsymbol{P}|\mathrm{d}x+\int_{\Omega}|\gamma_n\nabla\boldsymbol{Z}_n-\nabla\boldsymbol{P}|^2\mathrm{d}x \tag{6.14}$$

式 (6.14) 中的第一项用来保持线性关系，第二项用来防止出现对比反转现象。

式 (6.14)很容易通过梯度下降法来求解，首先给出它的 E-L 方程：

$$\frac{\delta E}{\delta\gamma_n}=\nabla\boldsymbol{Z}_n\frac{\sum\limits_{i=1}^{N}\gamma_i\nabla\boldsymbol{Z}_i-\nabla\boldsymbol{P}}{|\sum\limits_{i=1}^{N}\gamma_i\nabla\boldsymbol{Z}_i-\nabla\boldsymbol{P}|}+\nabla\boldsymbol{Z}_n(\gamma_n\nabla\boldsymbol{Z}_n-\nabla\boldsymbol{P})=0$$

通过梯度下降法，可以得出 γ_n 的迭代式：

$$\gamma_n^{j+1} = \gamma_n^j - \mathrm{d}t\frac{\delta E}{\delta \gamma_n}$$

式中，$\mathrm{d}t$ 是时间步长。

更多关于 γ_n 的讨论可参考相关文献。因为本文的重点是讨论全色锐化方法，简单起见，接下来仍然将 γ_n 当成一个常数。

6.3.1.2　假设二：光谱信息保持

一般来说，融合得到的 HRMS 图像 $\boldsymbol{Z}$ 在视觉上更清晰，且信息更丰富，而经过上采样的 UsMS 图像 $\boldsymbol{M}$ 则相对模糊，因此，$\boldsymbol{M}$ 可以看成 $\boldsymbol{Z}$ 的退化形式，换言之，可以通过增强 $\boldsymbol{M}$ 得到 $\boldsymbol{Z}$。基于该分析，假设 $\boldsymbol{Z}$ 和 $\boldsymbol{M}$ 之间存在如下关系：$\boldsymbol{M}$ 与 $\boldsymbol{Z}$ 在一个固定大小的以 x 点为中心的区域 ω_x 中是线性相关的，即：

$$\boldsymbol{M}_n(y) = a_n(x)\boldsymbol{Z}_n(y) + b_n(x), \quad \forall y \in \omega_x,\ x \in \Omega,\ n = 1, \cdots, N \tag{6.15}$$

式中，a_n 和 b_n 是线性参数，且在区域 ω_x 中是常值。图像处理领域很多应用，如抠图、去雾、滤波和超分辨率等，都证明了以上假设非常有效。对式 (6.15)等号两侧同时求导可得 $\nabla \boldsymbol{M}_n(y) = a_n(x)\nabla \boldsymbol{Z}_n(y)$，可以看出，这个局部线性模型保证了 $\boldsymbol{Z}$ 能保持 $\boldsymbol{M}$ 的边界信息，并且当 $|a_n|$ 很小时，$\boldsymbol{Z}$ 能增强边界信息。

为了说明该线性模型对于遥感图像的有效性，首先选择一幅由 QuickBird 卫星获取的 MS 图像（尺寸：512 像素 × 512 像素，波段数：4，数据类型：uint16, 空间分辨率：2.8m），并对其低通滤波和下采样得到一幅空间分辨率为 11.2m 的图像。然后采用 Li 等人提出的假设，将分辨率为 2.8m 和 11.2m 的图像分别视为 HRMS 图像 $\boldsymbol{Z}$（见图 6.1左上图）和 UsMS 图像 $\boldsymbol{M}$（见图 6.1右上图）。通常，一幅图像中的任意一个局部区域均可被归结为以下三类中的一类：平坦区域、渐变区域、跳跃区域。在图 6.1的两幅图像中选出这三类典型区域，分别记为 ω_{x_1}（平坦区域）、ω_{x_2}（渐变区域）和 ω_{x_3}（跳跃区域），然后建立如下点集：$\{(\boldsymbol{M}_n(y), \boldsymbol{Z}_n(y)), y \in \omega_{x_r}\}$，其中 $n \in 1, \cdots, N$，$r = 1, 2, 3$，并将结果分别显示在图 6.1中。观察图 6.1中的点集图不难发现，虽然这些点集不是严格成一条直线的，但是它们的主体部分可以看成是线性的。也就是说，以上线性假设对卫星遥感图像同样适用。

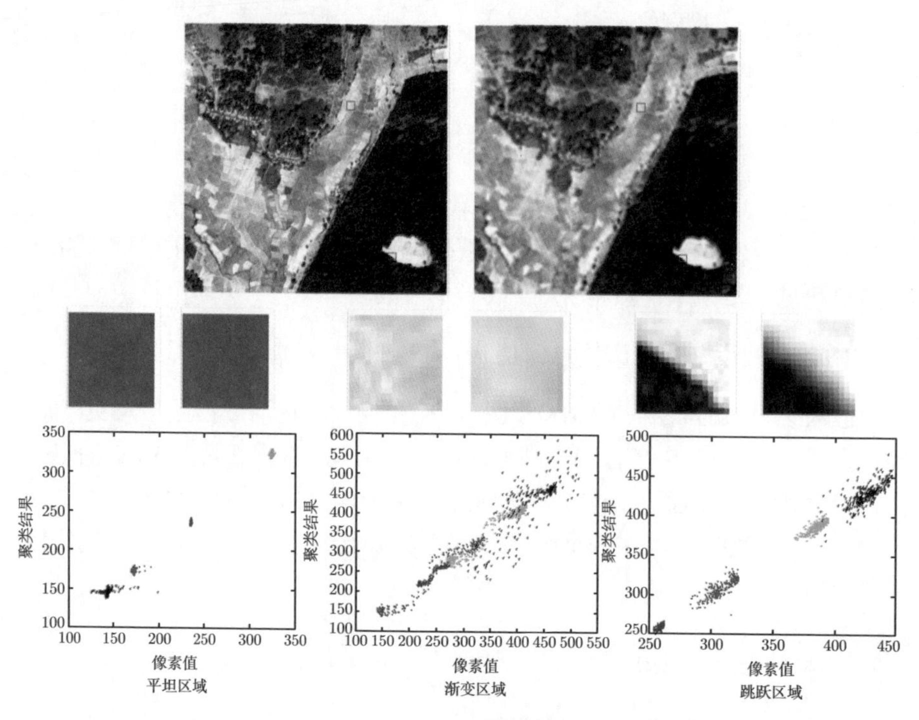

图 6.1 QuickBird 原始图像及其点集图

接下来，将以上假设表示成变分形式：

$$E_S(\boldsymbol{Z},a,b)=\sum_{n=1}^{N}\int_{\Omega}\left\{\int_{\omega_x}\left(a_n(x)\boldsymbol{Z}_n(y)+b_n(x)-\boldsymbol{M}_n(y)\right)^2\mathrm{d}y+\tau a_n^2(x)\right\}\mathrm{d}x \tag{6.16}$$

式中，$a=\{a_1,\cdots,a_N\}$，$b=\{b_1,\cdots,b_N\}$；τ 是防止 a_n 过大的控制参数。

为了计算方便，重写式 (6.16)。首先，定义一个核：

$$k(x-y)=\begin{cases}\dfrac{1}{|\omega_x|}, & y\in\omega_x\\ 0, & \text{其他}\end{cases} \tag{6.17}$$

式中，$|\omega_x|$ 是常数。很明显有 $\int_{\Omega}k(x-y)\mathrm{d}x=1$，则式 (6.16)可被重写为：

$$E'_S(\boldsymbol{Z},a,b)=\sum_{n=1}^{N}\int_{\Omega}\int_{\Omega}k(x-y)\big(a_n(x)\boldsymbol{Z}_n(y)+b_n(x)-\boldsymbol{M}_n(y)\big)^2\mathrm{d}y\mathrm{d}x+$$

$$\tau\sum_{n=1}^{N}\int_{\Omega}a_n^2(x)\mathrm{d}x \tag{6.18}$$

注意式 (6.16)与式 (6.18)相差一个常数倍，但是并不影响能量极小化计算。

6.3.1.3 假设三：光谱相关性保持

很多应用，如光谱匹配，对光谱特征的要求很高，因此保持 MS 图像各个波段之间的光谱特征显得尤为重要。为了达到此目的，假设融合得到的 HRMS 图像在光谱方向的梯度接近于 UsMS 图像。数学上，以上假设可以表达为：

$$\nabla_s \boldsymbol{Z} = \nabla_s \boldsymbol{M} \tag{6.19}$$

式中，∇_s 表示光谱方向的梯度。

由于 MS 图像仅仅包含 N 个离散的波段，换言之，其在光谱方向上是离散的，则梯度 $\nabla_s \boldsymbol{Z}$ 可以表示成如下的差分形式：

$$\nabla_s \boldsymbol{Z} = \{\boldsymbol{Z}_n - \boldsymbol{Z}_{n+1},\ n=1,\cdots,N-1\}$$

因此，式 (6.19)可以重写为：

$$\boldsymbol{Z}_n - \boldsymbol{Z}_{n+1} = \boldsymbol{M}_n - \boldsymbol{M}_{n+1},\ n=1,\cdots,N-1$$

很明显，上式等价于：

$$\boldsymbol{Z}_n - \boldsymbol{Z}_i = \boldsymbol{M}_n - \boldsymbol{M}_i,\ i=n+1,\cdots,N,\ n=1,\cdots,N-1$$

将以上假设转化为如下的泛函形式：

$$E_C(\boldsymbol{Z}) = \sum_{n=1}^{N-1}\sum_{i=n+1}^{N}\int_{\Omega}|\boldsymbol{Z}_n - \boldsymbol{Z}_i - \boldsymbol{M}_n + \boldsymbol{M}_i|^2\mathrm{d}x \tag{6.20}$$

6.3.1.4 总能量泛函

在建立总能量泛函之前，需要给 $\boldsymbol{Z}$ 定义一个泛函空间以便可以在其中搜索最小值。如相关文献所介绍，有界变差函数空间 BV(Ω) 包含了一系列分段光滑函数，是一个很适合描述图像的空间，并且已经在图像处理问题中得到了广泛应用。因此，这里选择 BV(Ω) 作为 $\boldsymbol{Z}_n$ 的搜索空间，另外，选择 $L^2(\Omega)$ 作为 a_n 和 b_n 的空间。理论上，$\nabla \boldsymbol{Z}_n$ 在 BV(Ω) 中的部分函数上没有定义，而

分布梯度 $D\boldsymbol{Z}_n$ 却处处存在且有意义，因此，在接下来的讨论中用 $D\boldsymbol{Z}_n$ 替换 $\nabla\boldsymbol{Z}_n$。

通过极小化由式 (6.13)、式(6.18)和式 (6.20)组成的总泛函可以得到 HRMS 图像 $\boldsymbol{Z}$。该总泛函表达式如下：

$$
\begin{aligned}
E(\boldsymbol{Z},a,b) &= E_G(\boldsymbol{Z}) + \frac{\lambda}{2}E'_S(\boldsymbol{Z},a,b) + \frac{\nu}{2}E_C(\boldsymbol{Z}) \\
&= \int_\Omega \left|\sum_{n=1}^{N}\gamma_n D\boldsymbol{Z}_n - D\boldsymbol{P}\right| + \frac{\lambda\tau}{2}\sum_{n=1}^{N}\int_\Omega a_n^2(x)\mathrm{d}x + \\
&\quad \frac{\lambda}{2}\sum_{n=1}^{N}\int_\Omega\int_\Omega k(x-y)\big(a_n(x)\boldsymbol{Z}_n(y)+b_n(x)-\boldsymbol{M}_n(y)\big)^2\mathrm{d}y\mathrm{d}x + \\
&\quad \frac{\nu}{2}\sum_{n=1}^{N-1}\sum_{i=n+1}^{N}\int_\Omega |\boldsymbol{Z}_n-\boldsymbol{Z}_i-\boldsymbol{M}_n+\boldsymbol{M}_i|^2\mathrm{d}x
\end{aligned}
\tag{6.21}
$$

式中，λ、ν 是控制 E_G、E'_S 和 E_C 三项权重的参数，权重参数值越大表示对应项的贡献就越大。

令

$$
\mathbf{BV}(\Omega) = \underbrace{\mathrm{BV}(\Omega)\times\mathrm{BV}(\Omega)\times\cdots\times\mathrm{BV}(\Omega)}_{N}
$$

且赋予 $\boldsymbol{L}^2(\Omega)$ 相似定义，则总泛函式 (6.21)的空间 Λ 可表示为：

$$
\Lambda = \{(\boldsymbol{Z},a,b)|(\boldsymbol{Z},a,b)\in\mathbf{BV}(\Omega)\times\boldsymbol{L}^2(\Omega)\times\boldsymbol{L}^2(\Omega)\} \tag{6.22}
$$

从而，总泛函式 (6.21)的极小化问题可以表达成如下的规则形式：

$$
\min_{(\boldsymbol{Z},a,b)\in\Lambda} E(\boldsymbol{Z},a,b) \tag{6.23}
$$

6.3.2 能量极小值存在性分析

下面将在优化的框架下分析能量极小值的存在性。首先提出如下两个假设。

假设 6.3.1 $|a_n(x)|\geqslant\varepsilon$, $|b_n(x)|\leqslant\mathcal{M}$，其中 ε 和 $\mathcal{M}$ 是严格正的全局常数，$n=1,\cdots,N$。

标注 6.3.1 由式 (6.15)可知，$\boldsymbol{Z}_n$ 和 $\boldsymbol{M}_n$ 在点 x 的区域中线性相关，$a_n(x)$ 和 $b_n(x)$ 是线性相关系数。由于 $\boldsymbol{M}_n$ 和 $\boldsymbol{Z}_n$ 描述的是同一个场景，因此它们

一定高度相关，换言之，$a_n(x)$ 应该接近于 1，$b_n(x)$ 应该接近于 0。为了防止这种线性关系退化，很自然地，可以假设 $a_n(x)$ 恒大于一个很小的正数 ε，同时令 $|b_n(x)| \leqslant \mathcal{M}$。因此假设 6.3.1是合理的。

假设 6.3.2 对于某些合适的常数 c，$\boldsymbol{Z}_n \in \mathrm{BV}(\Omega)$ 满足下式：

$$\int_{\Omega} \left|\sum_{i=1}^{N} \gamma_i D\boldsymbol{Z}_i\right| \geqslant c\int_{\Omega} |D\boldsymbol{Z}_n|$$

标注 6.3.2 由 6.3.1.1节的假设一，我们有：

$$\sum_{n=1}^{N} \gamma_n \nabla \boldsymbol{Z}_n = \nabla \boldsymbol{P}$$

由于 PAN 图像 $\boldsymbol{P}$ 包含了比 HRMS 图像任何一个波段 $\boldsymbol{Z}_n$ 更多的空间信息，所以可以得出：

$$\int_{\Omega} |\nabla \boldsymbol{Z}_n| \mathrm{d}x \leqslant \int_{\Omega} |\nabla \boldsymbol{P}| \mathrm{d}x = \int_{\Omega} \left|\sum_{i=1}^{N} \gamma_i \nabla \boldsymbol{Z}_i\right| \mathrm{d}x$$

因此，假设 6.3.2对于某些合适的 c 是合理的。

引理 6.3.1 核函数 k（见式 (6.17)中的定义）在 $L^2(\Omega)$ 中有界。

证明. 根据 k 的定义，很容易由下式得出引理 6.3.1的正确性：

$$||k||_2 = \int_{\Omega} \frac{1}{|\omega_x|^2} \mathrm{d}x = \frac{1}{|\omega_x|^2} \int_{\Omega} \mathrm{d}x = \frac{1}{|\omega_x|} < \mathcal{M}$$

接下来回顾一下 Fatou 引理。

引理 6.3.2【Fatou 引理】 设 $f_1, \cdots, f_k$ 是测度空间 (S, Σ, μ) 上的非负可测函数。定义函数 $f: S \to [0, \infty]$ 为：

$$f(s) = \liminf_{k\to\infty} f_k(s), s \in S$$

则 f 可测且：

$$\int_S f \mathrm{d}\mu \leqslant \liminf_{k\to\infty} \int_S f_n \mathrm{d}\mu$$

考虑能量泛函式 (6.23)，有如下定理。

定理 6.3.1 给定泛函 $\boldsymbol{P} \in \mathrm{BV}(\Omega)$ 和 $\boldsymbol{M} \in \boldsymbol{L}^2(\Omega)$，在假设 6.3.1和假设 6.3.2成立的情况下，能量极小化问题式 (6.23)至少存在一个解 $(\boldsymbol{Z}^*, a^*, b^*) \in \Lambda$。

证明. 首先，当 $\boldsymbol{Z}$、a、b 是常数时，能量有界，因此有：

$$\inf_{(u,a,b)\in\Lambda} E \not\equiv +\infty$$

另外，由于 $E \geqslant 0$ 恒成立，所以能量极小化问题式 (6.23)有意义。

令 $\{(\boldsymbol{Z}^j, a^j, b^j)\} \in \Lambda$ 是满足下式的极小化序列：

$$\lim_{j\to\infty} E(\boldsymbol{Z}^j, a^j, b^j) \to \inf_{(u,a,b)\in\Lambda} E$$

因此，存在一个常数 $\mathcal{M}$，使得：

$$E(\boldsymbol{Z}^j, a^j, b^j) \leqslant \mathcal{M}$$

更详细地：

$$\begin{aligned}
&\int_\Omega \Big|\sum_{n=1}^{N} \gamma_n D\boldsymbol{Z}_n^j - D\boldsymbol{P}\Big| + \frac{\lambda\tau}{2}\sum_{n=1}^{N}\int_\Omega (a_n^j)^2(x)\mathrm{d}x + \\
&\frac{\lambda}{2}\sum_{n=1}^{N}\int_\Omega\int_\Omega k(x-y)\big(a_n^j(x)\boldsymbol{Z}_n^j(y) + b_n^j(x) - \boldsymbol{M}_n(y)\big)^2\mathrm{d}y\mathrm{d}x + \\
&\frac{\nu}{2}\sum_{n=1}^{N-1}\sum_{i=n+1}^{N}\int_\Omega |\boldsymbol{Z}_n^j - \boldsymbol{Z}_i^j - \boldsymbol{M}_n + \boldsymbol{M}_i|^2\mathrm{d}x \leqslant \mathcal{M}
\end{aligned} \tag{6.24}$$

首先，由于

$$\frac{\lambda\tau}{2}\int_\Omega (a_n^j)^2(x)\mathrm{d}x \leqslant \mathcal{M}$$

即 $\{a_n^j\}$ 在 $L^2(\Omega)$ 中一致有界，因此，存在一个子列（仍记为 $\{a_n^j\}$）和 $a_n^* \in L^2$，使得：

$$a_n^j \underset{L^2(\Omega)}{\rightharpoonup} a_n^* \tag{6.25}$$

根据假设 6.3.1，对应于式 (6.25) 中指标 j 的序列 $\{b_n^j\}$ 满足：

$$\int_\Omega (b_n^j)^2(x)\mathrm{d}x \leqslant \mathcal{M}$$

即 $\{b_n^j\}$ 在 $L^2(\Omega)$ 中一致有界。因此，存在一个子列（仍记为 $\{b_n^j\}$）和 $b_n^* \in L^2$，满足：

$$b_n^j \underset{L^2(\Omega)}{\rightharpoonup} b_n^* \tag{6.26}$$

同时，根据式 (6.24)，序列 $\{\boldsymbol{Z}_n^j\}$[其中序号 j 与式 (6.26)相同] 满足下面两式：

$$\int_\Omega |\sum_{n=1}^N \gamma_n D\boldsymbol{Z}_n^j - D\boldsymbol{P}| \leqslant \mathcal{M} \tag{6.27}$$

和

$$\int_\Omega \int_\Omega k(x-y)\big(a_n^j(x)\boldsymbol{Z}_n^j(y) + b_n^j(x) - \boldsymbol{M}_n(y)\big)^2 \mathrm{d}y\mathrm{d}x \leqslant \mathcal{M} \tag{6.28}$$

根据假设 6.3.2，可以从式 (6.27)推导出：

$$\begin{aligned}\mathcal{M} &\geqslant \int_\Omega |\sum_{i=1}^N \gamma_i D\boldsymbol{Z}_i^j| - \int_\Omega |D\boldsymbol{P}| \\ &\geqslant c\int_\Omega |D\boldsymbol{Z}_n^j| - \int_\Omega |D\boldsymbol{P}|\end{aligned}$$

因此得到了 $|\boldsymbol{Z}_n^j|_{\mathrm{BV}}$ 的有界性。

由式 (6.28)可以得到：

$$\begin{aligned}\mathcal{M} \geqslant &\int_\Omega \int_\Omega k(x-y)\Big((a_n^j(y)\boldsymbol{Z}_n^j(x))^2 + \\ &2a_n^j(y)\boldsymbol{Z}_n^j(x)[b_n^j(y) - \boldsymbol{M}_n(x)] + [b_n^j(y) - \boldsymbol{M}_n(x)]^2\Big)\mathrm{d}y\mathrm{d}x \\ \geqslant &\int_\Omega \int_\Omega k(x-y)(a_n^j)^2(y)dy\ (\boldsymbol{Z}_n^j)^2(x)\mathrm{d}x + \\ &2\int_\Omega \int_\Omega k(x-y)a_n^j(y)[b_n^j(y) - \boldsymbol{M}_n(x)]\mathrm{d}y\ \boldsymbol{Z}_n^j(x)\mathrm{d}x \\ \geqslant &\int_\Omega \int_\Omega k(x-y)(a_n^j)^2(y)\mathrm{d}y\ (\boldsymbol{Z}_n^j)^2(x)\mathrm{d}x - \\ &2|\int_\Omega \int_\Omega k(x-y)a_n^j(y)[b_n^j(y) - \boldsymbol{M}_n(x)]\mathrm{d}y\ \boldsymbol{Z}_n^j(x)\mathrm{d}x| \\ \geqslant &\int_\Omega \int_\Omega k(x-y)(a_n^j)^2(y)\mathrm{d}y\ (\boldsymbol{Z}_n^j)^2(x)\mathrm{d}x - \\ &2\int_\Omega |\int_\Omega k(x-y)a_n^j(y)[b_n^j(y) - \boldsymbol{M}_n(x)]\mathrm{d}y \cdot \boldsymbol{Z}_n^j(x)|\mathrm{d}x\end{aligned}$$

$$\geqslant \int_{\Omega}\int_{\Omega} k(x-y)(a_n^j)^2(y)\mathrm{d}y\ (\boldsymbol{Z}_n^j)^2(x))\mathrm{d}x - 2B\cdot|\boldsymbol{Z}_n^j|_{L_2(\Omega)} \tag{6.29}$$

其中 B 的定义如下：

$$B=\sqrt{\int_{\Omega}|\int_{\Omega} k(x-y)a_n^j(y)[b_n^j(y)-\boldsymbol{M}_n(x)]\mathrm{d}y|^2\mathrm{d}x}$$

根据假设 6.3.1中的 $|a_n(x)|>\varepsilon$，有：

$$\begin{aligned}\int_{\Omega} k(x-y)[a_n^j(y)]^2\mathrm{d}y &\geqslant \int_{\Omega} k(x-y)\varepsilon^2\mathrm{d}y\\ &=\varepsilon^2\int_{\Omega} k(x-y)\mathrm{d}y=\varepsilon^2\end{aligned}$$

另外，由于 $|b_n^j|<\mathcal{M}$ 和 a_n^j，$k\in L_2(\Omega)$ 的一致有界性，可以得出：

$$\begin{aligned}B&\leqslant\sqrt{\int_{\Omega}\left(\int_{\Omega}|k(x-y)a_n^j(y)||b_n^j(y)-\boldsymbol{M}_n(x)|\mathrm{d}y\right)^2\mathrm{d}x}\\ &\leqslant\sqrt{\int_{\Omega}\left(\int_{\Omega}|k(x-y)a_n^j(y)|\mathcal{M}\mathrm{d}y\right)^2\mathrm{d}x}\\ &\leqslant\sqrt{\int_{\Omega}\mathcal{M}(\|k\|_2\|a_n^j\|_2)^2\mathrm{d}x}\leqslant\mathcal{M}\end{aligned}$$

将上面两式代入式 (6.29)，则可以得出下式：

$$\mathcal{M}\geqslant\varepsilon^2\int_{\Omega}(\boldsymbol{Z}_n^j)^2(x))\mathrm{d}x-2\mathcal{M}||\boldsymbol{Z}_n^j||_2$$

因此，$\boldsymbol{Z}_n^j$ 的 L^2 范数的有界性由下式得到：

$$||\boldsymbol{Z}_n^j||_2\leqslant\frac{\mathcal{M}+\sqrt{\mathcal{M}^2+\mathcal{M}\varepsilon^2}}{\varepsilon^2} \tag{6.30}$$

$||\boldsymbol{Z}_n^j||_1$ 的有界性则很容易由下式推出：

$$||\boldsymbol{Z}_n^j||_1\leqslant|\Omega|^{\frac{1}{2}}||\boldsymbol{Z}_n^j||_2 \tag{6.31}$$

基于以上分析，可以得出 $\{\boldsymbol{Z}_n^j\}$ 在 $\mathrm{BV}(\Omega)$ 中的有界性。因此，存在一个子列（仍记为 $\{\boldsymbol{Z}_n^j\}$）和 $\boldsymbol{Z}_n^*\in\mathrm{BV}(\Omega)$，满足：

$$\boldsymbol{Z}_n^j\underset{L_1(\Omega)}{\longrightarrow}\boldsymbol{Z}_n^*,\ \ \boldsymbol{Z}_n^j\underset{L_2(\Omega)}{\rightharpoonup}\boldsymbol{Z}_n^*,\ \ \boldsymbol{Z}_n^j\underset{\mathrm{BV-w^*}}{\rightharpoonup}\boldsymbol{Z}_n^* \tag{6.32}$$

综上所述，在子列的意义下，存在序列 $\{(\boldsymbol{Z}^j, a^j, b^j)\}$ 满足式 (6.25)、式(6.26) 和式 (6.32)。

由于 L_2 的弱下半连续性，有：

$$\liminf_{k\to\infty} \varepsilon \int_{\Omega} (a_n^j)^2(x)\mathrm{d}x \geqslant \varepsilon \int_{\Omega} (a_n^*)^2(x)\mathrm{d}x$$

且

$$\begin{aligned}&\liminf_{k\to\infty} \frac{\nu}{2} \sum_{n=1}^{N-1} \sum_{i=n+1}^{N} \int_{\Omega} |\boldsymbol{Z}_n^j - \boldsymbol{Z}_i^j - \boldsymbol{M}_n + \boldsymbol{M}_i|^2 \mathrm{d}x \\ &\geqslant \frac{\nu}{2} \sum_{n=1}^{N-1} \sum_{i=n+1}^{N} \int_{\Omega} |\boldsymbol{Z}_n^* - \boldsymbol{Z}_i^* - \boldsymbol{M}_n + \boldsymbol{M}_i|^2 \mathrm{d}x\end{aligned}$$

根据 Fatou 引理可以推导出：

$$\begin{aligned}&\sum_{n=1}^{N} \int_{\Omega} \int_{\Omega} k(x-y)\big(a_n^*(x)\boldsymbol{Z}_n^*(y) + b_n^*(x) - \boldsymbol{M}_n(y)\big)^2 \mathrm{d}y\mathrm{d}x \\ &= \sum_{n=1}^{N} \int_{\Omega} \int_{\omega_x} \frac{1}{|\omega_x|}\big(a_n^*(x)\boldsymbol{Z}_n^*(y) + b_n^*(x) - \boldsymbol{M}_n(y)\big)^2 \mathrm{d}y\mathrm{d}x \\ &\leqslant \sum_{n=1}^{N} \int_{\Omega} \int_{\omega_x} \liminf_{k\to\infty} \frac{1}{|\omega_x|}\big(a_n^*(x)\boldsymbol{Z}_n^j(y) + b_n^*(x) - \boldsymbol{M}_n(y)\big)^2 \mathrm{d}y\mathrm{d}x \\ &\leqslant \sum_{n=1}^{N} \int_{\Omega} \liminf_{k\to\infty} \int_{\omega_x} \frac{1}{|\omega_x|}\big(a_n^*(x)\boldsymbol{Z}_n^j(y) + b_n^*(x) - \boldsymbol{M}_n(y)\big)^2 \mathrm{d}y\mathrm{d}x \\ &\leqslant \sum_{n=1}^{N} \int_{\Omega} \liminf_{k\to\infty} [\int_{\omega_x} \frac{1}{|\omega_x|}\big(a_n^j(x)\boldsymbol{Z}_n^j(y) + b_n^j(x) - \boldsymbol{M}_n(y)\big)^2 \mathrm{d}y]\mathrm{d}x \\ &\leqslant \liminf_{k\to\infty} \sum_{n=1}^{N} \int_{\Omega} \int_{\omega_x} \frac{1}{|\omega_x|}\big(a_n^j(x)\boldsymbol{Z}_n^j(y) + b_n^j(x) - \boldsymbol{M}_n(y)\big)^2 \mathrm{d}y\mathrm{d}x \\ &= \liminf_{k\to\infty} \sum_{n=1}^{N} \int_{\Omega} \int_{\Omega} k(x-y)\big(a_n^j(x)\boldsymbol{Z}_n^j(y) + b_n^j(x) - \boldsymbol{M}_n(y)\big)^2 \mathrm{d}y\mathrm{d}x\end{aligned}$$

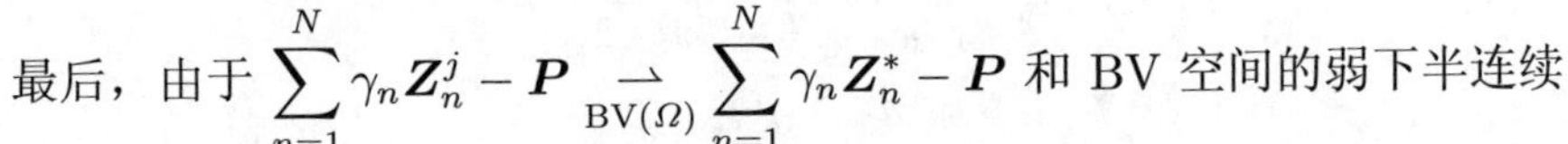

最后，由于 $\sum_{n=1}^{N} \gamma_n \boldsymbol{Z}_n^j - \boldsymbol{P} \underset{\mathrm{BV}(\Omega)}{\rightharpoonup} \sum_{n=1}^{N} \gamma_n \boldsymbol{Z}_n^* - \boldsymbol{P}$ 和 BV 空间的弱下半连续

性，有：

$$\liminf_{k\to\infty}\int_{\Omega}|\sum_{n=1}^{N}\gamma_n D\boldsymbol{Z}_n^j-D\boldsymbol{P}|\geqslant\int_{\Omega}|\sum_{n=1}^{N}\gamma_n D\boldsymbol{Z}_n^*-D\boldsymbol{P}|$$

因此可以得出如下结论：

$$\min_{(\boldsymbol{Z},a,b)\in\Lambda}E(\boldsymbol{Z},a,b)=\liminf_{j\to\infty}E(\boldsymbol{Z}^j,a^j,b^j)\geqslant E(\boldsymbol{Z}^*,a^*,b^*)$$

即 $(\boldsymbol{Z}^*,a^*,b^*)$ 是 $E(\boldsymbol{Z},a,b)$ 的一个极小点。

6.3.3 数值算法

下面将讨论式 (6.23)的数值算法。在差分格式中，分布梯度 $D\boldsymbol{Z}_n$ 常用 $\nabla\boldsymbol{Z}_n$ 来近似，因此在本小节的数值计算中用 $\nabla\boldsymbol{Z}_n$ 代替 $D\boldsymbol{Z}_n$。

由于极小化能量泛函式 (6.23) 等价于求解式 (6.21)的 E-L 方程，首先给出式 (6.21)的一阶变分：

$$\frac{\delta E}{\delta a_n}=\lambda(\tau a_n+a_nk*\boldsymbol{Z}_n^2+b_nk*\boldsymbol{Z}_n-k*(\boldsymbol{M}_n\boldsymbol{Z}_n))=0 \tag{6.33}$$

$$\frac{\delta E}{\delta b_n}=\lambda(b_n+a_nk*\boldsymbol{Z}_n-k*\boldsymbol{M}_n)=0 \tag{6.34}$$

$$\begin{aligned}\frac{\delta E}{\delta \boldsymbol{Z}_n}=&-\gamma_n\mathrm{div}\left(\frac{\sum\limits_{i=1}^{N}\gamma_i\nabla\boldsymbol{Z}_i-\nabla\boldsymbol{P}}{|\sum\limits_{i=1}^{N}\gamma_i\nabla\boldsymbol{Z}_i-\nabla\boldsymbol{P}|}\right)+\\&\lambda(\boldsymbol{Z}_nk*a_n^2+k*(a_nb_n)-\boldsymbol{M}_nk*a_n)+\\&\nu\sum_{i=n+1}^{N}(\boldsymbol{Z}_n-\boldsymbol{Z}_i-\boldsymbol{M}_n+\boldsymbol{M}_i)=0\end{aligned} \tag{6.35}$$

式中，* 表示卷积算子。

当 $\boldsymbol{Z}_n$ 给定时，可以直接从式 (6.33)和式 (6.34)中导出 a_n 和 b_n 的显式表达式：

$$a_n=\frac{k*[\boldsymbol{M}_n\boldsymbol{Z}_n]-k*\boldsymbol{M}_n\cdot k*\boldsymbol{Z}_n}{k*\boldsymbol{Z}_n^2-[k*\boldsymbol{Z}_n]^2+\tau} \tag{6.36}$$

$$b_n=k*\boldsymbol{M}_n-a_nk*\boldsymbol{Z}_n \tag{6.37}$$

泛函的复杂性决定了 $\boldsymbol{Z}_n$ 无法直接求解。典型的求解 $\boldsymbol{Z}_n$ 的方法是梯度下降法（GDM），具体求解表达式如下：

$$\boldsymbol{Z}_n^{j+1} = \boldsymbol{Z}_n^j - \delta t \cdot \frac{\delta E}{\delta \boldsymbol{Z}_n^j} \tag{6.38}$$

即：

$$\begin{aligned}\boldsymbol{Z}_n^{j+1} = \boldsymbol{Z}_n^j + \delta t \cdot \Bigg[\gamma_n \text{div}\left(\frac{\sum\limits_{i=1}^{N} \gamma_i \nabla \boldsymbol{Z}_i^j - \nabla \boldsymbol{P}}{|\sum\limits_{i=1}^{N} \gamma_i \nabla \boldsymbol{Z}_i^j - \nabla \boldsymbol{P}|_\tau}\right) + \\ \lambda(\boldsymbol{Z}_n^j k * (a_n^j)^2 + k * (a_n^j b_n^j) - \boldsymbol{M}_n k * a_n^j) + \\ \nu \sum_{i=n+1}^{N} (\boldsymbol{Z}_n^j - \boldsymbol{Z}_i^j - \boldsymbol{M}_n + \boldsymbol{M}_i)\Bigg]\end{aligned} \tag{6.39}$$

其中

$$|\nabla \varsigma|_\tau = \sqrt{(\partial_x \varsigma)^2 + (\partial_x \varsigma)^2 + \tau^2}$$

式中，τ 是一个很小的正数，用来防止分母为 0。此时 a_n^j 和 b_n^j 的表达式可以写成如下的迭代形式：

$$a_n^j = \frac{k * [\boldsymbol{M}_n \boldsymbol{Z}_n^j] - k * \boldsymbol{M}_n \cdot k * \boldsymbol{Z}_n^j}{k * [\boldsymbol{Z}_n^j]^2 - [k * \boldsymbol{Z}_n^j]^2 + \tau} \tag{6.40}$$

$$b_n^j = k * \boldsymbol{M}_n - a_n k * \boldsymbol{Z}_n^j \tag{6.41}$$

然而，GDM 求解的结果并不精确，而且效率很低。接下来讨论效率更高的方法——分裂 Bregman 迭代来求解 $\boldsymbol{Z}_n$。

6.3.3.1　基于分裂 Bregman 迭代的数值算法

下面用分裂 Bregman 迭代来求解泛函极小化问题式 (6.23)，由于 a_n 和 b_n 的迭代式已经由式 (6.40)和式 (6.41)给出，所以在此仅讨论关于 $\boldsymbol{Z}_n$ 的子问题。

首先给出 (6.23)式的等价形式：

$$\min_{\boldsymbol{Z}_n, \boldsymbol{d}} \quad \int |\boldsymbol{d}| \mathrm{d}x + \frac{\lambda}{2} E'_S(\boldsymbol{Z}, a, b) + \frac{\nu}{2} E_C(\boldsymbol{Z})$$

$$\text{s. t. } \boldsymbol{d} = \sum_{i=1}^{N} \gamma_i \nabla \boldsymbol{Z}_i - \nabla \boldsymbol{P}$$

根据 Bregman 迭代的性质，将上式转换成如下的非约束形式：

$$(\boldsymbol{Z}_n^{j+1},\boldsymbol{d}^{j+1})=\underset{\boldsymbol{Z}_n,\boldsymbol{d}}{\arg\min}\int_\Omega\left(|\boldsymbol{d}|+\frac{\mu}{2}|\boldsymbol{d}-\sum_{i=1}^N\gamma_i\nabla\boldsymbol{Z}_i+\nabla\boldsymbol{P}-\boldsymbol{e}^j|^2\right)\mathrm{d}x+\frac{\lambda}{2}E'_S(\boldsymbol{Z},a,b)+\frac{\nu}{2}E_C(\boldsymbol{Z})\tag{6.42}$$

$$\boldsymbol{e}^{j+1}=\boldsymbol{e}^j-\boldsymbol{d}^{j+1}+\sum_{i=1}^N\gamma_i\nabla\boldsymbol{Z}_i^{j+1}-\nabla\boldsymbol{P}\tag{6.43}$$

然后用交替迭代法来求解式 (6.42)，即：

$$\boldsymbol{Z}_n^{j+1}=\underset{\boldsymbol{Z}_n}{\arg\min}\frac{\mu}{2}\int_\Omega|\boldsymbol{d}^j-\sum_{i=1}^N\gamma_i\nabla\boldsymbol{Z}_i+\nabla\boldsymbol{P}-\boldsymbol{e}^j|^2\mathrm{d}x+\frac{\lambda}{2}E'_S(\boldsymbol{Z},a,b)+\frac{\nu}{2}E_C(\boldsymbol{Z})\tag{6.44}$$

$$\boldsymbol{d}^{j+1}=\underset{\boldsymbol{d}}{\arg\min}\int_\Omega\left(|\boldsymbol{d}|+\frac{\mu}{2}|\boldsymbol{d}-\sum_{i=1}^N\gamma_i\nabla\boldsymbol{Z}_i^{j+1}+\nabla\boldsymbol{P}-\boldsymbol{e}^j|^2\right)\mathrm{d}x\tag{6.45}$$

由于子问题式 (6.44)可微，$\boldsymbol{Z}_n^{j+1}$ 很容易求得最优解。通过对 $\boldsymbol{Z}_n$ 求微分，可以推导出如下等式：

$$K\boldsymbol{Z}_n^{j+1}=\mathrm{rhs}\tag{6.46}$$

这里

$$K=-\mu\gamma_n^2\Delta+\lambda k*(a_n^j)^2+\nu(N-n),$$

$$\mathrm{rhs}=-\mu\gamma_n\mathrm{div}\left(\boldsymbol{d}^j-\sum_{i=1,i\neq n}^N\gamma_i\nabla\boldsymbol{Z}_i^j+\nabla\boldsymbol{P}-\boldsymbol{e}^j\right)-\lambda(k*(a_n^jb_n^j)-\boldsymbol{M}_nk*a_n^j)+\nu\sum_{i=n+1}^N(\boldsymbol{Z}_i+\boldsymbol{M}_n-\boldsymbol{M}_i)$$

式中，Δ 是拉普拉斯算子。很明显，式(6.46)等价于：

$$\mathcal{F}(K)\mathcal{F}(\boldsymbol{Z}_n^{j+1})=\mathcal{F}(\mathrm{rhs})\tag{6.47}$$

式中，$\mathcal{F}$ 表示快速傅里叶变换（FFT）。由此可见，只要求出 $\mathcal{F}(\boldsymbol{Z}_n^{j+1})$，再求一个反 FFT 即可得到 $\boldsymbol{Z}_n^{i+1}$ 的显式表达式：

$$\boldsymbol{Z}_n^{j+1}=\mathcal{F}^{-1}\left(\frac{\mathcal{F}(\mathrm{rhs})}{\mathcal{F}(K)}\right)\tag{6.48}$$

子问题式 (6.45)可由下式直接得出：

$$\boldsymbol{d}^{j+1} = \text{shrink}\left(\sum_{i=1}^{N} \gamma_i \nabla \boldsymbol{Z}_i^{j+1} - \nabla \boldsymbol{P} + \boldsymbol{e}^j, \frac{1}{\mu}\right) \tag{6.49}$$

考虑以上所有步骤，总结出求解子问题 $\boldsymbol{Z}_n$ 的表达式：

$$\begin{cases} \boldsymbol{Z}_n^{j+1} = \mathcal{F}^{-1}\left(\dfrac{\mathcal{F}(\text{rhs})}{\mathcal{F}(K)}\right) \\ \boldsymbol{d}^{j+1} = \text{shrink}\left(\displaystyle\sum_{n=1}^{N} \gamma_n \nabla \boldsymbol{Z}_n^{j+1} - \nabla \boldsymbol{P} + \boldsymbol{e}^j, \dfrac{1}{\mu}\right) \\ \boldsymbol{e}^{j+1} = \boldsymbol{e}^j - \boldsymbol{d}^{j+1} + \displaystyle\sum_{n=1}^{N} \gamma_n \nabla \boldsymbol{Z}_n^{j+1} - \nabla \boldsymbol{P} \end{cases} \tag{6.50}$$

一般设定，当迭代的相对误差小于 10^{-3} 时，即：

$$\max_{n=1,\cdots,N}\left(\frac{||\boldsymbol{Z}_n^{j+1} - \boldsymbol{Z}_n^j||}{||\boldsymbol{Z}_n^j||}\right) < 10^{-3}$$

就认为算法达到了收敛效果。

考虑假设 6.3.1和假设 6.3.2, 可以得出基于 VP 模型的数值算法，详见算法 6.1。需要注意的是，在算法 6.1中, 关于 a_n 和 b_n 的约束（详见假设 6.3.1）显示在前两个式子当中，而关于 $\boldsymbol{Z}_n$ 的约束（详见假设 6.3.2）则由最后一个表达式给出。大量基于真实数据的实验表明，只要 c 和 ε 足够小，且 $\mathcal{M}$ 足够大，如取 $c,\varepsilon \leqslant 10^{-16}$，$\mathcal{M} \geqslant 10^{16}$，以上约束对 a_n 的扰动小到可以忽略，而 b_n 和 $\boldsymbol{Z}_n$ 更是一直满足假设。

算法 6.1　基于 VP 模型的数值算法

- **输入**：UsMS 图像 $\boldsymbol{M}$ 和 PAN 图像 $\boldsymbol{P}$
- **初始化**：$\boldsymbol{Z} = \boldsymbol{M}$，$\boldsymbol{d}^0 = \boldsymbol{e}^0 = \boldsymbol{0}$，固定参数 μ、τ、λ 和 ν
- **迭代**：

While $\max\limits_{n=1,\cdots,N}\left(\dfrac{||\boldsymbol{Z}_n^{j+1} - \boldsymbol{Z}_n^j||}{||\boldsymbol{Z}_n^j||}\right) \geqslant 10^{-3}$

　For $n = 1, \cdots, N$

　　$a_n^j = \max(\dfrac{k * [\boldsymbol{M}_n \boldsymbol{Z}_n^j] - k * \boldsymbol{M}_n \cdot k * \boldsymbol{Z}_n^j}{7 * (\boldsymbol{Z}_n^j)^2 - [k * \boldsymbol{Z}_n^j]^2 + \tau},\ \varepsilon)$

　　$b_n^j = \min(k * \boldsymbol{M}_n - a_n^j k * \boldsymbol{Z}_n^j,\ \mathcal{M})$

$$Z_n^{j+1} = \mathcal{F}^{-1}\left(\frac{\mathcal{F}(\text{rhs})}{\mathcal{F}(K)}\right)$$

$$\boldsymbol{d}^{j+1} = \text{shrink}\left(\sum_{n=1}^{N}\gamma_n \nabla \boldsymbol{Z}_n^{j+1} - \nabla \boldsymbol{P} + \boldsymbol{e}^j, \frac{1}{\mu}\right)$$

$$\boldsymbol{e}^{j+1} = \boldsymbol{e}^j - \boldsymbol{d}^{j+1} + \sum_{n=1}^{N}\gamma_n \nabla \boldsymbol{Z}_n^{j+1} - \nabla \boldsymbol{P}$$

约束：$\boldsymbol{Z}_n^{j+1} = \boldsymbol{Z}_n^{j+1} \cdot \min\left(1, \frac{\|\sum_{i=1}^{N}\gamma_i \nabla \boldsymbol{Z}_i^j\|}{c\|\nabla \boldsymbol{Z}_n^j\|}\right)$

end

end

- **输出**：全色锐化融合之后的图像 $\boldsymbol{Z}$

6.3.4 实验结果与分析

下面利用 QuikBird 卫星和 IKONOS 卫星所提供的数据来测试 VP 模型的有效性。QuickBird 卫星和 IKONOS 卫星的详细参数已经在第 2 章中详细介绍过，回忆一下，这两颗卫星均提供包含蓝（B）、绿（G）、红（R）和近红外（NIR）四个波段的 MS 图像和一个波段的 PAN 图像。QuickBird 卫星采集的 MS 图像和 PAN 图像的分辨率分别为 2.44~2.88m 和 0.61~0.72m，一个典型的 QuickBird 卫星图像示例如图 6.2所示。IKONOS 卫星采集的 MS 图像和 PAN 图像的分辨率分别为 4m 和 1m，一个典型的 IKONOS 卫星图像示例如图 6.3所示。

(a) 彩色图像 (波段：R，G，B；尺寸：12像素×128像素)

(b) 伪彩色图像 (波段：NIR，R，G；尺寸：128像素× 128像素)

(c) PAN 图像(尺寸：512像素 × 512像素)

图 6.2 QuickBird 卫星图像示例

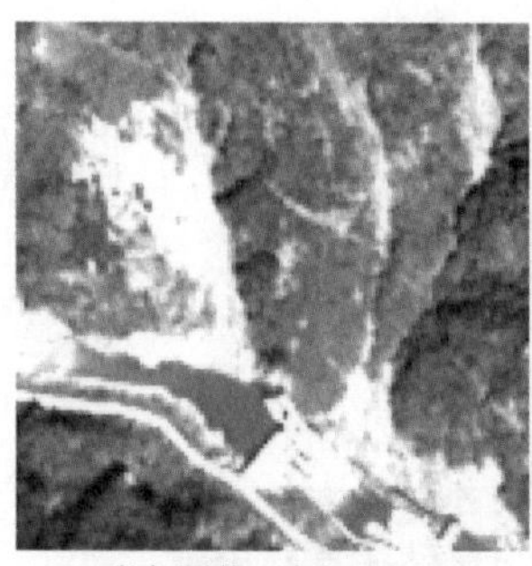
(a) 彩色图像 (波段：R，G，B；尺寸：128像素×128像素)

(b) 伪彩色图像 (波段：NIR，R，G；尺寸：128像素×128像素)

(c) PAN 图像(尺寸：512像素×512像素)

图 6.3 IKONOS 卫星图像示例

本小节实验在安装有 MATLAB 7.12 版本且配置为 2.33GHz 中央处理器和 4GB 内存的计算机上运行。实验所用的参数 $\gamma_n = 0.25$；根据 He 等人的分析，ω_x 的半径和 τ 的大小分别设置为 16 和 0.08^2；同时令 $\lambda = \nu = 0.1$，$\mu = 0.5$。大量实验显示，提出的算法对参数 λ、ν 和 μ 并不敏感，且它们的选择范围可以是：$\lambda, \nu \in [0.01\ 0.5]$，$\mu \in [0.2\ 1]$。

6.3.4.1 定性分析

为验证 VP 模型的有效性，选取具有六种代表性的方法进行比较，包括标准饱和度调整法（S-IHS）、改进饱和度调整法（A-IHS）、小波法（Wavelet）、P+XS 方法、变分小波法（VWP）和改进的变分小波法（AVWP）。

首先在 QuickBird 卫星数据上进行分析，原始的 QuickBird 数据采集于印度 Chilka 湖地区，采集时间为 2005 年 2 月 23 日 12:00 点。UsMS 图像和 PAN 图像以及所有方法的融合结果比较如图 6.4~ 图 6.6所示 (图 6.5 为图 6.4 的局部放大图)。为了图像的显示更接近于人眼观察的世界，这里仅显示多光谱图像的前三个波段，即 B、G、R 波段，NIR 波段不进行单独展示。

通过比较 VP 方法与其他全色锐化方法的融合结果可以发现，虽然这六种方法都可以很好地融合原始数据，但是和 VP 方法相比，清晰度和细节保持程度都相对较差。从总体上看，可以很明显地看出 VP 方法的融合结果更加清晰和鲜艳。为了更好地显示其中的差异，选取图 6.4中的池塘区域（红色方框）并将其放大显示在图 6.5中。可以发现，图 6.5(b)~(h) 都比图 6.5(a) 清晰。对比池塘的边界，图 6.5(h) 最为清晰，图 6.5(b) 和图 6.5(c) 存在阶梯效应，图 6.5(d)~(f) 则比较模糊。从图 6.4和图 6.6中的其他区域，如屋顶、道路和树林等，也可以观察出类似现象。

接下来分析 VP 方法在 IKONOS 卫星上的有效性，原始图像是由 IKONOS 卫星采集的中国汶川某山区的景象，采集时间是 2008 年 5 月 15 日 12：00，即汶川 5.12 大地震三天之后。UsMS 图像和 PAN 图像以及所有方法的融合结果比较如图 6.7和图 6.8所示。

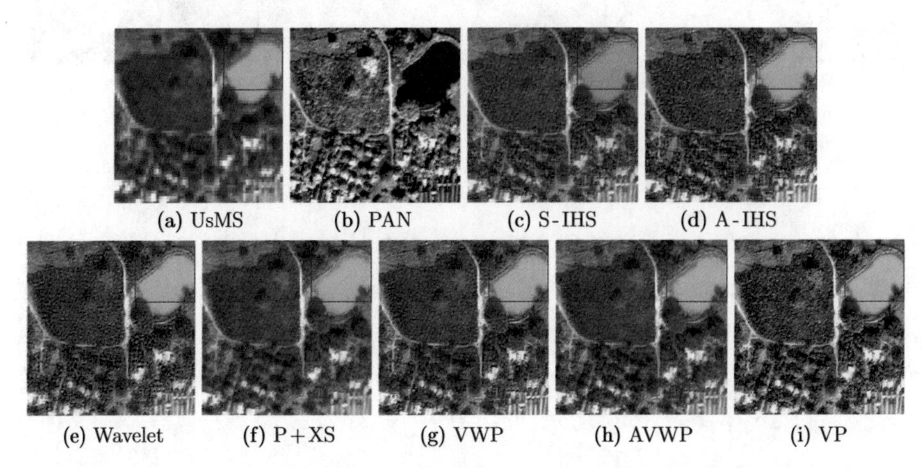
(a) UsMS (b) PAN (c) S-IHS (d) A-IHS (e) Wavelet (f) P+XS (g) VWP (h) AVWP (i) VP

图 6.4 QuickBird 卫星图像（乡村区域）融合结果比较

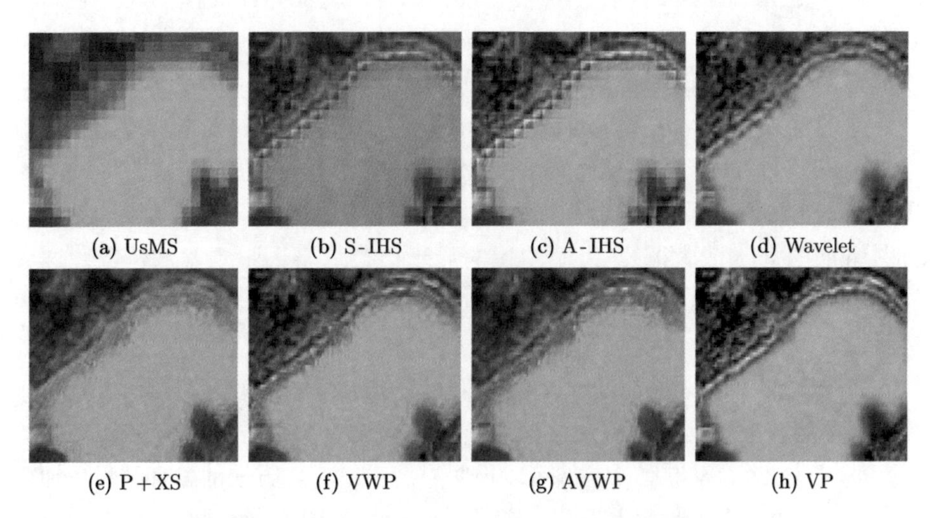
(a) UsMS (b) S-IHS (c) A-IHS (d) Wavelet (e) P+XS (f) VWP (g) AVWP (h) VP

图 6.5 图 6.4中红色方框区域的放大显示图

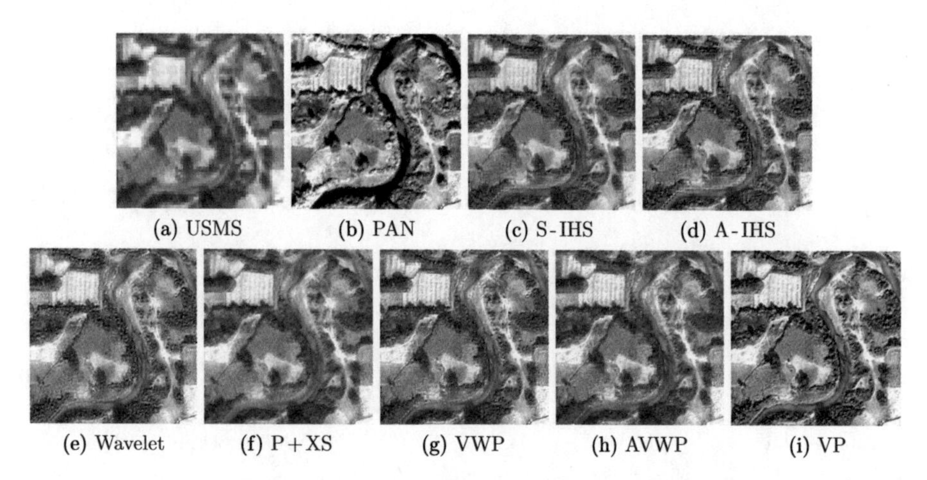

图 6.6　QuickBird 卫星图像（河流区域）融合结果比较

观察图 6.7和图 6.8，很明显，与其他融合方法相比，VP 方法产生的融合结果包含了更丰富、更生动的信息。例如，图 6.7(i) 中河流的边界很清晰，而图 6.7(c)~(h) 中河流的边界要么模糊要么成锯齿状。另外，图 6.8(i) 在整体上要比其他结果清晰很多。因此，如果有汶川地震发生前后采集的相同区域的数据，则可以用 VP 方法进行融合，然后拿震前和震后的融合结果进行对比，找出其中的不同，以便确定受灾程度，进而设定更精确的现场救援方案。

基于以上分析，可以得出结论：从 QuickBird 和 IKONOS 数据上看，VP 方法在视觉效果上要优于其他方法。

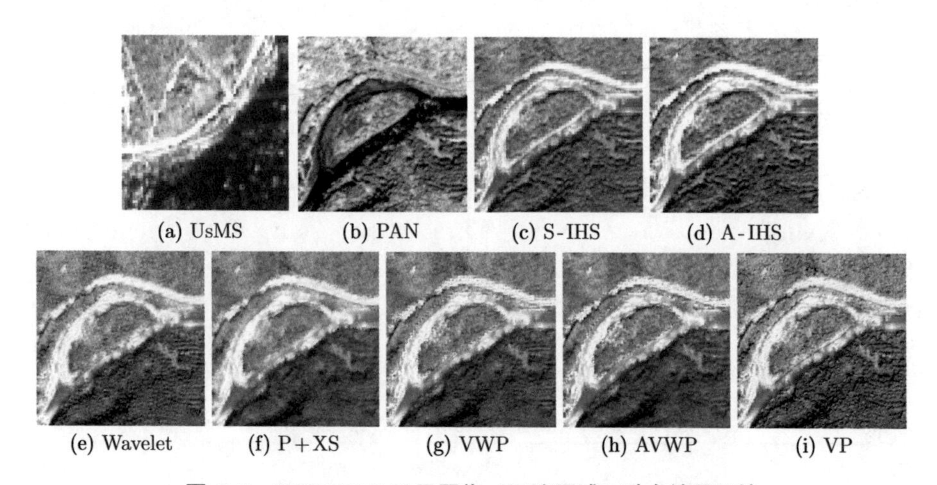

图 6.7　IKONOS 卫星图像（河流区域）融合结果比较

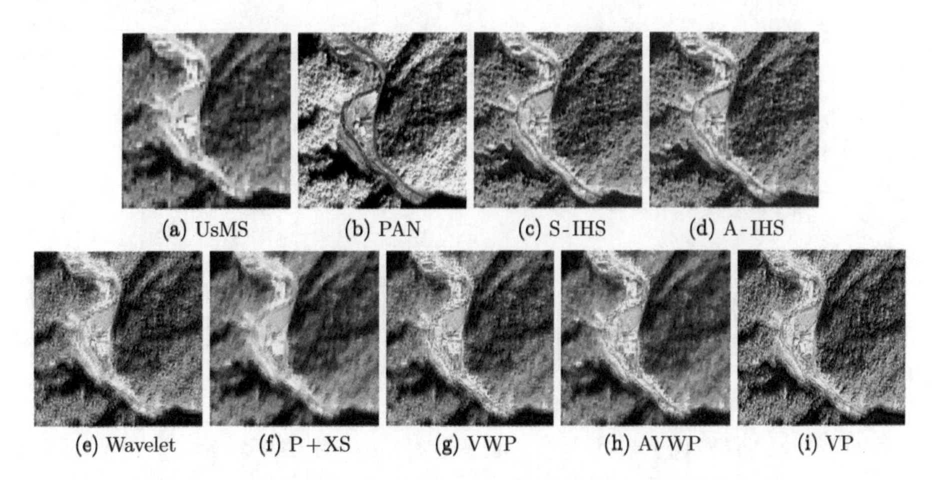

图 6.8 IKONOS 卫星图像（山区河流区域）融合结果比较

6.3.4.2 定量分析

下面对 VP 方法做定量分析，为了使结果更合理，我们选取了 10 种评价指标对融合结果进行评估，这 10 种指标分别是 RMSE、ERGAS、Q^4、CC、SAM、SID、FCC、Q^F、SF 和 H。另外，在图像选取方面，采用图 6.4、图 6.6、图 6.7 和图 6.8中的结果。这里需要注意的是，指标计算所用的 MS 图像包含四个波段，不再是图中所展示的 RGB 图像。VP 方法以及其他六种对比方法的指标比较分别如表 6.1、表 6.2、表 6.3和表 6.4所示，每个指标的理想值显示在第二行，最优结果加粗显示。

表 6.1 图 6.4中不同方法融合结果的指标比较

指标	RMSE	ERGAS	Q^4	CC	SAM	SID	FCC	Q^F	SF	H
理想值	0	0	1	0	0	0	1	1	$\sqrt{2}$	∞
S-IHS	0.0889	5.6717	0.7467	**0.0284**	2.7302	0.0773	0.7787	0.4232	0.0871	7.4598
A-IHS	0.1101	7.0100	0.6385	0.0783	3.2710	0.1665	0.8015	0.4330	0.1216	7.5807
Wavelet	0.1031	6.6192	0.6360	0.1446	4.8612	0.1720	0.9064	0.3431	0.1294	7.6150
P+XS	**0.0730**	4.7783	0.7499	0.0886	4.1034	0.0837	0.8080	0.3716	0.0820	7.4755
VWP	0.0957	6.1523	0.6605	0.1279	3.2490	0.1183	0.8881	0.4010	0.1194	7.5756
AVWP	0.0777	5.0528	0.6605	0.0797	3.2667	0.0852	0.8047	0.3753	0.0894	7.5124
VP	0.0878	**4.1220**	**0.7503**	0.0718	**2.1399**	**0.0759**	**0.9466**	**0.4436**	**0.1656**	**7.6562**

观察这些数据不难发现，在 FCC、Q^F、SF 和 H 这四个指标上，VP 方法总是比其他六种方法好。由于 FCC 和 Q^F 属于空间质量指标，侧重于空间信

息清晰度衡量，SF 和 H 属于图像质量指标，侧重于图像信息丰富度衡量，而 VP 方法的融合结果在视觉上更清晰且包含更多细节，因此在这四个指标上优于其他指标这一事实与视觉分析结果相一致。

表 6.2 图 6.6中不同方法融合结果的指标比较

指标	RMSE	ERGAS	Q^4	CC	SAM	SID	FCC	Q^F	SF	H
理想值	0	0	1	0	0	0	1	1	$\sqrt{2}$	∞
S-IH	0.0724	3.4543	0.8192	**0.0048**	1.5391	**0.0494**	0.7889	0.4702	0.0797	7.6942
A-IHS	0.0954	4.5461	0.7226	0.0379	1.9591	0.0774	0.8006	0.4788	0.1084	7.7376
Wavele	0.0863	4.1526	0.7270	0.0760	3.2363	0.0712	0.9080	0.3373	0.1060	7.7322
P+XS	0.0672	**3.2487**	0.8121	0.0943	2.9111	0.0709	0.8386	0.4421	0.0762	7.6629
VWP	0.0839	3.9923	0.7368	0.0823	2.1105	0.0573	0.8816	0.4064	0.1073	7.7085
AVWP	0.0754	3.5768	0.7757	0.0860	2.1719	0.0733	0.8208	0.4345	0.0901	7.6828
VP	**0.0662**	3.3019	**0.8238**	0.0940	**1.3580**	0.0713	**0.9094**	**0.4849**	**0.1394**	**7.7737**

表 6.3 图 6.7中不同方法融合结果的指标比较

指标	RMSE	ERGAS	Q^4	CC	SAM	SID	FCC	Q^F	SF	H
理想值	0	0	1	0	0	0	1	1	$\sqrt{2}$	∞
S-IHS	0.1186	5.3366	0.5875	**0.0148**	2.4448	0.0934	0.7338	0.4741	0.0840	7.5642
A-IHS	0.1368	6.1477	0.5275	0.0619	2.8057	0.1068	0.7349	0.4818	0.1093	7.5540
Wavelet	0.0839	3.8188	0.6816	0.0504	3.2661	0.1110	0.8223	0.2179	0.1008	7.6770
P+XS	**0.0822**	3.7643	0.6765	0.0475	3.3815	0.0905	0.7797	0.2888	0.0857	7.6605
VWP	0.0882	4.0041	0.6718	0.0556	2.4703	0.0975	0.7672	0.2541	0.1111	7.6510
AVWP	0.1057	4.7610	0.6127	0.0835	2.3945	**0.0681**	0.6778	0.3047	0.1213	7.6371
VP	0.1002	**3.4999**	**0.7453**	0.0678	**2.3740**	0.1391	**0.8422**	**0.4828**	**0.1309**	**7.7058**

表 6.4 图 6.8中不同方法融合结果的指标比较

指标	RMSE	ERGAS	Q^4	CC	SAM	SID	FCC	Q^F	SF	H
理想值	0	0	1	0	0	0	1	1	$\sqrt{2}$	∞
S-IHS	0.1776	8.3105	0.4326	**0.0092**	3.4840	0.0178	0.9252	0.5823	0.1652	7.7547
A-IHS	0.1596	7.4860	0.4910	0.0132	3.0370	0.0145	0.8935	0.5432	0.1541	7.7459
Wavelet	0.1372	6.4038	0.5221	0.0641	4.9070	0.0220	0.9311	0.3080	0.1862	7.7695
P+XS	0.1133	4.3306	**0.6932**	0.0318	3.6236	0.0168	0.8164	0.2541	0.1170	7.7663
VWP	0.1291	5.9606	0.5726	0.0380	2.4471	0.0147	0.8804	0.3071	0.1733	7.7194
AVWP	0.1155	5.3099	0.6371	0.0113	2.3923	0.0139	0.7583	0.2716	0.1400	7.7070
VP	**0.1032**	**4.2022**	0.6326	0.0557	**2.2965**	**0.0130**	**0.9406**	**0.5859**	**0.2410**	**7.7785**

从其他六个指标来看，VP 方法在 SAM 指标上一直排名第一，而在 RMSE、ERGAS、Q^4、CC 和 SID 这五个指标上，VP 方法也表现出一定优势。例如，在表 6.1中，VP 方法在 ERGAS、Q^4 和 SID 上优于其他方法，尽管在 RMSE 和 CC 这两个指标上 VP 方法不是最好的，但 RMSE 指标仅比 P+XS 和 AVWP 方法高，比其他方法都低，而在 CC 指标上，VP 方法在七种方法中排名第二，仅比 S-IHS 稍差。

总体而言，VP 方法在客观定量指标分析中也明显优于其他六种方法，这种优势在空间质量评价和图像质量评价指标上尤为明显，在很大程度上印证了前面的视觉比较结果。

6.3.4.3 计算效率分析

为了评价 VP 方法的计算效率，将 VP 方法与 P+XS、VWP 和 AVWP 等变分方法进行比较。在此定义第 j 步的相对误差为 $\dfrac{||\boldsymbol{Z}^j - \boldsymbol{Z}^{j-1}||}{||\boldsymbol{Z}^{j-1}||}$，其中 $\boldsymbol{Z}^j$ 是第 j 步迭代得到的近似值。另外，设定所有方法的终止条件相同，即满足下式时迭代终止：

$$\frac{||\boldsymbol{Z}^j - \boldsymbol{Z}^{j-1}||}{||\boldsymbol{Z}^{j-1}||} < 10^{-3}$$

首先统计所有变分方法在图 6.4、图 6.6、图 6.7和图 6.8上的运行时间，结果如表 6.5所示。可以看出，VP 方法比其他变分方法融合所用的时间都少。其主要原因在于，VP 方法使用了分裂 Bregman 迭代算法，该算法在时间效率和内存占用方面都有很大的优势。

表 6.5　不同方法时间效率对比　　单位：s

	P+XS	VWP	AVWP	VP
图 6.4	64.0384	67.2559	23.8096	**20.7002**
图 6.6	64.0384	63.4729	23.6926	**21.3184**
图 6.7	63.1609	64.7209	24.5311	**19.5400**
图 6.8	61.7764	63.8044	23.7706	**20.6315**

为了评估 VP 方法的收敛速度，以图 6.4中的图像为例，绘制了所有变分方法的迭代次数–误差曲线，如图 6.9所示。观察这些曲线可以发现，VP 方法的收敛速度明显比其他方法快。例如，VP 方法迭代 100 次就达到了收敛条件，而 P+XS 和 VWP 方法需要迭代 120 次，AVWP 需要迭代 150 次（黑色虚线和曲线的交点）。因此 VP 方法在时间效率上要优于其他变分方法。

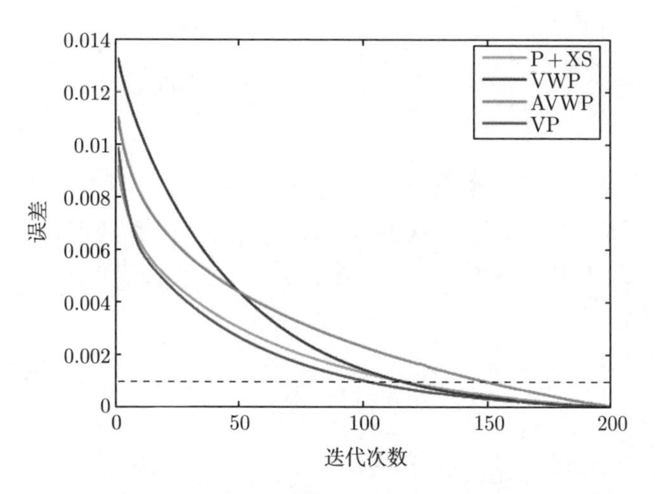

图 6.9　迭代次数–误差曲线（以图 6.4中的图像为例）

6.4 基于 Framelet 的全色锐化融合模型

Framelet 是近几年发展起来的一门技术，它处理问题时首先将原问题转换到频率域，然后在系数空间上进行操作，最后通过逆变换得到结果。这种思路近似于小波变换，但比小波变换更精确。

最近，已经有一些学者将 Framelet 应用到图像处理领域并得到了不错的效果，如蔡剑锋和沈佐伟等人的图像修补模型、图像去模糊模型。受此启发，本节尝试在了解 Framelet 的运行机理的基础上，将 Framelet 引入到图像融合问题中，以实现频率域中的全色锐化融合。

6.4.1 Framelet 及其图像表示

本小节将对 Framelet 系统做简单回顾，更详细的内容请参照相关文献。

6.4.1.1 $L^2(\mathbb{R})$ 空间中的 Framelet

首先给出 tight frame（紧框架）的定义，一个可数函数集合 $X \subset L^2(\mathbb{R})$，如果满足下式，则称这个函数集合 X 是 $L^2(\mathbb{R})$ 上的一个 tight frame。

$$f = \sum_{h \in X} \langle f, h \rangle h, \forall f \in L^2(\mathbb{R})$$

等价于

$$\|f\|^2 = \sum_{h \in X} |\langle f, h \rangle|^2, \forall f \in L^2(\mathbb{R})$$

式中，$\langle \cdot, \cdot \rangle$ 表示 $L^2(\mathbb{R})$ 空间中的内积；$\| \cdot \| = \langle \cdot, \cdot \rangle^{\frac{1}{2}}$ 表示 $L^2(\mathbb{R})$ 空间中的范数。

作为正交基的一个推广，tight frame 放松了对正交性和线性无关性的要求，从而带来冗余特性。该冗余特性在很多应用（如去模糊模型）中被证明非常有用。

给定有限集：

$$\Phi := \{\phi^1, \cdots, \phi^r\} \subset L^2(\mathbb{R})$$

一个小波系统 $X(\Phi)$ 被定义为 Φ 通过平移和扩张得到的集合，即：

$$X(\Phi) := \{2^{k/2}\phi^j(2^k x - l) : 1 \leqslant j \leqslant r; k, l \in \mathbb{Z}\}$$

当 $X(\Phi)$ 形成 tight frame 时，即称之为小波 tight frame，其中的 ϕ^j 称为生成器。

为了构造紧支集小波 $X(\Phi)$，首先需要得到一个紧支集加细函数 $\psi \in L^2(\mathbb{R})$，定义为：

$$\psi(x) = \sum_l g_0(l)\psi(2x - l)$$

式中，$g_0(\cdot)$ 是低通滤波，又被称为加细掩膜。

tight frame 可以通过如下公式生成函数构造：

$$\Phi := \{\phi^1, \cdots, \phi^r\} \subset L^2(\mathbb{R})$$

这里，ϕ^j 定义为：

$$\phi^j = \sum_l g_j(l)\psi(2x - l), j = 1, \cdots, r$$

式中，$g_j(\cdot)$ 表示高通滤波。

因此，构造 Φ 本质上就是设计滤波器 $g_0, g_1, \cdots, g_r$。由酉扩张原理（UEP）可知，如果对于几乎所有的 $\omega \in \mathbb{R}$，则 $g_0, g_1, \cdots, g_r$ 满足：

$$\zeta_{g_0}(\omega)\overline{\zeta_{g_0}(\omega + \gamma\pi)} + \sum_{j=1}^{r} \zeta_{g_j}(\omega)\overline{\zeta_{g_j}(\omega + \gamma\pi)} = \delta(\gamma), \gamma = 0, 1$$

式中，$\delta(\gamma)$ 是 delta 函数，且：

$$\zeta_g(\omega) = \sum_l g(l)\mathrm{e}^{il\omega}$$

则 $X(\varPhi)$ 系统构成 $L^2(\mathbb{R})$ 中的 tight frame。

作为 UEP 的一个应用，逐段线性 B-样条可以用来构造加细函数 ψ，其对应的滤波为：

$$g_0 = \left[\frac{1}{4}, \frac{1}{2}, \frac{1}{4}\right]$$

$$g_1 = \left[-\frac{1}{4}, \frac{1}{2}, -\frac{1}{4}\right]$$

$$g_2 = \left[\frac{\sqrt{2}}{4}, 0, -\frac{\sqrt{2}}{4}\right]$$

二维 Framelet 可以由一维 Framelet 通过张量积得到。其对应的加细函数为 $\varPsi_0(x,y) = \psi(x) \otimes \psi(y)$，且对应的 Framelets 为：

$$\{\varPsi^j\} = \{\psi(x) \otimes \phi^{j_1}(y), \phi^{j_2}(x) \otimes \psi(y), \phi^{j_1}(x) \otimes \phi^{j_2}(y), 1 \leqslant j_1, j_2 \leqslant r\}$$

其相关的滤波也可以通过张量积实现，即低通滤波 $G_0 = g_0 \otimes g_0$，高通滤波的表达式为：

$$\{G_j\} = \{g_0 \otimes g_{j_1}, g_{j_2} \otimes g_0, g_{j_1} \otimes g_{j_2}, 1 \leqslant j_1, j_2 \leqslant r\}$$

因此有：

$$f(x,y) = \sum_{j,k,l_1,l_2} u_{j,k,l_1,l_2} \varPsi_{j,k,l_1,l_2}, \forall f \in L^2(\mathbb{R})$$

这里 $u_{j,k,l_1,l_2} = \langle f, \varPsi^j_{k,l_1,l_2}\rangle$ 是 Framelet 系数，其中

$$\varPsi^j_{k,l_1,l_2} = 2^{k/2}\varPhi^j(2^k x - l_1, 2^k x - l_2); k, l_1, l_2 \in \mathbb{Z}$$

6.4.1.2 $\mathbb{R}^N$ 中的 frames

由于图像都是有限维的，因此在应用 tight frame 时，考虑的往往是在某个 frame 下某些有限维向量的系数，而这项工作刚好可以通过矩阵运算来实现。下面简单介绍如何将 $\mathbb{R}^N$ 中的一个向量转化成某个 frame 下的系数。

令 $\mathcal{W}$ 为一个尺寸为 $K \times N(K \geqslant N)$ 的矩阵（虽然 $\mathcal{W}$ 是矩阵，但实际执行的是一种类似傅里叶变换的图像变换算子，所以这里用花体表示），将 $\mathcal{W}$ 中所有行组成的集合仍记为 $\mathcal{W}$，如果集合 $\mathcal{W}$ 满足下式，则 $\mathcal{W}$ 是 $\mathbb{R}^N$ 的一个 tight frame。矩阵 $\mathcal{W}$ 称为分解算子，$\mathcal{W}$ 的伴随矩阵 $\mathcal{W}^{\mathrm{T}}$ 称为重构算子。

$$\|x\|_2^2 = \sum_{y \in \mathcal{W}} |\langle x, y\rangle|^2,\ \forall x \in \mathbb{R}^N$$

其等价于完美重建表达式：

$$x = \sum_{y \in \mathcal{W}} \langle x, y\rangle y$$

式中，$\langle \cdot, \cdot \rangle$ 和 $\|\cdot\|$ 分别表示 $\mathbb{R}^N$ 中的内积和范数。

所以完美的分解和重构算法可以表达为：

$$x = \mathcal{W}^{\mathrm{T}} \mathcal{W} x$$

因此，当且仅当 $\mathcal{W}^{\mathrm{T}}\mathcal{W} = \mathcal{I}$，$\mathcal{W}$ 是 $\mathbb{R}^N$ 中的一个 tight frame，这里 $\mathcal{I}$ 是单位矩阵（与 $\mathcal{W}$ 类似，用花体）。需要注意的是，除了正交情况，一般来说 $\mathcal{W}\mathcal{W}^{\mathrm{T}} \neq \mathcal{I}$。

下面从一个特定 Framelet 系统的滤波出发来构造 $\mathcal{W}$。对于一个给定的滤波 $g = \{g(j)\}_{j=-J}^{J}$，在黎曼边界条件下，令 $\mathcal{S}(g)$ 是基于滤波 g 的卷积算子，则：

$$\mathcal{S}(g) = \mathcal{T}(g) + \mathcal{H}(g)$$

式中，$\mathcal{T}(g)$ 和 $\mathcal{H}(g)$ 分别是 Toeplitz 和 Hankel 矩阵（同理，用花体表示）。其定义如下：

$$\mathcal{T}(g) = \begin{bmatrix} g(0) & \cdots & g(-J) & \cdots & 0 \\ \vdots & & \vdots & & \vdots \\ g(J) & & \vdots & & g(-J) \\ \vdots & & \vdots & & \vdots \\ 0 & \cdots & g(J) & \cdots & g(0) \end{bmatrix}$$

$$\mathcal{H}(g) = \begin{bmatrix} g(1) & g(2) & \cdots & g(J) & 0 \\ g(2) & \vdots & & \vdots & g(-J) \\ \vdots & \vdots & & \vdots & \vdots \\ g(J) & \vdots & & \vdots & g(-2) \\ 0 & g(-J) & \cdots & g(-2) & g(-1) \end{bmatrix}$$

很多应用趋向于使用多层 tight frame 系统，该系统是基于非向下采样的。回顾前文所述的滤波 $g=\{g(j)\}_{j=-J}^{J}$，定义基于非向下采样的在 l 层的滤波 g^l 为：

$$\begin{aligned} g^l = \{ & g(-J), \underbrace{0, \cdots, 0}_{2^{l-1}-1}, g(-J+1), 0, \cdots, 0, g(-1), \underbrace{0, \cdots, 0}_{2^{l-1}-1}, \\ & g(0), \underbrace{0, \cdots, 0}_{2^{l-1}-1}, g(1), 0, \cdots, 0, h(J-1), \underbrace{0, \cdots, 0}_{2^{l-1}-1}, h(J)\} \end{aligned}$$

给定滤波 $\{g_j\}_{j=0}^{r}$，定义 $\mathcal{Z}_j^l = \mathcal{S}(g_j^l)$，则 L 层分解矩阵 $\mathcal{W}$ 由下式给出：

$$\mathcal{W} = \begin{bmatrix} \prod\limits_{l=0}^{L-1} \mathcal{Z}_0^{L-l} \\ \mathcal{Z}_1^L \prod\limits_{l=1}^{L-1} \mathcal{Z}_0^{L-l} \\ \vdots \\ \mathcal{Z}_r^L \prod\limits_{l=1}^{L-1} \mathcal{Z}_0^{L-l} \\ \vdots \\ \mathcal{Z}_1^1 \\ \vdots \\ \mathcal{Z}_r^1 \end{bmatrix} := \begin{bmatrix} \mathcal{W}_0 \\ \mathcal{W}_1 \end{bmatrix}$$

其中

$$\mathcal{W}_0 = \prod_{l=0}^{L-1} \mathcal{Z}_0^{L-l}$$

UEP 能保证下面等式成立，

$$\mathcal{W}^{\mathrm{T}}\mathcal{W} = \mathcal{W}_0^{\mathrm{T}}\mathcal{W}_0 + \mathcal{W}_1^{\mathrm{T}}\mathcal{W}_1 = \mathcal{I}$$

当 $\mathcal{W}$ 设计完成后，frame 转换就非常容易进行了。令 $\boldsymbol{Z}$ 是一个图像向量，则其 frame 系数 $\boldsymbol{u}$ 可由下式求出：

$$\boldsymbol{u} = \mathcal{W}\boldsymbol{Z}$$

由于 $\mathcal{W}_0$ 是低通滤波，$\mathcal{W}_1$ 是高通滤波，则 $\mathcal{W}_0\boldsymbol{Z}$ 是第 L 层的近似系数，$\mathcal{W}_1\boldsymbol{Z}$ 是细节系数。另外，根据 frame 重构的定义有：

$$\boldsymbol{Z} = \mathcal{W}^{\mathrm{T}}\boldsymbol{u}$$

在此申明，图像融合采用的 frame 分解算法是基于非向下采样的，且变量是二维的，其相关转换矩阵（仍记为 $\mathcal{W}$）可以由一维矩阵通过 Kronecker 积得到，此处不再赘述。

为了更直观地了解 Framelet 分解，以图 6.10为例展示了一幅卫星图像单层分解的结果，其中图 6.10(a) 是采集于 QuickBird 卫星的原始图像数据，图 6.10(b) 是 Framelet 转换后的系数。特别地，图 6.10(b) 左上角显示的是近似系数，其余部分显示的是细节系数。由于没有经过向下采样，图 6.10(b) 尺寸是图 6.10(a) 尺寸的 9 倍。

(a) 原始图像 (波段：RGB, 尺寸：512像素 × 512像素，采集于QuickBird 卫星)

(b) Framelet 转换后的系数

图 6.10　Framelet 分解举例（单层分解）

6.4.2　基于 Framelet 的全色锐化融合模型

下面将详细介绍基于 Framelet 的全色锐化融合模型，为简单起见，称此模型为 FP 模型。

在介绍该模型之前，先申明一些变量的含义：令 $\boldsymbol{P}$ 表示原始的全色（PAN）图像；$\boldsymbol{M} = (\boldsymbol{M}_1, \cdots, \boldsymbol{M}_N)$ 表示经过最近邻插值上采样得到的低分辨率多光谱（UsMS）图像，其中 N 是波段数；$\boldsymbol{Z} = (\boldsymbol{Z}_1, \cdots, \boldsymbol{Z}_N)$ 表示期望得到的高分辨率多光谱（HRMS）图像；$\mathcal{W} = \left[\begin{smallmatrix}\mathcal{W}_0\\ \mathcal{W}_1\end{smallmatrix}\right]$ 表示转换矩阵，该转换矩阵共有 L 层，其中 $\mathcal{W}_0$ 表示低通滤波，$\mathcal{W}_1$ 表示高通滤波。

如 6.4.1 节所述，$L^2(\mathbb{R}^2)$ 空间中的函数可以分解为一系列 Framelet 系数，而这些系数也可以通过逆变换重构函数。此结论同样适用于离散情形（如图像）。

由 Framelet 变换的性质不难看出，当一幅图像被转换成 Framelet 系数后，它的光谱信息和空间信息分别主要由近似系数（由 $\mathcal{W}_0$ 产生）和细节系数（由 $\mathcal{W}_1$ 产生）保留。图 6.10可以很好地说明此现象。另外，在全色锐化融合问题中，由于 UsMS 图像 $\boldsymbol{M}$ 提供绝大部分光谱信息，而 PAN 图像 $\boldsymbol{P}$ 提供几乎所有的空间信息，因此，可以用 $\boldsymbol{M}_n$ 的近似系数和 $\boldsymbol{P}$ 的细节系数分别作为融合图像 $\boldsymbol{Z}_n$ 的近似系数和细节系数。

数学上，$\boldsymbol{P}$ 和 $\boldsymbol{M}_n$ 的 Framelet 系数可以定义如下：

$$\mathcal{W}\boldsymbol{P} = \begin{bmatrix} \mathcal{W}_0\boldsymbol{P} \\ \mathcal{W}_1\boldsymbol{P} \end{bmatrix}, \qquad \mathcal{W}\boldsymbol{M}_n = \begin{bmatrix} \mathcal{W}_0\boldsymbol{M}_n \\ \mathcal{W}_1\boldsymbol{M}_n \end{bmatrix}$$

令 $\boldsymbol{u}_n$ 是 $\boldsymbol{Z}_n$ 的 Framelet 系数，则：

$$\boldsymbol{u}_n = \begin{bmatrix} \mathcal{W}_0\boldsymbol{M}_n \\ \mathcal{W}_1\boldsymbol{P} \end{bmatrix} \tag{6.51}$$

融合结果图像 $\boldsymbol{Z}_n$ 可以直接由下式给出：

$$\boldsymbol{Z}_n = \mathcal{W}^{\mathrm{T}}\boldsymbol{u}_n$$

综上所述，FP 模型的流程可以分为三步，总结在算法 6.2中。另外，为了帮助读者理解，图 6.11显示了 FP 模型的流程。为了方便，流程图中取分解层数 $L=2$。实验发现，$L=2$ 能很好地平衡时间复杂度和融合质量，基于此，实验当中都使用 2 层的 Framelet 分解。

算法 6.2　FP 模型的流程

输入：UsMS 图像 $\boldsymbol{M}$ 和 PAN 图像 $\boldsymbol{P}$

输出：全色锐化融合之后的图像 $\boldsymbol{Z}$

步骤 1：分解

$$\mathcal{W}\boldsymbol{P} = \begin{bmatrix} \mathcal{W}_0\boldsymbol{P} \\ \mathcal{W}_1\boldsymbol{P} \end{bmatrix}, \mathcal{W}\boldsymbol{M}_n = \begin{bmatrix} \mathcal{W}_0\boldsymbol{M}_n \\ \mathcal{W}_1\boldsymbol{M}_n \end{bmatrix}$$

步骤 2：系数选择

$$\boldsymbol{u}_n = \begin{bmatrix} \mathcal{W}_0\boldsymbol{M}_n \\ \mathcal{W}_1\boldsymbol{P} \end{bmatrix}$$

步骤 3：重构

$$\boldsymbol{Z}_n = \mathcal{W}^{\mathrm{T}}\boldsymbol{u}_n$$

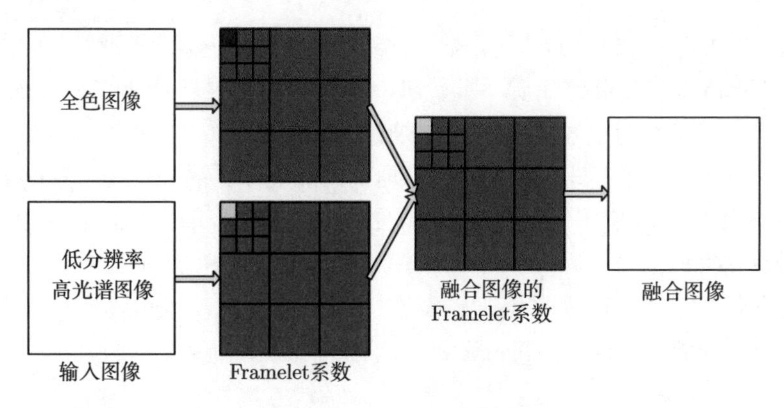

图 6.11　FP 模型的流程

6.4.3　基于变分法和 Framelet 的全色锐化融合模型

由于做到了光谱信息保持和空间信息保持的平衡，FP 模型的融合结果令人比较满意。然而，FP 模型的缺陷在于其结果的唯一性。在实际应用中，一些工作，如分割和特征提取，更倾向于要求高空间分辨率，而另一些工作，如目标识别和光谱匹配，则希望光谱信息更丰富。FP 模型的融合结果显然不能同时满足这些多样化的要求。变分法由于其高度的可调节性可以很好地避免该问题的出现。因此，在保持 FP 模型优点的同时，引进变分法技术改善融合结果。

具体来说，结合 FP 模型（将其视为其中一项）和其他三个假设，提出一种新的基于 Framelet 的变分模型，该模型能很好地满足各种不同应用对融合结果的需求，称此模型为 VFP 模型。VFP 模型由四项组成，每项都建立在一个特定的假设上。另外，将 $\Omega \subset \mathbb{R}^2$ 作为图像区间，其中 Ω 是一个包含 Lipschitz 边界的有界开集。

6.4.3.1　空间信息保持项

6.3.1.1节假设 HRMS 图像的各波段空间信息之和接近 PAN 图像的空间信息，这里仍然采用该假设，即：

$$\nabla\left(\sum_{n=1}^{N}\alpha_n \boldsymbol{Z}_n\right)=\nabla \boldsymbol{P} \tag{6.52}$$

式中，α_n 为非负权重控制参数。将该假设写成变分形式，即：

$$E_G(\boldsymbol{Z}) = \|\nabla\left(\sum_{n=1}^{N}\alpha_n \boldsymbol{Z}_n\right) - \nabla \boldsymbol{P}\|_2^2 = \|\sum_{n=1}^{N}\alpha_n \nabla \boldsymbol{Z}_n - \nabla \boldsymbol{P}\|_2^2 \tag{6.53}$$

6.4.3.2　光谱信息保持项

经过上采样的 UsMS 图像 $\boldsymbol{M}$ 视觉上比较模糊，而待求的 HRMS 图像应该轮廓分明且清晰，因此，可以将 $\boldsymbol{M}$ 视为 $\boldsymbol{Z}$ 的退化形式。也就是说，$\boldsymbol{M}_n$ 可以由 $\boldsymbol{Z}_n$ 通过低通滤波得到，数学上可以写成如下形式：

$$\boldsymbol{M}_n = \boldsymbol{k}_n * \boldsymbol{Z}_n,\ n = 1, \cdots, N \tag{6.54}$$

式中，$\boldsymbol{k}_n$ 为卷积核；“*”为卷积算子。

Ballester 等人提出了一个类似的假设，和式(6.54)的不同之处在于，该假设中的卷积核预先给定，而式 (6.54)中的卷积核未知。由于每个卫星的参数不同，其采集的图像的模糊程度也不一样，因此对应不同的卷积核应该也有所差异，固定卷积核在多数情况下可能会带来误差，所以，将卷积核设为未知并通过实际情况来求解更为合理。

由于 $\boldsymbol{Z}_n$ 和 $\boldsymbol{k}_n$ 均未知，式(6.54)是一个欠约束的问题。为了有效求解此问题，需要增加一些约束来减小不确定性。Cai 等人提出，卷积核可以被视为一种特殊的图像，这种图像在 Framelet 空间中是稀疏的。因此将这个稀疏特性作为正则项来约束式 (6.54)。

将这个稀疏正则项和式 (6.54)写成变分形式，其能量泛函如下：

$$E_S(\boldsymbol{Z}_n, \boldsymbol{k}_n) = \eta\|\boldsymbol{k}_n * \boldsymbol{Z}_n - \boldsymbol{M}_n\|_2^2 + \|\mathcal{W}\boldsymbol{k}_n\|_1,\ n = 1, \cdots, N \tag{6.55}$$

式中，η 是大于 0 的平衡参数；第二项称为分析稀疏正则项，用来防止 Framelet 系数过大，减少 $\boldsymbol{k}_n$ 中值较大的不连续点的个数。

6.4.3.3　稀疏特性

在 Framelet 系数空间中，一幅图像常常表现或近似于稀疏。为了验证该稀疏性理论是否也适用于卫星遥感图像，首先选取一幅由 QuickBird 卫星采集的图像（尺寸：4096 像素 ×4096 像素，波段数：4，数据类型：uint16）。由于该图像过大，为了简单，将其缩略图显示在图 6.12(a) 中，然后将该遥感图像分解到 Framelet 系数空间，并统计这些系数在每个值上的数量，统计结果如图 6.12(b)、(c) 所示，其中，图 6.12(b) 是在 4096 像素 × 4096 像素 ×4 × 9 的 Framelet 系数上的直方图，图 6.12(c) 是图 6.12(b) 相对应的累积概率分布图。观察图 6.12（b)、(c）不难发现，大部分系数都等于 0，80% 的系数小于 10，且 90% 的系数小于 50。因此可以认为，相比较最大值 1024 像素，绝大部分 Framelet 系数都等于或接近于 0。综上所述，Framelet 系数的稀疏性同样适用于遥感图像。

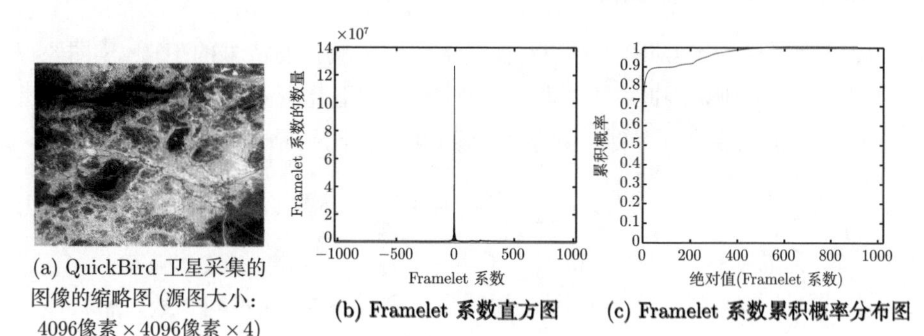

(a) QuickBird 卫星采集的图像的缩略图 (源图大小：4096像素 × 4096像素 × 4)

(b) Framelet 系数直方图

(c) Framelet 系数累积概率分布图

图 6.12 Framelet 系数值域统计

将遥感图像的稀疏特性写成变分形式：

$$E_P(\boldsymbol{Z}_n) = \|\mathcal{W}\boldsymbol{Z}_n\|_1,\ n = 1, \cdots, N \tag{6.56}$$

这里，最小化 E_P 就是求最能让 Framelet 系数稀疏化的解，换言之，求解结果 $\boldsymbol{Z}_n$ 倾向于平滑图像。因此，E_P 有很好的去噪性能。

6.4.3.4 Framelet 匹配项

为了更有效地进行全色锐化融合，将 FP 模型看作一个匹配项加入 VFP 模型。数学上，将式 (6.51)写成如下能量泛函形式：

$$E_F(\boldsymbol{Z}_n) = \left\|\boldsymbol{u}_n - \begin{bmatrix} \mathcal{W}_0\boldsymbol{M}_n \\ \mathcal{W}_1\boldsymbol{P} \end{bmatrix}\right\|_2^2 = \left\|\mathcal{W}\boldsymbol{Z}_n - \begin{bmatrix} \mathcal{W}_0\boldsymbol{M}_n \\ \mathcal{W}_1\boldsymbol{P} \end{bmatrix}\right\|_2^2, n = 1, \cdots, N \tag{6.57}$$

如前文所述，在实际应用中，有些情况倾向于高光谱质量，而另一些情况则倾向于好的空间信息，为了更灵活地匹配实际应用，引入 c_0 和 c_1 两个权重参数来控制光谱信息和空间信息的影响程度，即以下式替代式 (6.57)：

$$E'_F(\boldsymbol{Z}_n) = c_0\|\mathcal{W}_0\boldsymbol{Z}_n - \mathcal{W}_0\boldsymbol{M}_n\|_2^2 + c_1\|\mathcal{W}_1\boldsymbol{Z}_n - \mathcal{W}_1\boldsymbol{P}\|_2^2,\ n = 1, \cdots, N \tag{6.58}$$

式中，c_0 和 c_1 的选择取决于实际应用的需求。当需要高光谱信息时，设置一个较大的 c_0；反之，则设置一个较大的 c_1。

6.4.3.5　总能量泛函

综合考虑式 (6.53)、式(6.55)、式(6.56)和式 (6.58)，得到如下全色锐化融合问题的总能量泛函：

$$
\begin{aligned}
E(\boldsymbol{Z},\boldsymbol{k}) =& \sum_{n=1}^{N} E_P(\boldsymbol{Z}_n) + \frac{\lambda}{2}E_G(\boldsymbol{Z}) + \frac{\nu}{2}\sum_{n=1}^{N} E_S(\boldsymbol{Z}_n,\boldsymbol{k}_n) + \frac{1}{2}\sum_{n=1}^{N} E'_F(\boldsymbol{Z}_n) \\
=& \sum_{n=1}^{N} \|\mathcal{W}\boldsymbol{Z}_n\|_1 + \frac{\lambda}{2}\|\sum_{n=1}^{N}\alpha_n\nabla\boldsymbol{Z}_n - \nabla\boldsymbol{P}\|_2^2 + \\
& \frac{\nu}{2}\sum_{n=1}^{N}(\eta\|\boldsymbol{k}_n * \boldsymbol{Z}_n - \boldsymbol{M}_n\|_2^2 + \|\mathcal{W}\boldsymbol{k}_n\|_1) + \\
& \frac{1}{2}\sum_{n=1}^{N}(c_0\|\mathcal{W}_0\boldsymbol{Z}_n - \mathcal{W}_0\boldsymbol{M}_n\|_2^2 + c_1\|\mathcal{W}_1\boldsymbol{Z}_n - \mathcal{W}_1\boldsymbol{P}\|_2^2)
\end{aligned}
\tag{6.59}
$$

式中，λ 和 ν 是非负参数，值越大，对应项的重要性就越高。由于 $E_P(\boldsymbol{Z}_n)$ 项对噪声有健壮性，总能量泛函式 (6.59)也一样有很好的去噪能力。

求解融合问题式 (6.59)等价于求解如下的能量极小化问题：

$$
(\boldsymbol{Z}_n,\boldsymbol{k}_n) = \mathop{\arg\min}_{\boldsymbol{Z}_n,\boldsymbol{k}_n\in\mathbb{R}^N} E(\boldsymbol{Z},\boldsymbol{k}),\ n=1,\cdots,N \tag{6.60}
$$

或

$$
\boldsymbol{Z}_n = \mathcal{W}\boldsymbol{u}_n,\quad \text{s.t.} \mathop{\arg\min}_{\boldsymbol{u}_n\in\text{range}(\mathcal{W})} E(\boldsymbol{Z},\boldsymbol{k}),\ n=1,\cdots,N \tag{6.61}
$$

式 (6.60)是基于分析稀疏性的极小化问题，式(6.61)是基于合成稀疏性的极小化问题。式(6.60)倾向于从图像分解得到的 Framelet 系数域中寻找最稀疏的解，而式 (6.61)则倾向于在整个 Framelet 系数空间中寻找最稀疏解。由于不是所有的 Framelet 系数都能构造图像，因此式 (6.60)要优于式 (6.61)。基于以上分析，接下来采用式 (6.60)进行极小化。

尽管式 (6.59)并不是全局凸函数，但是它对于 $\boldsymbol{Z}_n$ 和 $\boldsymbol{k}_n$ 中的单独一个变量是凸的，因此可以采用交替迭代算法来求解能量式 (6.60)。将 $\boldsymbol{k}$ 和 $\boldsymbol{Z}$ 的初值设定如下：

$$
\boldsymbol{k}^{(0)} = (\boldsymbol{k}_1^{(0)},\cdots,\boldsymbol{k}_N^{(0)})
$$

$$
\boldsymbol{Z}^{(0)} = (\boldsymbol{Z}_1^{(0)},\cdots,\boldsymbol{Z}_N^{(0)})
$$

则全色锐化融合问题的交替迭代算法如算法 6.3 所示。

理论上，如果初值取得不恰当，则算法 6.3 可能会收敛到一个局部而不是全局极小点。然而，实践中发现，该算法依然会得到一个高质量的融合结果。

算法 6.3　交替迭代算法：求解 VFP 模型的详细流程

For $i=0,1,2,\cdots$

　For $n=0,1,2,\cdots,N$

1. 给定核 $\boldsymbol{k}^{(i)}$ 和全色锐化融合图像 $\boldsymbol{Z}^{(i)}$，计算全色锐化融合图像 $\boldsymbol{Z}_n^{(i+1)}$：

$$\boldsymbol{Z}_n^{(i+1)}=\arg\min_{\boldsymbol{Z}_n}\|\mathcal{W}\boldsymbol{Z}_n\|_1+R(\boldsymbol{Z}_n) \tag{6.62}$$

其中，

$$R(\boldsymbol{Z}_n)=\frac{\lambda}{2}\|\alpha_n\nabla\boldsymbol{Z}_n+\sum_{j=1,j\neq n}^{N}\alpha_j\nabla\boldsymbol{Z}_j^{(i)}-\nabla\boldsymbol{P}\|_2^2+$$
$$\frac{\nu\eta}{2}\|\boldsymbol{k}_n^{(i)}*\boldsymbol{Z}_n-\boldsymbol{M}_n\|_2^2+\frac{1}{2}(c_0\|\mathcal{W}_0\boldsymbol{Z}_n-\mathcal{W}_0\boldsymbol{M}_n\|_2^2+c_1\|\mathcal{W}_1\boldsymbol{Z}_n-\mathcal{W}_1\boldsymbol{P}\|_2^2)$$

2. 给定全色锐化融合图像 $\boldsymbol{Z}^{(i+1)}$, 计算核 $\boldsymbol{k}_n^{(i+1)}$：

$$\boldsymbol{k}_n^{(i+1)}=\arg\min_{\boldsymbol{k}_n}\left(\frac{\nu}{2}\|\boldsymbol{k}_n*\boldsymbol{Z}_n^{(i+1)}-\boldsymbol{M}_n\|_2^2+\|\mathcal{W}\boldsymbol{k}_n\|_1\right) \tag{6.63}$$

　end

end

6.4.3.6　数值计算

下面将详细展示 VFP 模型算法，即算法 6.3的详细数值计算步骤。前文已经多次讲到，分裂 Bregman 迭代能很好地解决 L^1 范数导致的不可微问题，且其时间和内存开销都比较小，因此仍然用它来求解 VFP 模型。

算法 6.3中的第 1 步需要求解式 (6.62)。分裂 Bregman 迭代将式 (6.62)转换成如下等价的约束形式：

$$\min_{\boldsymbol{Z}_n,\boldsymbol{d}_1}\|\boldsymbol{d}_1\|_1+R(\boldsymbol{Z}_n),\quad \text{s.t. } \boldsymbol{d}_1=\mathcal{W}\boldsymbol{Z}_n \tag{6.64}$$

然后再将式 (6.64) 转换成非约束形式：

$$\begin{cases}(\boldsymbol{Z}_n^{(i+1,l+1)},\boldsymbol{d}_1^{(i+1,l+1)})=\arg\min\limits_{\boldsymbol{Z}_n,\boldsymbol{d}_n}\|\boldsymbol{d}_1\|_1+R(\boldsymbol{Z}_n)+\\ \qquad\qquad\frac{\beta}{2}\|\boldsymbol{d}_1-\mathcal{W}\boldsymbol{Z}_n-\boldsymbol{b}_1^{(i+1,l)}\| & (6.65)\\ \boldsymbol{b}_1^{(i+1,l+1)}=\boldsymbol{b}_1^{(i+1,l)}+(\mathcal{W}\boldsymbol{Z}_n^{(i+1,l+1)}-\boldsymbol{d}_1^{(i+1,l+1)}) & (6.66)\end{cases}$$

式中，β 是预先给定的常数；$\boldsymbol{b}_1$ 是一个适当的向量。很明显，式(6.65)可以通过交替迭代 $\boldsymbol{Z}_n$ 和 $\boldsymbol{d}_1$ 得到，具体的交替迭代式如下：

$$\begin{cases} \boldsymbol{Z}_n^{(i+1,l+1)} = \arg\min\limits_{\boldsymbol{Z}_n} R(\boldsymbol{Z}_n) + \dfrac{\beta}{2}\|\boldsymbol{d}_1^{(i+1,l)} - \mathcal{W}\boldsymbol{Z}_n - \boldsymbol{b}_1^{(i+1,l)}\| & (6.67) \\ \boldsymbol{d}_1^{(i+1,l+1)} = \arg\min\limits_{\boldsymbol{d}_1} \|\boldsymbol{d}_1\|_1 + \dfrac{\beta}{2}\|\boldsymbol{d}_1 - \mathcal{W}\boldsymbol{Z}_n^{(i+1,l+1)} - \boldsymbol{b}_1^{(i+1,l)}\| & (6.68) \end{cases}$$

由于子问题式 (6.67)可微，$\boldsymbol{Z}_n^{(i+1,l+1)}$ 的最优解很容易通过求解式 (6.67)的一阶变分得到：

$$K\boldsymbol{Z}_n^{(i+1,l+1)} = \mathrm{rhs}(\boldsymbol{d}_1^{(i+1,l)}, \boldsymbol{b}_1^{(i+1,l)}) \tag{6.69}$$

这里，

$$\begin{cases} K = -\lambda\alpha_n^2\Delta + \nu\eta[\boldsymbol{k}_n^{(i)}]^{\mathrm{T}}[\boldsymbol{k}_n^{(i)}] + c_0\mathcal{W}_0^{\mathrm{T}}\mathcal{W}_0 + c_1\mathcal{W}_1^{\mathrm{T}}\mathcal{W}_1 + \beta \\ \mathrm{rhs}(\boldsymbol{d}_1^{(i+1,l)}, \boldsymbol{b}_1^{(i+1,l)}) = \lambda\alpha_n\left(\sum\limits_{j=1,j\neq n}^{N}\alpha_j\Delta\boldsymbol{Z}_j^{(i)} - \Delta\boldsymbol{P}\right) + \nu\eta[\boldsymbol{k}_n^{(i)}]^{\mathrm{T}}\boldsymbol{M}_n + \\ \qquad c_0\mathcal{W}_0^{\mathrm{T}}\mathcal{W}_0\boldsymbol{M}_n + c_1\mathcal{W}_1^{\mathrm{T}}\mathcal{W}_1\boldsymbol{P}_n + \beta\mathcal{W}^{\mathrm{T}}(\boldsymbol{d}_1^{(i+1,l)} - \boldsymbol{b}_1^{(i+1,l)}) \end{cases}$$

式中，Δ 表示拉普拉斯算子；$[\cdot]$ 表示卷积操作的矩阵形式，即：

$$\boldsymbol{k}_n^{(i)} * \boldsymbol{Z}_n = [\boldsymbol{k}_n^{(i)}] \cdot \boldsymbol{Z}_n$$

进一步将式 (6.69)转换成下面的等价形式：

$$\mathcal{F}(K)\mathcal{F}(\boldsymbol{Z}_n^{(i+1,l+1)}) = \mathcal{F}(\mathrm{rhs}(\boldsymbol{d}_1^{(i+1,l)}, \boldsymbol{b}_1^{(i+1,l)}))$$

然后即可得到 $\boldsymbol{Z}_n^{(i+1,l+1)}$ 的显式表达式：

$$\boldsymbol{Z}_n^{(i+1,l+1)} = \mathcal{F}^{-1}\left(\frac{\mathcal{F}\left(\mathrm{rhs}(\boldsymbol{d}_1^{(i+1,l)}, \boldsymbol{b}_1^{(i+1,l)})\right)}{\mathcal{F}(K)}\right) \tag{6.70}$$

同时，子问题式 (6.68)可以通过软阈值算法直接求出：

$$\boldsymbol{d}_1^{(i+1,l+1)} = \mathrm{shrink}\left(\mathcal{W}\boldsymbol{Z}_n^{(i+1,l+1)} + \boldsymbol{b}_1^{(i+1,l)}, \frac{1}{\beta}\right) \tag{6.71}$$

因此，式(6.62)的数值迭代算法可以总结如下：

$$\begin{cases} \boldsymbol{Z}_n^{(i+1,l+1)} = \mathcal{F}^{-1}\left(\dfrac{\mathcal{F}\left(\mathrm{rhs}(\boldsymbol{d}_1^{(i+1,l)}, \boldsymbol{b}_1^{(i+1,l)})\right)}{\mathcal{F}(K)}\right) \\ \boldsymbol{d}_1^{(i+1,l+1)} = \mathrm{shrink}\left(\mathcal{W}\boldsymbol{Z}_n^{(i+1,l+1)} + \boldsymbol{b}_1^{(i+1,l)}, \dfrac{1}{\beta}\right) \\ \boldsymbol{b}_1^{(i+1,l+1)} = \boldsymbol{b}_1^{(i+1,l)} + (\mathcal{W}\boldsymbol{Z}_n^{(i+1,l+1)} - \boldsymbol{d}_1^{(i+1,l+1)}) \end{cases} \tag{6.72}$$

式中，$\boldsymbol{Z}_n^{(i+1,0)} = \boldsymbol{Z}_n^{(i)}$；$\boldsymbol{d}_1^{(i+1,0)} = \boldsymbol{d}_1^{(i)}$；$\boldsymbol{b}_1^{(i+1,0)} = \boldsymbol{b}_1^{(i)}$。

现在给出如下定理。

定理 6.4.1　假设 λ, ν, η, c_0, $c_1 > 0$，则式 (6.62)至少存在一个极小解 $\boldsymbol{Z}_n^{(i+1,\star)}$，且迭代式 (6.72)满足：

$$\lim_{l\to\infty} \|\mathcal{W}\boldsymbol{Z}_n^{(i+1,l)}\|_1 + R(\boldsymbol{Z}_n^{(i+1,l)}) = \|\mathcal{W}\boldsymbol{Z}_n^{(i+1,\star)}\|_1 + R(\boldsymbol{Z}_n^{(i+1,\star)})$$

进一步地讲，如果式 (6.62)有唯一解，则下式成立：

$$\lim_{l\to\infty} \|\boldsymbol{Z}_n^{(i+1,l)} - \boldsymbol{Z}_n^{(i+1,*)}\|_2 = 0$$

证明. 首先，由于 $\mathcal{W}$ 是一个 tight frame，且 $R(\boldsymbol{Z}_n)$ 是凸函数，根据式 (6.62)的定义，极小值 $\boldsymbol{Z}_n^{(i+1,\star)}$ 的存在性可以立刻给出。

类似地，子问题式 (6.63)也可以通过分裂 Bregman 迭代来求解。通过稍微变动一下式 (6.72)，就可以得出式 (6.63)的数值迭代算法：

$$\begin{cases} \boldsymbol{k}_n^{(i+1,l+1)} = \mathcal{F}^{-1}\left(\dfrac{\mathcal{F}\left(\nu[\boldsymbol{Z}_n^{(i+1)}]^{\mathrm{T}}\boldsymbol{M}_n + \gamma\mathcal{W}^{\mathrm{T}}(\boldsymbol{d}_2^{(i+1,l)} - \boldsymbol{b}_2^{(i+1,l)})\right)}{\mathcal{F}\left(\nu[\boldsymbol{Z}_n^{(i+1)}]^{\mathrm{T}}[\boldsymbol{Z}_n^{(i+1)}] + \gamma\right)}\right) \\ \boldsymbol{d}_2^{(i+1,l+1)} = \mathrm{shrink}\left(\mathcal{W}\boldsymbol{k}_n^{(i+1,l+1)} + \boldsymbol{b}_2^{(i+1,l)}, \dfrac{1}{\gamma}\right) \\ \boldsymbol{b}_2^{(i+1,l+1)} = \boldsymbol{b}_2^{(i+1,l)} + (\mathcal{W}\boldsymbol{k}_n^{(i+1,l+1)} - \boldsymbol{d}_2^{(i+1,l+1)}) \end{cases} \tag{6.73}$$

式中，γ 定义类似于 β；$\boldsymbol{k}_n^{(i+1,0)} = \boldsymbol{k}_n^{(i)}$；$\boldsymbol{d}_2^{(i+1,0)} = \boldsymbol{d}_2^{(i)}$；$\boldsymbol{b}_2^{(i+1,0)} = \boldsymbol{b}_2^{(i)}$。

理论上，在第 i 步迭代时，需要得到子问题式 (6.62)和式 (6.63)的确切解，即：

$$\boldsymbol{Z}_n^{(i+1)} = \boldsymbol{Z}_n^{(i+1,+\infty)}$$

$$\boldsymbol{k}_n^{(i+1)} = \boldsymbol{k}_n^{(i+1,+\infty)}$$

然而，由于 $\boldsymbol{Z}_n^{(i)}$ 和 $\boldsymbol{k}_n^{(i)}$ 并不精确，导致 $\boldsymbol{Z}_n^{(i+1)}$ 和 $\boldsymbol{k}_n^{(i+1)}$ 也不准确。所以，无限次的迭代只会浪费时间，并不会增加结果的精确性。在实践中，为了增加效率，仅对式 (6.72)和式 (6.73)做一步迭代，即：

$$\boldsymbol{Z}_n^{(i+1)} = \boldsymbol{Z}_n^{(i+1,1)}$$
$$\boldsymbol{k}_n^{(i+1)} = \boldsymbol{k}_n^{(i+1,1)}$$

现在设定算法的停止准则。对于所有的 $n = 1, \cdots, N$，当两步迭代的相对误差小于一个给定参数 ϵ 时，即认为算法达到了稳定状态。其数学表达式如下：

$$\max\left(\frac{\|\boldsymbol{Z}_n^{(i+1)} - \boldsymbol{Z}_n^{(i)}\|}{\|\boldsymbol{Z}_n^{(i+1)}\|}\right)_{n=1,\cdots,N} < \epsilon$$

大量实验表明，$\epsilon = 10^{-3}$ 就已经足够取得合适的解了。

综合上面所有步骤，VFP 模型的详细数值计算过程如算法 6.4所示。

算法 6.4　VFP 模型的详细数值计算过程

输入： UsMS 图像 $\boldsymbol{M}$，PAN 图像 $\boldsymbol{P}$

输出： 全色锐化融合结果图像 $\boldsymbol{Z}$

初始化：

$$\boldsymbol{b}_1^{(0)} = \boldsymbol{b}_2^{(0)} = 0, \boldsymbol{d}_1^{(0)} = \boldsymbol{d}_2^{(0)} = 0, \boldsymbol{k}_n^{(0)} = 0, \boldsymbol{Z}_n^{(0)} = \boldsymbol{M}_n$$

While $\max\left(\frac{\|\boldsymbol{Z}_n^{(i+1)} - \boldsymbol{Z}_n^{(i)}\|}{\|\boldsymbol{Z}_n^{(i+1)}\|}\right)_{n=1,\cdots,N} \geqslant \epsilon$

　　For $n = 1, \cdots, N$

$$\begin{cases} \boldsymbol{Z}_n^{(i+1)} = \mathcal{F}^{-1}\left(\dfrac{\mathcal{F}(\mathrm{rhs}(\boldsymbol{d}_1^{(i)}, \boldsymbol{b}_1^{(i)}))}{\mathcal{F}(K)}\right) \\ \boldsymbol{d}_1^{(i+1)} = \mathrm{shrink}\left(\mathcal{W}\boldsymbol{Z}_n^{(i+1)} + \boldsymbol{b}_1^{(i)}, \dfrac{1}{\beta}\right) \\ \boldsymbol{b}_1^{(i+1)} = \boldsymbol{b}_1^{(i)} + (\mathcal{W}\boldsymbol{Z}_n^{(i+1)} - \boldsymbol{d}_1^{(i+1)}) \\ \boldsymbol{k}_n^{(i+1)} = \mathcal{F}^{-1}\left(\dfrac{\mathcal{F}\big(\nu[\boldsymbol{Z}_n^{(i+1)}]^{\mathrm{T}}\boldsymbol{M}_n + \gamma\mathcal{W}^{\mathrm{T}}(\boldsymbol{d}_2^{(i)} - \boldsymbol{b}_2^{(i)})\big)}{\mathcal{F}\big(\nu[\boldsymbol{Z}_n^{(i+1)}]^{\mathrm{T}}[\boldsymbol{Z}_n^{(i+1)}] + \gamma\big)}\right) \\ \boldsymbol{d}_2^{(i+1)} = \mathrm{shrink}\left(\mathcal{W}\boldsymbol{k}_n^{(i+1)} + \boldsymbol{b}_2^{(i)}, \dfrac{1}{\gamma}\right) \\ \boldsymbol{b}_2^{(i+1)} = \boldsymbol{b}_2^{(i)} + (\mathcal{W}\boldsymbol{k}_n^{(i+1)} - \boldsymbol{d}_2^{(i+1)}) \end{cases}$$

　　end

end

6.4.4 实验结果及分析

为验证 FP 和 VFP 模型的有效性，下面将采用马里兰大学提供的 QuickBird 和 IKONOS 数据来做实验对比与分析。实验参数设置如下：$\lambda = 0.5, \nu = 0.1, \eta = 10, c_0 = c_1 = 0.1, \beta = 10^3, \gamma = 10^2$。对于一幅尺寸为 256 像素 ×256 像素的图像，FP 和 VFP 模型的运行时间分别近似为 0.5s 和 15s。

6.4.4.1 定性分析

首先将 FP 和 VFP 模型与其他五种代表性方法进行视觉比较，包括 S-IHS、P+XS、VWP、AVWP 和 Wavelet，各融合比较结果如图 6.13~ 图 6.17 所示。在这五幅图中，原始遥感图像显示在各图 (a)、(b) 中，其中图 6.13~ 图 6.16原始遥感图像为 QuickBird 卫星于 2005 年 2 月 23 日采集的印度 Chilka 湖区域的影像，而图 6.17是 IKONOS 卫星于 2008 年 5 月 15 日采集的中国汶川某山区的影象。所有方法的全色锐化融合结果分别显示在各图 (c)~(i) 中。为了图像的显示更接近人眼观察的世界，这里仅仅显示多光谱图像的前三个波段，即 B、G、R 波段，NIR 波段不单独展示。

通过与 UsMS 图像比较可以发现，所有方法的融合结果都有很好的质量提升，但是也有着明显的差异。S-IHS 方法的融合结果在空间质量上有不错的表现，但是会有比较明显的光谱失真。P+XS、VWP 和 AVWP 方法的融合结果很好地保留了 MS 图像的光谱信息，但是相对缺少细节信息且清晰度较差。Wavelet 方法遭受到一些混叠效应。FP 和 VFP 模型的融合结果在视觉上看起来既清晰又鲜艳，而且不包含容易导致混淆的信息。

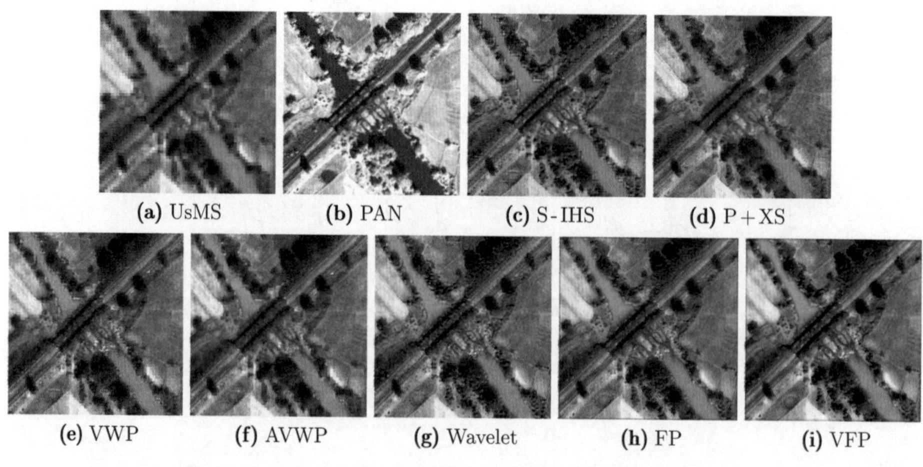

(a) UsMS (b) PAN (c) S-IHS (d) P+XS

(e) VWP (f) AVWP (g) Wavelet (h) FP (i) VFP

图 6.13 QuickBird 图像（河流区域）融合结果比较

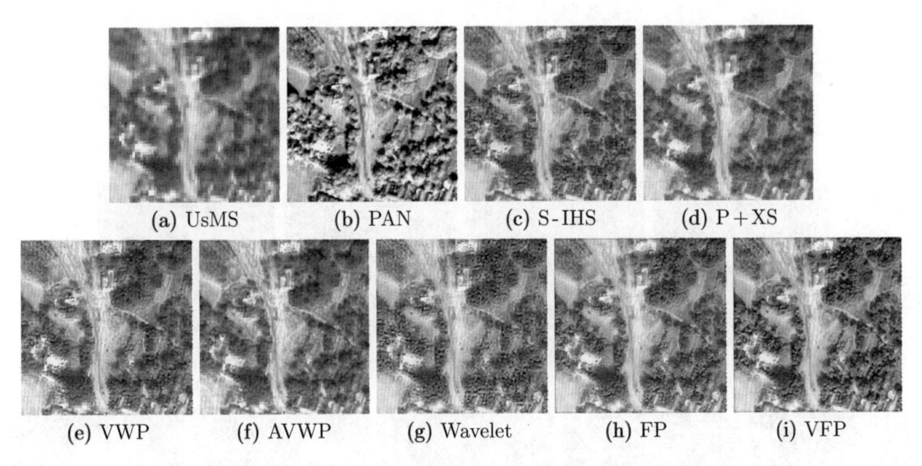

图 6.14 QuickBird 图像（乡村区域）融合结果比较

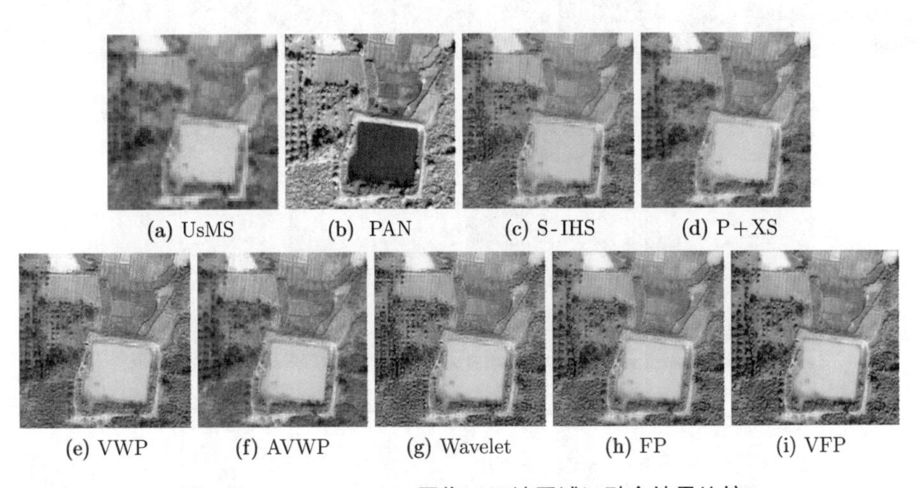

图 6.15 QuickBird 图像（田地区域）融合结果比较

以图 6.13为例，可以发现图 6.13(c)~(i) 比图 6.13(a) 清晰，例如，图 6.13(a)（UsMS 图像）中部桥梁下面的河流很模糊，而图 6.13(c)~(i) 在该区域则清晰很多。图 6.13(c)（S-IHS 融合结果）的轮廓很锐利，然而它的河流和道路两侧包含了一些锯齿状的边界和轻微的光谱失真。图 6.13(d)~(f)（P+XS、VWP 和 AVWP 的融合结果）光谱信息保持得很好，但是看起来过于平滑以至于有点模糊。图 6.13(f)（Wavelet 融合结果）比较清晰且无明显光谱失真，但是图像边缘有一些混淆像素。图 6.13(h)（FP 融合结果）比图 6.13(c)~(f) 更生动，但是相对于图 6.13(i)（VFP 融合结果）来说，清晰度仍然有待提升。图 6.13(i) 没有明显的空间细节丢失和光谱失真，河流两边的树木明显比其他融合结果图清晰很多。从图 6.14~ 图 6.17中也能得出类似的结论。

基于以上分析，可以得出结论：从 QuickBird 和 IKONOS 数据上看，FP 和 VFP 模型在视觉效果上要优于其他方法，VFP 效果更佳。

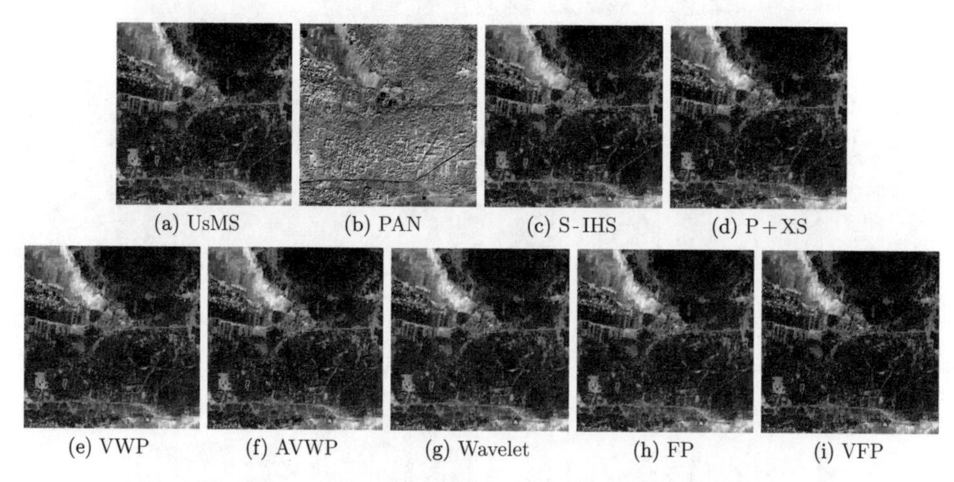

(a) UsMS (b) PAN (c) S-IHS (d) P+XS

(e) VWP (f) AVWP (g) Wavelet (h) FP (i) VFP

图 6.16 QuickBird 图像（山川区域）融合结果比较

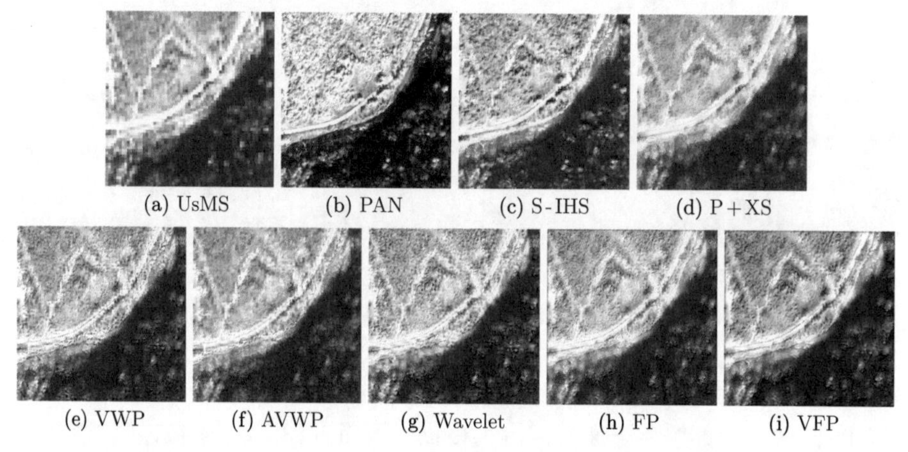

(a) UsMS (b) PAN (c) S-IHS (d) P+XS

(e) VWP (f) AVWP (g) Wavelet (h) FP (i) VFP

图 6.17 IKONOS 图像（平原区域）融合结果比较

6.4.4.2 定量分析

现在对 FP 和 VFP 模型做定量分析，为了使结果更合理，选取了 10 个指标对融合结果进行评估，这 10 个指标分别是 RMSE、ERGAS、Q^4、CC、SAM、SID、FCC、Q^F、SF 和 H。另外，在图像选取方面，采用图 6.13~ 图 6.17中的结果。这里需要注意的是，指标计算所用的 MS 图像包含了四个波段，不再是图中所展示的 RGB 图像。FP 和 VFP 模型以及其他五种方法融合结果的指标比较分别如表 6.6~ 表 6.10所示，每个指标的理想值显示在第 2 行，最优结果加粗显示。

表 6.6　图 6.13中不同方法融合结果的指标比较

指标	RMSE	ERGAS	Q^4	CC	SAM	SID	FCC	Q^F	SF	H
理想值	0	0	1	0	0	0	1	1	$\sqrt{2}$	∞
S-IHS	0.0765	3.7377	0.7881	**0.0082**	1.9317	0.0168	0.8084	0.4182	0.0806	7.6949
P+X	0.0650	3.0993	0.7707	0.0730	2.9594	0.0079	0.8499	**0.4290**	0.0714	7.6850
VWP	0.0609	2.7953	0.8137	0.0423	1.4520	**0.0028**	0.8332	0.3372	0.0765	7.7100
AVWP	0.0568	2.6533	0.8255	0.0535	1.8105	0.0044	0.7911	0.3617	0.0689	7.7209
Wavelet	0.0777	3.7291	0.7352	0.0535	1.8105	0.0210	0.9269	0.3189	0.0910	7.7374
FP	0.0730	3.5017	0.8252	0.0717	2.8033	0.0152	0.8900	0.3974	0.0871	7.7404
VFP	**0.0561**	**2.4037**	**0.8462**	0.0421	**1.4207**	0.0125	**0.9290**	0.4245	**0.0933**	**7.7664**

表 6.7　图 6.14中不同方法融合结果的指标比较

指标	RMSE	ERGAS	Q^4	CC	SAM	SID	FCC	Q^F	SF	H
理想值	0	0	1	0	0	0	1	1	$\sqrt{2}$	∞
S-IHS	0.0878	4.8313	0.7926	**0.0072**	2.3760	0.0597	0.7864	0.4862	0.0946	7.7610
P+XS	0.0754	4.2289	**0.8211**	0.0982	4.0261	0.0592	0.8163	0.4056	0.0820	7.7260
VWP	0.0955	5.3163	0.7433	0.0984	3.2109	0.0757	0.8740	0.3844	0.1183	7.7499
AVWP	0.0839	4.6959	0.7447	0.0984	3.2109	0.0585	0.7974	0.4037	0.0952	7.7148
Wavelet	0.1026	5.6782	0.7160	0.0984	3.2109	0.0876	0.9429	0.3224	0.1263	7.7837
FP	0.0944	5.2555	0.7884	0.1333	4.0865	0.0714	**0.9477**	0.4393	0.1177	7.7751
VFP	**0.0723**	**4.1598**	0.7689	0.2317	**2.3381**	**0.0401**	0.9080	**0.5114**	**0.1264**	**7.8153**

表 6.8　图 6.15中不同方法融合结果的指标比较

指标	RMSE	ERGAS	Q^4	CC	SAM	SID	FCC	Q^F	SF	H
理想值	0	0	1	0	0	0	1	1	$\sqrt{2}$	∞
S-IHS	0.0963	4.8738	0.7533	**0.0072**	2.2779	0.0611	0.7878	0.3689	0.1019	7.3944
P+XS	**0.0781**	4.0436	0.7011	0.0072	2.2779	0.0623	0.8314	0.3810	0.0881	7.5050
VWP	0.1106	5.5694	0.6245	0.1181	2.9688	0.0705	0.8996	0.4108	0.0612	7.6101
AVWP	0.0932	4.7240	0.6853	0.0890	2.8139	0.0544	0.8091	0.3805	0.1077	7.5484
Wavelet	0.1129	5.7565	0.6043	0.1257	4.9005	0.1029	0.9474	0.3496	0.1381	7.6198
FP	0.1024	5.2387	0.6485	0.1461	3.8948	**0.0306**	0.9259	**0.4829**	0.1283	7.5817
VFP	0.1594	**3.9795**	**0.7597**	0.2266	**2.2423**	0.0582	**0.9486**	0.4408	**0.1393**	**7.6204**

表 6.9 图 6.16中不同方法融合结果的指标比较

指标	RMSE	ERGAS	Q^4	CC	SAM	SID	FCC	Q^F	SF	H
理想值	0	0	1	0	0	0	1	1	$\sqrt{2}$	∞
S-IHS	0.0870	7.3217	0.6992	0.0106	6.1171	0.1790	0.7796	0.5187	0.0990	7.6385
P+XS	0.0557	4.7794	0.7618	0.0144	5.2545	0.1719	0.8295	0.3770	0.0606	7.6916
VWP	0.0596	5.2009	0.7350	0.0122	4.1287	0.1204	0.8388	0.3362	0.0742	7.6829
AVWP	**0.0512**	4.4990	0.7761	0.0138	**4.0876**	0.1524	0.7503	0.0594	0.0467	7.6674
Wavelet	0.0852	7.3240	0.6416	0.0124	8.3008	0.1977	0.9510	0.3442	0.1083	7.6454
FP	0.0773	6.4705	0.6993	0.0138	7.4369	0.1780	**0.9770**	0.4555	0.1000	7.6610
VFP	0.0721	**4.4761**	**0.7837**	**0.0104**	4.8780	**0.1200**	0.9149	**0.5340**	**0.1096**	**7.7030**

表 6.10 图 6.17中不同方法融合结果的指标比较

指标	RMSE	ERGAS	Q^4	CC	SAM	SID	FCC	Q^F	SF	H
理想值	0	0	1	0	0	0	1	1	$\sqrt{2}$	∞
S-IHS	0.1492	7.2273	0.4142	**0.0035**	3.3316	0.0460	0.9250	**0.5872**	0.0845	7.7130
P+XS	0.0853	4.1977	0.5811	0.0126	3.7007	0.0527	0.8071	0.2981	0.0562	7.8124
VWP	0.1048	5.1789	0.5785	0.0112	3.5122	0.0496	0.8724	0.2976	0.0828	7.7263
AVWP	0.0985	4.8613	0.5780	0.0108	3.5661	0.0276	0.7606	0.3306	0.0658	7.7517
Wavelet	0.1070	5.2356	0.5823	0.0123	3.7576	0.0585	0.9642	0.2594	0.0862	7.7290
FP	0.1193	6.3749	0.5749	0.0089	4.9642	**0.0245**	0.8211	0.3511	0.0754	7.8013
VFP	**0.0823**	**3.9484**	**0.5885**	0.0102	**3.2676**	0.0485	**0.9648**	0.3343	**0.0877**	**7.8577**

观察表 6.6~ 表 6.10可以发现，S-IHS 在 CC、FCC、Q^F、SF 和 H 这 5 个指标上有很好的表现，但是在别的指标上表现欠佳。P+XS、VWP 和 AVWP 方法在 RMSE、ERGAS、Q^4、CC、SAM 和 SID 上比别的方法好，但是在 FCC、Q^F、SF 和 H 指标上表现较差。Wavelet 方法和 FP 模型在这 10 个指标上表现均衡，鲜有特别好或特别差的表现。FCC、Q^F、SF 和 H 指标主要衡量空间质量和图像质量，而 RMSE、ERGAS、Q^4、CC、SAM 和 SID 指标则测量光谱质量和光谱相关度质量，以上观察印证了前述的视觉比较结果。

和其他五种方法相比，FP 和 VFP 模型在以上 10 个指标上都有很好的表现。FP 模型总体上处于所有方法的中游，如在表 6.6中，FP 模型在 H 指标上排第二，在 Q^4、FCC 和 SF 指标上排第三，特别地，6 个指标都比 Wavelet 方法好，也就是说，FP 模型总体上优于 Wavelet 方法。VFP 模型总是有很好的表现，以表 6.6为例，VFP 模型在 7 个指标上都排第一，且在空间质量和光谱质量上表现都很突出。

因此，定量比较表明，FP 模型总体上和其他方法表现相当，而 VFP 模型要明显优于其他方法。这在很大程度上验证了视觉比较结果。

6.4.5　VFP 模型与 VP 模型的比较

6.3 节介绍了一种变分全色锐化融合模型：VP 模型。现将 VFP 模型与 VP 模型进行比较。比较所使用的图像来自 QuickBird 卫星。视觉比较和指标比较分别如图 6.18、图 6.19和表 6.11、表 6.12所示。在图 6.18和图 6.19中，图 (a) 是尺寸为 512 像素 ×512 像素的 UsMS 图像，图 (b) 为对应的 PAN 图像，图 (c) 和图 (d) 分别是 VFP 和 VP 模型的融合结果。

从图 6.18中可以看出，图 6.18(d) 中树林和河流的清晰度与光谱保真度明显优于图 6.18(c)，换言之，VP 方法的融合结果无论在光谱信息保持上还是空间信息保持上都比 VFP 模型好。该结论在指标比较中也得到了印证。

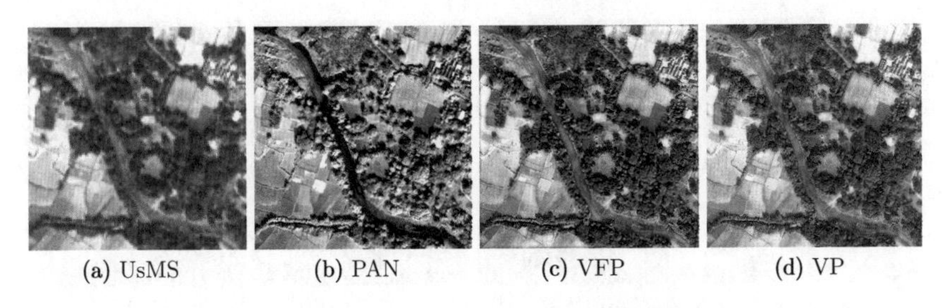

(a) UsMS　(b) PAN　(c) VFP　(d) VP

图 6.18　VFP 和 VP 模型融合结果的视觉比较一

(a) UsMS　(b) PAN　(c) VFP　(d) VP

图 6.19　VFP 和 VP 模型融合结果的视觉比较二

在图 6.19中，图 6.19(d) 同样优于图 6.19(c)。为了便于观察，在图 6.19中的每幅图像中取两个区域（见白框和红框），并将其放大显示在图 6.20和图 6.21中。观察图 6.20，图 6.20(d) 中细节明显多于图 6.20(c)，例如，图 6.20(d) 红框内的线条很明显，而图 6.20(c) 中同样区域则模糊不清。观察图 6.21，图 6.21(a) 包含一些颜色干扰信息，导致图 6.21(d) 在池塘区域含有很多噪声。对比图 6.21(b)，图 6.21(d) 明显不是期望的融合结果。图 6.21(c) 相对平滑且不含噪声，在池塘区域明显优于图 6.21(d)，这印证了前述的 VFP 模型抗噪能力强的观点。

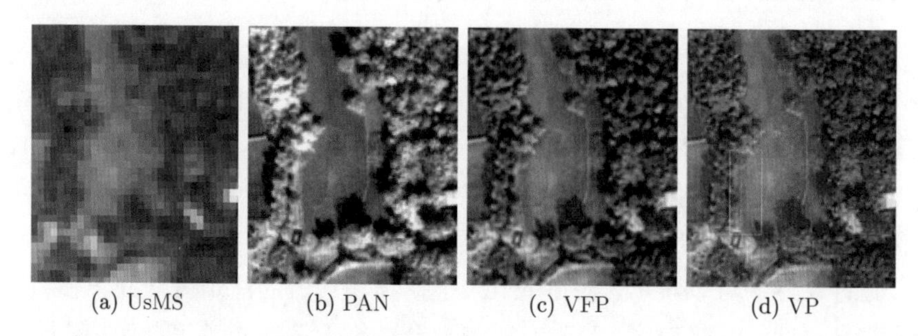

(a) UsMS　(b) PAN　(c) VFP　(d) VP

图 6.20　图 6.19中白框区域的放大显示（尺寸：150 像素 ×125 像素）

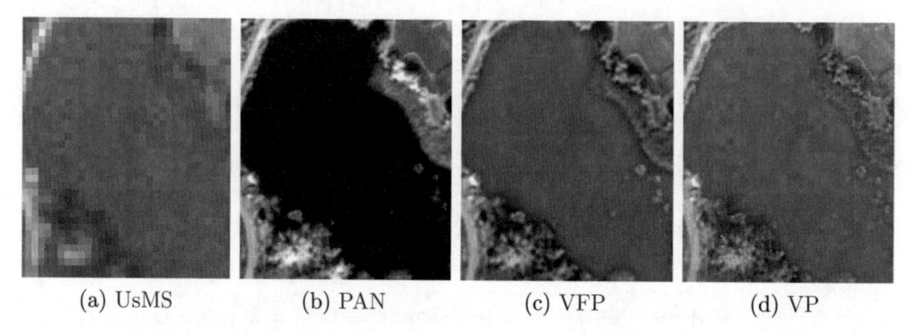

(a) UsMS　(b) PAN　(c) VFP　(d) VP

图 6.21　图 6.19中红框区域的放大显示（尺寸：150 像素 ×125 像素）

在表 6.11和表 6.12中，VP 模型在约 80% 的指标上优于 VFP 模型，这与视觉比较的结论相一致。

表 6.11　图 6.18中不同方法融合结果的指标比较

指标	RMSE	ERGAS	Q^4	CC	SAM	SID	FCC	Q^F	SF	H
理想值	0	0	1	0	0	0	1	1	$\sqrt{2}$	∞
VFP	0.1220	6.8647	0.6113	0.1564	6.3544	**0.0638**	0.9084	**0.5699**	0.1110	**7.8611**
VP	**0.0882**	**4.6753**	**0.7303**	**0.0966**	**2.6383**	0.1283	**0.9115**	0.4314	**0.1146**	7.7916

表 6.12　图 6.19中不同方法融合结果的指标比较

指标	RMSE	ERGAS	Q^4	CC	SAM	SID	FCC	Q^F	SF	H
理想值	0	0	1	0	0	0	1	1	$\sqrt{2}$	∞
VFP	0.1279	9.1939	0.5605	0.2274	8.1706	**0.1186**	**0.9342**	0.4670	0.1188	7.5835
VP	**0.0946**	**6.1980**	**0.7079**	**0.1579**	**3.8797**	0.1656	0.9008	**0.5141**	**0.1221**	**7.5919**

综合以上分析，在全色锐化融合问题上，对于噪声较小的图像，VP 模型优于 VFP 模型，而对于明显含噪声的图像，VFP 模型则更优越。

6.5 基于贝叶斯后验概率估计的全色锐化融合模型

本节提出基于贝叶斯后验概率估计的全色锐化融合模型。在深入分析未知的 HRMS 图像与已知的 LRMS/PAN 图像关系的基础上，引入多级梯度算子挖掘三者之间的更深层次的联系，并利用贝叶斯理论构建了能够同时兼顾空间信息和光谱信息保留的变分模型，并命名为 VBP 模型。

6.5.1 模型构建

为了更好地描述 VBP 模型，假设全色图像 PAN 由方程 $\boldsymbol{P}:\Omega\to\mathbb{R}$ 给定，其中 Ω 是集合 $\mathbb{R}^2$ 的一个子集，低分辨率多光谱图像 LRMS 由方程 $\boldsymbol{M}=\{\boldsymbol{M}_1,\boldsymbol{M}_2,\cdots,\boldsymbol{M}_N\}:\Omega\to\mathbb{R}^N$ 给定，其中 N 是多光谱图像的光谱波段数。另外，将要求解的高分辨率多光谱图像 HRMS 定义为 $\boldsymbol{Z}=\{\boldsymbol{Z}_1,\boldsymbol{Z}_2,\cdots,\boldsymbol{Z}_N\}:\Omega\to\mathbb{R}^N$。

基于全色锐化融合原理，$\boldsymbol{Z}$、$\boldsymbol{M}$ 和 $\boldsymbol{P}$ 之间的关系可以解释为一个贝叶斯网络模型，如图 6.22所示，可以得到后验概率的表达式为：

$$g(\boldsymbol{Z}|\boldsymbol{M},\boldsymbol{P})\propto g(\boldsymbol{P},\boldsymbol{M}|\boldsymbol{Z})g(\boldsymbol{Z}) \tag{6.74}$$

式中，$g(\boldsymbol{P},\boldsymbol{M}|\boldsymbol{Z})$ 为似然项；$g(\boldsymbol{Z})$ 代表待求图像 $\boldsymbol{Z}$ 的先验。由 D 分离理论可知, 在 $\boldsymbol{Z}$ 已知的情况下，$\boldsymbol{P}$ 和 $\boldsymbol{M}$ 相互独立。因此，式 (6.74)可以改写为：

$$g(\boldsymbol{Z}|\boldsymbol{M},\boldsymbol{P})\propto g(\boldsymbol{P}|\boldsymbol{Z})g(\boldsymbol{M}|\boldsymbol{Z})g(\boldsymbol{Z}) \tag{6.75}$$

接下来将使用两种梯度运算符 ∇_2 和 ∇_3：∇_2 表示求解图像水平方向和垂直方向的梯度运算符；∇_3 除了计算水平方向和垂直方向的梯度，还增加了一个沿着光谱维度的梯度。现在，基于三个合理假设定义式 (6.75)的每个项。

6.5.1.1 条件分布 $g(\boldsymbol{P}|\boldsymbol{F})$

在同一拍摄场景中，PAN 图像的空间范围覆盖了 MS 图像的整个范围，因此可以认为 HRMS 图像 $\boldsymbol{Z}$ 的空间信息都包含在 PAN 图像 $\boldsymbol{P}$ 中。一个合理的假设是，在空间中 $\boldsymbol{Z}$ 的所有波段的线性组合应接近 $\boldsymbol{P}$。而图像的空间信息通常可以用梯度来表示，因此该假设可以表示为以下等式：

$$\nabla_2 \boldsymbol{P} = \sum_{i=1}^{N} \alpha_i \nabla_2 \boldsymbol{Z}_i + \epsilon_1 \tag{6.76}$$

式中，α_i 是与所对应卫星的调制传递函数（MTF）有关的系数；ϵ_1 是符合高斯分布 $\mathcal{N}(0, \sigma_1^2)$ 的噪声。

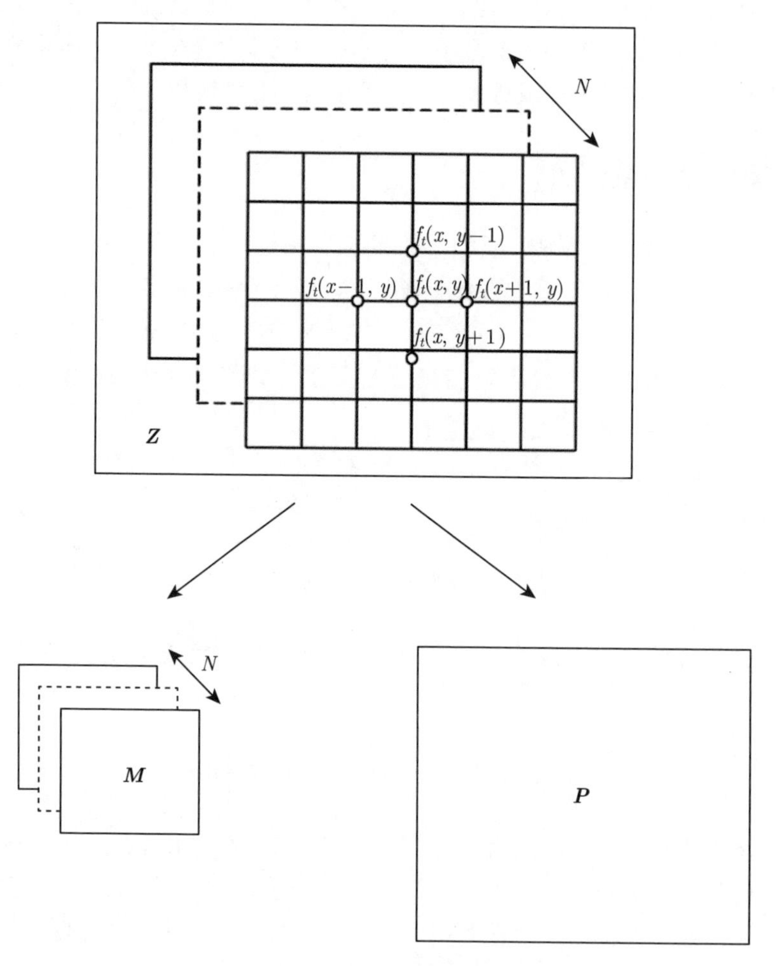

图 6.22　$\boldsymbol{Z}$、$\boldsymbol{M}$ 和 $\boldsymbol{P}$ 之间的关系

然而，正如相关文献中所讨论的，该模型并不能完全捕获图像噪声的空间随机性。为了说明该问题，图 6.23(a) 显示了 HRMS 图像，图 6.23（b）显示了使用普通梯度由式 (6.76)得到的噪声图。可以看到，该噪声图结构清晰，在

空间上并不符合随机分布的特征。实际上，由于 ϵ_1 是遵循高斯分布的随机序列，那么可以证明 $\nabla_{\epsilon_1}^n$ 也遵循高斯分布 $\mathcal{N}(0,\sigma^2)$ 且具有标准偏差 $\sigma=\sqrt{2}^n\sigma_1$，因此式 (6.76)可以改进为：

$$\nabla_2^*\boldsymbol{P}=\sum_{i=1}^{n}\alpha_i\nabla_2^*\boldsymbol{Z}_i+\nabla_2^*\epsilon_1 \tag{6.77}$$

式中，算子 $\nabla_2^*=\left\{\nabla_2,\frac{1}{\sqrt{2}}\nabla_2^2,\cdots,\frac{1}{\sqrt{2}^{n-1}}\nabla_2^n,\cdots\right\}$ 命名为多阶梯度算子。图 6.23(c) 显示了使用多阶梯度由式 (6.77)得到的噪声图。与图 6.23(b) 相比，图 6.23(c) 包含了更少的图像结构信息，随机性更强，更适用于捕获图像的随机噪声信息。因此基于式 (6.77), 得到下述后验概率表达式：

$$\begin{aligned}g(\boldsymbol{P}|\boldsymbol{Z})=g(\nabla_2^*\epsilon_1)&=\prod_n\mathcal{N}(\nabla_2^n\epsilon_n\mid 0,\sqrt{2}^{n-1}\sigma_1)\\&=\prod_n\mathcal{N}\left(\sum_{i=1}^{N}\alpha_i\nabla_2^n\boldsymbol{Z}_i\mid\nabla_2^n\boldsymbol{P},\sqrt{2}^{n-1}\sigma_1\right)\\&\propto\mathcal{N}\left(\sum_{i=1}^{N}\alpha_i\nabla_2^*\boldsymbol{Z}_i\mid\nabla_2^*\boldsymbol{P},\sigma_1\right)\end{aligned} \tag{6.78}$$

式中，$n=1,2,\cdots$ 并且 $\nabla_2^*\epsilon_1$ 同样符合高斯分布。

(a) HRMS图像　(b) 使用普通梯度由式(6.76)得到的噪声图　(c) 使用多阶梯度由式(6.77)得到的噪声图

图 6.23　HRMS 图像及噪声图

6.5.1.2　条件分布 $g(\boldsymbol{M}|\boldsymbol{Z})$

尽管 HRMS 图像与其对应的 LRMS 图像空间分辨率不同，但是所包含的光谱信息是相同的。对于每个波段，低分辨率像素是由高分辨率像素低通滤波后再进行下采样得到的。因此，另一个合理的假设是下采样后的 HRMS 图像应该与 LRMS 图像相同。将低通滤波器和下采样运算符分别表示为 H 和 D，$\boldsymbol{M}$ 和 $\boldsymbol{Z}$ 的关系可以表示为：

$$\boldsymbol{M} = DH\boldsymbol{Z} + \boldsymbol{\epsilon}_2 \tag{6.79}$$

假设噪声 $\boldsymbol{\epsilon}_2$ 也符合高斯分布 $\mathcal{N}(\boldsymbol{\epsilon}_2 \mid 0, \sigma_2^2)$。

式 (6.79)仅反映 LRMS 和 HRMS 图像强度之间的关系。实际上，$DH\boldsymbol{F}$ 和 $\boldsymbol{M}$ 在光谱和空间信息上都应该相同。因此，为了保留更多的空间细节信息，可以将式 (6.79)改进为更合理的表达式：

$$\nabla_3^* \boldsymbol{M} = \nabla_3^*(DH\boldsymbol{Z}) + \nabla_3^* \boldsymbol{\epsilon}_2 \tag{6.80}$$

式中，$\nabla_3^* = \left\{ I, \frac{1}{\sqrt{2}}\nabla_3, \cdots, \frac{1}{\sqrt{2}^n}\nabla_3^n, \cdots \right\}$ 同样也是多级梯度算子。与只关注光谱信息一致性的式 (6.79)相比，式 (6.80)通过添加梯度约束额外保证了空间信息的一致性。

基于上述分析, $\nabla_3^n \boldsymbol{\epsilon}_2$ 同样服从高斯分布。因此, 条件分布 $g(\boldsymbol{M}|\boldsymbol{Z})$ 可以写成：

$$\begin{aligned} g(\boldsymbol{M}|\boldsymbol{Z}) &= \prod_n \mathcal{N}(\nabla_3^n \boldsymbol{\epsilon}_2 \mid 0, \sqrt{2}^n \sigma_2) \\ &= \prod_n \mathcal{N}(\nabla_3^n \boldsymbol{Z} \mid \nabla_3^n \boldsymbol{M}, \sqrt{2}^n \sigma_2) \\ &\propto \mathcal{N}(\nabla_3^* \boldsymbol{Z} \mid \nabla_3^* \boldsymbol{M}, \sigma_2) \end{aligned} \tag{6.81}$$

式中，$n = 0, 1, 2, \cdots$。

6.5.1.3 先验分布 $g(\boldsymbol{Z})$

在高分辨率多光谱图像 HRMS 的每一个波段中，不在地物边缘附近的像素 $\boldsymbol{Z}_i(x, y)$（参见图 6.22）应与相邻像素相似。假设这种相似性不会传递，即无记忆性，那么相邻像素之间的这种关系可以表示为马尔可夫随机场模型。注意，边缘像素仅占整个图像很小的比例，因此该假设在概率论中是可以接受的。由于指数分布具有无记忆的良好特性，因此将 $\boldsymbol{Z}$ 的先验模型建模为指数分布：

$$g(\boldsymbol{Z}) = \prod_{i=1}^{N} \mathrm{e}^{-\tau\{\sum[\boldsymbol{Z}_i(x+1,y) - \boldsymbol{Z}_i(x,y)] + \sum[\boldsymbol{Z}_i(x,y+1) - \boldsymbol{Z}_i(x,y)]\}} \tag{6.82}$$

式中，τ 为控制相似性程度的权重参数。简单起见，仅选取四个邻域像素中的两个来衡量邻域相似度。可以发现，所有像素的相似度之和可以简化为一阶梯度的 l_1 范数：

$$g(\boldsymbol{Z}) = \mathrm{e}^{-\tau\|\nabla_2 \boldsymbol{Z}\|_1} \tag{6.83}$$

式中，$\|\cdot\|_p$ 表示 l_p 范数。

为了验证上述观点，选取了一些 QuickBird 和 IKONOS 卫星采集的 MS 图像，大约包含 10^8 像素，并计算了 $\nabla_2 \boldsymbol{Z}$ 的直方图。统计结果显示在图 6.24(a) 中，可以看到直方图分布被指数分布很好地近似，两者均方根误差 $\mathrm{MSE}(\nabla_2)$ 仅为 3.6012×10^{-4}。图 6.24(b) 显示出 $\nabla_2^* \boldsymbol{Z}$ 的直方图以及相应的指数分布，其 $\mathrm{MSE}(\nabla_2^*) = 7.0299 \times 10^{-5}$，远低于 $\mathrm{MSE}(\nabla_2)$，这表明使用多阶梯度的拟合度更高。因此，将一阶梯度替换为多阶梯度，式 (6.83)可以改进如下：

$$g(\boldsymbol{Z}) = \mathrm{e}^{-\tau\|\nabla_2^* \boldsymbol{Z}\|_1} \tag{6.84}$$

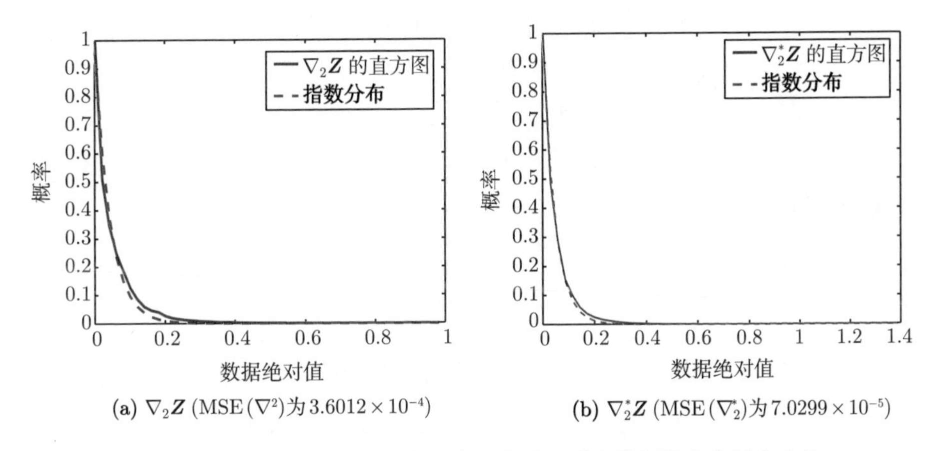

(a) $\nabla_2 \boldsymbol{Z}$ (MSE (∇^2)为 3.6012×10^{-4})　(b) $\nabla_2^* \boldsymbol{Z}$ (MSE (∇_2^*)为 7.0299×10^{-5})

图 6.24　$\nabla_2 \boldsymbol{Z}$ 和 $\nabla_2^* \boldsymbol{Z}$ 的直方图分布以及对应的指数分布拟合曲线

6.5.1.4　能量方程

基于上述讨论，将所有似然项和后验概率项代入式 (6.75)，联合概率可写为：

$$g(\boldsymbol{Z}|\boldsymbol{M}, \boldsymbol{P}) \propto \mathcal{N}\left(\sum_{i=1}^{N} \alpha_i \nabla_2^* \boldsymbol{Z}_i \mid \nabla_2^* \boldsymbol{P}, \sigma_1\right) \cdot \mathcal{N}(\nabla_2^* \boldsymbol{Z} \mid \nabla_3^* \boldsymbol{M}, \sigma_2) \cdot \mathrm{e}^{-\tau\|\nabla_2^* \boldsymbol{Z}\|_1} \tag{6.85}$$

目标是求解最优的 $\boldsymbol{Z}$ 来最大化后验概率 $g(\boldsymbol{Z}|\boldsymbol{M},\boldsymbol{P})$。对式 (6.85)等号两边同时取负对数，即 $E(\boldsymbol{Z}) = -\log_2(g(\boldsymbol{Z}|\boldsymbol{M},\boldsymbol{P}))$，将其改写为最小化能量方程：

$$E(\boldsymbol{Z}) = \frac{1}{2}\|\nabla_2^*\boldsymbol{P} - \nabla_2^*\sum_{i=1}^{N}\alpha_i\boldsymbol{Z}_i\|^2 + \frac{\beta}{2}\|\nabla_3^*\boldsymbol{M} - \nabla_3^*DH\boldsymbol{Z}\|^2 + \gamma\|\nabla_2^*\boldsymbol{Z}\|_1 \quad (6.86)$$

式中，$\beta = \sigma_1^2/\sigma_2^2$ 且 $\gamma = \tau\sigma_1^2$。

6.5.2 模型求解

下面采用解决结构化凸优化问题的强大算法 ADMM 来求解式 (6.86)。引入多个辅助变量，将 $\boldsymbol{Z}_i$ 替换为 $\boldsymbol{C}_i$, $H\boldsymbol{Z}$ 替换为 $\boldsymbol{B}_1$, $D\boldsymbol{B}_1$ 替换为 $\boldsymbol{B}_2$, $\nabla_2^*\boldsymbol{Z}$ 替换为 $\boldsymbol{B}_3$，式 (6.86)可以改写为：

$$E(\boldsymbol{Z})=\frac{1}{2}\|\nabla_2^*\boldsymbol{P} - \nabla_2^*\sum_{i=1}^{N}\alpha_i\boldsymbol{C}_i\|^2 + \frac{\beta}{2}\|\nabla_3^*\boldsymbol{M} - \nabla_3^*\boldsymbol{B}_2\|^2 + \gamma\|\boldsymbol{B}_3\|_1$$

$$\text{subject to}\begin{cases}\boldsymbol{Z}_i = \boldsymbol{C}_i, \quad i = 1,2,\cdots,N\\ H\boldsymbol{Z} = \boldsymbol{B}_1\\ D\boldsymbol{B}_1 = \boldsymbol{B}_2\\ \nabla_2^*\boldsymbol{Z} = \boldsymbol{B}_3\end{cases} \quad (6.87)$$

式 (6.87)的增广拉格朗日形式为：

$$\begin{aligned}L=&\frac{1}{2}\|\nabla_2^*\boldsymbol{P} - \nabla_2^*\sum_{i=1}^{N}\alpha_i\boldsymbol{C}_i\|^2 + \frac{\beta}{2}\|\nabla_3^*\boldsymbol{M} - \nabla_3^*\boldsymbol{B}_2\|^2 + \gamma\|\boldsymbol{B}_3\|_1 +\\ &\langle\boldsymbol{\Lambda}_1, \boldsymbol{C} - \boldsymbol{Z}\rangle + \langle\boldsymbol{\Lambda}_2, \boldsymbol{B}_1 - H\boldsymbol{Z}\rangle + \langle\boldsymbol{\Lambda}_3, \boldsymbol{B}_2 - D\boldsymbol{B}_1\rangle +\\ &\langle\boldsymbol{\Lambda}_4, \boldsymbol{B}_3 - \nabla_2^*\boldsymbol{Z}\rangle + \frac{\mu}{2}\|\boldsymbol{C} - \boldsymbol{Z}\|_2^2 + \frac{\mu}{2}\|\boldsymbol{B}_1 - H\boldsymbol{Z}\|_2^2 +\\ &\frac{\mu}{2}\|\boldsymbol{B}_2 - D\boldsymbol{B}_1\|_2^2 + \frac{\mu}{2}\|\boldsymbol{B}_3 - \nabla_2^*\boldsymbol{Z}\|_2^2\end{aligned} \quad (6.88)$$

式中，μ 为权重参数；$\boldsymbol{\Lambda}_i(i = 1,\cdots,4)$ 为拉格朗日乘子；$\boldsymbol{C} = \{\boldsymbol{C}_1,\cdots,\boldsymbol{C}_4\}$。优化目标是最小化 $\boldsymbol{Z}$, $\boldsymbol{C}_i$, $\boldsymbol{B}_1$, $\boldsymbol{B}_2$, $\boldsymbol{B}_3$，最大化 $\boldsymbol{\Lambda}_i(i = 1,\cdots,4)$。尽管许多未知数的存在使得式 (6.88)看上去比较复杂，但是经过迭代很容易求得最佳值。

6.5.2.1 梯度算子

首先给出一些有关多级梯度算子的分析和预设。由于高阶梯度算子 ∇^n $(n \geqslant 3)$ 包含很少的空间信息但大大增加了计算复杂度，根据 Shan 等人的分析，设置数值算法中的多级梯度最高取 2 阶，即：

$$\begin{cases} \nabla_2^* = \left\{\nabla_2, \dfrac{1}{\sqrt{2}}\nabla_2^2\right\} \\ \nabla_3^* = \left\{I, \dfrac{1}{\sqrt{2}}\nabla_3, \dfrac{1}{\sqrt{2}^2}\nabla_3^2\right\} \end{cases}$$

大量实验表明这种简化方法能够同时满足全色锐化融合对速度和精度的要求。那么 $\nabla_3^{*\mathrm{T}}\nabla_3^*$ 和 $\nabla_2^{*\mathrm{T}}\nabla_2^*$ 的计算如下：

$$\begin{cases} \nabla_3^{*\mathrm{T}}\nabla_3^* = I + \dfrac{1}{2}\nabla_3^{\mathrm{T}}\nabla_3 + \dfrac{1}{4}(\nabla_3^{\mathrm{T}}\nabla_3)^2 \\ \nabla_2^{*\mathrm{T}}\nabla_2^* = \nabla_2^{\mathrm{T}}\nabla_2 + \dfrac{1}{2}(\nabla_2^{\mathrm{T}}\nabla_2)^2 \end{cases}$$

梯度算子 $\nabla_2 = [\nabla_{2x}, \nabla_{2y}]$ 可以通过相邻像素的前向差分来计算，即：

$$\nabla_{2x}\boldsymbol{I}(x,y,:) = \boldsymbol{I}(x+1,y,:) - \boldsymbol{I}(x,y,:)$$
$$\nabla_{2y}\boldsymbol{I}(x,y,:) = \boldsymbol{I}(x,y+1,:) - \boldsymbol{I}(x,y,:)$$

式中，$\boldsymbol{I}$ 为单波段或者多波段图像。此外，

$$\nabla_2^{\mathrm{T}}\boldsymbol{I}(x,y,:) = \big(\nabla_{2x}\boldsymbol{I}(x,y,:) - \nabla_{2x}\boldsymbol{I}(x-1,y,:)\big) + \big(\nabla_{2y}\boldsymbol{I}(x,y,:) - \nabla_{2y}\boldsymbol{I}(x,y-1,:)\big)$$

算子 $\nabla_2^{\mathrm{T}}\nabla_2$ 与负拉普拉斯算子等价，即 $\nabla_2^{\mathrm{T}}\nabla_2 = -\Delta_2$，其中 Δ_2 是二维拉普拉斯算子。对于多波段图像 $\boldsymbol{I}$，有 $\nabla_3\boldsymbol{I} = \{\nabla_{3x}\boldsymbol{I}, \nabla_{3y}\boldsymbol{I}, \nabla_{3z}\boldsymbol{I}\}$，具体计算可以类比二维的情况。此外，$\nabla_3^{\mathrm{T}}\nabla_3$ 算子是标准的三维负拉普拉斯算子。二维与三维拉普拉斯算子形象地显示在图 6.25(a) 与图 6.25(b) 中。

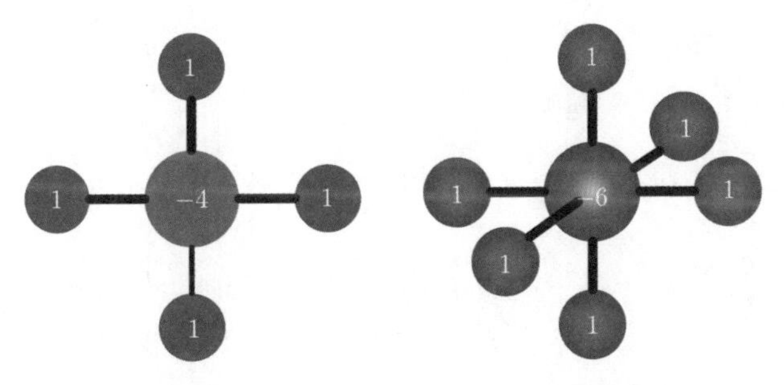

(a) 二维拉普拉斯算子　　(b) 三维拉普拉斯算子

图 6.25　拉普拉斯算子

接下来，依次给出每个变量的求解过程。

6.5.2.2 优化 $\boldsymbol{C}_i$

固定 $\boldsymbol{Z}^t$, $\boldsymbol{\Lambda}_i^t(i=1,\cdots,4)$, $\boldsymbol{C}_j^t(j\neq i)$ 来优化 $\boldsymbol{C}_i$，（上标 t 表示迭代次数）。令偏微分 $\delta L/\delta \boldsymbol{C}_i$ 等于 0 得到：

$$\alpha_i \nabla_2^{*\mathrm{T}} \left(\nabla_2^* \sum_{j=1}^{N} \alpha_j \boldsymbol{C}_j^t - \nabla_2^* \boldsymbol{P} \right) + (\boldsymbol{\Lambda}_1)_i^t + \mu(\boldsymbol{C}_i - \boldsymbol{Z}_i^t) = 0$$

上式可以简写为：

$$(\mathrm{lhs})\boldsymbol{C}_i = \mathrm{rhs}^t \tag{6.89}$$

其中

$$\begin{aligned} \mathrm{lhs} &= \alpha_i^2 \nabla_2^{*\mathrm{T}} \nabla_2^* + \mu \\ \mathrm{rhs}^t &= \alpha_i \nabla_2^{*\mathrm{T}} \nabla_2^* \left(\boldsymbol{P} - \sum_{j\neq i}^{N} \alpha_j \boldsymbol{C}_j^t \right) + \mu \boldsymbol{Z}_i^t - (\boldsymbol{\Lambda}_1)_i^t \end{aligned}$$

由于式 (6.89)中存在梯度算子，因此在频域中进行操作，通过快速傅里叶变换（FFT）可以直接获得封闭解：

$$\boldsymbol{C}_i^{t+1} = \mathcal{F}^{-1} \left\{ \frac{\mathcal{F}(\mathrm{rhs}^t)}{\mathcal{F}(\mathrm{lhs})} \right\} \tag{6.90}$$

6.5.2.3 优化 $\boldsymbol{Z}$

固定 $\boldsymbol{C}^{t+1}$，$\boldsymbol{B}_i^t(i=1,2,3)$，$\boldsymbol{\Lambda}_i^t(i=1,\cdots,4)$，通过令 $\delta L/\delta \boldsymbol{Z}=0$ 有：

$$\begin{aligned} &-\boldsymbol{\Lambda}_1^t - H^{\mathrm{T}} \Lambda_2^t - \nabla_2^{*\mathrm{T}} \Lambda_4^t - \mu(\boldsymbol{C}^{t+1} - \boldsymbol{Z}) - \mu H^{\mathrm{T}}(\boldsymbol{B}_1^t - H\boldsymbol{Z}) \\ &-\mu \nabla_2^{*\mathrm{T}}(\boldsymbol{B}_3^t - \nabla_2^* \boldsymbol{Z}) = 0 \end{aligned} \tag{6.91}$$

式中，H 为高斯低通滤波器。同样使用 FFT 来求解式 (6.91)并得到：

$$\boldsymbol{Z}^{t+1} = \mathcal{F}^{-1} \left\{ \frac{\mathcal{F}[\boldsymbol{\Lambda}_1^t + H^{\mathrm{T}}(\boldsymbol{\Lambda}_2^t + \mu \boldsymbol{B}_1^t) + \nabla_2^{*\mathrm{T}}(\boldsymbol{\Lambda}_4^t + \mu \boldsymbol{B}_3^t) + \mu \boldsymbol{C}^{t+1}]}{\mu \mathbf{1} + \overline{\mathcal{F}(H)} \circ \mathcal{F}(H) + \mathcal{F}(\nabla_2^{*\mathrm{T}} \nabla_2^*)} \right\} \tag{6.92}$$

式中，$\circ$ 代表矩阵的点乘。

6.5.2.4　优化 $\boldsymbol{B}_1$

固定 $\boldsymbol{C}^{t+1}$, $\boldsymbol{Z}^{t+1}$, $\boldsymbol{B}_i^t(i=2,3)$, $\boldsymbol{\Lambda}_i^t(i=1,\cdots,4)$，通过令 $\delta L/\delta \boldsymbol{B}_1=0$ 有：

$$(\mu\mathbf{1}+\mu D^{\mathrm{T}}D)\boldsymbol{B_1}=D^{\mathrm{T}}(\boldsymbol{\Lambda}_3^t+\mu\boldsymbol{B}_2^t)+\mu H\boldsymbol{Z}^{t+1}-\boldsymbol{\Lambda}_2^t \tag{6.93}$$

既然 $D^{\mathrm{T}}D$ 是对角矩阵，那么 $(\mu\mathbf{1}+\mu D^{\mathrm{T}}D)^{-1}$ 可以很容易地求解，$\boldsymbol{B}_1$ 的闭式解为：

$$\boldsymbol{B}_1^{t+1}=\left(\mu\mathbf{1}+\mu D^{\mathrm{T}}D\right)^{-1}\left(D^{\mathrm{T}}(\boldsymbol{\Lambda}_3^t+\mu\boldsymbol{B}_2^t)+\mu H\boldsymbol{Z}^{t+1}-\boldsymbol{\Lambda}_2^t\right) \tag{6.94}$$

6.5.2.5　优化 $\boldsymbol{B}_2$

固定 $\boldsymbol{C}^{t+1}$, $\boldsymbol{Z}^{t+1}$, $\boldsymbol{B}_1^{t+1}$, $\boldsymbol{B}_3^t$, $\boldsymbol{\Lambda}_i^t(i=1,\cdots,4)$，通过令 $\delta L/\delta \boldsymbol{B}_2=0$ 有：

$$-\beta\nabla_3^{*\mathrm{T}}\nabla_3^*(\boldsymbol{M}-\boldsymbol{B}_2)+\boldsymbol{\Lambda}_3^t+\mu(\boldsymbol{B}_2-D\boldsymbol{B}_1^{t+1})=0 \tag{6.95}$$

使用 FFT 可以很容易获得 $\boldsymbol{B}_2$ 的闭式解：

$$\boldsymbol{B}_2^{t+1}=\mathcal{F}^{-1}\left\{\frac{\mathcal{F}[\beta\nabla_3^{*\mathrm{T}}\nabla_3^*\boldsymbol{M}-\boldsymbol{\Lambda}_3\mathbf{1}+\mu D\boldsymbol{B}_1^{t+1}]}{\mu\mathbf{1}+\beta\mathcal{F}(\nabla_3^{*\mathrm{T}}\nabla_3^*)}\right\} \tag{6.96}$$

6.5.2.6　优化 $\boldsymbol{B}_3$

与上述变量不同，$\boldsymbol{B}_3$ 可以利用收缩算子直接求解。固定其他变量，有：

$$\begin{aligned}&\min_{\boldsymbol{B}_3}\gamma\|\boldsymbol{B}_3\|_1+<\boldsymbol{\Lambda}_4^t,\boldsymbol{B}_3-\nabla_2^*\boldsymbol{Z}^{t+1}>+\frac{\mu}{2}\|\boldsymbol{B}_3-\nabla_2^*\boldsymbol{Z}^{t+1}\|_2^2\\&=\min_{\boldsymbol{B}_3}\frac{\gamma}{\mu}\|\boldsymbol{B}_3\|_1+\frac{1}{2}\|\boldsymbol{B}_3-\left(\nabla_2^*\boldsymbol{Z}^{t+1}-\frac{1}{\mu}\boldsymbol{\Lambda}_4^t\right)\|_2^2\end{aligned} \tag{6.97}$$

子问题式 (6.97)可以由软阈值算法求解：

$$\boldsymbol{B}_3^{t+1}=\mathrm{shrink}\left(\nabla_2^*\boldsymbol{Z}^{t+1}-\frac{1}{\mu}\boldsymbol{\Lambda}_4^t,\frac{\gamma}{\mu}\right) \tag{6.98}$$

其中

$$\mathrm{shrink}(x,\zeta)=\frac{x}{|x|}\cdot\max(|x|-\zeta,0) \tag{6.99}$$

6.5.2.7 优化 $\boldsymbol{\Lambda}_i(i=1,\cdots,4)$

$\boldsymbol{\Lambda}_i(i=1,\cdots,4)$ 的最大值可以由梯度上升法得到：

$$\boldsymbol{\Lambda}_1^{t+1}=\boldsymbol{\Lambda}_1^t+\mu(\boldsymbol{C}^{t+1}-\boldsymbol{Z}^{t+1}) \tag{6.100}$$

$$\boldsymbol{\Lambda}_2^{t+1}=\boldsymbol{\Lambda}_2^t+\mu(\boldsymbol{B}_1^{t+1}-H\boldsymbol{Z}^{t+1}) \tag{6.101}$$

$$\boldsymbol{\Lambda}_3^{t+1}=\boldsymbol{\Lambda}_3^t+\mu(\boldsymbol{B}_2^{t+1}-D\boldsymbol{B}_1^{t+1}) \tag{6.102}$$

$$\boldsymbol{\Lambda}_4^{t+1}=\boldsymbol{\Lambda}_4^t+\mu(\boldsymbol{B}_3^{t+1}-\nabla_2^*\boldsymbol{Z}^{t+1}) \tag{6.103}$$

完整的求解式 (6.86)最优解的过程列在算法 6.5中。

算法 6.5 求解式 (6.86)最优解的过程

输入： PAN 图像 $\boldsymbol{P}$, LRMS 图像 $\boldsymbol{M}$

输出： HRMS 图像 $\boldsymbol{Z}$

初始化： $\boldsymbol{Z}^0=\boldsymbol{C}^0=\boldsymbol{B}_1^0=\boldsymbol{0}$, $\boldsymbol{B}_2^0=\boldsymbol{0}$, $\boldsymbol{B}_3^0=\boldsymbol{0}$, $\boldsymbol{\Lambda}_1^0=\boldsymbol{\Lambda}_2^0=\boldsymbol{1}$, $\boldsymbol{\Lambda}_3^0=\boldsymbol{1}$, $\boldsymbol{\Lambda}_4^0=\boldsymbol{1}$

重复：

$$\boldsymbol{C}_i^{t+1}=\mathcal{F}^{-1}\left\{\frac{\mathcal{F}[\alpha_i\nabla_2^{*\mathrm{T}}\nabla_2^*(\boldsymbol{P}-\sum\limits_{j\neq i}^{N}\alpha_j\boldsymbol{C}_j^t)+\mu\boldsymbol{Z}_i^t-(\boldsymbol{\Lambda}_1)_i^t]}{\alpha_i^2\mathcal{F}[\nabla_2^{*\mathrm{T}}\nabla_2^*]+\mu\boldsymbol{1}}\right\},$$

$$\boldsymbol{Z}^{t+1}=\mathcal{F}^{-1}\left\{\frac{\mathcal{F}[\boldsymbol{\Lambda}_1^t+H^{\mathrm{T}}(\boldsymbol{\Lambda}_2^t+\mu\boldsymbol{B}_1^t)+\nabla_2^{*\mathrm{T}}(\boldsymbol{\Lambda}_4^t+\mu\boldsymbol{B}_3^t)+\mu\boldsymbol{C}^{t+1}]}{\mu\boldsymbol{1}+\overline{\mathcal{F}(H)}\circ\mathcal{F}(H)+\mathcal{F}(\nabla_2^{*\mathrm{T}}\nabla_2^*)}\right\}$$

$$\boldsymbol{B}_1^{t+1}=\left(\mu\boldsymbol{1}+\mu D^{\mathrm{T}}D\right)^{-1}\left(D^{\mathrm{T}}(\boldsymbol{\Lambda}_3^t+\mu\boldsymbol{B}_2^t)+\mu H\boldsymbol{Z}^{t+1}-\boldsymbol{\Lambda}_2^t\right)$$

$$\boldsymbol{B}_2^{t+1}=\mathcal{F}^{-1}\left\{\frac{\mathcal{F}[\beta\nabla_3^{*\mathrm{T}}\nabla_3^*\boldsymbol{M}-\lambda_3\boldsymbol{1}+\mu D\boldsymbol{B}_1^{t+1}]}{\mu\boldsymbol{1}+\beta\mathcal{F}(\nabla_3^{*\mathrm{T}}\nabla_3^*)}\right\}$$

$$\boldsymbol{B}_3^{t+1}=\mathrm{shrink}\left(\nabla_2^*\boldsymbol{Z}^{t+1}-\frac{1}{\mu}\boldsymbol{\Lambda}_4^t,\frac{\gamma}{\mu}\right)$$

$$\boldsymbol{\Lambda}_1^{t+1}=\boldsymbol{\Lambda}_1^t+\mu(\boldsymbol{C}^{t+1}-\boldsymbol{Z}^{t+1})$$

$$\boldsymbol{\Lambda}_2^{t+1}=\boldsymbol{\Lambda}_2^t+\mu(\boldsymbol{B}_1^{t+1}-H\boldsymbol{Z}^{t+1})$$

$$\boldsymbol{\Lambda}_3^{t+1}=\boldsymbol{\Lambda}_3^t+\mu(\boldsymbol{B}_2^{t+1}-D\boldsymbol{B}_1^{t+1})$$

$$\boldsymbol{\Lambda}_4^{t+1}=\boldsymbol{\Lambda}_4^t+\mu(\boldsymbol{B}_3^{t+1}-\nabla_2^*\boldsymbol{Z}^{t+1})$$

迭代步数更新：$t=t+1$

直到： $\dfrac{\|\boldsymbol{Z}^{t+1}-\boldsymbol{Z}^t\|}{\|\boldsymbol{Z}^t\|}<\varsigma$

6.5.3 实验对比与分析

下面通过一些实验来验证提出的 VBP 模型的有效性。首先介绍实验的具体实现细节对比方法以及衡量指标；然后在模拟数据集和真实数据集上与以前的工作进行对比；最后将 VBP 模型扩展到高光谱图像的全色锐化融合。

6.5.3.1 实现细节

同前文一样，分别在 QuickBird 和 IKONOS 卫星数据集上进行实验验证：这两个传感器均在可见光和近红外光谱范围内工作，且 MS 图像都具有四个波段，缩放比例（PAN 图像与 LRMS 图像之间的分辨率比值）$r=4$，所有结果都使用 RGB 表示法显示。

实验选取了八种优秀的全色锐化融合方法与 VBP 模型进行比较，包括 A-IHS、P+XS、VWP、MTF-GLP-HPM、Indusion、SIRF、PNN 和 PanNet。其中 P+XS 和 SIRF 都属于变分法融合类别，PNN 和 PanNet 是最新的基于深度学习的方法。实验中分别调整每种方法的参数并选择最佳参数设置。如果没有特意提及，则均使用合适的滤波器用于生成 LRMS 图像的插值上采样结果以避免出现对齐误差。为了保证比较的公平性，分别从 QuickBird 和 IKONOS 卫星的数据集中使用 10000 幅 PAN/LRMS/HRMS 图像（大小分别为 64 像素 $\times$ 64 像素/16 像素 $\times$ 16 像素）对 PNN 和 PanNet 在 PyTorch 框架下进行训练。VBP 模型的参数选择如下：$\mu\in[5,15]$，$\beta\in[0.5\ 2]$。γ 的值取决于噪声水平，实验中设置为 0.005，α_i 的值取决于卫星传感器的 MTF。此外，算法停止条件中的参数 ς 设置为 10^{-4}。所有非深度学习算法都是在搭载了 3.4GHz 英特尔酷睿 i7-4770 CPU 的台式计算机上使用 MATLAB 2015a 实现的，对于像素为 256 像素 $\times$256 像素且缩放比例 $r=4$ 的 PAN 图像，VBP 模型的运行时间约为 14s。

6.5.3.2 模拟数据集验证

首先基于 Wald 协议在模拟数据集上对提出的 VBP 模型进行验证，即将原始 MS 图像视为 GT，而输入 LRMS 和 PAN 图像则是原始图像的下采样版本。详细地说，下采样操作是对原始 MS 和 PAN 图像使用 LPF 与采样率等于分辨率比值 r 的抽取滤波器来实现的。VBP 模型和八种对比方法都将使用模拟 PAN 和 LRMS 图像来生成最终的 HRMS 图像，并进行视觉和指标比较。显然，更好的融合结果应该更接近参考图像。

图 6.26～图 6.28中展示了所有方法的融合结果以及对应的参考图像 GT。从这些结果图像中可以看到，每种方法得到的 HRMS 图像都比 LRMS 图像具有更好的视觉效果。P+XS、VWP 和 Indusion 三种方法的融合结果相对较差，整体图像细节有轻微模糊并且图像亮度有一定程度的偏移。尽管 Indusion 和 SIRF 可以很好地保留光谱信息，但是它们的融合结果中存在很多伪影，尤其是在比较突出的边缘附近。A-IHS 和 MTF-GLP-HPM 的融合结果虽然有锐利的边缘，但出现了轻微的颜色失真。两种深度学习方法 PNN 与 PanNet 和提出的 VBP 模型没有产生边缘模糊和颜色失真，明显比其他方法视觉效果好。

为了更好地比较，每幅融合结果图像下方都显示了相应的误差图像，即融合结果 HRMS 图像减去相应的参考图像 GT 并对结果进行缩放后显示。从这些误差图像中可以清楚地观察到每种方法具体的瑕疵。例如，P+XS 和 Indusion 的误差图像不仅包含了图像的结构信息，还有明显的亮度差异，这说明这两种方法有严重的空间失真和光谱失真。A-IHS 光谱失真也比较严重，而 MTF-GLP-HPM 相对失真较少。VWP 和 SIRF 的误差图像显示出清晰的图像边缘，这说明融合图像边缘部分比较模糊。PNN 和 PanNet 的误差普遍很小，并散布在整个图像中。VBP 模型的误差也很小，并且分布较稀疏，这意味着融合结果更接近于参考图像。

当存在参考图像 GT 时，有许多度量指标可以用来评估全色锐化结果的好坏。由于每个指标都有其自身的优点和局限性，因此选择九种通用指标对所有方法进行综合评估，包括四个全局指标：ERGAS、QAVE、RMSE 和 PSNR；三个衡量光谱失真的指标：SAM、Q^4 和 RASE；两个衡量空间失真的指标：SCC 和 CC。在实验中用于计算 Q^4 的图像块大小设置为 32 像素。

对图 6.26、图 6.27和图 6.28进行指标计算，比较结果分别显示在表 6.13、表 6.14和表 6.15中。每个指标的理想值显示在最后一行，最佳值加粗表示。使用这些数据可以更好地分析所有对比方法。在大多数指标上，P+XS 和 Indusion 的表现均较其他方法差。除此之外，在评估光谱失真的指标（如 SAM 和 RASE）方面，A-IHS 的表现相对较差；而在评估空间失真的指标方面，VWP 表现较差。SIRF 和 PNN 的性能中等。MTF-GLP-HPM（表格中简写为 HPM）、PanNet 和 VBP 模型通常排名前三。从整体上看，VBP 模型在大多数指标方面都优于其他方法，这足以证明该方法的有效性。

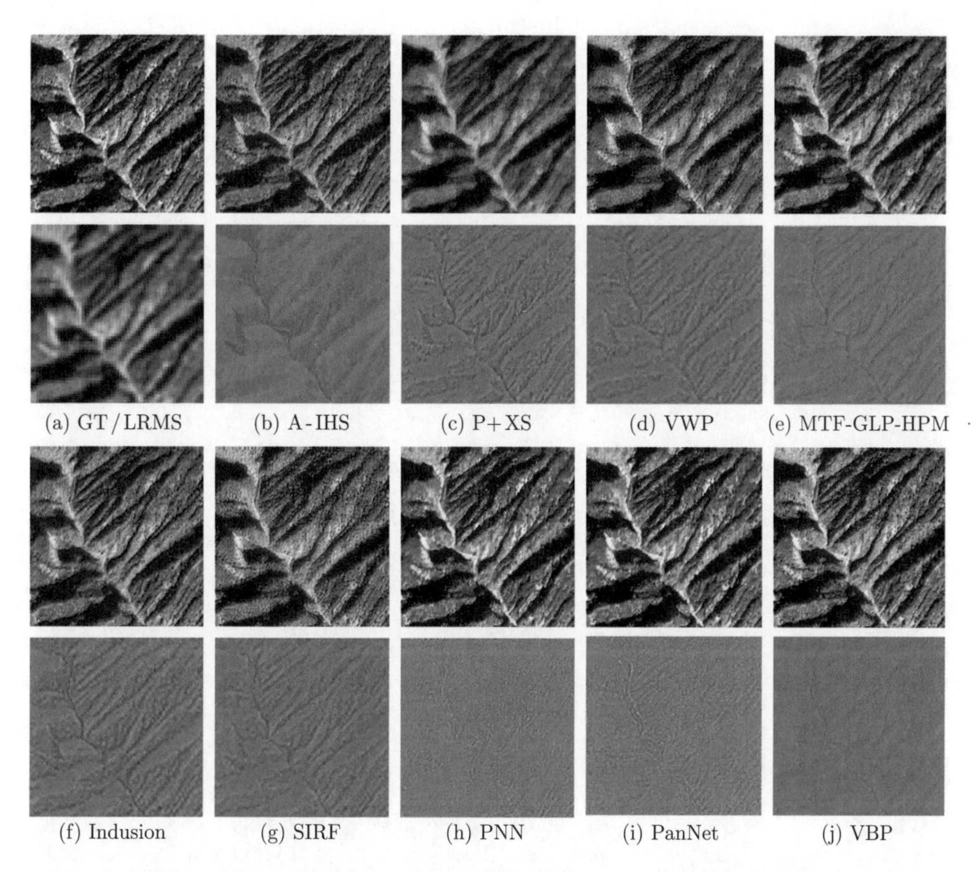

(a) GT / LRMS　(b) A-IHS　(c) P+XS　(d) VWP　(e) MTF-GLP-HPM

(f) Indusion　(g) SIRF　(h) PNN　(i) PanNet　(j) VBP

图 6.26　模拟数据集上的融合结果及其对应的误差图像一（输入的 **LRMS** 和 **PAN** 图像来自 **IKONOS** 卫星，大小分别为 **64** 像素 ×64 像素和 **256** 像素 ×256 像素）

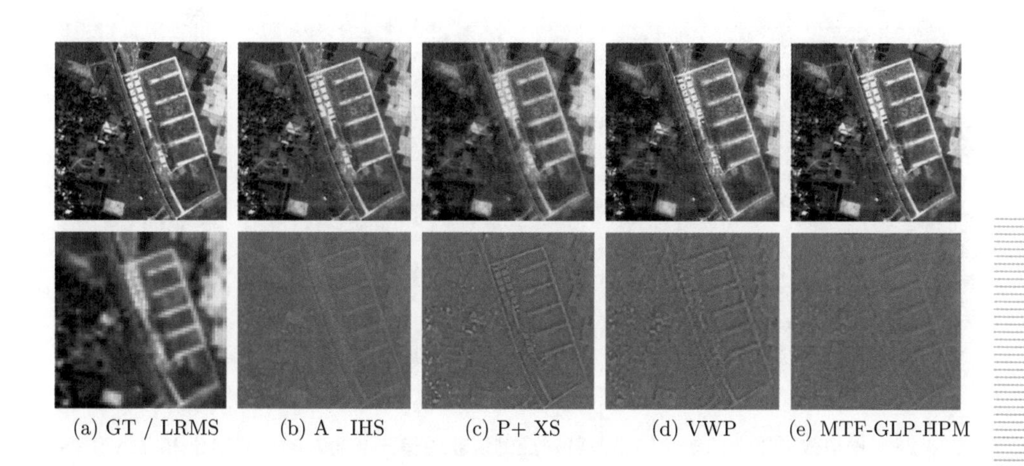

(a) GT / LRMS　(b) A - IHS　(c) P+ XS　(d) VWP　(e) MTF-GLP-HPM

图 6.27　模拟数据集上的融合结果及其对应的误差图像二（输入的 **LRMS** 和 **PAN** 图像来自 **QuickBird** 卫星，大小分别为 **64** 像素 ×64 像素和 **256** 像素 ×256 像素）

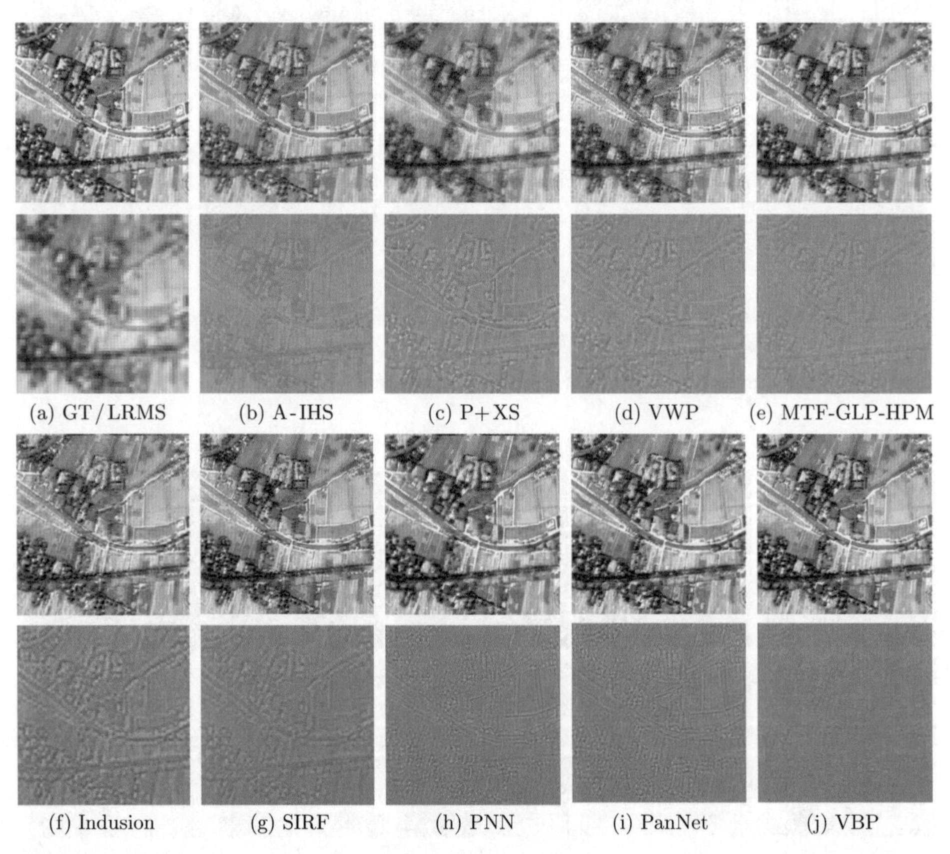

图 6.28　模拟数据集上的融合结果及其对应的误差图像三（输入的 **LRMS** 和 **PAN** 图像来自 **QuickBird** 卫星，大小分别为 **64** 像素 ×64 像素和 **256** 像素 ×256 像素）

为了验证以上分析，选择大尺寸图像进一步进行实验。原始 MS 图像的像素数量从 6.4×10^6 到 1.6×10^7 不等。这些包含植被（如森林、农作物）、水体（如湖泊、河流）和城市（如房屋、道路）等丰富地物类型的图像被分割为大量较小的图像块。表 6.16给出所有方法在这些测试图像上的平均指标度量结果。VBP 模型始终优于其他方法，这再次证明了该方法的有效性。

表 6.13　图 6.26的指标比较结果

指标	SAM	ERGAS	SCC	Q^4	RMSE	RASE	QAVE	CC	PSNR
理想值	0	0	1	1	0	0	1	1	$+\infty$
A-IHS	8.2224	3.7262	0.9334	0.5775	0.0616	15.7976	0.9123	0.9914	24.2137
P+XS	7.5108	4.4625	0.8987	0.4484	0.0732	18.7959	0.8270	0.9357	22.7042
VWP	7.6982	3.5859	0.9265	0.5197	0.0591	15.1700	0.8984	0.9783	24.5658
HPM	6.9933	3.0657	**0.9485**	0.5990	**0.0493**	12.6444	0.9269	0.9796	26.1476
Indusion	7.0413	4.2355	0.9013	0.5015	0.0684	17.5499	0.8732	0.9865	23.3001
SIRF	8.8793	3.6377	0.9125	0.5736	0.0569	14.5965	0.9113	0.9839	24.9003
PNN	6.4530	4.1631	0.9209	0.7970	0.0677	16.9286	0.9468	0.8932	23.3846
PanNet	**6.4514**	3.6198	0.9316	**0.8247**	0.0592	14.7954	**0.9631**	0.9099	24.5544
VBP	8.9496	**3.0200**	0.9346	0.6345	**0.0493**	**12.6416**	0.9388	**0.9964**	**26.1495**

表 6.14　图 6.27的指标比较结果

指标	SAM	ERGAS	SCC	Q^4	RMSE	RASE	QAVE	CC	PSNR
理想值	0	0	1	1	0	0	1	1	$+\infty$
A-IHS	6.2663	3.4633	0.8897	**0.8052**	0.0633	14.5445	0.9113	0.9762	23.9707
P+XS	6.5066	4.3208	0.8349	0.6607	0.0768	17.6442	0.8541	0.8708	22.2927
VWP	6.1165	3.7546	0.8616	0.7158	0.0680	15.6230	0.8883	0.9345	23.3494
HPM	6.2525	3.7784	0.8525	0.7859	0.0678	15.5779	0.9212	0.8685	23.3775
Indusion	6.3805	4.2945	0.8228	0.7110	0.0760	17.4659	0.8689	0.9711	22.3809
SIRF	6.0379	3.5801	0.8595	0.7564	0.0647	14.8683	0.9027	0.9629	23.7795
PNN	5.3540	3.4983	0.8717	0.7301	0.0584	13.4277	0.9190	0.7284	24.6646
PanNet	**4.8781**	3.2430	0.8778	0.7560	**0.0548**	**12.5844**	0.9244	0.7321	**25.2280**
VBP	5.9717	**3.0520**	**0.8928**	0.8003	0.0562	12.9101	**0.9332**	**0.9788**	25.0061

前文提到的所有实验均在 PAN 图像和相应的 LRMS 图像分辨率比值 $r=4$ 的情况下进行验证的。为了探究缩放比例发生变化时这些方法的融合结果会产生什么影响，下面再做一个比较实验来分析不同算法对缩放比例的敏感性。由于训练耗时长，这里不涉及深度学习方法 PNN 和 PanNet。在不同的缩放比例下，计算每种方法的峰值信噪比 PSNR，结果如图 6.29所示。可以清楚地看到，尽管所有方法的 PSNR 都随着缩放比例的增加而降低，但是 VBP 模型的表现始终优于其他方法。

表 6.15 图 6.28的指标比较结果

指标	SAM	ERGAS	SCC	Q^4	RMSE	RASE	QAVE	CC	PSNR
理想值	0	0	1	1	0	0	1	1	$+\infty$
A-IHS	7.4707	4.6755	0.8714	0.7639	0.0928	18.4376	0.8709	0.9824	20.6370
P+XS	8.1870	5.4322	0.8041	0.6559	0.1082	21.4932	0.7942	0.8657	19.3050
VWP	7.4911	4.7694	0.8279	0.7216	0.0948	18.8146	0.8611	0.9351	20.4611
HPM	7.4186	4.2115	0.8686	0.7702	0.0834	16.5522	0.9042	0.9703	21.5739
Indusion	7.3866	5.1863	0.8090	0.6632	0.1035	20.5547	0.8456	0.9767	19.6928
SIRF	7.1396	4.4283	0.8455	0.7355	0.0879	17.4415	0.8893	0.9669	21.1194
PNN	5.8884	4.1492	0.8537	0.7006	0.0835	16.5750	0.8951	0.7003	21.5620
PanNet	**5.2564**	3.9321	0.8576	0.7349	0.0791	15.7003	0.9031	0.6905	22.0329
VBP	6.8081	**3.8258**	**0.8799**	**0.7851**	**0.0757**	**15.0223**	**0.9217**	**0.9846**	**22.4163**

表 6.16 所有方法在这些测试图像上的平均指标度量结果

指标	SAM	ERGAS	SCC	Q^4	RMSE	RASE	QAVE	CC	PSNR
理想值	0	0	1	1	0	0	1	1	$+\infty$
A-IHS	6.3409	3.0509	0.8760	0.7045	0.0560	11.5676	0.8242	0.9867	24.4729
P+XS	6.4487	3.6317	0.8285	0.6032	0.0719	13.8677	0.8136	0.9061	22.8946
VWP	6.1814	3.1565	0.8460	0.6524	0.0626	12.0019	0.8254	0.9440	24.1200
HPM	6.9170	4.9649	0.8719	0.5902	0.1100	13.2456	0.8277	0.9593	24.3734
Indusion	**6.1784**	3.4189	0.8260	0.6405	0.0686	13.1847	0.8366	0.9830	23.3185
SIRF	6.4222	3.0255	0.8549	0.6855	0.0591	11.3423	0.8309	0.9761	24.6107
PNN	6.5355	3.3908	0.8598	0.6775	0.0597	12.5053	0.8752	0.8847	24.5360
PanNet	6.5104	3.2192	0.8722	0.6922	0.0557	11.6622	**0.8883**	0.8886	25.1271
VBP	6.2559	**2.6372**	**0.8807**	**0.7321**	**0.0518**	**9.9063**	0.8371	**0.9883**	**25.8033**

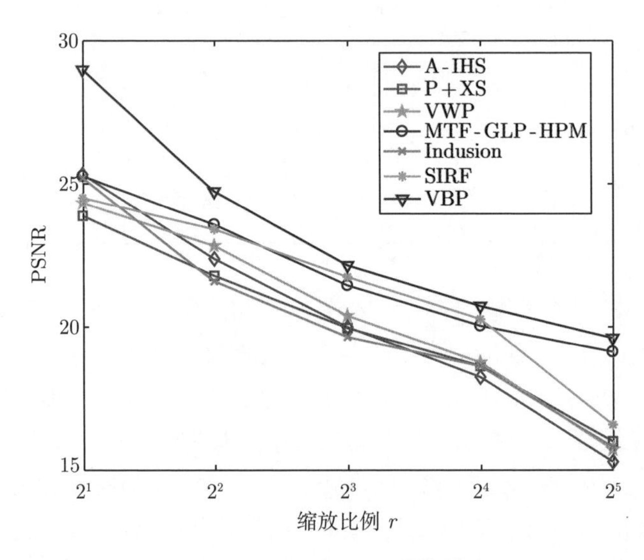

图 6.29 PSNR-r 折线图

6.5.3.3 真实数据集验证

在模拟数据集上的定性和定量分析表明提出的 VBP 模型性能优于其他参考方法。下面用真实数据集来评估所有的全色锐化融合算法性能。仍然用 QuickBird 和 IKONOS 卫星图像为例来说明，PAN 和 LRMS 图像处于其捕获分辨率，不做任何多余操作。

所有方法的融合结果如图 6.30所示，真实数据集上的结果与模拟数据集上的结果基本保持一致。VWP 和 P+XS 的融合结果比较差，缺少图像细节。Indusion 和 A-IHS 的融合图像植被区域的颜色产生了部分失真。尽管 SIRF 和 MTF-GLP-HPM 很好地保留了细节，但它们在边缘附近产生了明显的伪影。PNN 的融合图像具有轻微的模糊。相比之下，PanNet 和 VBP 模型表现最好，没有明显的伪影或颜色失真。

图 6.31放大显示了 Indusion、SIRF、PNN、PanNe 和 VBP 模型的融合图像（定量评估排名前五的方法）中的部分区域。可以清楚地看到，在所有融合图像中，道路边缘附近都有明显的伪影，VBP 模型产生的伪影相对较小。

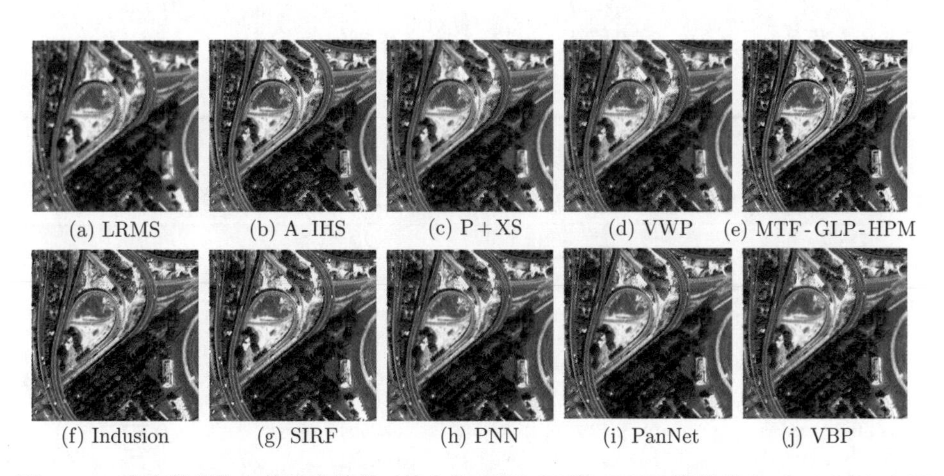
(a) LRMS (b) A-IHS (c) P+XS (d) VWP (e) MTF-GLP-HPM
(f) Indusion (g) SIRF (h) PNN (i) PanNet (j) VBP

图 6.30 真实数据集上的融合结果（输入的 LRMS 和 PAN 图像来自 QuickBird 卫星，大小分别为 128 像素 ×128 像素和 512 像素 ×512 像素）

为了定量评估 VBP 模型在真实数据集上的表现，引入无须参考图像的综合评估指标 QNR 以及分别评估光谱和空间失真的指标 D_λ 和 D_s。随机选取了 22 幅 IKONOS 卫星图像和 16 幅 QuickBird 卫星图像，所有 PAN 图像的尺寸均为 512 像素 ×512 像素，并计算了各种方法的平均指标，显示在表 6.17和表 6.18中。VBP 模型无论是 QNR 还是 D_λ 都优于其他方法，D_s 指标仅在 QuickBird 数据集上次于 SIRF。

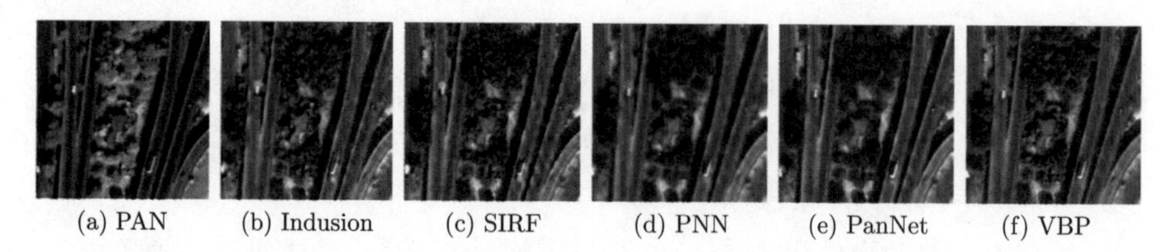

(a) PAN (b) Indusion (c) SIRF (d) PNN (e) PanNet (f) VBP

图 6.31 图 6.30中部分图像的特定区域放大显示

表 6.17 在 22 幅 IKONOS 卫星图像上的平均指标

指标	D_λ	D_s	QNR
理想值	0	0	1
A-IHS	0.1310	0.1754	0.7208
P+XS	0.1208	0.1253	0.7723
VWP	0.1039	0.1031	0.8058
HPM	0.1001	0.1141	0.7982
Indusion	0.0952	0.0567	0.8543
SIRF	0.0827	0.0828	0.8455
PNN	0.0526	0.0981	0.8557
PanNet	0.0438	0.0765	0.8836
VBP	**0.0414**	**0.0493**	**0.9127**

表 6.18 在 16 幅 QuickBird 卫星图像上的平均指标

指标	D_λ	D_s	QNR
理想值	0	0	1
A-IHS	0.1254	0.1045	0.7831
P+XS	0.1256	0.0902	0.8044
VWP	0.1165	0.0679	0.8428
HPM	0.0962	0.0857	0.8153
Indusion	0.1084	0.0504	0.8752
SIRF	0.0785	**0.0441**	0.8926
PNN	0.0470	0.0503	0.9051
PanNet	0.0479	0.0556	0.8993
VBP	**0.0349**	0.0498	**0.9171**

6.5.3.4 高光谱全色锐化

高光谱（HS）全色锐化是遥感图像融合领域的另一个常见的研究问题。与多光谱全色锐化类似，高光谱全色锐化是将低空间分辨率的高光谱图像与高空间分辨率的全色图像进行融合得到高空间分辨率的高光谱图像。VBP 模型可以直接扩展到高光谱全色锐化，只需将其中的 MS 图像替换成 HS 图像即可。HS 波段数量和 HS 与 PAN 图像分辨率比值取决于输入数据。根据 Wald 协议，使用 Moffett 数据集进行模拟实验。Moffett 数据集中的 PAN 图像尺寸为 185 像素 ×395 像素，空间分辨率为 20m，而 HS 图像的尺寸为 37 像素 ×75 像素，空间分辨率为 100m，这意味着缩放比例为 5。HS 图像包含 224 个波段，覆盖光谱范围为 0.4 ∼ 2.5nm。

将 VBP 模型与常见的高光谱全色锐化方法 CNMF 以及两种可以扩展到高光谱全色锐化的多光谱全色锐化方法 GS 和 FPCA 进行了比较。选择四个指标来定量评估这些方法，结果显示在表 6.19中。毫无疑问，CNMF 在所有指标方面均表现最佳。而 VBP 模型性能已接近最佳水平，略优于另外两种多光谱全色锐化方法 GS 和 FPCA。

表 6.19　Moffett 数据集上高光谱全色锐化实验的指标比较结果

指标	CC	SAM	RMSE	ERGAS
理想值	1	0	0	0
GS	0.9172	12.9589	420.5469	7.2204
FPCA	0.9161	11.3363	404.0979	7.0619
CNMF	**0.9558**	**9.0831**	**311.2472**	**5.3755**
VBP	0.9174	9.3825	395.6495	6.9321

6.6 本章小结

本章主要介绍了基于能量模型的图像融合方法。首先对变分法的基础知识进行介绍，包括泛函的定义与性质、BV 空间的定义与性质以及 Bregman 迭代和分裂 Bregman 迭代算法；然后讲解了三种基于变分法的全色锐化融合模型的构建以及求解。

（1）VP 模型：VP 模型基于 MS 图像和 PAN 图像的特性建立三个假设，在假设的基础上构建变分融合模型，并在优化框架下讨论模型能量泛函极小值的存在性问题，在分裂 Bregman 迭代框架下实现 VP 模型的快速算法。

（2）FP 与 VFP 模型：FP 模型引入 Framelet 变换分离输入图像的细节信息与光谱信息并使用 PAN 图像的细节系数替代 MS 图像的细节系数从而实现融合。为了克服 FP 模型融合结果的唯一性缺陷，将 FP 模型与三个合理假设相结合构建了变分模型 VFP 模型，并使用分裂 Bregman 迭代算法对该模型进行了求解。

（3）VBP 模型：VBP 是基于贝叶斯理论的全色锐化融合方法。该方法将三个合理的假设在贝叶斯框架内表述为三个概率项，第一项可以保持 HRMS 图像的锐利边缘，第二项可以防止光谱信息退化，第三项保证了相邻像素的相似性。在每一项概率表达式中都引入多级梯度算子来捕获更精细和更完整的细节信息。最后将最大化后验概率改写为最小化能量方程问题，并使用 ADMM 求解该模型的最优解。

本章用大量实验验证说明了所提出的三种模型的有效性。

第 7 章

基于深度学习的图像融合

7.1 引言

作为神经网络最具有代表性的算法之一，深度学习拥有强大的数据拟合能力。相较于传统方法需要人工设计算法从而提取特征，深度学习在拥有足够多的数据时可以自动将数据群的特征提取出来。也就是说，向神经网络输入大量数据，就可以得到神经网络根据应用需要自行提取的特征。传统人工设计的特征提取算法很难提取深层次抽象的特征，而深度学习可以很好地解决这个问题。

从宏观上看，深度学习是一种模拟人脑神经元来制定决策的一种算法，并可以拓展为深度神经网络结构。深度神经网络是由一个个神经元组成的。这些神经元接收输入信号，并计算输出相应的值。这些值又作为下一层神经元的输入。大量神经元层层堆叠从而模拟人脑进行复杂的决策。

因为使用场景不同，所以深度学习又衍生出多种神经网络结构。例如，非常适合处理时序数据的循环神经网络；在图像领域大放异彩的卷积神经网络；在非监督模型中经常使用的自动编码器；由编码器和解码器组成的对抗生成网络；适用于非结构化数据的图神经网络；具有生成能力的随机神经网络；等等。

2012 年，AlexNet 在 ImageNet 挑战赛中将分类误差由 26% 降至 15%，自此以后深度神经网络得到了广大计算机视觉研究者的关注与认可。卷积神经网络将传统神经元替换为卷积核，充分利用了数据的局部性，并且极大地降低了计算代价。因此，卷积神经网络非常适用于图像领域。本章将从卷积神经网络（CNN）的基础知识出发，结合图像融合的案例来介绍基于深度学习的图像融合技术。

7.2 深度学习基础理论

计算机将输入的图像视为 $W \times H \times 3$ 的像素值（W、H 分别为图像的长和宽，3 代表 RGB 三通道）。深度学习的目标是让计算机能够区分图像之间的差异以及挖掘图像的特征，如人类看到一幅狗的图像，可以提取出狗的眼睛或爪子等特征，从而进行物种识别的进一步判断，CNN 也是如此，通过一系列卷积操作从图像中构建更为抽象的特征。

通常来说，CNN 包含五个层次，分别为数据输入层、卷积计算层、激励层、池化层和全连接层。CNN 示意图如图 7.1所示。下面逐一介绍这五个层次。

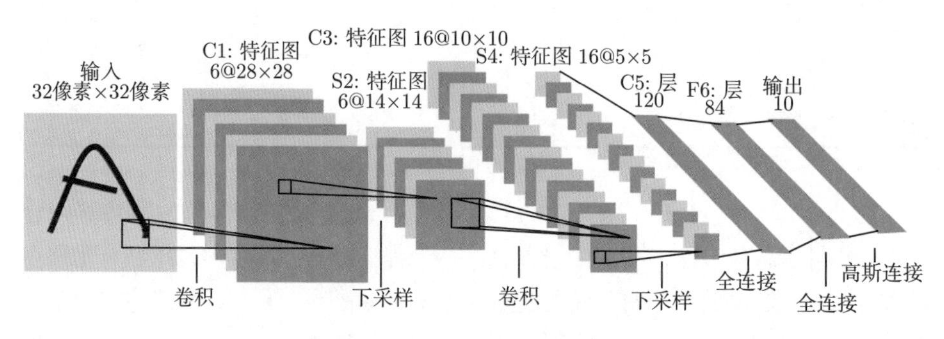

图 7.1 CNN 示意图

7.2.1 数据输入层

数据输入层的主要工作是对输入到网络的图像进行预处理。

（1）去均值：输入数据可能会出现某个维度的偏差，去均值是将输入数据的各个维度的平均值都调整至 0，也就是把样本的中心拉回到坐标系的原点。

（2）归一化：不同维度的数据范围差别会很大，如 A 通道的数据范围是 $0 \sim 10$，而 B 通道的数据范围是 $0 \sim 10000$。如果直接将这两个通道的特征输入网络则会影响网络的性能，因此需要将数据进行归一化处理，将这两个通道的数据都归一化到 0 和 1 之间，如图 7.2 所示。

7.2.2 卷积计算层

卷积计算层（卷积层）是 CNN 的核心所在，也是根据传统卷积改进而来的。卷积层的参数是由一些可调整权重的卷积核组成的，每个卷积核都比较小，通常为 3×3、5×5 或 7×7（随着算力的提升，也有一些团队在研究大卷积核对网络的影响)。虽然每个卷积核的大小可以任意设置，但每一层卷积核的数量必须和输入数据的维度一致。一个个卷积核是 CNN 中的神经元，其中每个神经元只关注一个特征。神经元就像是图像处理中的滤波器，直观地讲，当卷积层每个滤波器观察到某些视觉特征时就会被激活，这些视觉特征可以是纹理边界等直观特征，也可以是更加抽象不可解释的特征。相较于全连接神经网络，CNN 中的卷积核具有权重共享的特性，可以极大程度地降低参数数量，从而减少计算开销，防止参数过多导致的过拟合现象。

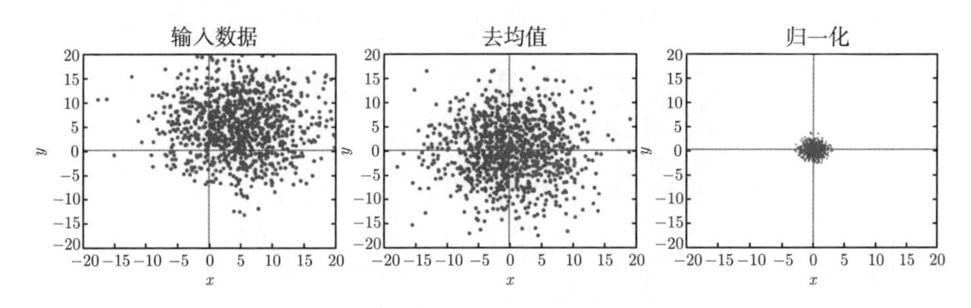

图 7.2 归一化处理示意图

相较于其他任务，图像处理任务具有很强的局部性。一个像素点对应的特征通常与该像素点周围的像素密切相关，而距该点较远的像素对该点的特征影响是很小的。CNN 充分利用了图像的这一特性，卷积层内每个像素是由前一层中相应位置的区域像素计算而来的。区域的大小取决于卷积核的大小，该区域不同像素的权重即为卷积核的参数，该区域又被称为感受野，其示意图如图 7.3 所示。

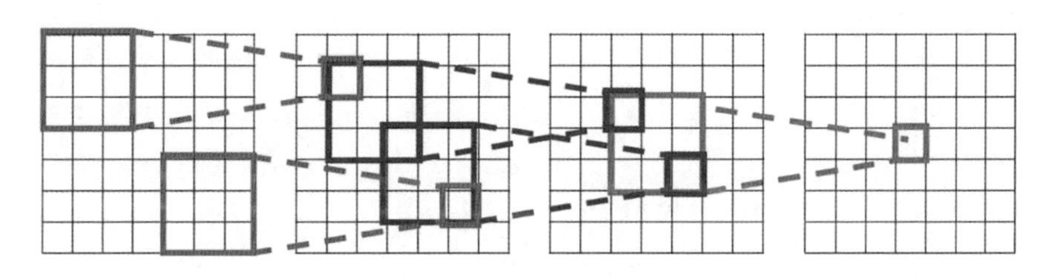

图 7.3 感受野示意图

接下来分析输入数据和输出数据尺寸之间的关系。四个超参数控制着输出数据体的尺寸：卷积核尺寸、输出数据体的深度、步长和填充。

卷积核尺寸通常为 3×3、5×5 或 7×7 的算子，卷积核越大，对算力的要求越高，可以提取的特征也越复杂。但是过大的卷积核会导致网络参数的数量增多，网络训练难度增大，从而导致过拟合的现象。当卷积核尺寸和输入图像尺寸相同时，CNN 退化为全连接神经网络。

输出数据体的深度与卷积核的数量一致。通常将每个维度的特征称为特征图，每个维度对应输入数据中的一个特征。

步长与传统卷积类似，定义了卷积核面对输入数据时每次位移的距离。步长为 1 时，卷积核会依次处理输入数据的每个元素。步长为 n 时，会在结束卷积操作后跳过 $n-1$ 个像素，这个操作会让输出数据体在空间尺寸变小。

图 7.4所示为 2×2 的卷积核以步长为 2 对图像进行处理的示意图。

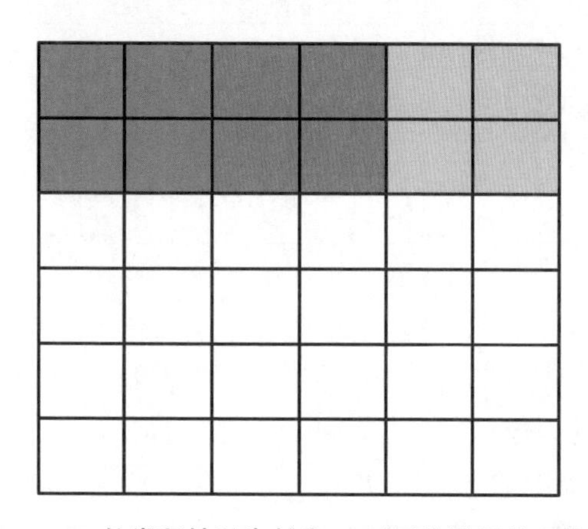

图 7.4　2×2 的卷积核以步长为 2 对图像进行处理的示意图

根据卷积操作的处理过程可知，随着卷积层的深度不断加深，特征图的尺寸会逐步减小。例如，10 像素 ×10 像素的输入图像在经过步长为 1、无填充的 5×5 的卷积核后，会输出 6 像素 ×6 像素的特征图。为了消除这种特性，得到输出和输入大小一致的特征图，填充应运而生。填充是人为增大输入数据的尺寸以抵消卷积操作导致尺寸收缩的方法。常见的填充方法为 0 填充和重复边界值填充。

输出数据体在空间上的尺寸（$W_{\text{out}} \times H_{\text{out}} \times D_{\text{out}}$）可以通过输入数据体尺寸（$W_{\text{in}} \times H_{\text{in}} \times D_{\text{in}}$）、卷积核大小（$F \times F$）、步长（$S$）、滤波器数量（$K$）和零填充的数量（$P$）计算得到：

$$W_{\text{out}} = \frac{(W_{\text{in}} - F + 2P)}{S} + 1$$

$$H_{\text{out}} = \frac{(H_{\text{in}} - F + 2P)}{S} + 1$$

$$D_{\text{out}} = K$$

一般当步长 $S = 1$ 时，零填充的值常为 $P = (F - 1)/2$，这样就能保证输入和输出数据体有相同的空间尺寸。

在线性卷积的基础上，还有一些更复杂的卷积，包括反卷积、扩张卷积和平铺卷积。很多任务往往希望进行和正常卷积相反的转换。例如，语义分割，首先使用编码器提取特征，然后使用解码器恢复原始图像的大小，从而分割原始图像的每个像素。反卷积是让网络自己学习合适的转换，实现图像下采样。扩张卷积是将标准的卷积核进行扩张，以此来增加模型的感受野。扩张卷积又被称为空洞卷积或者膨胀卷积，相比原来的正常卷积操作，扩张卷积多了一个参数：扩张率，指的是卷积核的点的间隔数量，常规的卷积操作扩张率为 1。平铺卷积的卷积核只扫过特征图的一部分，剩余部分由同层的其他卷积核处理，因此卷积层间的参数仅部分共享，有利于神经网络捕捉输入图像的旋转不变特征。

7.2.3 激励层

激励层的作用是将卷积层输出的特征做非线性映射。没有激励层，再多层的卷积操作仍然是一个线性操作，无法拟合非线性函数。非线性函数给网络赋予了非线性因素，在数据量足够的前提下，网络可以去逼近任意一个非线性函数，极大地增强了网络的拟合能力。

Sigmoid 函数: 网络激励层最初使用的是 Sigmoid 函数，表达式为：

$$f(x) = \frac{1}{1 + \mathrm{e}^{-x}}$$

Sigmoid 函数处处可导，而且将输出值压缩至 0 到 1 之间，使得神经元的输出标准化。Sigmoid 函数在趋近 0 和 1 时函数值会变得平坦，存在梯度消失的问题；Sigmoid 函数的输出永远是正值，导致权重只能正向更新，影响收敛速度；与其他非线性激活函数相比，Sigmoid 函数计算开销高昂。因此，现在很少使用 Sigmoid 函数作为激励层的激活函数。

tanh 函数：tanh 函数又叫双曲正切激活函数，表达式为：

$$f(x) = \tanh(x) = \frac{\mathrm{e}^{x} - \mathrm{e}^{-x}}{\mathrm{e}^{x} + \mathrm{e}^{-x}}$$

tanh 函数将输出压缩到 -1 到 1 之间，输出数据以 0 为中心，解决了 Sigmoid 函数输出值只为正的问题，但仍然存在梯度爆炸和指数运算的计算开销大的问题。

ReLU 函数：ReLU 函数又叫线性整流函数，表达式为：

$$f(x) = \max(0, x)$$

ReLU 函数收敛速度快，并且在正值区域可以解决梯度消失的问题。但是 ReLU 函数不以 0 为数据中心，只存在正向梯度，在负值区域存在梯度消失的问题。

Leaky ReLU 函数：Leaky ReLU 函数是 ReLU 函数的特殊化，表达式为：

$$f(x) = \begin{cases} x, & x \geqslant 0 \\ \alpha x, & x < 0 \end{cases}$$

式中，α 是一个比较小的常数值，常见的取值是 0.01~0.1。当 $x < 0$ 时，其函数值不再等于 0，而是有一个较小的坡度。该函数解决了 ReLU 函数负值区域梯度消失的问题。

激活函数种类很多，以上列出的只是常用的几种。在神经网络中，不存在适用于各种网络和场景的激活函数。在实际应用中需要考虑计算开销、收敛速度、输出是否可以标准化等问题。因此需要根据实际应用场景及各个激活函数的特点，选择合适的激活函数。通常来说，Sigmoid 函数比较适合分类问题，但是在训练时要注意梯度消失的问题；ReLU 函数是当前使用最广泛的函数之一；当网络中存在大量未初始化权重的神经元或 ReLU 函数效果不好时，可以使用 Leaky ReLU 函数；如果是回归任务，则在输出层上可以使用线性激活函数。

7.2.4 池化层

池化层处于卷积层之间，可以极大地降低全连接层中节点数量，从而降低计算资源需求，达到快速收敛的效果。最常见的形式是使用步长为 2 的 2×2 的滤波器，对输入数据进行上采样，得到的输出数据的宽和高均为输入数据的 1/2。

池化层使用的方法有最大池化和平均池化。顾名思义，对于每个 2×2 的窗口，最大池化选出最大的数作为输出矩阵相应元素的值，平均池化则是将这四个数的平均值作为输出矩阵相应元素的值。因为平均池化会使图像变得模糊，所以现在通常使用最大池化。图 7.5 所示是使用最大池化处理图像的示意图。

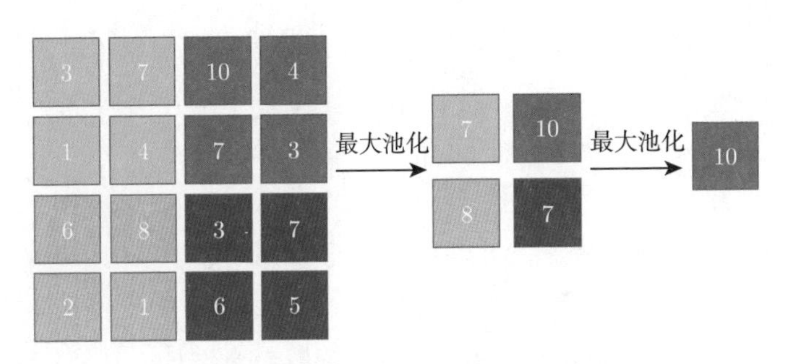

图 7.5　使用最大池化处理图像的示意图

7.2.5　全连接层

全连接层对所有节点进行加权线性计算，得到输出特征，因此可以把前面提取到的信息综合起来。全连接层的参数是节点线性加权时的权重，因此该层参数数量极多，内存开销也比较大。通常，在 CNN 中，全连接层位于最后的位置。具体来说，卷积层、激励层和池化层对输入的数据进行特征提取，全连接层对提取的特征进行非线性组合以得到输出。根据实际场景需求，全连接层各神经元可以采用不同的激励函数。此外，最后一层全连接层的输出值被传递到输出层。全连接层的示意图如图 7.6所示。

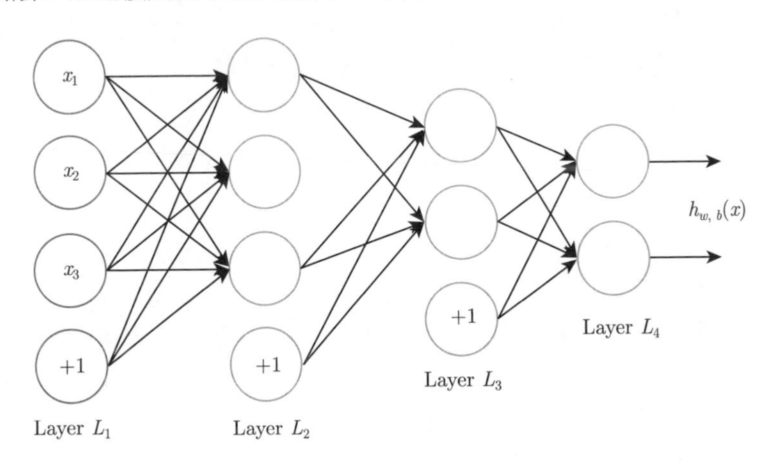

图 7.6　全连接层的示意图

7.2.6　经典架构

CNN 在图像领域展现出卓越的性能，有着非常强的特征提取能力。在视觉领域的主流竞赛 ILSVRC 中，深度学习算法尤其是 CNN 结构已连续数年夺得冠军。基于 CNN 在图像处理领域的瞩目成绩，大量计算机视觉方面的学者不断地对其进行改进，并提出很多新的结构，将竞赛中各种任务的错误率降至很低甚至超越人类的水平。下面介绍一些具有里程碑意义的卷积神经网络结构。

（1）AlexNet：AlexNet 由 Alex、Ilya 和 Geoff 研发，在 2012 年的 ImageNet ILSVRC 竞赛中夺冠，性能远远超出第二名。AlexNet 的主要技术点如下。

① 成功使用 ReLU 作为 CNN 的激活函数，并验证了在较深的网络中其效果超过 Sigmoid 函数，解决了 Sigmoid 函数在网络较深时梯度消失或梯度爆炸的问题。

② 提出 dropout 概念，防止训练数据过拟合。

③ 使用最大池化替代平均池化，避免平均池化造成的模糊效果。

（2）ZFNet：ILSVRC2013 分类任务的冠军，错误率为 11.19%，相较于 AlexNet5，其性能有了进一步提升。它是由 Matthew D.Zeiler 和 Rob Fergus 在 AlexNet 基础上提出的网络架构。ZFNet 说明了 CNN 在图像分类任务中性能出色的原因，给了后续学者优化网络架构的启发。具体而言，ZFNet 将 CNN 中间的特征进行可视化，让使用者可以了解 CNN 的处理过程和功能，从而帮助其找到更好的模型。

ZFNet 为了将中间层的特征输出进行可视化分析，采用了反卷积的方法。通过分析中间层特征分布找到了提升模型性能的办法，并微调 AlexNet，提升了表现。具体来说，ZFNet 调整了 AlexNet 的卷积核大小，增加了感受野和卷积层的卷积步长；增加了中间特征的通道数，可以提取更多的特征。

（3）VGGNet：由牛津大学和 DeepMind 研发的网络架构，是 ILSVRC-2014 定位任务的冠军和分类任务的亚军。不像先前采用大卷积核的网络，该网络通过反复堆叠 3×3 的卷积，固定卷积核大小增加深度来增大感受野，并采用了大量的卷积核数量来提取网络中的不同特征。后续的很多 CNN 结构都采用了这种 3×3 的卷积思想，影响极其深远。VGG 通过固定卷积核参数，探索 CNN 的深度对性能的影响。

（4）GoogLeNet：ILSVRC2014 分类任务的冠军。GoogLeNet 于 2014 年由 Christian Szegedy 提出，是一种和之前的网络截然不同的深度学习结构。先前的网络，如 AlexNet、VGG 等，都是通过加深网络深度或增加特征通道数来获得更好的效果，但也会因为卷积层数以及特征数量的增加产生很多问题（如过拟合、梯度消失、梯度爆炸等）。GoogLeNet 提出了 Inception 模块，通过增加网络的宽度来提升训练效果。GoogLeNet 对计算资源的利用更高效，在相同算力下能提取到更全面的特征。

具体来说，传统网络采用手动设计卷积核的大小和类型，而 GoogLeNet 采用了自动选择网络结构的 Inception 模块，通过堆叠 Inception 模块增加深度形成 Inception 网络。为了降低参数数量，GoogLeNet 去除了全连接层，同时在网络中添加了很多池化层。GoogLeNet 提出的自动选择网络结构以及减少模型参数的思想在后续很多论文中都有体现。

（5）ResNet：2015 年由微软实验室的何凯明等人提出，斩获当年 ImageNet 竞赛中分类任务第一名和目标检测第一名，同时获得 COCO 数据集中目标检测第一名，图像分割第一名。在 ResNet 出现之前，过深的网络结构会导致特征退化，因此网络始终处于一个较低的深度。而 ResNet 使用残差模块解决了此问题，并提出通过数据的预处理以及在网络中使用 BN 层来解决梯度消失或梯度爆炸问题，自此，网络进入大深度时代。

7.3 小波系数指导的全色锐化融合网络

针对现有全色锐化网络无法同时兼顾空间信息与光谱信息保留的问题，提出一种小波系数指导的全色锐化融合网络——WGPNN，它由融合网络和指导网络组成。融合网络分别提取 PAN 图像和 MS 图像的多级特征，并在同一级别进行特征的选择和融合，融合后的特征分别用于指导后一级别特征的提取；指导网络用于学习 HRMS 图像与输入图像的小波系数之间的映射关系，并利用学习到的映射关系对融合网络的输出提供额外的监督。下面对 WGPNN 进行详细介绍。

7.3.1 网络构建

WGPNN 的整体结构如图 7.7所示。融合网络的输入为 UsMS 图像以及 PAN 图像，输出预测的 HRMS 图像；指导网络学习 HRMS 图像与输入图像的小波系数之间的映射关系并指导融合网络的学习。下面分别对融合网络和指导网络的主要结构以及损失函数进行介绍。

7.3.1.1 融合网络

融合网络分成两个模块：特征提取和融合子网络以及重建子网络，其结构如图 7.8所示。在特征提取和融合阶段，首先利用 4 个级联的残差模块（RB）分别对 PAN 图像和 UsMS 图像进行不同级别特征的提取，每个级别提取出来的特征由选择性特征融合模块（SFFM）进行融合，并将融合后的特征再分别送入下一个 RB 用于指导更高级别的特征的提取。然后将最高级别的特征进行拼接后送入重建子网络。重建子网络主要由 Conv-RelU 模块、残差密集模块（RDB）以及输出卷积层组成。

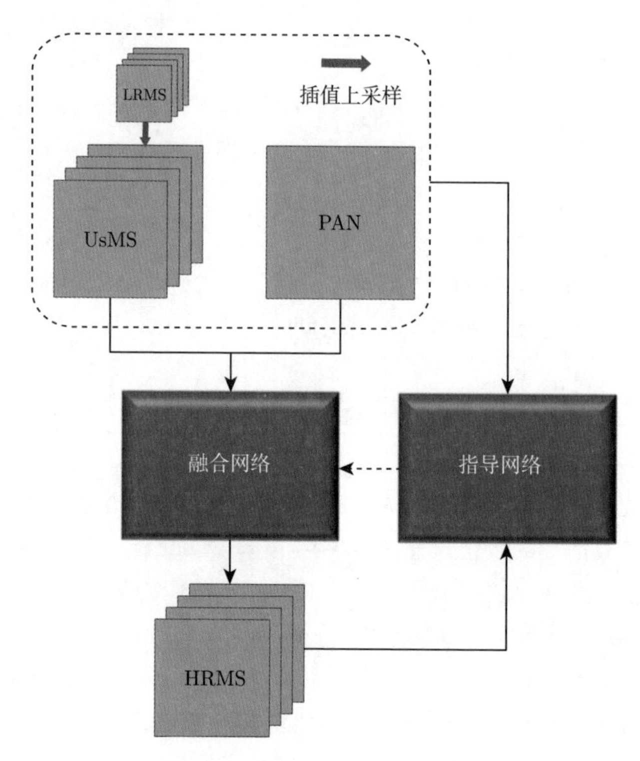

图 7.7 WGPNN 的整体结构

选择性特征融合模块（SFFM）是一种改进的通道注意力模块，用来将同一级别的分别来自 PAN 图像和 MS 图像的特征进行选择性融合，其结构如图 7.9 所示。该模块的输入为同一级别的 PAN 图像和 MS 图像的特征，两组特征拼接之后先经过卷积操作将通道数降低到原始输入特征大小，然后经过一个全局的均值池化和两个独立的全连接层得到分别对应于 MS 图像特征和 PAN 图像特征的通道注意力，最后的输出特征是各自通道注意力与输入特征乘积的和。

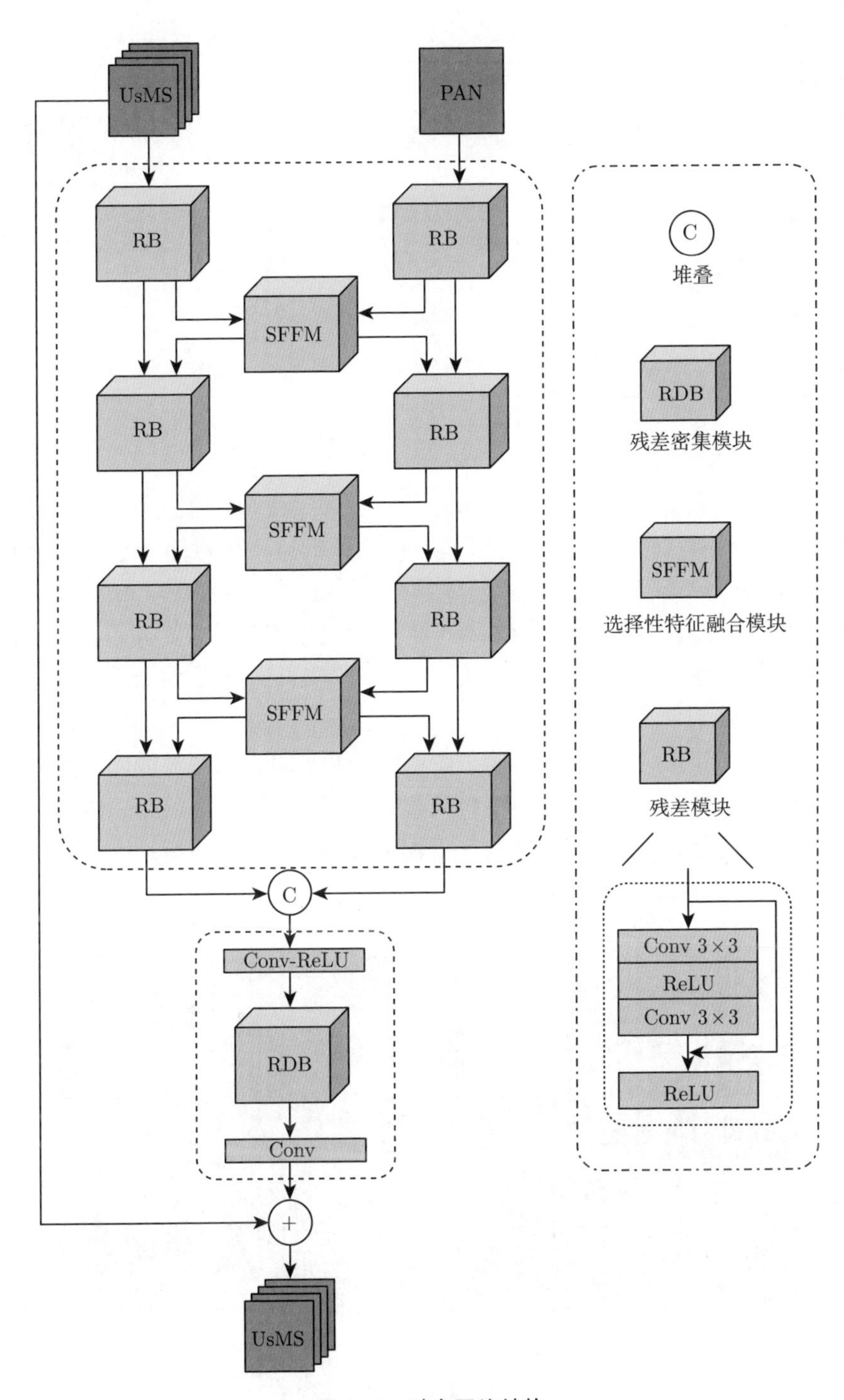
UsMS
PAN
RB
SFFM
C
堆叠
RDB
残差密集模块
选择性特征融合模块
残差模块
Conv 3×3
ReLU
Conv-ReLU
Conv
+

图 7.8 融合网络结构

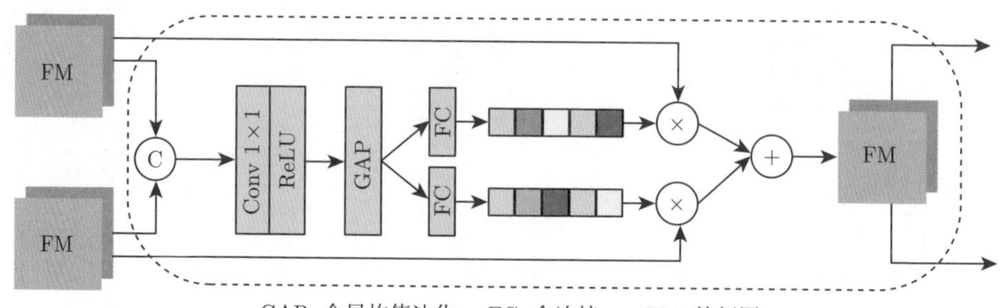

图 7.9　选择性特征融合模块（SFFM）结构

7.3.1.2　指导网络

指导网络学习的是 HRMS 图像的小波系数与输入图像的小波系数之间的映射关系。一阶离散小波变换可以将一幅图像的每个通道都分解成一个低频分量和三个不同方向的高频分量，图像的一阶小波变换如图 7.10所示，其中低频分量主要反映的是输入图像的近似信息，可以将其看成光谱信息，而高频分量反映的是输入图像的空间细节信息。由于 HRMS 图像的光谱信息主要由 LRMS 图像提供，而空间信息主要包含在 PAN 图像中，所以这里指导网络学习 HRMS 图像的低频分量与 UsMS 图像的低频分量之间的映射以及高频分量与 PAN 图像的高频分量之间的映射关系，指导网络结构如图 7.11所示。由于映射关系比较简单，所以不需要复杂的网络即可进行学习，指导网络的主体部分由三个级联的残差模块（RB）组成。

(a) 原始图像

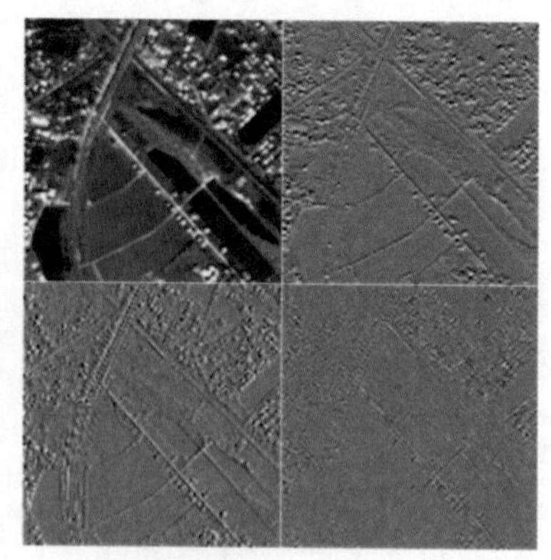

(b) 小波变换系数

图 7.10　图像的一阶小波变换

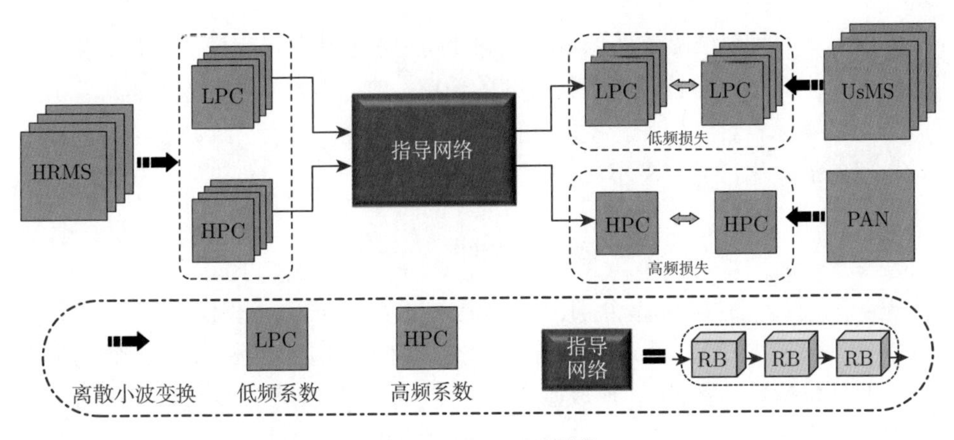

图 7.11　指导网络结构

7.3.1.3　损失函数

首先定义几个变量：UsMS 图像用 $\boldsymbol{M}$ 表示，PAN 图像用 $\boldsymbol{P}$ 表示，HRMS 图像用 $\boldsymbol{Z}$ 表示。下面分别介绍指导网络和融合网络的损失函数。

（1）指导网络：指导网络的损失函数 L_G 由低频损失 L_{LF} 和高频损失 L_{HF} 两部分组成：

$$L_G = L_{\mathrm{LF}} + \eta L_{\mathrm{HF}} \tag{7.1}$$

式中，η 为控制高频损失的权重参数。低频损失和高频损失分别定义如下，

$$L_{\mathrm{LF}} = \frac{1}{N}\sum ||G(W_{\mathrm{LF}}(\boldsymbol{Z})) - W_{\mathrm{LF}}(\boldsymbol{Z})|| \tag{7.2}$$

$$L_{\mathrm{HF}} = \frac{1}{N}\sum ||G(W_{\mathrm{HF}}(\boldsymbol{Z})) - W_{\mathrm{HF}}(\boldsymbol{P})|| \tag{7.3}$$

式中，N 表示训练数据的总数量；$G(\cdot)$ 表示指导网络；$W_{\mathrm{HF}}(\cdot)$ 和 $W_{\mathrm{LF}}(\cdot)$ 分别表示小波变换的高频分量和低频分量。

（2）融合网络：现有的基于深度学习的全监督全色锐化融合方法基本都采用图像域的单一监督方式，即利用常见的 MSE 或 MAE 损失函数对网络估计的 HRMS 与真实标签数据的相似性进行约束。WGPNN 的融合网络也采用了图像域的 MAE 损失，即：

$$L_{\mathrm{img}} = \frac{1}{N}\sum ||F(\boldsymbol{M},\boldsymbol{P}) - \boldsymbol{Z}|| \tag{7.4}$$

式中，$F(\cdot)$ 表示融合网络。

但是，如果仅依靠该图像域损失项，则仍然无法获得满意的融合结果，一方面因为空间信息保持没有直接有效的约束，使得学习到的残差不合理；另一方面对真实标签过度依赖，模型泛化性较差。因此，引入训练好的指导网络来指导残差的优化，并定义小波变换域的损失：

$$L_{\mathrm{WV}} = L_{\mathrm{spectral}} + \eta L_{\mathrm{spatial}} \tag{7.5}$$

式中，L_{spectral} 与 L_{spatial} 分别为光谱损失与空间损失，分别对应小波变换的低频分量和高频分量，其定义与指导网络损失函数中的低频损失和高频损失类似，此处将指导网络 $G(\cdot)$ 换成融合网络 $F(\cdot)$，即利用小波变换域损失对融合网络的输出一致性进行约束，确保输出结果与输入图像的光谱信息和空间信息都产生联系，网络能够学习到更精确的融合结果。综上所述，融合网络的损失函数定义为：

$$L_F = L_{\mathrm{img}} + \gamma L_{\mathrm{WV}} \tag{7.6}$$

7.3.2 实验对比与分析

下面通过实验来说明 WGPNN 的有效性。实验中采用 MS 图像通道数为 4 的 QuickBird 卫星数据集和通道数为 8 的 WorldView-2 卫星数据集分别进行了模型的训练和测试。对于原始分辨率的 PAN 图像和 MS 图像，采用 Wald 协议对图像进行采样率为 4 的下采样从而得到训练集，下采样采用的退化滤波器与卫星的调制传递函数 (MTF) 相匹配，原始分辨率的 MS 图像作为真实标签数据对模型进行监督。对于 QuickBird 和 WorldView-2 卫星图像，通过对大尺寸图像进行裁剪分别构建了 10596/9118 对大小为 16 像素 × 16 像素/64 像素 ×64 像素的 MS/PAN 数据集，其中 90 % /10 % 用于训练/测试。实验中设置超参数 $\eta = 0.1$，$\gamma = 0.1$。

所有实验中涉及的深度学习模型的训练和测试使用的都是 PyTorch 框架，所使用的计算机装载有两个 Nvidia GTX 2080 Ti GPU。训练过程中的参数设置为：权重衰减 $=1 \times 10^{-4}$，动量 =0.9，学习率 $=1 \times 10^{-3}$ 且每 50 个 epoch 学习率降低为原来的一半。训练共设置为 200 个 epoch，故学习率共降低了 3 次。此外，训练使用 ADAM 优化算法获取最优解。

为了验证 WGPNN 的有效性，选取了 7 种经典的全色锐化融合方法进行定性和定量的比较。这 7 种方法分别是基于成分替代的 IHS、GSA，基于多分辨率分析的 AWLP、Indusion，以及基于深度学习的 PNN、MSDCNN 和

SRPPNN。其中前 4 个传统方法的 MATLAB 代码可以参考相关文献，基于深度学习的模型均按照相关学者提供的参数用同样的数据集在 PyTorch 框架下重新训练。为了更好地体现全色锐化融合的优点，也考虑了直接对 LRMS 图像进行插值上采样的 EXP 方法。下面分别给出所选取的几种对比方法在降分辨率和原分辨率分析时与本文方法的对比结果。

7.3.2.1　降分辨率分析

首先在模拟数据集上对所有模型进行比较。实验中，分别随机选取了 49 对来自 QuickBird 卫星和 WorldView-2 卫星的大小为 64 像素 $\times$ 64 像素/256 像素 $\times$256 像素的 LRMS/PAN 图像对作为实验对象。表 7.1和表 7.2分别给出了不同方法在所选取的 49 对图像上进行测试的指标比较。这里采用的评估指标为 QAVE，SAM，ERGAS 和 SCC，每个指标的理想值都显示在第二行。可以看出，所有全色锐化融合方法都比直接的上采样的 EXP 方法效果更好，基于深度学习的方法要普遍比传统方法的指标结果更好，提出的 WGPNN 在 QuickBird 测试集上所有指标都优于其他方法，而在 WorldView-2 测试集上除了 ERGAS 略差于 MSDCNN，其他 3 个指标也都是所有方法中最接近理想值的。

表 7.1　在 QuickBird 数据集上的降分辨率指标比较

指标	QAVE	SAM	ERGAS	SCC
理想值	1	0	0	1
EXP	0.5504	4.4124	3.7415	0.5707
IHS	0.6802	4.5349	3.1320	0.8032
GSA	0.8573	3.2493	2.1957	0.9002
AWLP	0.8379	3.3309	2.2550	0.9061
Indusion	0.7407	4.0055	3.0279	0.8290
PNN	0.9171	2.3731	1.7343	0.9456
MSDCNN	0.9214	2.3024	1.7001	0.9494
SRPPNN	0.8993	2.5666	1.8615	0.9374
WGPNN	0.9356	2.0456	1.5370	0.9598

为了直观地分析，图 7.12 给出了不同方法对其中一对 QuickBird 卫星图像的融合结果，并且在结果图像下方显示了该图像与参考图像（GT）之间的误差图。为了更好地对比，所有的误差图都是将差值加上 0.5 然后进行显示的。从图 7.12中可以看到，相比较参考图像，传统方法均有一定程度的空间信息丢失，IHS 和 Indusion 的视觉效果最差，光谱失真特别严重，AWLP 的细节较为模糊。4 种深度学习方法视觉上看起来都跟参考图像很接近，没有明显的空

间失真，从误差图中可以看出，所提出的 WGPNN 能够生成更接近参考图像的融合结果，这点与指标比较的结果相一致，都说明了所提出的 WGPNN 的有效性。

表 7.2 在 WorldView-2 数据集上的降分辨率指标比较

指标	QAVE	SAM	ERGAS	SCC
理想值	1	0	0	1
EXP	0.6844	6.5880	6.7171	0.5224
IHS	0.8552	6.8654	4.8112	0.8707
GSA	0.9161	5.9640	3.5744	0.8959
AWLP	0.8995	6.0369	3.9180	0.8845
Indusion	0.8529	6.3698	5.0012	0.8478
PNN	0.9580	4.3845	2.5970	0.9481
MSDCNN	0.9608	4.2076	2.5060	0.9527
SRPPNN	0.9512	4.6655	2.8446	0.9427
WGPNN	0.9610	4.1461	2.5382	0.9549

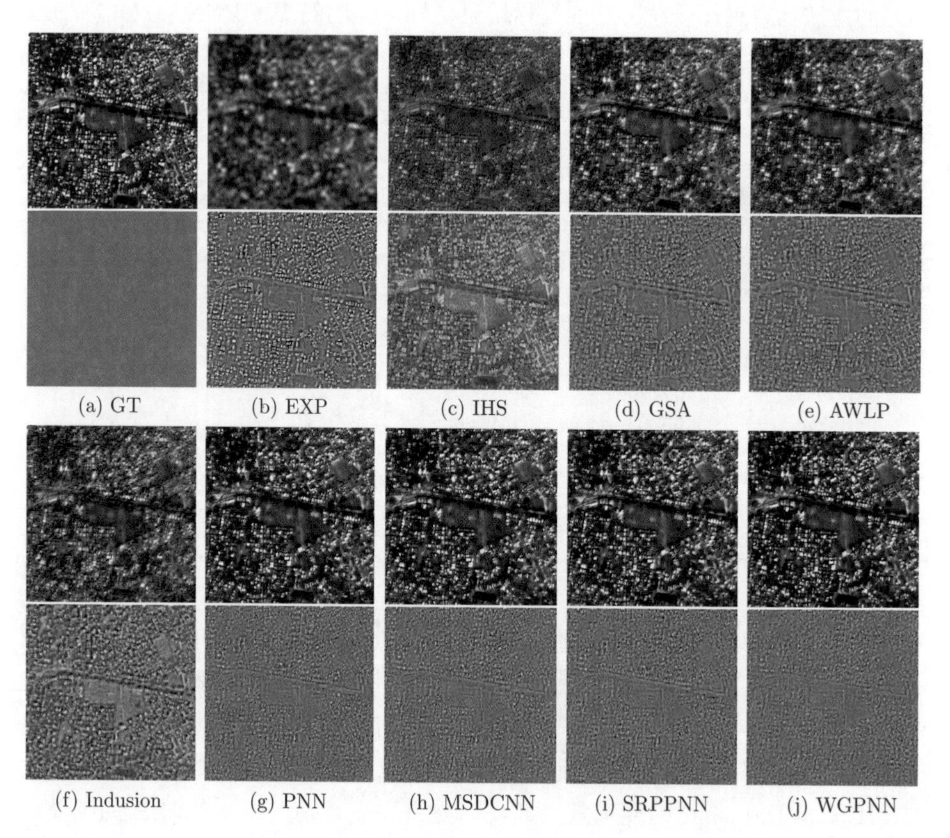

图 7.12 一对 QuickBird 卫星图像的融合结果

7.3.2.2 原分辨率分析

为了验证所提出的 WGPNN 在真实数据集上的表现，同样随机选取了 49 对原始分辨率大小为 64 像素 × 64 像素 /256 像素 ×256 像素的 LRMS/PAN 图像对进行测试。表 7.3和表 7.4 分别给出了不同方法在分别来自 QuickBird 和 WorldView-2 卫星的 49 对图像对上进行测试的指标对比。这里采用的指标为 QNR 以及它的两个分量 D_λ 和 D_s，分别用来衡量光谱失真和空间失真。在进行原分辨率分析时，因为 EXP 作为衡量光谱失真的标准，所以其指标结果不作参考。从表 7.3和表 7.4中可以看到，基于深度学习的方法无论在光谱信息还是空间信息保持上都略胜一筹，但是优势没有在降分辨率分析时那么明显，且 Indusion 在某些指标上已经非常接近甚至超过深度学习方法。WGPNN 在两个数据集上的 D_λ 及 QNR 指标都排在首位，D_s 指标也和最好的结果相差无几，总体来看仍然是所有传统方法和深度学习方法中表现最好的。

图 7.13给出了不同方法对其中一对 WorldView-2 卫星图像的融合结果。同样，所有方法得到的 HRMS 都比直接上采样效果好。比较图像的整体灰度可以看出，IHS 和 GSA 的融合结果有比较轻微的光谱失真，Indusion 和 AWLP 生成的 HRMS 有较严重的细节丢失，部分边缘出现模糊。基于深度学习的方法的融合效果总体上细节恢复都比较完整，本文提出的 WGPNN 在微小细节保持上有微弱的优势。综上所述，WGPNN 在真实数据集上仍然能够取得比其他对比方法更好的融合效果。

表 7.3 QuickBird 真实数据集指标比较

指标	D_λ	D_s	QNR
理想值	0	0	1
EXP	0.0000	0.0867	0.9133
IHS	0.0798	0.1218	0.8092
GSA	0.0640	0.1027	0.8407
AWLP	0.0679	0.0948	0.8440
Indusion	0.0712	0.0347	0.8966
PNN	0.0349	0.0343	0.9322
MSDCNN	0.0361	0.0343	0.9311
SRPPNN	0.0506	0.0485	0.9040
WGPNN	0.0135	0.0394	0.9478

表 7.4　WorldView-2 真实数据集指标比较

指标	D_λ	D_s	QNR
理想值	0	0	1
EXP	0.0000	0.0577	0.9423
IHS	0.0439	0.1176	0.8436
GSA	0.0524	0.1287	0.8258
AWLP	0.0611	0.1060	0.8394
Indusion	0.0482	0.0772	0.8784
PNN	0.0363	0.0656	0.9005
MSDCNN	0.0439	0.0585	0.9001
SRPPNN	0.0452	0.1033	0.8564
WGPNN	0.0223	0.0762	0.9031

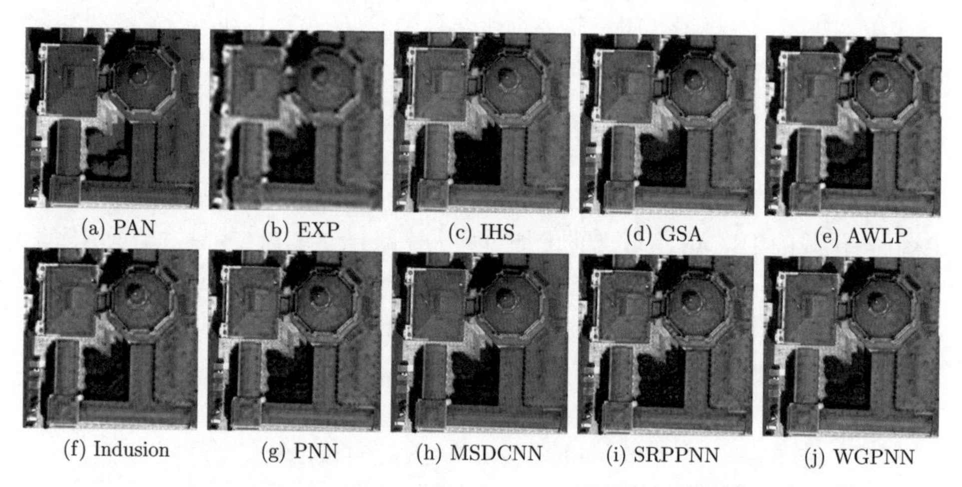

图 7.13　一对 WorldView-2 卫星图像的融合结果

7.3.3　消融实验

与其他方法的对比实验验证了 WGPNN 的有效性，而之所以有效，一方面在于提出了选择性特征融合模块（SFFM）将 MS 图像包含的光谱信息与 PAN 图像包含的空间信息进行充分且有选择性的融合；另一方面在于指导网络对融合结果提供的更健壮的监督。下面通过一些简单的消融实验来说明这两种策略的有效性。

这里同样运用降分辨率分析时的 QuickBird 测试数据集进行实验，消融实验指标比较如表 7.5所示，其中 Net1 在 WGPNN 的基础上去除了 SFFM，即只将最后一级特征进行拼接并卷积得到重建模块的输入，前三级特征并不进行特征的交互和融合；Net2 的融合网络只利用图像域的损失函数不依赖小波变换域的损失函数，即令 $\gamma = 0$；Net0 则两种策略均不使用。从实验结果可以看出，与 Net0 相比，Net1 与 Net2 的融合效果都有一定的提升，这充分说明了这两种策略的有效性。而 WGPNN 结合了这两种策略，进一步提升了模型的融合效果。

表 7.5 消融实验指标比较

指标	QAVE	SAM	ERGAS	SCC
理想值	1	0	0	1
Net0	0.9284	2.1481	1.6452	0.9541
Net1	0.9337	2.0849	1.5536	0.9584
Net2	0.9292	2.1359	1.6289	0.9550
WGPNN	0.9356	2.0456	1.5370	0.9598

7.4 基于 Framelet 的全色锐化融合网络

基于 CS 和 MRA 的全色锐化融合方法很难同时兼顾空间信息和光谱信息保持，基于模型的全色锐化融合虽然能够克服上述问题，取得比较精确的融合结果，但是迭代求解的过程时间消耗大，无法快速处理规模较大的输入图像。因此，本节提出了基于 Framelet 的 MS 图像与 PAN 图像融合的深度学习网络模型，利用图像在经过 Framelet 变换后能够将全局近似信息与空间细节信息区分开这一特性构建了特殊的残差连接，并利用多尺度特征聚合模块来融合 PAN 图像和 LRMS 图像的特征，从而可以充分利用 PAN 图像的空间信息与 MS 图像的光谱信息。训练好的网络可以快速对不同规模的遥感图像进行融合并且融合结果精度较高。

7.4.1 模型构建

通过分析 Framelet 变换的特点，下面基于 Framelet 框架提出了多尺度全色锐化融合网络，简称 FrMLNet。FrMLNet 由三个级联的网络组成：特征提取网络、特征融合网络及 Framelet 系数预测网络。特征提取网络旨在将输入图像表示为一组特征图，包括两个并行分支，分别将上采样的 LRMS 图像和 PAN 图像作为输入来提取不同尺度的特征。特征融合网络对提取的多尺度特征进行充分融合。Framelet 系数预测网络是一系列并行的子网络，每个子网络都旨在通过融合后的特征学习对应的 Framelet 系数图像。最终的 HRMS 图像通过将预测得到的 Framelet 系数逆变换到图像域得到。训练过程使用两种类型的损失函数：小波预测损失和图像损失，前者在 Framelet 域中施加约束，而后者用于在图像空间中添加传统的约束。FrMLNet 基本结构如图 7.14所示。

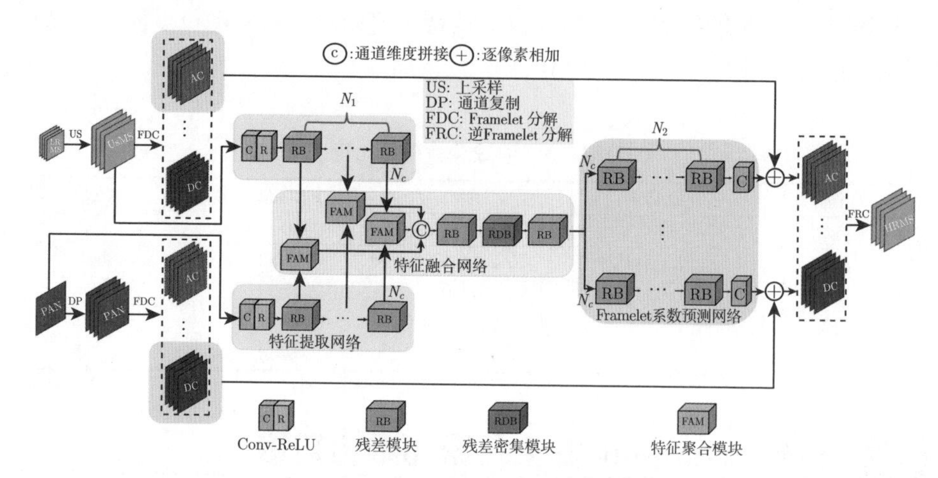

图 7.14 FrMLNet 基本结构

假设多光谱 MS 图像有 N 个通道，用下标 c 来表示第 c 个通道，另外 H 和 W 分别表示 PAN 图像和 HRMS 图像的高和宽，r 表示 HRMS 图像和 LRMS 图像的分辨率之比，那么 LRMS 图像的尺寸为 $N\times\dfrac{H}{r}\times\dfrac{W}{r}$。下面分别具体介绍这三个网络。

7.4.1.1 特征提取网络

特征提取网络旨在将已知的 LRMS 图像和 PAN 图像表示为一组特征图。由于 LRMS 图像的尺寸比 PAN 图像小，因此它们无法直接堆叠并由 CNN 进行卷积操作。一些现有的融合方法将 LRMS 图像上采样到与 PAN 图像相同的尺寸，然后将它们堆叠以形成 CNN 的输入。虽然这种策略已被广泛采用，但这种方法不适用于 MS 图像和 PAN 图像各自特征的提取，分别处理两个输入图像更能有效提取 PAN 图像中的空间信息和 MS 图像中的光谱信息。

FrMLNet 仍然将 LRMS 图像从尺寸 $N\times\dfrac{H}{s}\times\dfrac{W}{s}$ 上采样到尺寸 $N\times H\times W$（UsMS 图像），然后分别为 UsMS 图像和 PAN 图像设计两个并行且独立的特征提取子网络，FAM 和 RB 结构示意图如图 7.15所示（FAM 将在后面讲述）。PAN 特征提取网络将尺寸为 $1\times H\times W$ 的 PAN 图像作为输入并将其表示为一组特征。这里使用 N_1 个级联的残差模块（RB）来进行特征的提取。RB 的详细结构如图 7.15(b) 所示，它由两个级联的 Conv-ReLU 层组成。特征图的数量（或通道数）在前向方向上保持不变，但是不同的 RB 输出的特征因为经过的卷积层数不同，所以具有不同的感受野，可以看成是输入图像的不同级别的特征。MS 图像的特征提取网络与 PAN 图像的特征提取网络有类似的结构，不同之处在于第一层的输入通道大小为 N 而不是 1。通过该特征提取网络，PAN 图像和 UsMS 图像都输出了尺寸为 $N_c \times H \times W$ 的 N_1 级多尺度特征，其中 N_c 是特征图的通道数。

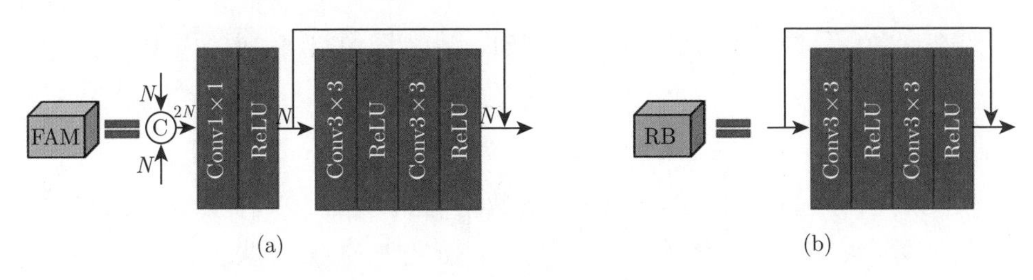

图 7.15 FAM 和 RB 结构示意图

7.4.1.2 特征融合网络

在特征融合网络中，将特征提取网络获得的 PAN 图像和 LRMS 图像的特征图进行融合，以获得既包含 PAN 图像的空间信息也包含 LRMS 图像的光谱信息的融合特征。相比较堆叠 PAN 图像和 UsMS 图像，FrMLNet 选择堆叠两个输入图像的不同尺度的特征图。由于不同 RB 层中的卷积层具有大小不同的感受野，所以反映了输入图像不同尺度的特征。浅层只能提取低层特征，而深层则开始学习全局特征。为了充分利用多尺度特征，这里提出了一个特征聚合模块（FAM），以在每个尺度上聚合 PAN 图像和 MS 图像的特征（特征提取子网络中每个残差块的输出）。FAM 的详细结构如图 7.15(a) 所示。具体而言，将相同尺度的 PAN 图像和 MS 图像的特征图进行堆叠，并输入至大小为 1×1 的卷积层中，以将通道数量减半。然后 RB 用于获得该尺度的聚合特征。如图 7.14所示，所有尺度的聚合特征都由 RB-RDB-RB 连接并进行融合（RDB 为残差密集模块）。融合过程中通道数保持不变。通过该特征融合网络，不同尺度的空间信息和光谱信息得到了充分融合。

7.4.1.3 Framelet 系数预测网络

Framelet 系数预测网络分为 N_w 个并行的独立子网络，在 FrMLNet 中 N_w 设为 9，是 1 阶 Framelet 分解的系数数量。这些子网络都将上一阶段得到的融合特征作为输入，并生成相应的 Framelet 系数。每个子网络由 N_2 个级联的 RB 组成，因此每个推断出的 Framelet 系数与 UsMS 图像的大小相同，即 $N \times H \times W$。最后尺寸为 $N_w \times N \times H \times W$ 的 Framelet 系数通过步长为 1 且权重固定的反卷积层（Framelet 逆变换矩阵）转换到大小为 $N \times H \times W$ 的原始图像空间。这里使用非向下采样 Framelet 变换及其逆变换来确保 Framelet 系数与原始图像的大小相同。

7.4.1.4 损失函数

在许多全色锐化融合和超分辨率（SR）中，图像空间中的像素级 MSE 是最常见的损失函数：

$$l_{\text{mse}} = \|\hat{\boldsymbol{Z}} - \boldsymbol{Z}\|_F^2 \tag{7.7}$$

式中，$\hat{\boldsymbol{Z}}$ 是网络的输出；$\boldsymbol{Z}$ 是真实标签数据 GT。然而，Scarpa 等人提出，在基于深度学习的全色锐化融合网络中，L_1 损失比 MSE 损失更合适，因此在图像域中采用 L_1 损失来优化网络，即

$$l_{\text{image}} = \|\hat{\boldsymbol{Z}} - \boldsymbol{Z}\|_1 \tag{7.8}$$

另外，有学者认为仅使图像空间中的 MSE 损失最小化很难捕获图像细节，所以除了图像域，还考虑了 Framelet 域中系数预测损失，定义为 Framelet 域中 L_1 损失的加权版本，以帮助纹理重构：

$$\begin{aligned} l_{\text{framelet}}(\hat{\boldsymbol{C}}, \boldsymbol{C}) &= \sum_{i=1}^{N_\omega} \lambda_i \|\hat{\boldsymbol{C}}_i - \boldsymbol{C}_i\|_1 \\ &= \lambda_1 \|\hat{\boldsymbol{C}}_1 - \boldsymbol{C}_1\|_1 + \sum_{i=2}^{N_\omega} \lambda_i \|\hat{\boldsymbol{C}}_i - \boldsymbol{C}_i\|_1 \end{aligned} \tag{7.9}$$

式中，$\boldsymbol{C} = (\boldsymbol{C}_1, \boldsymbol{C}_2, \cdots, \boldsymbol{C}_{N_\omega})$ 和 $\hat{\boldsymbol{C}} = (\hat{\boldsymbol{C}}_1, \hat{\boldsymbol{C}}_2, \cdots, \hat{\boldsymbol{C}}_{N_\omega})$ 分别为真实标签数据和网络预测的 Framelet 系数。λ_i 用来对不同 Framelet 系数施加不同的权重，事实上，高频细节系数应该获得更多关注，即权重比近似系数大。

将图像域和 Framelet 域的损失函数相结合，最终损失函数定义为：

$$\begin{aligned} l_{\text{total}} &= l_{\text{framelet}} + \mu l_{\text{image}} \\ &= \sum_{i=1}^{N_\omega} \lambda_i \|\hat{\boldsymbol{C}}_i - \boldsymbol{C}_i\|_1 + \mu \|\boldsymbol{W}^{\mathrm{T}} \hat{\boldsymbol{C}} - \boldsymbol{Z}\|_1 \end{aligned} \tag{7.10}$$

式中，μ 是用于平衡两个损失的重要性的参数；$\boldsymbol{W}^{\mathrm{T}}$ 表示从 Framelet 系数生成图像的重建矩阵。

7.4.2 实验对比与分析

下面使用一些常见卫星提供的真实图像数据进行实验以评估所提出的 FrMLNet 的性能。

7.4.2.1 实现细节

在 FrMLNet 中，除 FAM 中使用的卷积核外，所有卷积核大小都是 3×3，步长为 1，填充为 1，这使得每次卷积得到的特征图的大小始终与输入图像相同。除了网络最后一层用于直接输出结果的卷积层，其他每个卷积层后都使用了 ReLU 激活层。实验中使用了由两个不同的传感器（QuickBird 和 WorldView-2）获取的数据集。由于 QuickBird 卫星和 WorldView-2 卫星提供的 MS 图像分别有 4 个和 8 个通道，所以针对这两个数据集训练了两个独立的网络。根据 Wald 协议对原始 PAN 图像和 MS 图像进行下采样来生成网络输入数据集，原始 MS 图像则作为真实标签数据，然后通过对大尺寸图像裁剪得到 6000 个大小为 128 像素 ×128 像素/32 像素 ×32 像素的 PAN / LRMS 图像对，其中 90% / 10% 用于训练 / 验证。FrMLNet 是在装有四个 Nvidia GTX 1080 Ti GPU 的计算机上使用 PyTorch 框架进行训练的。训练过程中权重衰减和动量分别设置为 1×10^{-4} 和 0.9。使用 SGD 学习来最小化损失，学习率起始设置为 0.0001，然后每 50 个 epoch 降低 50%，设置 200 个 epoch 后停止学习，因此学习率共降低了 3 次。

7.4.2.2 超参数分析

FrMLNet 的损失函数式(7.10)中有几个需要提前确定取值的超参数，即控制不同 Framelet 系数项重要性的 $\lambda_i(i=1,\cdots,N)$，以及平衡两种损失的权重参数 μ。下面通过实验讨论如何确定这些超参数。

首先将 μ 固定为 1 并确定 Framelet 域损失函数式(7.9)中的 $\lambda_i(i=1,\cdots,N)$ 的取值。正如前文所说，对不同的 Framelet 系数应该有不同的关注度，高频系数应该有更大的权重，这样才能保证恢复图像能够保留更多的空间细节信息。为简单起见，将近似系数的权重 λ_1 固定为 0.1，并对所有 8 个细节系数赋予同样的权重。不同 $\lambda_i(i=2,\cdots,N)$ 取值下的 PSNR-epoch 曲线如图 7.16(a) 所示。从图中可以看到，无论 $\lambda_i(i=2,\cdots,N)$ 取值为多少，PSNR 都随着

epoch 的增加而稳定提高，并逐渐收敛到某个值。其中 $\lambda_i(i=2,\cdots,N)=100$ 的 PSNR-epoch 曲线始终处于较高位置，即该取值可以获得更好的拟合效果。因此，实验将 $\lambda_i(i=2,\cdots,N)$ 设置为 100。

当 $\lambda_i(i=1,\cdots,N)$ 固定时，图 7.16(b) 中显示了不同 μ 取值下的 PSNR-epoch 曲线。可以看到，当图像域损失的权重太小（$\mu=1$）时，Framelet 损失在训练中起着主导作用，随着 μ 变大，两种损失都可以在训练中发挥作用，PSNR 也渐渐提高，尤其当 $\mu=100$ 时，网络性能得到了显著改善。而当 $\mu=1000$ 时，图像域损失在训练过程中起主要作用，其性能略逊于 $\mu=100$。因此，实验将 μ 设置为 100。

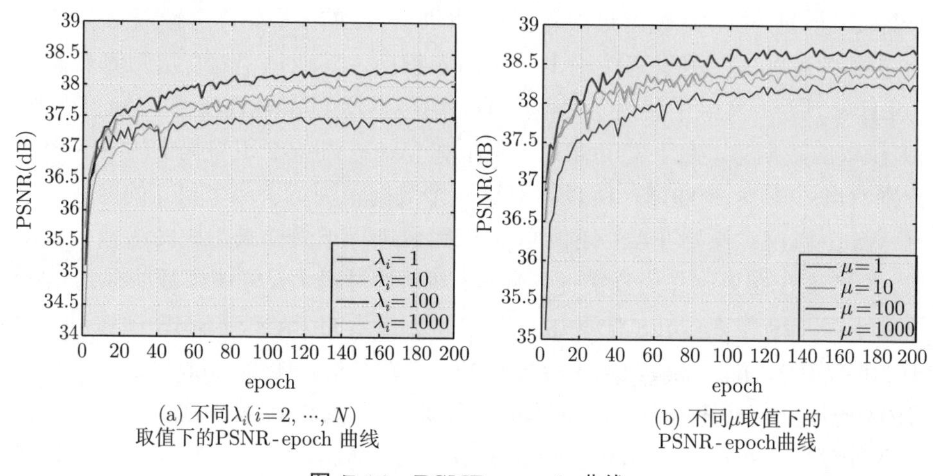

(a) 不同$\lambda_i(i=2,\cdots,N)$取值下的PSNR-epoch 曲线

(b) 不同μ取值下的PSNR-epoch曲线

图 7.16 PSNR-epoch 曲线

7.4.2.3 实验验证

下面通过实验对比来验证 FrMLNet 的有效性。这里选择了 10 种对比方法，分别在模拟数据集和真实数据集上进行定性和定量评估。用于测试的 PAN / MS 图像分别来自 QuickBird 卫星和 WorldView-2 卫星且均被裁剪为 256 像素 ×256 像素/64 像素 ×64 像素。

实验中将 FrMLNet 与其他 3 种最新的深度学习方法（PanNet、A-PNN 和 MSDCNN）进行比较。公平起见，所有这些网络模型都使用作者提供的学习策略在 PyTorch 框架下用训练 FrMLNet 所使用的数据集重新训练。除了基于深度学习的方法，还选择了 6 种表现很好的传统方法。具体来说，从基于 CS 的类别中挑选了 GSA、BDSD 和 PRACS，从基于 MRA 的类别中挑选了 AWLP、MTF-GLP-HPM 和 MTF-GLP-CBD。对这些传统方法的详细信息感兴趣的读者可以参阅相关文献，相关代码也可以在线获取。这里不考虑基于数学模型的类别，因为这类方法往往时间开销较大，无法在大数据集上进行比较。在作者没有明确说明的情况下，均使用合适的滤波器用于生成 LRMS 图像的插值上采样结果以避免出现对齐误差。此外，插值得到的 HRMS 图像也包含在比较中，记为 EXP。

1. 降分辨率评估

首先在模拟数据集上对 FrMLNet 进行验证，即将原始 MS 图像视为 GT，而输入 LRMS 图像和 PAN 图像则是原始图像的下采样版本。在 QuickBird 卫星和 WorldView-2 卫星数据集上随机选取了 20 对 PAN / MS 图像进行测试，指标比较（20 对测试数据的平均性能）如表 7.6和表 7.7所示。其中第二行显示的是每个指标的理想值，每个指标的最佳结果加粗显示。从表 7.6中显示的在 QuickBird 卫星数据集和表 7.7中显示的在 WorldView-2 卫星数据集上进行的比较可以看出，与传统方法相比，基于深度学习的方法在所有指标上均得到了显著的改进。而在 4 种基于深度学习的方法中，FrMLNet 总是比其他 3 种方法具有更好的性能，尤其是在 QuickBird 卫星数据集上，各项指标都得到了很大改善。

表 7.6　在 QuickBird 数据集上的降分辨率指标比较

指标	Q^4	QAVE	SAM	ERGAS	SCC
理想值	1	1	0	0	1
EXP	0.5973	0.5982	4.2111	3.5036	0.6064
GSA	0.8643	0.8531	3.0997	2.0960	0.9051
BDSD	0.8728	0.8726	3.0549	2.0051	0.9144
PRACS	0.8341	0.8123	3.1358	2.2320	0.8992
AWLP	0.8552	0.8490	3.0836	2.0472	0.9149
MTF-GLP-HPM	0.8634	0.8600	3.0549	1.9544	0.9191
MTF-GLP-CBD	0.8672	0.8536	3.0857	2.1029	0.9037
PanNet	0.9243	0.9242	2.1488	1.4600	0.9535
A-PNN	0.9354	0.9358	1.9462	1.3377	0.9611
MSDCNN	0.9365	0.9372	1.9105	1.3191	0.9625
FrMLNet	**0.9527**	**0.9528**	**1.6157**	**1.1592**	**0.9713**

除了指标比较，同样也进行了视觉比较来进一步说明 FrMLNet 的有效性。图 7.17和图 7.18分别显示了所有方法在 QuickBird 卫星和 WorldView-2 卫星模拟数据集上的融合结果及其误差图像，其中第一行显示了 GT 图像以及融合结果，第二行显示该融合结果与 GT 图像之间的误差图像。从图 7.17和图 7.18中可以看到，传统方法得到的融合图像总是伴随着较大的光谱误差，

颜色饱和度明显低于 GT 图像。此外，传统方法，特别是 MTF-GLP-HPM，

表 7.7　在 WorldView-2 数据集上的降分辨率指标比较

指标	Q^8	QAVE	SAM	ERGAS	SCC
理想值	1	1	0	0	1
EXP	0.6647	0.6608	7.8442	7.8667	0.5360
GSA	0.9230	0.9127	7.4829	4.2223	0.9023
BDSD	0.9196	0.9090	8.3101	4.6305	0.8983
PRACS	0.8747	0.8645	7.5907	5.0648	0.8775
AWLP	0.8941	0.8879	7.3158	4.7058	0.8927
MTF-GLP-HPM	0.8997	0.8955	7.3263	4.5779	0.8937
MTF-GLP-CBD	0.9174	0.9098	7.4220	4.2988	0.8976
PanNet	0.9395	0.9387	5.1019	2.8617	0.9268
A-PNN	0.9476	0.9469	4.4596	2.6542	0.9373
MSDCNN	0.9520	0.9516	4.3010	2.5270	0.9452
FrMLNet	**0.9614**	**0.9611**	**3.8438**	**2.2908**	**0.9568**

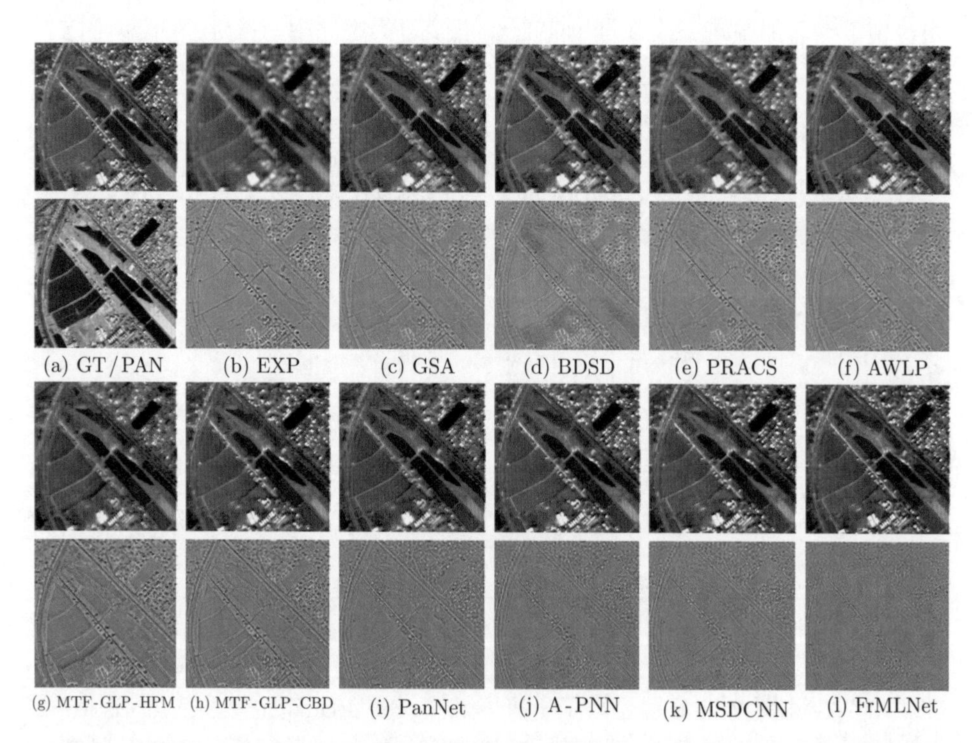

图 7.17　模拟数据集上的融合结果及其误差图像（输入的 LRMS 图像和 PAN 图像来自 QuickBird 卫星，大小分别为 64 像素 ×64 像素和 256 像素 ×256 像素）

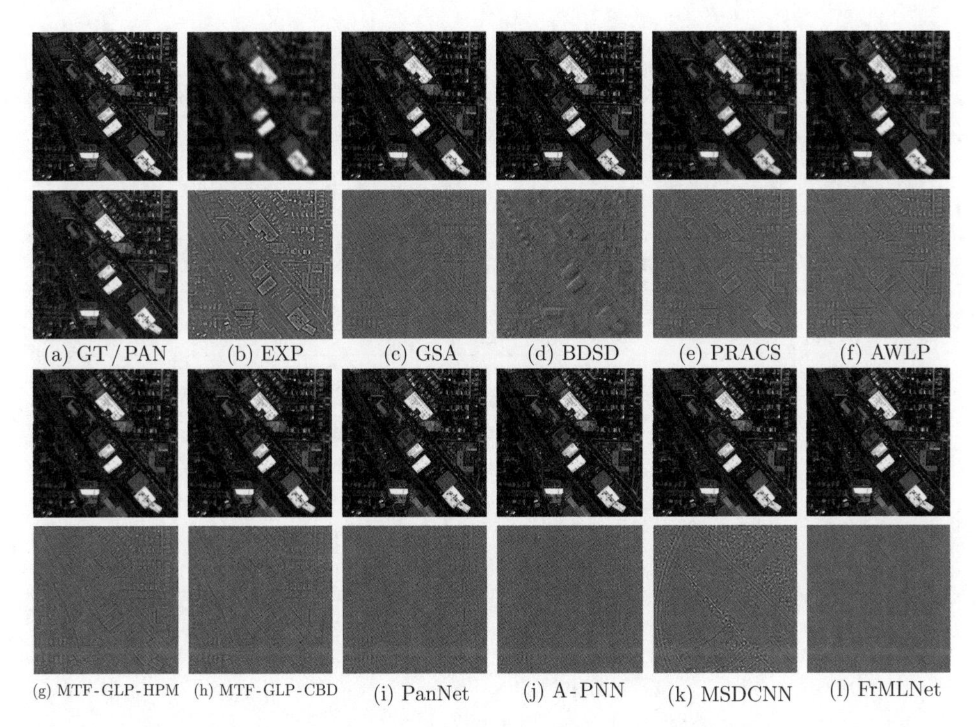

图 7.18　模拟数据集上的融合结果及其误差图像（输入的 LRMS 图像和 PAN 图像来自 WorldView-2 卫星，大小分别为 64 像素 ×64 像素和 256 像素 ×256 像素）

得到的融合结果也有轻微的空间失真，图像看上去比较模糊，没有清晰的边界和细节信息，这一点在误差图像中得到了验证。基于深度学习的方法可以更好地保留空间和光谱信息，所有方法均能生成具有锐利边缘和饱和颜色的融合结果。从误差图像的比较来看，PanNet 相对来说表现要欠缺一点，而 FrMLNet 在光谱信息和空间信息保持方面都给出了更令人满意的结果。

2. 原分辨率评估

在模拟数据集上的定性和定量分析表明，FrMLNet 优于其他参考方法。但是，在实际应用中并不存在 GT，并且 PAN 图像和 MS 图像处于其被拍摄时的原始分辨率。为了评估 FrMLNet 在真实数据集上的表现，分别在 QuickBird 和 WorldView-2 卫星数据集上随机选取了 20 对 PAN / MS 图像进行测试，并测出了融合结果的 D_λ、D_s 及 QNR，相关数据显示在表 7.8 中。可以看到，在真实数据集上，基于深度学习的方法仍然可以提供较好的结果，但并不像在模拟数据集上一样总优于传统方法，如 PRACS 在 WorldView-2 数据集上的 D_λ 指标排名第一。在所有 4 种深度学习方法中，MSDCNN 和 PanNet 分别在 QuickBird 和 WorldView-2 数据集上取得了最优的 D_s 指标。FrMLNet 虽然 D_λ 和 D_s 两个指标没有一直保持最佳，但也处于中上等，QNR 指标一直领先于其他方法，这点很好地说明了 FrMLNet 能够同时兼顾空间信息和光谱信息的保持，综合效果最佳。

表 7.8 QuickBird 和 WorldView-2 真实数据集上的指标比较

	QuickBird			WorldView-2		
	D_λ	D_s	QNR	D_λ	D_s	QNR
理想值	0	0	1	0	0	1
EXP	0	0.1330	0.8670	0	0.0606	0.9394
GSA	0.0661	0.0961	0.8447	0.0595	0.1405	0.8085
BDSD	0.0238	0.0357	0.9413	0.0771	0.0638	0.8640
PRACS	0.0306	0.0682	0.9034	**0.0120**	0.0999	0.8894
AWLP	0.0560	0.0728	0.8754	0.0697	0.1174	0.8211
MTF-GLP-HPM	0.0545	0.0759	0.8740	0.0792	0.1203	0.8101
MTF-GLP-CBD	0.0494	0.0756	0.8791	0.0705	0.1187	0.8192
PanNet	0.0281	0.0423	0.9308	0.0518	**0.0531**	0.8979
A-PNN	0.0246	0.0358	0.9404	0.0359	0.0769	0.8900
MSDCNN	0.0265	**0.0306**	0.9437	0.0487	0.0634	0.8910
FRPNN	**0.0219**	0.0348	**0.9441**	0.0355	0.0682	**0.8987**

图 7.19和图 7.20显示了其中一组真实数据集的融合结果。先看图 7.19显示的 QuickBird 卫星图像，PRACS、AWLP、MTF-GLP-HPM 和 MTF-GLP-CBD 的融合结果会丢失一部分图像细节。而 GSA 的融合结果则出现了过度锐化的问题，因此，图中的树木和植物看起来不自然，有些失真。BDSD 在 QuickBird 卫星图像上的表现较好，但在 WorldView-2 卫星图像上的表现较差，见图 7.20(d)。相比之下，4 种基于深度学习的方法的融合结果均未出现明显的过度平滑或锐化。为了看得更清楚，选取了一小块红色框内的区域并放大显示在图像右下角。图 7.19中的放大区域显示，FrMLNet 可以恢复一两个像素大小的颜色特征，并且颜色与 MS 图像（EXP）最近似。从图 7.20的放大区域中可以看出，传统方法无法完全恢复 PAN 图像中的细节，而 PanNet、A-PNN 和 MSDCNN 得到的融合结果中会出现一些伪影。相比之下，FrMLNet 保留了更多的图像细节。

综上所述，无论是客观的指标比较还是主观的视觉比较，FrMLNet 在真实数据集上的表现都优于其他方法。

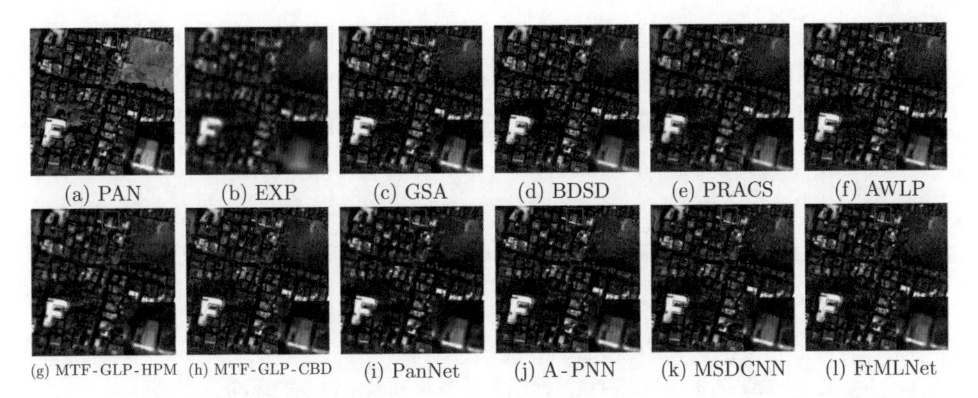

图 7.19　真实数据集上的融合结果（输入的 LRMS 图像和 PAN 图像来自 QuickBird 卫星，大小分别为 64 像素 ×64 像素和 256 像素 ×256 像素）

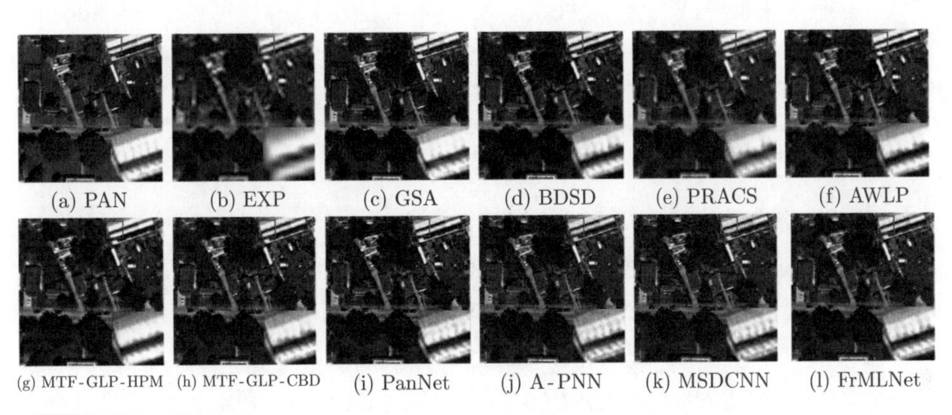

图 7.20　真实数据集上的融合结果（输入的 LRMS 图像和 PAN 图像来自 WorldView-2 卫星，大小分别为 64 像素 ×64 像素和 256 像素 ×256 像素）

7.4.3　消融分析

下面对 FrMLNet 的网络结构进行讨论与分析，包括残差模块（RB）数量的确定、多尺度特征聚合的作用以及网络的残差连接对网络性能的影响。

7.4.3.1　RB 的数量

首先对 RB 的数量进行研究。众所周知，网络参数的数量将极大地影响网络的性能。在特征提取和 Framelet 系数预测网络中，分别使用了 N_1 和 N_2 个级联的 RB。现在讨论 RB 的数量，即 N_1 和 N_2 的取值，对网络性能的影响，相关结果如表 7.9所示（这里以 QuickBird 卫星数据为例）。首先将 N_2 固定为 1，观察 N_1 从 2 增加到 5 时网络总参数量和网络在测试集上的 PSNR 指标的变化。可以看到，PSNR 随着 RB 数量的增加而增加。这是因为网络变得更深，可以更好地学习输入和输出之间的映射。但是随着网络进一步加深，PSNR 上升速度会放缓。最终选择 $N_1 = 4$ 以平衡网络参数量和网络性能。然后将 N_1 固定为 4，观察 N_2 从 1 增加到 4 时网络总参数量和网络在测试集上的 PSNR 指标的变化，可以得到类似的结果。根据以上分析，在最终的模型中确定 $N_1 = 4$ 和 $N_2 = 2$。

表 7.9　RB 数量对网络总参数量和网络性能的影响

$N_2 = 1$			$N_1 = 4$		
N_1	网络总参数量	PSNR/dB	N_2	网络总参数量	PSNR/dB
2	1.96×10^6	38.41	1	2.54×10^6	38.65
3	2.25×10^6	38.50	2	3.17×10^6	38.73
4	2.54×10^6	38.65	3	3.81×10^6	38.75
5	2.83×10^6	38.68	4	4.44×10^6	38.76

7.4.3.2　网络结构

下面对网络结构进行研究。为了显示 FrMLNet 中使用的多级特征聚合的优越性，引入两种衍生网络结构：没有使用多级特征的 FrNet 和没有使用多级特征聚合模块 FAM 的 FrMLNet1。FrNet 仅聚合两个特征提取网络最后一个 RB 输出的特征图（最高级别的尺度特征），FrMLNet1 将 PAN 和 UsMS 堆叠后作为单个特征提取网络的输入，提取的多级特征直接堆叠后由 RB-RDB-RB 进行信息融合。这样一来，FrNet 中只有一个 FAM，而 FrMLNet1 中并未使用 FAM。表 7.10显示了在 QuickBird 卫星模拟数据集上这两种衍生网络与 FrMLNet 的指标比较。可以看到这两种衍生网络性能相差不大，并且与表 7.6中其他三种基于深度学习的方法 A-PNN、PanNet 和 MSDCNN 相比较，所有指标都得到了较小但是一致的改善。而包含了多尺度特征聚合的 FrMLNet 的所有指标都优于这两种衍生网络，这证明了该多尺度结构的优越性。

此外，通过可视化卷积滤波器的响应，对遥感影像上两个特征提取子网络的具体作用进行深入分析，相关结果如图 7.21所示。其中第一列显示了两个特征提取子网络第一个卷积层输出的特征（通过 3D PCA 对高维特征进行降维并显示成伪彩色图）。从可视化特征图中可以看出，空间细节主要出现在第一行，即 PAN 图像的特征提取网络的输出，而第二行从 MS 图像提取的与光谱相关的特征图在空间上相对平滑。然后选取每个特征图的两个代表性特征通道进行展示（见图 7.21的后两列），可以明显地看到，两个子网络提取的特征都对不同地物有不同的响应。以上内容说明了 FrMLNet 模型中的特征提取网络能够很好地提取有用信息，过滤掉不重要的信息，并且对不同地物有识别能力。

表 7.10　在 QuickBird 卫星模拟数据集上不同网络结构的指标比较

指标	Q^4	QAVE	SAM	ERGAS	SCC
理想值	1	1	0	0	1
FrNet	0.9519	0.9522	1.6259	1.1722	0.9707
FrMLNet1	0.9512	0.9516	1.6289	1.1729	0.9710
FrMLNet	**0.9530**	**0.9532**	**1.6073**	**1.1478**	**0.9726**

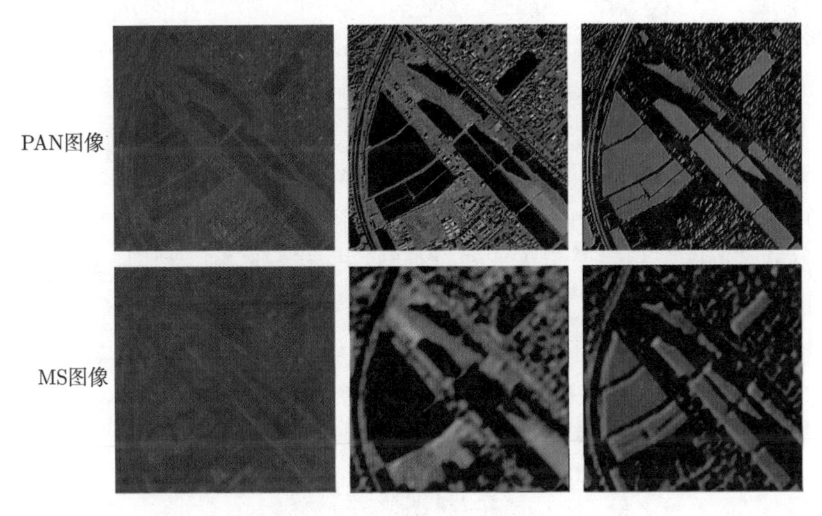

图 7.21　两个特征提取子网络所提取的特征图的可视化显示（第一行：图 7.17中 PAN 图像的特征图；第二行：图 7.17中 MS 图像的特征图）

7.4.3.3　残差连接方式

最后对残差连接方式进行研究。Scarpa 等人已经证明，相比较直接生成图像，让网络去学习真实标签图像与输入 MS 图像之间的残差能够极大地改善网络性能，优化融合结果。因此，许多基于深度学习的全色锐化融合方法通过跳跃连接将 UsMS 与网络输出求和从而得到最终的融合结果。

不同于其他融合网络，FrMLNet 重建的是 Framelet 系数而不是 HRMS 图像本身。前文用 $\boldsymbol{C} = (\boldsymbol{C}_1, \boldsymbol{C}_2, \cdots, \boldsymbol{C}_9)$ 和 $\hat{\boldsymbol{C}} = (\hat{\boldsymbol{C}}_1, \hat{\boldsymbol{C}}_2, \cdots, \hat{\boldsymbol{C}}_9)$ 来分别表示

GT 图像和网络预测的 Framelet 系数，然后再用 $\boldsymbol{C}_m=(\boldsymbol{C}_{m_1},\boldsymbol{C}_{m_2},\cdots,\boldsymbol{C}_{m_9})$ 和 $\boldsymbol{C}_p=(\boldsymbol{C}_{p_1},\boldsymbol{C}_{p_2},\cdots,\boldsymbol{C}_{p_9})$ 来分别表示 UsMS 图像和 PAN 图像的 Framelet 系数。考虑使用残差连接，Framelet 主网络重建的不再是图像之间的残差，而是 Framelet 系数之间的残差。因为输入有 UsMS 和 PAN 两种图像，所以残差连接有三种可能的方式：

$$\begin{cases}\hat{\boldsymbol{C}}_i=\hat{\boldsymbol{C}}_{f_i}+\boldsymbol{C}_{m_i}, & i=1,2,\cdots,9\\ \hat{\boldsymbol{C}}_i=\hat{\boldsymbol{C}}_{f_i}+\boldsymbol{C}_{p_i}, & i=1,2,\cdots,9\\ \hat{\boldsymbol{C}}_1=\hat{\boldsymbol{C}}_{f_1}+\boldsymbol{C}_{m_1},\hat{\boldsymbol{C}}_i=\hat{\boldsymbol{C}}_{f_i}+\boldsymbol{C}_{p_i}, & i=2,3,\cdots,9\end{cases}\tag{7.11}$$

式中，$\hat{\boldsymbol{C}}_{f_i}$ 是 Framelet 系数预测网络的直接输出。在这三种残差连接中，最常见是第一种方式，称为 MSRes，即只将 UsMS 图像的 Framelet 系数跳跃连接到网络输出；第二种残差连接方式则只使用 PAN 图像的 Framelet 系数，称为 PanRes。由于 Framelet 分解后的近似系数包含了全局信息，而细节系数揭示了图像的结构和纹理信息，因此提出了第三种残差连接方式，即用 UsMS 图像 Framelet 分解后的近似系数和 PAN 图像 Framelet 分解后的细节系数分别加到对应的输出 Framelet 系数并称之为 HybridRes。

为了比较这三种残差连接方式对于网络性能的影响，利用 QuickBird 卫星模拟数据集分别训练了对应的网络，并且也训练了不使用残差连接的网络（NoRes）。这四种网络的 PSNR 随 epoch 变化的曲线如图 7.22 所示。不

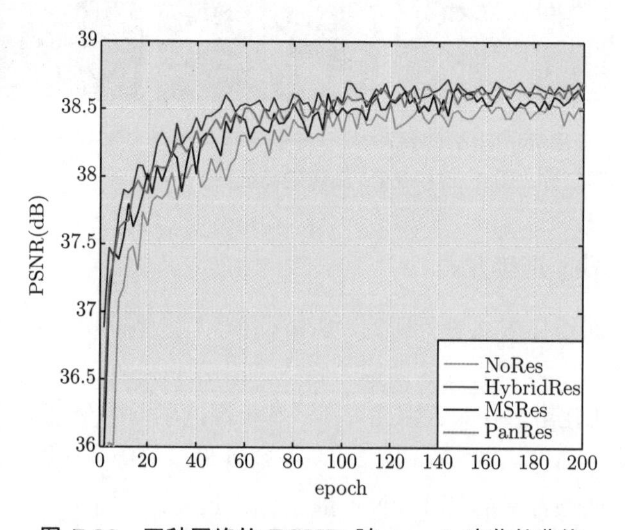

图 7.22　四种网络的 PSNR 随 epoch 变化的曲线

出意料，NoRes 的性能明显比其他三种采用了残差连接的网络差。MSRes 和 PanRes 性能差不多，但是 MSRes 的训练过程不稳定。与仅考虑 MS 图像中包含的光谱信息的 MSRes 和仅考虑 PAN 图像中包含的空间信息的 PanRes 相比，HybridRes 结合了它们的优点，并且在收敛速度和预测准确性方面都具有明显的优势。

7.5 基于深度展开网络的全色锐化融合网络

基于数学模型的融合方法虽然能取得一定的效果，但是过度依赖图像的先验知识。随着许多基于深度学习的全色锐化方法被提出，图像融合效果有了进一步改善，但是由于目前此类方法对 HRMS 图像相关的领域知识的研究尚不完备，因此仍存在改进空间。为了实现深度学习和数学模型的优势互补，基于深度展开网络的全色锐化融合网络逐渐发展起来。

目前，一些全色锐化研究已经对深度展开网络的应用进行了初步尝试。Shen 等人的研究首先使用深度残差网络学习 PAN / MS 图像和 HRMS 图像之间梯度的映射，然后利用梯度网络学习到的梯度先验构建融合模型，最后通过迭代优化算法对该模型进行求解。Wu 等人的研究将 CNN 学习到的图像先验知识作为正则项引入到变分模型中，CNN 会对深层先验项的像素级权重进行自动估计，然后与空间保真项和光谱保真项相结合，最终通过 ADMM 对模型进行求解。这两种方法都是使用深度先验代替手工先验，并使用传统的优化算法求解模型的。虽然这证明了使用深度先验的效果更好，但是主要解决的是基于模型的融合方法受先验知识影响的问题。为了充分发挥 CNN 端到端学习的优势，Xu 等人提出了模型驱动的全色锐化融合网络 GPPNN。首先建立基于 PAN 图像和 LRMS 图像的观察模型及深度先验的优化模型，并将两个未知变量的迭代步骤用两个网络模块表示，然后通过交替堆叠这两个模块来构建 GPPNN。在该网络中，PAN 图像和 MS 图像的退化过程都使用没有任何物理约束的卷积算子表示。

本节提出了一种模型引导的全色锐化融合网络（MoG-PNN），其综合了基于数学模型和深度学习方法的优势。该方法首先结合 HRMS 图像的领域知识建立起目标函数，该函数由三部分组成，其中前两部分是基于空间退化和光谱退化的数据保真项，第三部分利用 HRMS 图像的先验信息，构建了一个基于 CNN 的图像正则项。随后，通过梯度下降法得到一个迭代优化算法对目标函数进行求解，并通过构建用于模拟空间退化和光谱退化过程的相应子网络，将该算法展开为一个迭代的模型引导网络结构，实现了端到端的优化。降分辨率评估和原分辨率评估的结果表明，MoG-PNN 方法优于许多其他先进的方法。下面对提出的 MoG-PNN 方法进行详细介绍。

7.5.1 网络构建

首先利用 HRMS 图像的领域知识描述 MoG-PNN 方法构造融合目标函数的过程，然后结合优化算法解释目标函数转换成迭代式求解的过程，并在此基础上描述 MoG-PNN 方法如何选择和使用深度网络模块对上述迭代式进行展开，并分别对重建网络、去噪网络和损失函数三部分进行具体介绍。

7.5.1.1 模型建立

MoG-PNN 方法选取的基本模型是广泛应用在基于数学模型的全色锐化融合方法的观测模型，包括 HRMS 图像到 LRMS 图像的空间退化模型、HRMS 图像到 PAN 图像的光谱退化模型以及正则项三部分。为了建立 HRMS 图像和 LRMS 图像之间的空间退化模型，通常假设 LRMS 图像是模糊后的 HRMS 图像经过下采样获得的，如果用 D 表示进行下采样和模糊操作的算子，则这一模型可以表示为 $\boldsymbol{M}=D\boldsymbol{Z}$。有学者提出，PAN 图像（或其梯度）可以视为由 HRMS 图像所有波段（或其梯度）的线性组合，如果用 L 表示线性操作，则 HRMS 图像和 PAN 图像之间的光谱退化模型可以表示为 $\boldsymbol{P}=L\boldsymbol{Z}$。由于从一对 LRMS 图像和 PAN 图像推断出 HRMS 图像是一个不适定的反问题，通常需要加入有关 HRMS 图像先验知识的正则项进行约束。因此，当用 $J(\boldsymbol{Z})$ 表示正则项时，全色锐化融合的目标函数可以表述为：

$$\hat{\boldsymbol{Z}}=\arg\min_{\boldsymbol{Z}}\frac{1}{2}\|\boldsymbol{P}-L\boldsymbol{Z}\|_F^2+\frac{1}{2}\|\boldsymbol{M}-D\boldsymbol{Z}\|_F^2+J(\boldsymbol{Z}) \tag{7.12}$$

值得注意的是，与基于数学模型的全色锐化方法不同，MoG-PNN 方法在建立模型时，并没有提出类似稀疏或低秩约束这种明确的正则项，而是引入从大量 HRMS 图像中学习到的隐式正则项 $J(\boldsymbol{Z})$ 来约束这一不适定问题。受深度先验在其他图像处理任务中成功应用的启发，该方法在全色锐化融合任务中引入深度去噪先验。

为了对式(7.12)进行求解，MoG-PNN 方法引入辅助变量 $\boldsymbol{V}$ 来替换正则项 $J(\boldsymbol{Z})$ 中的变量 $\boldsymbol{Z}$，并采用半二次方分裂算法将该约束优化问题转化为等价的无约束优化问题：

$$(\hat{\boldsymbol{Z}}, \hat{\boldsymbol{V}}) = \arg\min_{\boldsymbol{Z},\boldsymbol{V}} \frac{1}{2}\|\boldsymbol{P} - L\boldsymbol{Z}\|_F^2 + \frac{1}{2}\|\boldsymbol{M} - D\boldsymbol{Z}\|_F^2 + \frac{\mu}{2}\|\boldsymbol{Z} - \boldsymbol{V}\|_F^2 + J(\boldsymbol{V}) \quad (7.13)$$

式中，μ 表示权重参数。通过交替求解以下两个子问题，可以对式(7.13)进行求解：

$$\boldsymbol{Z}^{t+1} = \arg\min_{\boldsymbol{Z}} \frac{1}{2}\|\boldsymbol{P} - L\boldsymbol{Z}\|_F^2 + \frac{1}{2}\|\boldsymbol{M} - D\boldsymbol{Z}\|_F^2 + \frac{\mu}{2}\|\boldsymbol{Z} - \boldsymbol{V}^t\|_F^2 \quad (7.14)$$

$$\boldsymbol{V}^{t+1} = \arg\min_{\boldsymbol{V}} \frac{\mu}{2}\|\boldsymbol{Z}^{t+1} - \boldsymbol{V}\|_F^2 + J(\boldsymbol{V}) \quad (7.15)$$

式中，t 表示迭代次数。

变量 $\boldsymbol{Z}$ 的子问题是一个具有闭式解的二次优化问题，其求解可以表示为 $\boldsymbol{Z}^{t+1} = \boldsymbol{W}^{-1}\boldsymbol{B}$ 的形式，其中 $\boldsymbol{W}$ 表示一个和退化操作 L 和 D 有关的极大矩阵。但是对于大多数计算机来说，几乎无法实现 $\boldsymbol{W}$ 的逆矩阵的求解，因此改用梯度下降法进行近似求解：

$$\boldsymbol{Z}^{t+1} = \boldsymbol{Z}^t - 2\delta_t \nabla_{\boldsymbol{Z}} \quad (7.16)$$

式中，δ_t 是控制梯度下降过程中步长的参数；$\nabla_{\boldsymbol{Z}}$ 表示梯度，可通过下式进行求解：

$$\nabla_{\boldsymbol{Z}} = L^{\mathrm{T}}(L\boldsymbol{Z}^t - \boldsymbol{P}) + D^{\mathrm{T}}(D\boldsymbol{Z}^t - \boldsymbol{M}) + \mu(\boldsymbol{Z}^t - \boldsymbol{V}^t) \quad (7.17)$$

值得注意的是，理论上在梯度下降优化的过程中应当对式(7.16)进行多次迭代，从而获得更加准确的结果，但是通过观察发现，式(7.16)的迭代次数对最终的融合结果的影响很小，因此为了提高计算效率，仅进行一次迭代求解。

得到 $\boldsymbol{Z}^{t+1}$ 后，接下来对 $\boldsymbol{V}$ 进行求解。由式(7.15)可知，求解 $\boldsymbol{Z}$ 的子问题可以看作对 $\boldsymbol{Z}$ 的去噪操作。如果令 $f(\cdot)$ 表示去噪操作，那么 $\boldsymbol{Z}$ 的求解可以表示为 $\boldsymbol{V}^{t+1} = f(\boldsymbol{Z}^{t+1})$。虽然任何去噪算法都可以用来求解该问题，但是考虑到近年来 CNN 在图像去噪方面取得的重大成果，最终选取了基于 CNN 的去噪器来充分利用现有的遥感数据。

综上所述，式(7.13)表示的 MoG-PNN 方法可以通过引入去噪器的迭代算法进行求解，如算法 7.1所示。其中，$\boldsymbol{M}$ 双三次插值获得的上采样结果作为 $\boldsymbol{Z}^0$ 和 $\boldsymbol{V}^0$ 的初始值。

算法 7.1 MoG-PNN 方法

输入： PAN 图像 $\boldsymbol{P}$，LRMS 图像 $\boldsymbol{M}$

输出： HRMS 图像 $\boldsymbol{Z}$

1: **初始化：**
2: $\boldsymbol{Z}^0$ & $\boldsymbol{V}^0 = \mathrm{BI}(\boldsymbol{M})$，其中 $\mathrm{BI}(\cdot)$ 表示进行双三次插值操作；
3: $t = 0$；
4: **while** 模型未收敛 **do**
5: 　更新 δ_t；
6: 　$\boldsymbol{Z}^{t+1} = \boldsymbol{Z}^t - 2\delta_t(L^{\mathrm{T}}(L\boldsymbol{Z}^t - \boldsymbol{P}) + D^{\mathrm{T}}(D\boldsymbol{Z}^t - \boldsymbol{M}) + \mu(\boldsymbol{Z}^t - \boldsymbol{V}^t))$；
7: 　$\boldsymbol{V}^{t+1} = f(\boldsymbol{Z}^{t+1})$；
8: 　$t = t + 1$；
9: **end while**

7.5.1.2 模型引导的深度卷积网络

如果使用传统的优化方法，算法 7.1需要多次迭代才能收敛，计算开销大。受近期计算机视觉任务中深度展开网络方法的启发，MoG-PNN 将迭代优化算法展开为一系列的网络模块，每次迭代都被转换为网络的一个阶段，每个阶段内部都由一个重建网络和一个去噪网络组成，分别用于解决 $\boldsymbol{Z}$ 和 $\boldsymbol{V}$ 的子问题。同时，算法 7.1中与退化过程有关的运算（如算子 L、D 及它们的转置）以及去噪操作 $[f(\cdot)]$ 都可以由 CNN 来实现。MoG-PNN 的基本架构如图 7.23所示，图中一共对算法 7.1执行了 t 次迭代。通过端到端的训练，去噪网络参数和算法的其他参数可以被共同优化。此外，考虑到去噪网络参数量较大，设置该模型不同迭代中的同一模块权重共享。下面将对单次迭代中两个子网络的设计和损失函数进行详细介绍。

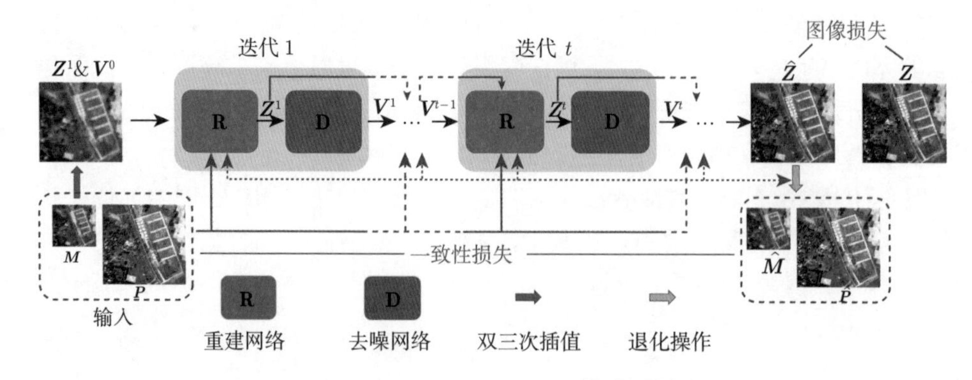

图 7.23 MoG-PNN 的基本架构

7.5.1.3　重建网络

重建网络的设计是基于式(7.16)和式(7.17)所表示的 $\boldsymbol{Z}$ 子问题的迭代优化实现的。从整体来看，以图 7.23中第 t 次迭代为例，重建网络以 $\boldsymbol{Z}^{t-1}$、$\boldsymbol{V}^{t-1}$、PAN 图像 $\boldsymbol{P}$ 和 LRMS 图像 $\boldsymbol{M}$ 作为输入，输出当前迭代得到的 HRMS 图像 $\boldsymbol{Z}^{t}$。值得注意的是，在 $t=0$ 时，使用双三次插值上采样处理后的 $\boldsymbol{M}$ 对 $\boldsymbol{Z}^{0}$ 和 $\boldsymbol{V}^{0}$ 进行初始化。

图 7.24(a) 的上半部分展示了重建网络的结构，涉及四个子网络模块，分别对应光谱退化算子和空间退化算子（L 和 D）以及它们的转置（L^{T} 和 D^{T}）；图 7.24(a) 的下半部分给出了各子网络模块具体的网络架构，并且展示了如何通过设计 CNN 来模拟退化过程和相应的逆过程。在基于数学模型的全色锐化融合方法中，空间退化算子 D 通常通过一个模糊算子和一个空间下采样算子来实现。为了更好地描述不同的空间模糊过程，MoG-PNN 方法对 HRMS 图像在空间维度进行两次卷积核大小为 5×5 的卷积操作，其中每个卷积层的步

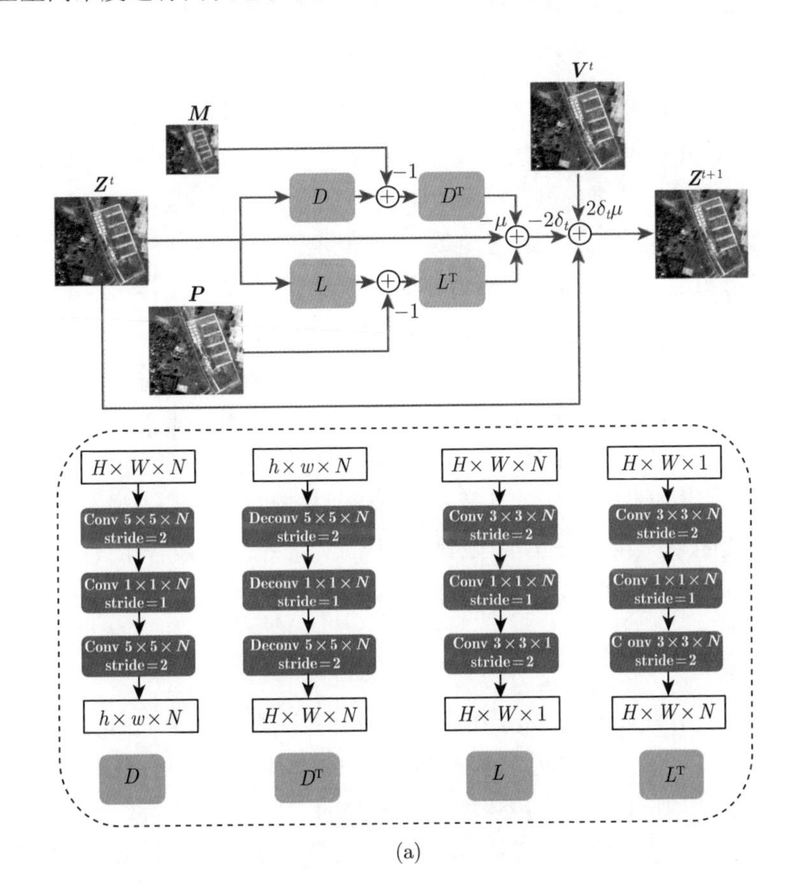

(a)

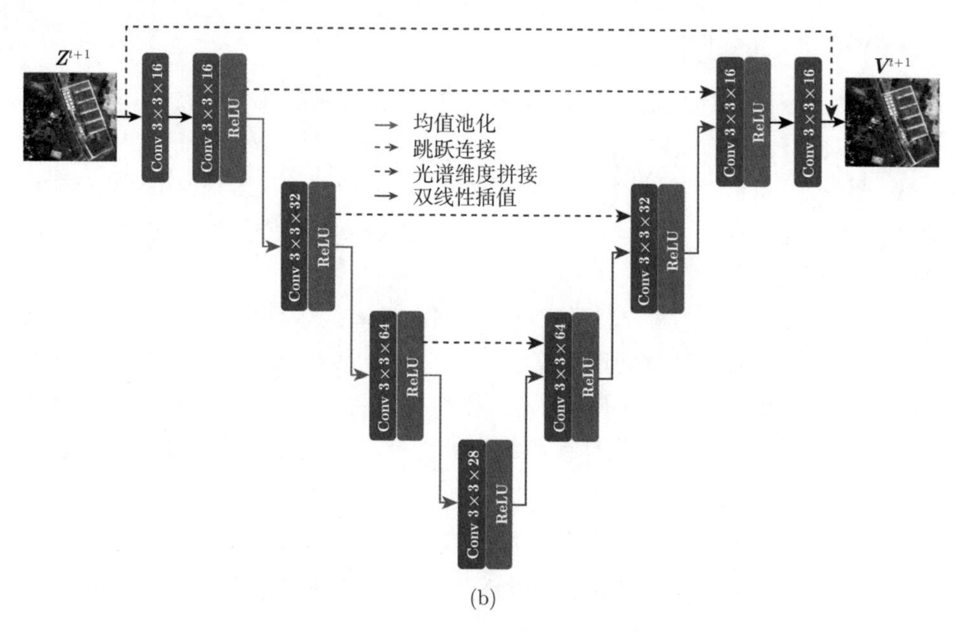

(b)

图 7.24　重建网络和去噪网络的架构

长设置为 2，从而可以逐步降低输入图像的空间分辨率直到空间分辨率比值达到 4。同时，在这两个卷积层之间，又增加了一个步长为 1 的 1×1 大小的卷积层，以提高拟合的准确性。与需要降低空间分辨率的空间退化算子 D 不同，光谱退化算子 L 需要将光谱通道数从 N 降低到 1。这个变化也可以通过三个卷积层来实现，其中第一层和第三层都是步长为 1，大小为 3×3 的卷积层，用来学习光谱退化过程，中间的卷积层同空间退化模块的中间层一样，使用了步长为 1 的 1×1 卷积层，以更好地实现拟合。通过图 7.24(a) 所示的网络结构可以直观看出，重建网络中的退化模块具有对称结构。通过将空间退化算子 D 网络结构中的第一层和第三层卷积网络替换为相应的反卷积网络，即可实现空间退化的逆操作 D^{T}。而对于光谱退化的转置算子 P^{T} 来说，光谱通道数需要从 1 变回 N，因此在实现过程中，其首先通过 3× 3×N 的卷积层将通道数增加，相当于逆序实现 P 算子网络。

7.5.1.4　去噪网络

去噪网络用来求解式(7.15)中描述的 $\boldsymbol{V}$ 子问题。如图 7.23所示，重建网络输出的中间结果 $\boldsymbol{Z}^t$ 被送入去噪网络，以进一步提高融合精度。与 Dong、Huang 等人使用的网络结构类似，MoG-PNN 采用由一个编码器和一个解码器组成的 U-Net 架构作为去噪网络的主干部分。尽管还有很多其他有效的去噪网络可以使用，但实验证明，U-Net 架构能够更好地在效率和性能增益之间取得平衡。图 7.24(b) 展示了去噪网络的架构，可以看出编码器和解码器的设计都很简单，各包含三个 3×3 的卷积层和 ReLU 非线性激活函数层。对于编码器来说，每个卷积层后都通过平均池化的方法来减少特征图的空间尺度；对于解码器来说，对每个卷积层输出的特征图进行插值，从而实现特征图的 2 倍上采样，保证整个网络最终的输出结果大小与输入的一致。上采样处理后的特征图随后与来自编码器的相同分辨率的特征图进行跳跃连接。同时，该方法还在输入信号和解码器的输出之间添加了一个跳跃连接，以帮助去噪网络实现预测残差的目的。

7.5.1.5 损失函数

MoG-PNN 使用两种损失函数对网络训练进行监督。一种是由真实 HRMS 标签数据监督的图像域损失，如果使用 $\hat{\boldsymbol{Z}}$ 表示最后一个迭代的重建网络的输出，$g(\cdot)$ 表示相似性测量函数，则该图像域损失可以表示为：

$$\mathcal{L}_{\text{img}} = g(\hat{\boldsymbol{Z}}, \boldsymbol{Z}) \tag{7.18}$$

大多数基于深度学习的全色锐化融合方法和用于其他计算机视觉任务的深度展开网络通常只考虑图像域损失。为了充分利用输入图像信息，以期在 LRMS 图像和 PAN 图像的监督下获得功能更加完善的网络，MoG-PNN 引入一致性损失：

$$\mathcal{L}_{\text{cst}} = g(\boldsymbol{P}, L\hat{\boldsymbol{Z}}) + g(\boldsymbol{M}, D\hat{\boldsymbol{Z}}) \tag{7.19}$$

具体来说，首先利用学习到的退化算子 L 和 D 对输出的 HRMS 图像进行退化，再对退化后的结果进行约束，使其尽可能地接近输入的 LRMS 图像和 PAN 图像。值得注意的是，一致性损失不仅为输出的 HRMS 图像提供了进一步的监督，而且也有利于网络学习到更真实的退化情况。一致性损失的有效性将在后续章节进行展示。

将两种损失结合起来，整个网络可以通过最小化以下损失函数进行训练：

$$\mathcal{L}_{\text{total}} = \mathcal{L}_{\text{img}} + \gamma \mathcal{L}_{\text{cst}} \tag{7.20}$$

式中，γ 表示权重参数。

7.5.2 实验对比与分析

为了评估 MoG-PNN 的性能，选取一些常见卫星获取的真实数据进行实验。下面首先对实验设置进行简单介绍，并针对降分辨率评估和原分辨率评估两种方法下的实验结果进行分析。

7.5.2.1 实验设置

数据集：实验数据是分别来自 QuickBird 卫星和 WorldView-2 卫星的两个数据集。关于这两种卫星的详细信息见 2.1.1 节。所有原始图像都被裁剪为 64 像素 ×64 像素的 MS 图像和 256 像素 ×256 像素的 PAN 图像。然后根据 Wald 协议，将处于捕获分辨率的 MS / PAN 图像按照 4 的比例系数进行下采样，得到用于训练的数据。具体来说，用于训练的 LRMS / PAN 图像的大小为 16 像素 ×16 像素/64 像素 ×64 像素，作为真实标签数据 GT 的 MS 图像的大小为 64 像素 ×64 像素。从 QuickBird / WorldView-2 数据集中获得的 10596/9118 个图像对分别按照 90%/10% 的比例划分为训练集和验证集。

评估指标：实验将通过 Wald 标准下的降分辨率评估和使用真实数据的原分辨率评估对 MoG-PNN 的性能进行分析。除了视觉效果的定性分析，还引入了一些常用的指标对融合结果进行定量评估。当存在参考图像 GT 时，可以对生成的 HRMS 图像与 GT 图像之间的空间相似性和光谱相似性进行量化，在众多指标中选取了 SAM、SCC、QAVE、ERGAS 以及 4 波段图像的通用图像质量指数（Q^4）和 8 波段图像的通用图像质量指数（Q^8）五个广泛使用的定量指标。当不存在 GT 图像时，根据原始图像和融合结果之间的关系来实现质量评估，选取了 QNR 指标及其两个组成部分 D_λ 和 D_s 来进行原分辨率下的定量评估。

训练细节：在实验过程中，损失函数中的相似性测量函数 $g(\cdot)$ 用 L_1 损失实现，控制一致性损失重要性的权重参数 γ 设置为 0.05。训练所使用的计算机配备有四个 Nvidia GTX 2080 Ti GPU，并使用 PyTorch 框架分别为 QuickBird 和 WorldView-2 数据集训练了两个独立的网络。在训练过程中，整个网络的总迭代次数 t 设置为 4，式(7.13)中的步长 δ_t 通过自适应学习得到，训练过程中权重衰减和动量分别设置为 1×10^{-4} 和 0.9。MoG-PNN 的参数由 Adam 优化器更新，学习率初始化为 0.001，每 50 个 epoch 训练学习率减半，实验设置训练 300 个 epoch 后停止训练，故学习率共下降 5 次。

对比方法：为了更全面地对 MoG-PNN 进行评估，选取多个表现突出的全色锐化融合方法进行实验对比。首先从基于深度学习的方法中挑选了 PNN、PanNet、MSDCNN、SRPPNN 和 MUCNN 五种网络模型，并使用与训练 MoG-PNN 相同的数据集和作者提供的学习策略对它们重新训练。此外，还选取了包括 GSA、BDSD、PRACS、ATWT、AWLP 和 SFIM 在内的六种经典的传统方法作为对比，这些方法的代码可参考相关文献。此外，将插值处理得到的 HRMS 图像（简称 EXP）也引入对比实验。

7.5.2.2　降分辨率评估

首先对 MoG-PNN 进行降分辨率评估。依照 Wald 协议对原始图像进行退化操作，并将得到的 LRMS / PAN 图像作为融合输入。两个不同卫星数据集上的平均指标比较如表 7.11和表 7.12所示。对于每个数据集，选取了 49 对空间尺寸为 64 像素 ×64 像素/256 像素 ×256 像素的 LRMS / PAN 图像进行测试。可以看出，所有方法在全部五个指标上的表现都远优于 EXP，其中后六种基于深度学习的方法比前六种传统方法表现得更好，MoG-PNN 更是在所有指标上都获得了最优的平均值，这说明 MoG-PNN 得到的融合结果与 HRMS 参考图像具有最相似的光谱分布和空间结构。

表 7.11　降分辨率评估中 QuickBird 数据集上各方法指标比较

指标	Q^4	QAVE	SAM	ERGAS	SCC
理想值	1	1	0	0	1
EXP	0.5525	0.5504	4.4124	3.7415	0.5707
GSA	0.8675	0.8573	3.2493	2.1957	0.9002
BDSD	0.8772	0.8750	3.2235	2.1232	0.9081
PRACS	0.8239	0.8032	3.3054	2.3788	0.8942
AWLP	0.8432	0.8379	3.3309	2.2550	0.9061
ATWT	0.8371	0.8339	3.4423	2.3072	0.8965
SFIM	0.8284	0.8266	3.4526	2.3599	0.8935
PNN	0.9167	0.9171	2.3731	1.7343	0.9456
PanNet	0.9200	0.9236	2.2845	1.7605	0.9340
MSDCNN	0.9213	0.9214	2.3024	1.7001	0.9494
SRPPNN	0.8995	0.8993	2.5666	1.8615	0.9374
MUCNN	0.9117	0.9137	2.4376	1.7578	0.9433
MoG-PNN	**0.9378**	**0.9392**	**2.0138**	**1.5036**	**0.9623**

图 7.25 和图 7.26中展示了各种方法的融合结果。为了更好地进行观察对比，将 GT 图像同所有方法得到的全色锐化融合结果放在一起显示，并在图 7.25 左上角或图 7.26 右上角放大显示一些关键区域。通过比较可以发现，传统方法得到的融合结果总会产生空间畸变，一些细节信息不能得到很好的恢复；此外，还存在严重的光谱失真问题，特别是 GSA 和 BDSD。与之形成对比的是，基于深度学习的方法能够更好地保留空间和光谱信息，都产生了边缘清晰、色彩饱和的全色锐化融合结果。通过对图 7.27 和图 7.28 所示的融合结果与 GT 图像之间的误差图像的观察，可以发现 MUCNN 方法有明显的光谱

失真问题，其他基于深度学习的方法都存在轻微的空间失真现象。在所有的方法中，MoG-PNN 提供了更令人满意的最接近 GT 图像的结果。

表 7.12　降分辨率评估中 WorldView-2 数据集上各方法指标比较

指标	Q^8	QAVE	SAM	ERGAS	SCC
理想值	1	1	0	0	1
EXP	0.6860	0.6844	6.5880	6.7171	0.5224
GSA	0.9229	0.9161	5.9640	3.5744	0.8959
BDSD	0.9212	0.9171	6.4593	3.8012	0.8969
PRACS	0.8756	0.8700	6.2140	4.4730	0.8535
AWLP	0.9046	0.8995	6.0369	3.9180	0.8845
ATWT	0.9075	0.9043	5.8749	3.8492	0.8894
SFIM	0.8945	0.8926	6.0725	4.0452	0.8909
PNN	0.9581	0.9580	4.3845	2.5970	0.9481
PanNet	0.9447	0.9454	4.4541	3.0609	0.9002
MSDCNN	0.9608	0.9608	4.2076	2.5060	0.9527
SRPPNN	0.9517	0.9512	4.6655	2.8446	0.9427
MUCNN	0.9636	0.9641	4.0018	2.4209	0.9579
MoG-PNN	**0.9663**	**0.9665**	**3.8486**	**2.3384**	**0.9613**

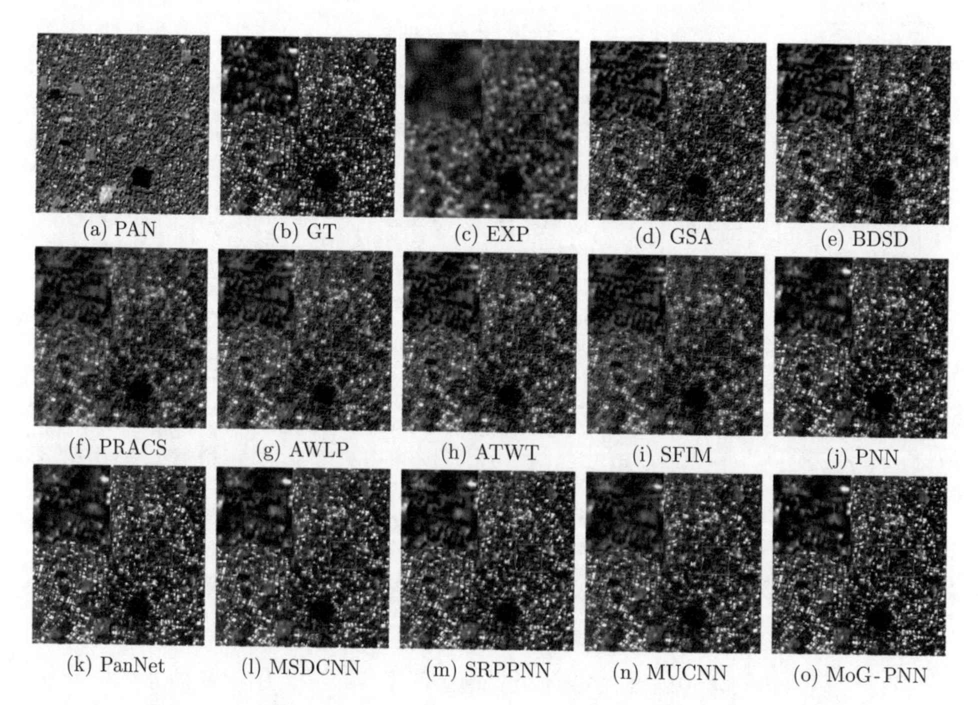
(a) PAN (b) GT (c) EXP (d) GSA (e) BDSD
(f) PRACS (g) AWLP (h) ATWT (i) SFIM (j) PNN
(k) PanNet (l) MSDCNN (m) SRPPNN (n) MUCNN (o) MoG-PNN

图 7.25　降分辨率评估下 QuickBird 数据集的全色锐化融合结果

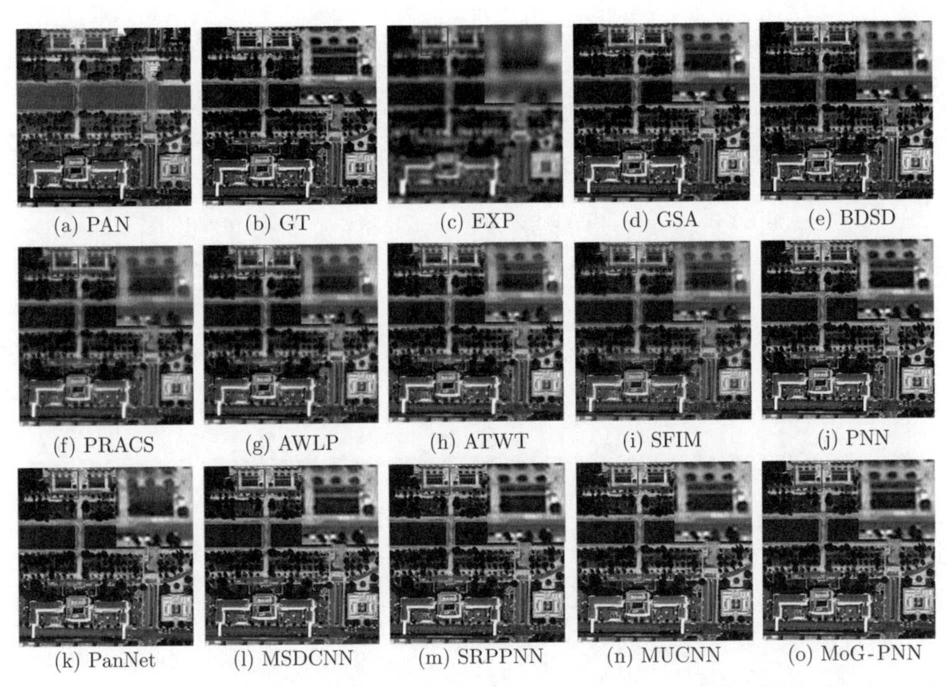

图 7.26 降分辨率评估下 WorldView-2 数据集的全色锐化融合结果

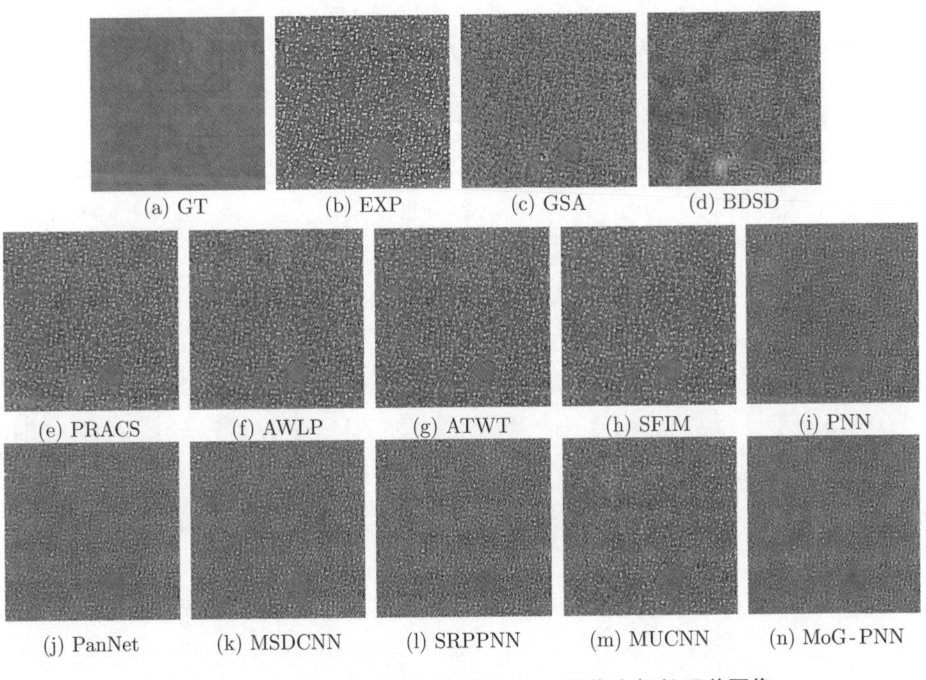

图 7.27 图 7.25中的融合结果与 GT 图像之间的误差图像

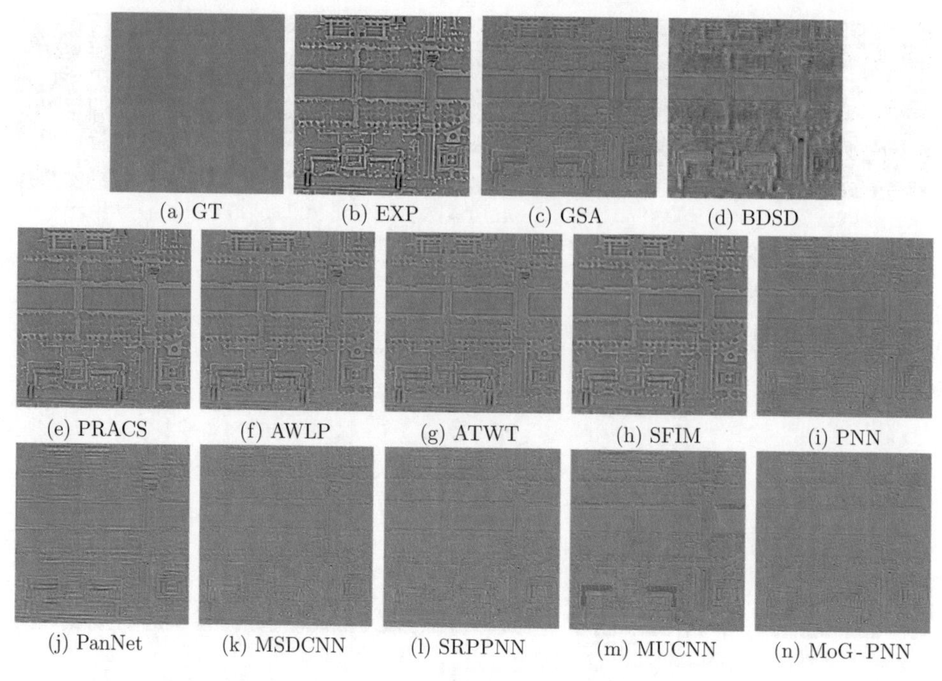

图 7.28　图 7.26中的融合结果与 GT 图像之间的误差图像

7.5.2.3　原分辨率评估

接下来进行原分辨率评估，模型的输入是处于捕获分辨率的 LRMS / PAN 图像，两个不同卫星数据集上各方法指标比较如表 7.13 所示。对于每个数据集，分别测试了 49 对空间大小为 64 像素 ×64 像素/256 像素 ×256 像素的 LRMS / PAN 图像。从表 7.13中可以看出，基于深度学习的方法虽然仍能提供较好的融合结果，但并不总优于传统方法，如传统方法 PRACS 和 BDSD 拥有与深度学习方法 SRPPNN 和 MUCNN 相当的性能，这说明了传统方法巧妙的设计能够充分利用图像本身的特性，也揭示了深度学习方法不仅要关注如何通过大量数据学习先验知识，还要对网络结构自身的设计进行考虑。基于深度展开方法 MoG-PNN，尽管在 D_λ 指标上并不总是最好的，但在两个数据集上都取得了所有方法中最好的 D_s 和 QNR 指标结果，这验证了 MoG-PNN 对光谱信息和空间信息都有很好的保持能力，体现了深度展开网络有实现更好效果的潜力。

图 7.29 展示了原分辨率评估下 WorldView-2 数据集的全色锐化融合结果。从图中可以看出，BDSD 和 PanNet 的融合结果损失了一些图像细节，MUCNN 的融合结果则是会遇到严重的颜色失真问题。与之相比，MoG-PNN

可以在没有明显光谱失真和空间失真的情况下，恢复出清晰的 HRMS 图像。

表 7.13　原分辨率评估中 QuickBird 和 WorldView-2 数据集上各方法指标比较

	QuickBird			WorldView-2		
	D_λ	D_s	QNR	D_λ	D_s	QNR
理想值	0	0	1	0	0	1
EXP	0	0.0867	0.9133	0.0000	0.0577	0.9423
GSA	0.0640	0.1027	0.8407	0.0524	0.1287	0.8258
BDSD	0.0243	0.0429	0.9339	0.0896	0.1108	0.8098
PRACS	0.0280	0.0675	0.9066	**0.0105**	0.0958	0.8947
AWLP	0.0679	0.0948	0.8440	0.0611	0.1060	0.8394
ATWT	0.0793	0.1106	0.8191	0.0694	0.1150	0.8237
SFIM	0.0635	0.0870	0.8553	0.0510	0.1074	0.8471
PNN	0.0349	0.0343	0.9322	0.0363	0.0656	0.9005
PanNet	0.0423	**0.0208**	0.9379	0.0423	0.0723	0.8885
MSDCNN	0.0361	0.0343	0.9311	0.0439	0.0585	0.9001
SRPPNN	0.0506	0.0485	0.9040	0.0452	0.1033	0.8564
MUCNN	0.0257	0.0349	0.9407	0.0414	0.0633	0.8978
MoG-PNN	**0.0160**	**0.0208**	**0.9636**	0.0225	**0.0380**	**0.9404**

图 7.29　原分辨率评估下 WorldView-2 数据集的全色锐化融合结果

7.5.3 消融分析

同其他基于模型引导的深度展开网络相比，MoG-PNN 是首次引入一致性损失的网络模型，以便更加充分地利用输入信息。此外，MoG-PNN 使用三层卷积对退化过程进行建模，与仅使用一层或两层的卷积相比，能学到更多的信息，得到更准确的结果。同时，MoG-PNN 还通过共享所有迭代间的权重来减少模型参数量。为了证明以上三种策略的有效性，下面将设计三种衍生模型在 QuickBird 数据集上与 MoG-PNN 进行消融实验和分析。

消融实验结果如表 7.14所示。衍生模型 I 将权重参数 γ 设置为 0，在没有一致性损失监督的情况下训练 MoG-PNN 模型，通过表 7.14中的结果可以看出，只使用图像损失会削弱 MoG-PNN 的网络性能，表明了一致性损失在该网络中起着重要的作用。衍生模型 II 删除了 MoG-PNN 模型中两个退化模块及其转置模块中的 1×1 的卷积层，从实验结果可以看出，在网络参数总量变化不大的情况下，所有指标都变差了，这说明了在这些模块中多加入一层卷积层是有必要的。衍生模型 III 是在不共享权重的情况下进行训练的，这种情况增加了模型的大小，却没有带来性能的提升，这证明了权重共享在全色锐化融合任务中是直观而有效的。

表 7.14　消融实验结果

指标	Q^4	QAVE	SAM	ERGAS	SCC
理想值	1	1	0	0	1
衍生模型 I	**0.9381**	0.9385	2.0176	1.5335	0.9607
衍生模型 II	0.9351	0.9359	2.0609	1.5411	0.9601
衍生模型 III	0.9363	0.9368	2.0186	1.5307	0.9609
MoG-PNN	0.9378	**0.9392**	**2.0138**	**1.5036**	**0.9623**

7.6 本章小结

本章介绍了基于深度学习的全色锐化融合方法。首先对深度学习和 CNN 的基础知识进行了简单的介绍，包括 CNN 的一般组成层次、常见的经典网络架构等，然后提出了三种基于深度学习的全色锐化融合方法。

（1）WGPNN：一种基于小波系数指导的全色锐化融合网络，由融合网络和指导网络构成。融合网络利用两个子网络分别提取 PAN 图像和 MS 图像不同级别的特征，将同一级别的特征进行融合后指导下一级别特征的提取，并将提取的特征进行重建得到融合结果。指导网络用于学习 HRMS 图像与输入的 LRMS 图像及 PAN 图像的小波系数之间的映射关系，并利用学习到的映射关系对融合网络的输出进行额外的小波变换域的监督，确保网络能够充分保留输入 MS 图像的光谱信息以及 PAN 图像的空间细节信息。

（2）FrMLNet：一种基于 Framelet 的全色锐化融合网络，利用图像在经过 Framelet 变换后能够将全局近似信息与空间细节信息区分开这一特性构建了特殊的残差连接，并利用多尺度特征聚合模块来融合 PAN 图像和 LRMS 图像的特征，从而可以充分利用 PAN 图像的空间信息与 MS 图像的光谱信息。

（3）MoG-PNN：一种将深度学习方法与数学模型方法相结合的深度展开网络。为了提升网络的可解释性，增加 HRMS 图像的领域知识指导，将 LRMS 图像与 PAN 图像的观察模型与深度去噪先验结合构建全色锐化融合模型，并将模型求解展开为网络表示，利用大量数据集进行了端对端的训练。

实验表明，这三种全色锐化融合网络都能取得 SOTA 的实验结果。

第 8 章

基于颜色迁移的图像融合

8.1 引言

全色锐化融合仅当存在成对的 PAN 图像和 MS 图像时能够发挥作用，但是如果只存在 PAN 图像而没有对应的 MS 图像，则全色锐化融合便无法为这类 PAN 图像提供光谱信息，这极大地影响了后续图像识别和理解任务的精度。受自然图像颜色迁移启发，在没有其他有效信息的情况下，利用已有的与该 PAN 图像地物类别相近的 MS 图像作为指导图像可以给 PAN 图像赋予光谱信息，该过程称为基于颜色迁移的图像融合。为了便于表述和显示，本章以自然图像为例对颜色迁移的图像融合展开研究，PAN 图像对应自然图像中的灰度图像，MS 图像则对应 RGB 彩色图像。

首先，本章提出一种基于颜色迁移的图像融合模型 SVMIC，利用超像素级别的加权非局部自相似性和局部一致性约束来解决融合问题。对于给定的灰度目标图像，第一，选择一幅包含相似地物的彩色参考图像，并在超像素分割后提取两个图像中每个超像素的多级特征；第二，采用具有置信度分配的自上而下的特征匹配方案，为每个目标超像素选择一组候选颜色；第三，提出一种变分模型为每个目标超像素从候选颜色中确定最合适的颜色。然后，本章提出一种新颖的基于参考图像的双子网络架构。该架构能够解决模型训练数据缺失问题，在给定任意一幅参考图像的情况下都能快速完成与目标图像的融合。对该架构进行改进，还可以将其应用于不同的风格化任务中。最后，为了降低模型的复杂度及训练难度，在双子网络融合思想的基础上，本章给出基于生成对抗网络的图像融合方法，完成端到端的融合训练。本章通过大量实验验证了上述方法的有效性。

8.2 研究背景与研究现状

图像着色（Image Colorization）技术是通过计算机辅助为灰度（目标）图像增加颜色的技术，着色是一种不适定问题，主要困难在于，对于特定的图像对象，通常没有“正确”的颜色，因为颜色和局部纹理之间没有一一对应的关系。例如，树叶可以是棕色的，也可以是黄色或红色的，建筑物还可以在灰度相同的情况下有多种合理的颜色选择。由于图像着色任务是一对多的映射关系，因此没有显性要求生成的图像应当具备某种性质，但要使其具有真实的视觉效果。

作为经典任务，图像着色在计算机视觉、计算机图形学、绘画教学等领域有着广泛的应用价值。在日常生活中，没有得到妥善保管的照片会出现泛黄、颜色丢失等现象，对于那些时间久远且记录家族变迁和承载历史的黑白照片，恢复其彩色信息对缅怀和揭开历史面纱都有重大的意义。在工业上，影视游戏渲染对资源和时间要求较高，画质渲染程度和渲染速度之间的平衡影响最终视觉效果，运用优秀的图像着色方法，能够极大减少对计算机资源的依赖，提升渲染的质量和效率。在绘画教学等艺术创造领域，图像着色在辅助教学、启发艺术者以及开拓创新上有着重要的艺术价值。近年来，随着计算机视觉和图像处理相关技术的进步，结合配套硬件的发展，以及人们对娱乐活动日益增长的需求，图像着色技术在日常生活、工业和绘画教学等领域有着极大的应用前景。因此，研究图像着色技术具有十分重要的现实意义。

图像着色从任务上可大致分为两类：自动着色和非自动着色。其中自动着色表示给定一幅灰度图像，在没有任何指导信息的前提下生成有意义的图像。非自动着色指的是基于某种用户给定的先验信息，如彩色参考图像、涂鸦点的颜色信息或文本信息等，生成彩色图像。图像着色从主流方法上也可分为三类：基于涂鸦点的着色、基于参考图像的着色、基于深度学习的着色。下面分别对这三种着色方法进行详细介绍。

8.2.1 基于涂鸦点的着色

基于涂鸦点的着色要求用户手动将一些颜色点添加到目标图像，然后通过算法将这些已知的颜色扩散到所有图像像素，如图 8.1 所示。大量的研究工作都致力于寻找合适的颜色扩散算法。Levin 等人基于相邻像素如果灰度相近则颜色也相近这一假设提出了一种基于优化的框架来进行涂鸦点颜色的扩散。

Yatziv 提出了一种简单而又快速的颜色扩散方法，即使用加权测地距离来混合涂鸦所给出的颜色信息。Heu 等人使用像素优先级来确保重要区域最终具有正确的颜色。有学者提出了一种灵活的手绘卡通着色工具，该工具基于图像分割的优化框架，可轻松应用于各种绘画风格。

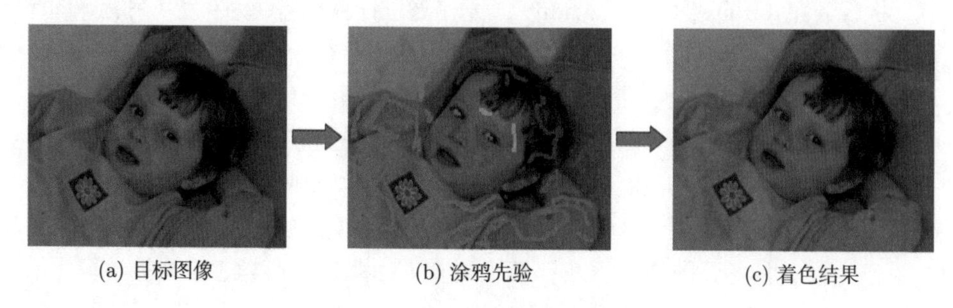

(a) 目标图像　　(b) 涂鸦先验　　(c) 着色结果

图 8.1　基于涂鸦点的着色示意图

上述颜色扩散方法没有对边缘进行保护，因此不能很好地保留物体的轮廓。Quang 等人提出了一种在色度空间和亮度空间中进行建模的变分模型，以对缺失的颜色进行插值。Ding 等人提出，对图像进行分割后会自动生成涂鸦点，而用户只需要给每个涂鸦点赋予初始颜色即可，然后通过计算四元数小波相位执行着色，使颜色沿着相等的相位线扩散，因此很好地保留了图像轮廓。与所有手动方法一样，该方法具有以下缺点：如果目标图像表示复杂场景，则无法保证准确的分割结果。由于人机交互在此过程中起着重要的作用，因此着色高度依赖于用户的水平。

总之，基于涂鸦点的着色由于需要大量的人工干预，所以着色过程耗时、烦琐且容易出错，无法用于处理大量的图像序列。

8.2.2　基于参考图像的着色

基于参考图像的着色是自然图像颜色迁移的一个特例，它减少了人工干预，颜色信息不再由涂鸦点提供，而是由用户选择的彩色参考图像提供。该彩色参考图像应该与灰度目标图像具有相似的场景信息，如图 8.2 所示。第一个利用参考图像为灰度图像着色的方法是由 Welsh 等人提出的，利用两幅图像亮度空间的块相似性搜索建立彩色图像与灰度图像像素之间的映射。Blasi 等人对 Welsh 等人的方法进行了改进，通过一种树数据结构加速图像块的搜索。

通常，基于参考图像的着色方法由于每个像素都是独立处理的，所以会遇到着色结果空间上颜色不连续的问题。为了解决这个问题，一些研究使用图像分割来改善着色效果。例如，Irony 等人提出在目标图像和预先分割好的参考图像中计算目标像素和分割区域之间的最佳匹配，然后利用对应关系在目标图像上初始化涂鸦点，并采用 Levin 等人提出的扩散方法将颜色扩散到整幅图像。Chia 等人从大量可用的网络图像中寻找合适的参考图像。首先用户必须手动分割和标记目标图像的对象，然后对于每个带有标签的对象，在网络上搜索到具有相同标签的图像，并将其用作参考图像，其中图像检索依赖于超像素提取和图像优化理论。Gupta 等人从目标图像的超像素中提取不同的特征，并将其与源图像进行匹配，匹配度高的点作为初始涂鸦点并利用 Levin 等人提出的方法完成最终的着色。

(a) 目标图像　　(b) 参考图像　　(c) 着色结果

图 8.2　基于参考图像的着色示意图

近些年，基于变分法的参考图像着色方法开始出现。Bugeau 等人结合不同的基于图像块的特征和距离计算为每个目标像素构建一组颜色候选，然后采用变分法对颜色选择和空间一致性约束问题同时进行建模。尽管该方法可以产生不错的着色结果，但它仍然存在一些局限性，如计算时间长以及强轮廓附近会出现明显的光晕效应。为了减少光晕效应，Pierre 等人在 YUV 颜色空间中引入了一个新的全变分（TV）正则项，它能够将色度与亮度耦合，以在着色过程中保留图像轮廓。

8.2.3　基于深度学习的着色

基于深度学习的着色是近几年图像着色领域的研究热点。早期的基于学习的图像着色直接用网络学习灰度图像与其彩色版本的映射。相比于传统机器学习方法，深度学习方法作为目前计算机视觉领域的主要工具，在 low-level（去噪、去雨、超分辨等）、high-level（目标检测、语义分割），以及追踪等视觉任务中都被广泛应用。它的健壮性好、效率高，能满足工业级应用精度，但同时也面临巨大数据集采集的问题，并且在神经网络设计及训练技巧上对研究者有一定的要求。

Cheng 等人提出，基于深度学习的着色可以看作尝试结合 CNN 对图像进行着色的第一项工作。但是，这种方法没有完全依赖 CNN，它还引入了联合双边过滤作为去除网络引入的伪影的后处理步骤。Zhang 等人将灰度图像作为输入，利用线性堆积卷积层构建的网络预测每个像素点可能的颜色值分布。Carlucci 等人采用深度神经网络架构，通过预先训练的 ImageNet 对灰度图像进行着色。为了增加图像着色的多样性，生成对抗网络（GAN）也被用于图像着色。GAN 尝试以竞争性的方式生成颜色，其中生成器试图生成合理的颜色瞒过判别器，而判别器则试图区分生成的颜色和真实的颜色。Cao 等人采用条件 GAN 为真实物体进行着色，通过对生成器的前三个卷积层加入噪声通道来实现多样化着色结果。Nazeri 等人采用用于语义分割的全卷积网络代替网络全连接层来构建生成器，基本思想类似于 U-Net，即将输入图像先通过编码器下采样再通过解码器输出着色结果。Deshpande 等人采用变分自编码器（VAE）和混合密度网络为灰度图像生成多种多样逼真的颜色。

仅仅依靠网络自动学习灰度图像的着色，结果往往不具有可控性。为了增加着色过程的可控性，许多深度学习方法开始探索与传统方法相结合。Sangkloy 等人利用用户输入的涂鸦和线条指导图像的图案和结构信息，使用端到端前馈深度生成对抗架构来使图像完成着色。Zhang 等人开发了基于两种方式的用户交互网络，即本地提示网络和全局提示网络。本地提示网络负责处理用户输入并产生颜色分布，而全局提示网络接受全局直方图和图像平均饱和度形式的全局统计信息。

受图像风格迁移任务启发，一些学者开始研究基于参考图像的深度着色网络。这类任务难度较大，首先，缺少足够的供神经网络学习的训练样本对；其次，对参考图像的要求过高，且目标图像和参考图像之间的对应关系很难确定，相似性较难衡量；最后，算法执行效率是制约该任务落地的关键。He 等人提出了一种基于参考图像的着色网络，它由两个子网络构成：相似子网络和着色子网络。相似子网络利用深度图像对比技术计算双向相似性，来实现目标图像和参考图像的对齐；着色子网络将灰度图像、色度通道以及相似子网络得到的相似度堆叠作为输入，再经过一个类 U-Net 的网络结构得到最终的彩色图像。

综上所述，基于参考图像的着色可以看成图像融合的另一种形式，旨在寻求某种方法融合目标图像的灰度与参考图像的颜色信息。本章将这种图像融合称为基于颜色迁移的图像融合，并对该融合展开研究。

8.3 基于超像素的图像融合

本节提出了一种基于超像素的图像融合模型 SVMIC，利用超像素级别的加权非局部自相似性和局部一致性约束来解决不适定问题。为了区分色度和亮度，首先将参考图像 $\boldsymbol{S}$ 和目标图像 $\boldsymbol{T}$ 转换到凸的 YUV 颜色空间。也就是说，$\boldsymbol{S}=(\boldsymbol{Y}_S,\boldsymbol{U}_S,\boldsymbol{V}_S):\Omega_S\to\mathbb{R}^3$；$\boldsymbol{T}=(\boldsymbol{Y}_T,\boldsymbol{U}_T,\boldsymbol{V}_T):\Omega_T\to\mathbb{R}^3$（初始 $\boldsymbol{U}_T$ 和 $\boldsymbol{V}_T$ 设为 0）。这里，Ω_S/Ω_T 是 $\boldsymbol{S}/\boldsymbol{T}$ 所在的域。在下文中，颜色是指由 U 通道和 V 通道值组成的二维向量。

8.3.1 模型构建

SVMIC 的构建流程如图 8.3 所示，它包含三个步骤：超像素分割与特征提取、目标超像素候选颜色选取、变分颜色转移模型。下面详细描述每个步骤如何实现。

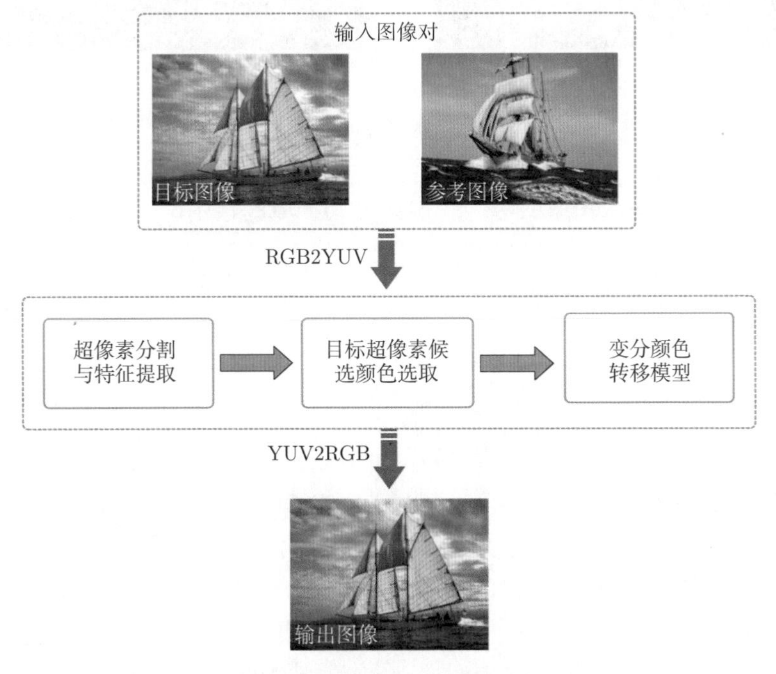

图 8.3 SVMIC 的构建流程

8.3.1.1 超像素分割与特征提取

为了降低运算复杂度并提高匹配精度，SVMIC 方法在超像素级别而不是像素级别进行操作，即将超像素看成最小操作单元，并假设每个超像素内所有像素共享同样的颜色。因为图像是分片平滑的，所以这一假设在自然图像和遥感图像中都是可行的。VCells 算法由于效率高和灵活性高，被用来为输入图像对生成超像素。在分割时，将紧凑性约束（VCells 算法中的边界能量项）设置为 4，以在超像素的紧凑性和边缘保持性之间进行权衡。超像素的数量取决于输入图像的大小，其标准是将输出超像素的平均大小保持在 100 像素左右。超像素分割示例如图 8.4 所示。

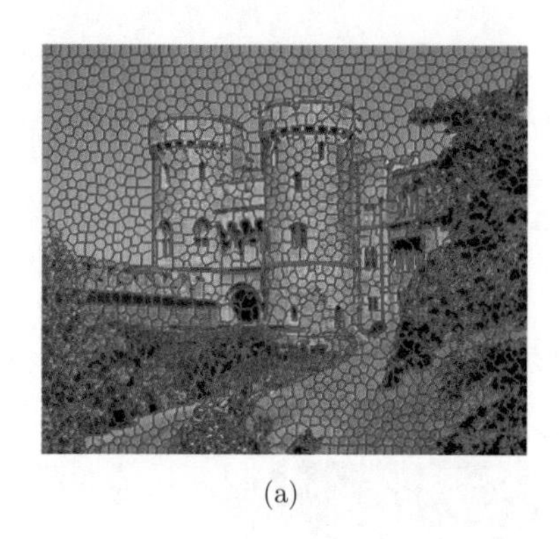

(a)

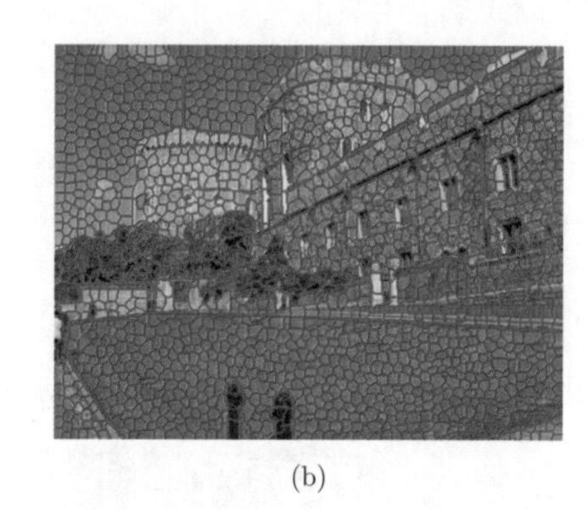

(b)

图 8.4　超像素分割示例

接着对两幅输入图像的每个超像素分别提取高、中、低三个级别的特征。随着级别从低到高，特征的区分度也随之增加，相应的复杂度也增加。注意，由于目标图像只有亮度通道，所以特征提取操作在亮度通道（Y 通道）中进行。

1. 高级特征

SVMIC 方法选取 DAISY 特征作为高级特征。DAISY 是一种用于密集匹配的快速局部描述子，与 Gupta 等人提出的 SURF 描述子相比，DAISY 描述子的计算速度更快，且仍然具有类似的优良属性，如旋转、照度和尺度不变性。它有和 SIFT 描述子一样的本质思想，即分块统计梯度方向直方图。不同的是，DAISY 描述子改进了分块策略，利用可快速计算的高斯卷积来进行梯度方向直方图的分块汇聚，从而快速稠密地进行特征描述子的提取。对于每个像素，其 DAISY 描述子为 25×8 维。首先将其变形为 200 维的向量特征，然后计算超像素内所有像素的平均值，即得到了每个超像素的 DAISY 描述子。

2. 中级特征

方向梯度直方图（HOG）通过计算和统计图像局部区域的梯度方向直方图来构成特征，是最出色的基于边缘和梯度的特征描述子之一，早期是为了在计算机视觉和图像处理中进行物体检测而设计的。在后来的图像识别任务中常常将 HOG 特征与 SVM 分类器相结合，在行人检测等领域获得了极大的成功。对于一幅灰度图像，HOG 描述子的构建分为以下几个步骤。

（1）对输入图像进行颜色空间的归一化（常采用 Gamma 校正）来调节图像的对比度，从而降低图像局部光照变化对计算结果的影响，同时抑制噪声干扰。

（2）将图像划分成小单元格（如 6 像素 ×6 像素/单元格），统计每个单元格的梯度直方图并作为该单元格的描述子。

（3）将固定数量的单元格组成一个块（如 3 像素 ×3 像素/块），并将一个块内所有单元格的特征描述子串联起来便得到该块的 HOG 描述子。

（4）将所有块的 HOG 描述子串联起来就可以得到整幅图像的 HOG 描述子。

基于原始的 HOG 描述子,SVMIC 方法提出了一个超像素 HOG（SPHOG）描述子并作为超像素的中级特征。相比较原始的 HOG 描述子，SPHOG 描述子在每个超像素而不是单元格上累积梯度方向的局部直方图，并对所有超像素进行对比度归一化，得到每个超像素的 HOG 描述子。在实验中，梯度方向一共分成 10 个区间范围，即 SPHOG 描述子是 10 维的。

3. 低级特征

图像的不变矩（Invariant Moments）特征是用一组简单并具有代表性的数据来描述整个图像且具有平移不变性、灰度不变性、尺度不变性、旋转不变性。矩是概率论与统计学中提出的用于数字化表征随机变量的概念。设 X 为随机变量，c 为常数，k 为正整数，则 $E[(X-c)^k]$ 称为 X 关于 c 点的 k 阶矩，其中 $E(\cdot)$ 为求均值操作。根据 c 的取值不同可以有不同的含义，常见的有如下两种。

（1）当 $c=0$ 时，$a_k=E(X^k)$ 称为 X 的 k 阶原点矩。

（2）当 $c=E(X)$ 时，$\mu_k=E(X-E(X))^k$ 称为 X 的 k 阶中心矩。

根据上述定义，1 阶原点矩 a_1 就是期望，2 阶中心矩 μ_2 就是 X 的方差 $\mathrm{Var}(X)$，3 阶中心矩 μ_3 可以衡量分布是否有偏，4 阶中心矩 μ_4 可以衡量分布在均值附近的陡峭程度，而高于 4 阶的矩在统计学中很少使用。针对一幅图像，我们把像素的坐标看成一个二维随机变量 (x, y)，那么可以用二维灰度密度函数来表示图像的亮度，因此可以用矩来描述图像亮度空间的特征。

SVMIC 方法根据图像亮度的不变矩特征为每个超像素设计一个 8 维的低级特征。首先，为每个像素在 5 像素 $\times$ 5 像素的方形窗口内计算四个矩特征（a_1、μ_2、μ_3 和 μ_4），并将它们归一化到 0 至 1 的范围。注意，像素的亮度表示为 0（黑色）和 1（白色）之间的数字。然后，分别组合每个超像素及其相邻超像素中所有像素的平均矩特征，以形成超像素的低级特征。

8.3.1.2 目标超像素候选颜色选取

前文假设超像素内的像素共享相同的颜色，也就是说，一个超像素对应一种颜色。融合任务可以看成从 $\#S$ 个候选颜色中找到每个目标超像素最可能的颜色，其中 $\#S$ 代表参考图像的超像素数量。参考超像素内所有像素颜色通道（U 和 V）的平均值作为该超像素的颜色信息。尽管 $\#S$ 远远小于像素点个数，但是如果每个目标超像素都有 $\#S$ 个候选颜色，那么其计算成本仍然很高。因此，为了进一步缩减候选颜色的数量，提高候选颜色的质量，SVMIC 方法利用前文提取的多级特征来构建目标超像素和参考超像素之间的对应关系，并将该对应关系用置信度来进行量化，然后为每个目标超像素保留置信度最高的前 K 个参考超像素的颜色作为颜色候选。

要建立目标超像素和参考超像素之间的对应关系，类似于 Li 等人所述，可以将不同级别的特征组合为超像素的特征描述子，并基于某种相似性度量为每个目标超像素在所有参考超像素内进行搜索。图 8.5(a) 所示为以欧氏距离为相似性度量测试了该方案，其中目标超像素颜色由最相似的 10 个参考超像素的颜色均值确定。从该图中可以看到，许多目标超像素的着色不准确，尤其是超像素位于纹理比较复杂的区域。其原因可能在于，复杂的图像纹理无法通过仅仅组合不同类型的特征来很好地区分。

为了获得更好的匹配性能，SVMIC 方法采用了自顶向下的级联特征匹配方案，从高级别到低级别特征空间按顺序分级进行搜索。在每一级匹配中，仅在上一级匹配保留的相似参考超像素中进行搜索以找到最相似的超像素。也就是说，首先利用高级 DAISY 特征匹配选取一定数量的相似参考超像素，然后利用中级 SPHOG 特征在由 DAISY 选取的相似超像素范围内进行搜索和匹配，以此类推，从而不断压缩搜索空间。该顺序模拟了人眼区分不同纹理的感知过程，从而可以获得改进的匹配性能。相关匹配结果如图 8.5(b) 所示，与图 8.5(a) 相比，自顶向下的级联特征匹配的精度大大提升。

(a) 多级特征组合匹配结果

(b) 自顶向下的级联特征匹配结果

图 8.5　两种匹配结果

经过级联特征匹配，初步获得了每个目标超像素的相似参考超像素集合。接下来为初始集合中每个对应的超像素分配一个置信度并选择置信度最高的前 K 个参考超像素的颜色来构建最终的颜色候选集。令 $\varPhi$ 表示目标超像素 p 初始的相似参考超像素集合，超像素 p 和 $q \in \varPhi$ 之间的匹配置信度定义为：

$$F(p,q) = \zeta_1 D_1(p,q) + \zeta_2 D_2(p,q) + \zeta_3 D_3(p,q)$$

式中，$D_i(i=1,2,3)$ 表示两个超像素 DAISY、SPHOG 和不变矩特征描述子之间的欧氏距离；$\zeta_i(i=1,2,3)$ 表示不同特征的权重。在实验中，根据实验结果将 ζ_1、ζ_2 和 ζ_3 固定为 0.5、0.3 和 0.2。令 $q_k\ (k=1,2,\cdots,K)$ 为匹配置信度最高的前 K 个参考超像素，q_k 的颜色是一个二维的向量，即 $\boldsymbol{c}(q_k) = (u_{q_k}, v_{q_k})$，那么每个目标超像素 $p \in \varOmega_T$ 最终的颜色候选集为：

$$\boldsymbol{c}(p) = \{\boldsymbol{c}(q_k) = (u_{q_k}, v_{q_k}), \forall k = 1,2,\cdots,K\}$$

8.3.1.3　变分颜色转移模型

目前每个目标超像素 p 已经确定了颜色候选集 $\boldsymbol{c}(p)$，接下来的任务就是利用现有的候选颜色重建它的颜色 $\boldsymbol{u}(p) = (u_p, v_p)$。具体来说，通过对 $\boldsymbol{u}(p)$ 和 $\boldsymbol{u}(p_j^N)$ 施加非局部自相似性和局部一致性约束利用变分模型来预测 $\boldsymbol{u}: p \to \boldsymbol{u}(p)$，其中 $p_i^L \in \mathcal{N}_L(p)$，$p_j^N \in \mathcal{N}_N(p)$，$\mathcal{N}_L(p)$ 和 $\mathcal{N}_N(p)$ 分别是超像素 p 局部相邻和非局部相似超像素。总的能量方程包含 3 项：

$$E(\boldsymbol{u},\boldsymbol{\omega}) = E_1(\boldsymbol{u},\boldsymbol{\omega}) + \beta E_2(\boldsymbol{u}) + \alpha E_3(\boldsymbol{u}) \tag{8.1}$$

式中，E_1 是决定颜色选择的数据保真项；$\boldsymbol{\omega}$ 是权重变量；E_2 和 E_3 是分别施加局部一致性约束和非局部自相似性约束的正则项；参数 β 和 α 控制相应能量项的影响。下面详细介绍如何定义这三个能量项。

（1）保真项 E_1：SVMIC 方法使用 L_2 范数来度量两个二维颜色向量的相似度，并引入权重变量 $\boldsymbol{\omega}=\{\boldsymbol{\omega}_i(p),i=1,2,\cdots,K\}$ 来表示选择第 i 个候选颜色的概率。从颜色候选集 $\boldsymbol{c}(p)$ 中为目标超像素 p 选择颜色的问题可以通过最小化以下能量来实现：

$$\begin{aligned}E_1'(\boldsymbol{u},\boldsymbol{\omega}_k)=&\frac{1}{2}\sum_{p\in\Omega_T}\sum_{k=1}^{K}\boldsymbol{\omega}_k\|\boldsymbol{u}-\boldsymbol{c}_k\|^2+\gamma\sum_{p\in\boldsymbol{\omega}_T}\|\Omega\|_0\\&\text{s.t.}\sum_{k=1}^{K}\boldsymbol{\omega}_k=1\end{aligned}\tag{8.2}$$

式中，$\|\cdot\|_0$ 和 $\|\cdot\|$ 分别表示 L_0 范数和 L_2 范数；γ 是权重参数。

在实际应用中，权重变量 $\boldsymbol{\omega}$ 的元素应为非负数，可以通过在代码实现过程中对 $\boldsymbol{\omega}$ 施加非负限制来实现。此外，要使 $\boldsymbol{\omega}$ 能够从颜色候选集中选择合适的颜色，对其施加的约束是保证 $\boldsymbol{\omega}$ 中的元素有且只有一个元素为 1 其余元素均为 0。该二进制约束保证在颜色候选集中仅挑选一个颜色，但是所构成的能量项求解难度较高。而 SVMIC 方法倾向于在颜色候选集中选择最合适的颜色，但是当有多个候选颜色特别接近以至于很难取舍时可以接受多个选择。因此，对 $\boldsymbol{\omega}$ 施加稀疏性约束，即保证 $\boldsymbol{\omega}$ 中尽可能多的元素为 0，且所有元素的和为 1。将 $\boldsymbol{\omega}$ 的稀疏性约束写入能量项并简化为：

$$\begin{aligned}E_1(\boldsymbol{u},\boldsymbol{\omega}_k)=&\frac{1}{2}\sum_{p\in\Omega_T}\sum_{k=1}^{K}\boldsymbol{\omega}_k\|\boldsymbol{u}-\boldsymbol{c}_k\|^2+\gamma\sum_{p\in\Omega_T}\|\boldsymbol{\omega}\|_0+\\&\frac{\lambda}{2}\sum_{p\in\boldsymbol{\omega}_T}\|\boldsymbol{e}^{\mathrm{T}}\boldsymbol{\omega}-1\|^2\end{aligned}\tag{8.3}$$

式中，λ 为权重参数；$\boldsymbol{e}$ 是 K 维的向量且其所有元素的和为 1。

（2）局部一致性约束：为了保证着色后图像的局部一致性，可使用一些 TV 正则化约束。例如，Bugeau 等人提出的能量方程中的 TV 项会生成分段平滑的彩色图像。但是，由于色度与亮度之间没有耦合，因此在强轮廓附近可能会出现光晕效应。为了解决这个问题，在 SVMIC 方法的变分框架中引入了一种超像素加权 TV 项，用亮度信息来引导色度通道的恢复。

超像素加权 TV 项定义如下：

$$\mathrm{TV}_{\mathrm{wsp}}(\boldsymbol{u})=\sum_{p\in\Omega_T}\sum_{i=1}^{N}\boldsymbol{\psi}_i\|\boldsymbol{u}-\boldsymbol{u}_i^{L}\|_1\tag{8.4}$$

式中，$\boldsymbol{u}_i^L = \boldsymbol{u}(p_i^L)$；$\|\cdot\|_1$ 为 L_1 范数；N 表示与超像素 p 直接相邻的超像素个数；$\boldsymbol{\psi}_i = W(p, p_i^L)$ 是在亮度空间定义的相似性权重。按照经验，超像素 p_1 和 p_2 之间的相似性由下式给出：

$$W(p_1, p_2) = \frac{1}{\Pi} \mathrm{e}^{-\frac{\|f(p_1) - f(p_2)\|^2}{\sigma^2}} \tag{8.5}$$

式中，$f(p_1)$ 和 $f(p_2)$ 分别表示 p_1 和 p_2 的低级特征描述子，即不变矩特征；σ 是特征测量的缩放参数；Π 为归一化算子。据实验观察，此处仅利用低级特征来计算相似度不仅可以大大降低计算复杂度，而且能得到与多级特征相当的准确性。

超像素加权 TV 项具有如下性质：对每个目标超像素，最小化 $\mathrm{TV}_{\mathrm{wsp}}$ 可以平滑着色结果并抑制光晕效应。对该性质的解释为：如果两个相邻超像素属于同一类地物，则它们的亮度接近，而亮度越接近，相似性权重 $\boldsymbol{\psi}_i$ 就越大，可以约束它们的颜色也越接近；如果两个相邻超像素属于不同地物，则它们的亮度很有可能会不接近，相似性权重 $\boldsymbol{\psi}_i$ 就会比较小，对它们颜色之间的相似性不做过多约束。换句话说，这个能量项通过惩罚不恰当的颜色梯度来抑制光晕效应。

综上所述，将局部一致性约束正则项定义为：

$$E_2(\boldsymbol{u}) = \mathrm{TV}_{\mathrm{wsp}}(\boldsymbol{u}) \tag{8.6}$$

（3）非局部自相似性约束：图像中广泛存在非局部自相似性，这是一些基于非局部均值的图像处理工作的基础。同理，图像的超像素之间也存在非局部自相似性，如图 8.4 所示，对于任意一个超像素，都可以使用某种自相似性度量搜索整个图像来找到许多相似的超像素。为了将这种非局部自相似性约束引入 SVMIC 的变分框架，可以最小化下述能量项：

$$E_3(\boldsymbol{u}) = \frac{1}{2} \sum_{p \in \Omega_T} \sum_{j=1}^{M} \boldsymbol{\varphi}_j \|\boldsymbol{u} - \boldsymbol{u}_j^N\|^2 \tag{8.7}$$

式中，$\boldsymbol{u}_j^N = \boldsymbol{u}(p_j^N)$；$M$ 是非局部自相似超像素的个数；$\boldsymbol{\varphi}_j$ 是由超像素 p 和 p_j^N（$\boldsymbol{\varphi}_j = W(p, p_j^N)$）之间的相似性所决定的权重参数。

在实验中，为降低复杂度，仅在范围较大的局部窗口（窗口的半径设置为平均超像素半径的 5 倍）而不是整个图像中搜索非局部自相似的超像素，并且为每个目标超像素选择 10 个最相似的非局部超像素，即 $M = 10$。

（4）总的能量方程：综上所述，总的能量方程可以写为：

$$\min E(\boldsymbol{u},\boldsymbol{\omega})=\sum_{p\in\Omega_T}\left\{\frac{1}{2}\sum_{k=1}^{K}\boldsymbol{\omega}_k\|\boldsymbol{u}-\boldsymbol{c}_k\|^2+\gamma\|\boldsymbol{\omega}\|_0+\frac{\lambda}{2}\|\boldsymbol{e}^{\mathrm{T}}\boldsymbol{\omega}-1\|^2\right\}+ \\ \beta\mathrm{TV}_{\mathrm{wsp}}(\boldsymbol{u})+\frac{\alpha}{2}\sum_{p\in\Omega_T}\sum_{j=1}^{M}\boldsymbol{\varphi}_j\|\boldsymbol{u}-\boldsymbol{u}_j^N\|^2 \tag{8.8}$$

所提出的变分模型采用交替最小化（AM）算法来求解，详细的求解过程在 8.3.2 节给出。所有目标超像素的颜色确定后，便可以得到目标图像的初始色度通道。然后，对色度通道使用亮度引导滤波来抑制由超像素操作引起的轻微块效应，并将 YUV 图像转换到 RGB 空间中以获得最终的着色结果。

8.3.2 模型求解

下面详细阐述用于求解所提出的变分模型的数值算法。基于 AM 算法思想，首先将原始问题分解为两个子问题，然后，为每个子问题给出详细的解决方案。AM 算法的主要思想是相对于 $\boldsymbol{u}$ 和 $\boldsymbol{\omega}$ 两个变量交替最小化式(8.8)。令 t 为迭代次数，AM 算法的两个子问题为：

$$\begin{cases}\boldsymbol{u}^{t+1}=\arg\min\limits_{\boldsymbol{u}}E(\boldsymbol{u},\boldsymbol{\omega}^t)\\ \boldsymbol{\omega}^{t+1}=\arg\min\limits_{\boldsymbol{\omega}}E(\boldsymbol{u}^{t+1},\boldsymbol{\omega})\end{cases} \tag{8.9}$$

8.3.2.1 求解 $\boldsymbol{u}$ 子问题

变量 $\boldsymbol{u}$ 的子问题 (上标 t 在不会引起歧义的情况下省略) 如下：

$$\min_{\boldsymbol{u}}:\frac{1}{2}\sum_{p\in\Omega_T}\sum_{k=1}^{K}\boldsymbol{\omega}_k\|\boldsymbol{u}-\boldsymbol{c}_k\|^2+\beta\mathrm{TV}_{\mathrm{wsp}}(\boldsymbol{u})+ \\ \frac{\alpha}{2}\sum_{p\in\Omega_T}\sum_{j=1}^{M}\boldsymbol{\varphi}_j\|\boldsymbol{u}-\boldsymbol{u}_j^N\|^2 \tag{8.10}$$

超像素加权 TV 项的定义为式(8.4)。为使用 ADMM 来求解式(8.10)，引

入辅助变量 $\{\boldsymbol{v}\}_{i=1}^{N}$ 并将式(8.10)写成如下的线性约束问题：

$$\begin{aligned}\min_{\boldsymbol{u},\{\boldsymbol{v}\}_{k=1}^{N}} : \sum_{p\in\Omega_T}\Bigg\{&\frac{1}{2}\sum_{k=1}^{K}\boldsymbol{\omega}_k\|\boldsymbol{u}-\boldsymbol{c}_k\|^2+\beta\sum_{i=1}^{N}\boldsymbol{\psi}_i\|\boldsymbol{v}_i\|_1+\\&\frac{\alpha}{2}\sum_{j=1}^{M}\boldsymbol{\varphi}_j\|\boldsymbol{u}-\boldsymbol{u}_j^{N}\|^2\Bigg\}\\&\text{s.t. }\boldsymbol{u}-\boldsymbol{u}_i^{L}=\boldsymbol{v}_i, i=1,\cdots,N\end{aligned} \tag{8.11}$$

为了解决该线性约束问题，考虑式(8.11)的增广拉格朗日方程：

$$\begin{aligned}\mathcal{L}(\boldsymbol{u},\{\boldsymbol{v},\boldsymbol{a}\}_{i=1}^{N})=\sum_{p\in\Omega_T}\Bigg\{&\frac{1}{2}\sum_{k=1}^{K}\boldsymbol{\omega}_k\|\boldsymbol{u}-\boldsymbol{c}_k\|^2+\beta\sum_{i=1}^{N}\boldsymbol{\psi}_i\|\boldsymbol{v}_i\|_1+\\&\frac{\alpha}{2}\sum_{j=1}^{M}\boldsymbol{\varphi}_j\|\boldsymbol{u}-\boldsymbol{u}_j^{N}\|^2+\frac{\mu}{2}\sum_{i=1}^{N}\|\boldsymbol{v}_i-\boldsymbol{u}+\boldsymbol{u}_i^{L}+\boldsymbol{a}_i\|^2\Bigg\}\end{aligned} \tag{8.12}$$

式中，$\{\boldsymbol{a}\}_{i=1}^{N}$ 是拉格朗日乘子；μ 是惩罚参数。ADMM 通过交替迭代的方式来求解式(8.12)：每一步迭代过程中相对于 $\boldsymbol{u}$ 和 $\{\boldsymbol{v}\}_{i=1}^{N}$ 求解式(8.12)的最小值，相对于 $\{\boldsymbol{a}\}_{i=1}^{N}$ 求解式(8.12)的最大值。令迭代次数为 l, ADMM 处理如下：

$$\begin{cases}\begin{aligned}\boldsymbol{u}^{l+1}=\arg\min_{\boldsymbol{u}}\sum_{p\in\Omega_T}\Bigg\{&\frac{1}{2}\sum_{k=1}^{K}\boldsymbol{\omega}_k\|\boldsymbol{u}-\boldsymbol{c}_k\|^2+\frac{\alpha}{2}\sum_{j=1}^{M}\boldsymbol{\varphi}_j\|\boldsymbol{u}-\boldsymbol{u}_j^{N}\|^2+\\&\frac{\mu}{2}\sum_{i=1}^{N}\|\boldsymbol{v}_i^{l}-\boldsymbol{u}+\boldsymbol{u}_i^{L}+\boldsymbol{a}_i^{l}\|^2\Bigg\}\end{aligned} & (8.13)\\ \boldsymbol{v}_i^{l+1}=\arg\min_{\boldsymbol{v}}\sum_{p\in\Omega_T}\sum_{i=1}^{N}\left\{\beta\boldsymbol{\psi}_i\|\boldsymbol{v}_i\|_1+\frac{\mu}{2}\|\boldsymbol{v}_i-\boldsymbol{u}^{l+1}+\boldsymbol{u}_i^{L}+\boldsymbol{a}_i^{l}\|^2\right\} & (8.14)\\ \boldsymbol{a}_i^{l+1}=\boldsymbol{a}_i^{l}+\boldsymbol{v}_i^{l+1}-\boldsymbol{u}^{l+1}+\boldsymbol{u}_i^{L} & (8.15)\end{cases}$$

令偏微分为 0，关于 $\boldsymbol{u}$ 的最小化问题的求解为：

$$\boldsymbol{u}^{l+1}=\frac{\sum\limits_{k=1}^{K}\boldsymbol{\omega}_k\boldsymbol{c}_k+\alpha\sum\limits_{j=1}^{M}\boldsymbol{\varphi}_j\boldsymbol{u}_j+\mu\sum\limits_{i=1}^{N}(\boldsymbol{u}_i+\boldsymbol{v}_i^{l}+\boldsymbol{a}_i^{l})}{\sum\limits_{k=1}^{K}\boldsymbol{\omega}_k+\alpha\sum\limits_{j=1}^{M}\boldsymbol{\varphi}_j+\mu N} \tag{8.16}$$

式(8.14)的求解为：

$$v_i^{l+1} = \text{shrink}(\boldsymbol{u}^{l+1} - \boldsymbol{u}_i - \boldsymbol{a}_i^l, \frac{\beta \boldsymbol{\psi}_i}{\mu}) \tag{8.17}$$

其中

$$\text{shrink}(\boldsymbol{x}, \zeta) = \frac{\boldsymbol{x}}{|\boldsymbol{x}|} \cdot \max(|\boldsymbol{x}| - \zeta, 0) \tag{8.18}$$

为收缩算子。

8.3.2.2 求解 ω 的子问题

变量 $\boldsymbol{\omega}$ 的子问题如下：

$$\min_{\boldsymbol{\omega}} : \sum_{p \in \Omega_T} \left\{ \frac{1}{2} \sum_{k=1}^{K} \boldsymbol{\omega}_k \|\boldsymbol{u} - \boldsymbol{c}_k\|^2 + \gamma \|\boldsymbol{\omega}\|_0 + \frac{\lambda}{2} \|\mathbf{e}^{\mathrm{T}} \boldsymbol{\omega} - 1\|^2 \right\} \tag{8.19}$$

令 $\boldsymbol{g} = \left(\|\boldsymbol{u} - \boldsymbol{c}_1\|^2, \cdots, \|\boldsymbol{u} - \boldsymbol{c}_K\|^2\right)^{\mathrm{T}}$ 并引入辅助变量 $\boldsymbol{\rho}$，将目标方程改写为：

$$\min_{\boldsymbol{\omega}, \boldsymbol{\rho}} : \sum_{p \in \Omega_T} \left\{ \frac{1}{2} \boldsymbol{\omega}^{\mathrm{T}} \boldsymbol{g} + \gamma C(\boldsymbol{\rho}) + \frac{\lambda}{2} \|\mathbf{e}^{\mathrm{T}} \boldsymbol{\omega} - 1\|^2 + \eta \|\boldsymbol{\rho} - \boldsymbol{\omega}\|^2 \right\} \tag{8.20}$$

式中，$C(\boldsymbol{\rho}) = \#\{i \mid |\boldsymbol{\rho}_i| \neq 0\}$；$\eta$ 为控制变量 $\boldsymbol{\rho}$ 和 $\boldsymbol{\omega}$ 之间相近程度的参数。当 η 足够大时，式(8.20)接近式(8.19)。同样地，令 l 为迭代次数，式(8.20)可以由下式解决：

$$\begin{cases} \boldsymbol{\omega}^{l+1} = \arg\min\limits_{\omega} \sum\limits_{p \in \Omega_T} \left\{ \frac{1}{2} \boldsymbol{\omega}^{\mathrm{T}} \boldsymbol{g} + \frac{\lambda}{2} \|\mathbf{e}^{\mathrm{T}} \boldsymbol{\omega} - 1\|^2 + \eta \|\boldsymbol{\rho}^l - \boldsymbol{\omega}\|^2 \right\} \\ \boldsymbol{\rho}^{l+1} = \arg\min\limits_{\boldsymbol{\rho}} \sum\limits_{p \in \Omega_T} \left\{ \gamma C(\boldsymbol{\rho}) + \eta \|\boldsymbol{\rho} - \boldsymbol{\omega}^{l+1}\|^2 \right\} \end{cases} \tag{8.21}$$

由于关于 $\boldsymbol{\omega}$ 的最小化问题是二次的，所以有如下的闭式解：

$$\boldsymbol{\omega}^{l+1} = (2\lambda \boldsymbol{e}\boldsymbol{e}^{\mathrm{T}} + 4\eta \boldsymbol{E})^{-1}(-\boldsymbol{g} + 2\lambda \boldsymbol{e} + 4\eta \boldsymbol{\rho}^l) \tag{8.22}$$

式中，$\boldsymbol{E}$ 为 $K \times K$ 的单位矩阵。

由于 l_0 范数是非凸的，l_1 范数常常被用来近似 l_0 范数。但是在颜色选择模型中，这种松弛近似与 $\boldsymbol{\omega}$ 的元素和为 1 相矛盾，无法求得满意的解。为了解决这个问题，SVMIC 采用了一种近似方法：分别独立估计每个元素 $\boldsymbol{\rho}_i$。目标函数式(8.22)因此分解为：

$$\sum_{p\in\Omega_T}\sum_{i=1}^{K}\min_{\boldsymbol{\rho}_i}\frac{\gamma}{\eta}H(|\boldsymbol{\rho}_i|)+\|\boldsymbol{\rho}_i-\boldsymbol{\omega}_i^{l+1}\|^2 \tag{8.23}$$

式中，$H(|\boldsymbol{\rho}|)$ 为二值函数，如果 $|\boldsymbol{\rho}_i|\neq 0$ 则返回 1，否则返回 0。式(8.23)中每个项为：

$$E_i=\frac{\gamma}{\eta}H(|\boldsymbol{\rho}_i|)+\|\boldsymbol{\rho}_i-\boldsymbol{\omega}_i^{l+1}\|^2 \tag{8.24}$$

有这样的命题：子问题式(8.24)到达最小值 E_i^* 的条件为：

$$\boldsymbol{\rho}_i^{l+1}=\begin{cases}0, & (\boldsymbol{\omega}_i^{l+1})^2\leqslant\dfrac{\gamma}{\eta}\\ \boldsymbol{\omega}_i^{l+1}, & \text{其他}\end{cases} \tag{8.25}$$

下面给出该命题的证明（上标 l 在不会引起歧义的情况下省略）。

（1）当 $\dfrac{\gamma}{\eta}\geqslant\boldsymbol{\omega}_i^2$, $\boldsymbol{\rho}_i\neq 0$ 会得到：

$$E_i(\boldsymbol{\rho}_i\neq 0)=\frac{\gamma}{\eta}+\boldsymbol{\omega}_i^2\geqslant\frac{\gamma}{\eta}\geqslant\boldsymbol{\omega}_i^2 \tag{8.26}$$

而 $\boldsymbol{\rho}_i=0$ 会得到：

$$E_i(\boldsymbol{\rho}_i=0)=\boldsymbol{\omega}_i^2 \tag{8.27}$$

将式(8.26)和式(8.27)相比，可以观察到当 $\boldsymbol{\rho}_i=0$ 时得到最小值 $E_i^*=\boldsymbol{\omega}_i^2$。

（2）当 $\boldsymbol{\omega}_i^2\geqslant\dfrac{\gamma}{\eta}$ 且 $\boldsymbol{\rho}_i=0$ 时，式(8.27)仍然成立。但是 $E_i(\boldsymbol{\rho}_i\neq 0)$ 的最小值在 $\boldsymbol{\rho}_i=\boldsymbol{\omega}_i$ 时得到。比较这两个值，当 $\boldsymbol{\rho}_i=\boldsymbol{\omega}_i$ 时得到最小值 $E_i^*=\dfrac{\gamma}{\eta}$。

8.3.2.3 算法总结

能量方程式 (8.8)的求解过程见算法 8.1。

算法 8.1　能量方程式(8.8)的求解过程

输入: 目标图像 $\boldsymbol{T}$，参考图像 $\boldsymbol{S}$

输出: 每个目标超像素 p 的颜色，即 $\boldsymbol{u}(p)$

for 每个目标超像素 $p\in\Omega_T$ **do**

$$\boldsymbol{\omega}_i^0=\frac{1}{K},\boldsymbol{u}^0=\sum_{i=1}^{K}\boldsymbol{\omega}_i^0\boldsymbol{c}_i,\{\boldsymbol{a}\}_{i=1}^{N}=\mathbf{1},\boldsymbol{v}_i=\boldsymbol{u}-\boldsymbol{u}_i^L,\boldsymbol{\rho}=\boldsymbol{\omega},\epsilon=10^{-4},t=0,l_0=10;$$

repeat

通过求解 $\boldsymbol{u}$ 的子问题式(8.10)来计算 $\boldsymbol{u}^{t+1}$;

$l=0$;

repeat

$$\boldsymbol{u}^{l+1}=\frac{\sum\limits_{k=1}^{K}\boldsymbol{\omega}_k\boldsymbol{c}_k+\alpha\sum\limits_{j=1}^{M}\boldsymbol{\varphi}_j\boldsymbol{u}_j+\mu\sum\limits_{i=1}^{N}(\boldsymbol{u}_i+\boldsymbol{v}_i^l+\boldsymbol{a}_i^l)}{\sum\limits_{k=1}^{K}\boldsymbol{\omega}_k+\alpha\sum\limits_{j=1}^{M}\boldsymbol{\varphi}_j+\mu N};$$

$$\boldsymbol{v}_i^{l+1}=\text{shrink}(\boldsymbol{u}^{l+1}-\boldsymbol{u}_i-\boldsymbol{a}_i^l,\frac{\beta\boldsymbol{\psi}_i}{\mu});$$

$$\boldsymbol{a}_i^{l+1}=\boldsymbol{a}_i^l+\boldsymbol{v}_i^{l+1}-\boldsymbol{u}^{l+1}+\boldsymbol{u}_i^L;$$

迭代更新: $l=l+1$;

until $l=l_0$;

通过求 $\boldsymbol{\omega}$ 的子问题式(8.19)来计算 $\boldsymbol{\omega}^{t+1}$;

$l=0$;

repeat

$$\boldsymbol{\omega}^{l+1}=(2\lambda\boldsymbol{e}\boldsymbol{e}^{\mathrm{T}}+4\eta\boldsymbol{E})^{-1}(-\boldsymbol{g}+2\lambda\boldsymbol{e}+4\eta\boldsymbol{\rho}^l);$$

$$\boldsymbol{\rho}_i^{l+1}=\begin{cases}0, & (\boldsymbol{\omega}_i^{l+1})^2\leqslant\dfrac{\gamma}{\eta}\\ \boldsymbol{\omega}_i^{l+1}, & \text{其他}\end{cases};$$

迭代更新: $l=l+1$;

until $l=l_0$;

迭代更新: $t=t+1$;

until $\dfrac{\|\boldsymbol{u}^{t+1}-\boldsymbol{u}^t\|}{\|\boldsymbol{u}^t\|}<\epsilon$

end for

8.3.3 模型分析

下面，首先讨论如何确定合适的超像素尺寸，然后分析能量方程中一个保真项和两个正则项起到的作用，所有实验均使用相同的参数运行，即 $K=8$，$\gamma=0.015$，$\lambda=1$，$\beta=2$，$\alpha=1$，$\mu=1$，$\sigma=0.02$。所有这些参数都是采用实验分析并根据实验结果选择的，与超像素尺寸的确定方法类似。

8.3.3.1 超像素尺寸分析

超像素尺寸（定义为超像素中包含的平均像素个数）是模型最重要的参数之一，下面分析如何选择合适的超像素尺寸。在图 8.6 中显示了使用不同超像素尺寸的融合结果（仅显示部分图像）。第一行显示了变分颜色转移之前的初始融合结果，即将所有 K 个颜色候选的平均值赋给目标超像素；第二行显示了 SVMIC 方法的最终融合结果，并且在结果图像下方给出了总的运行时间。

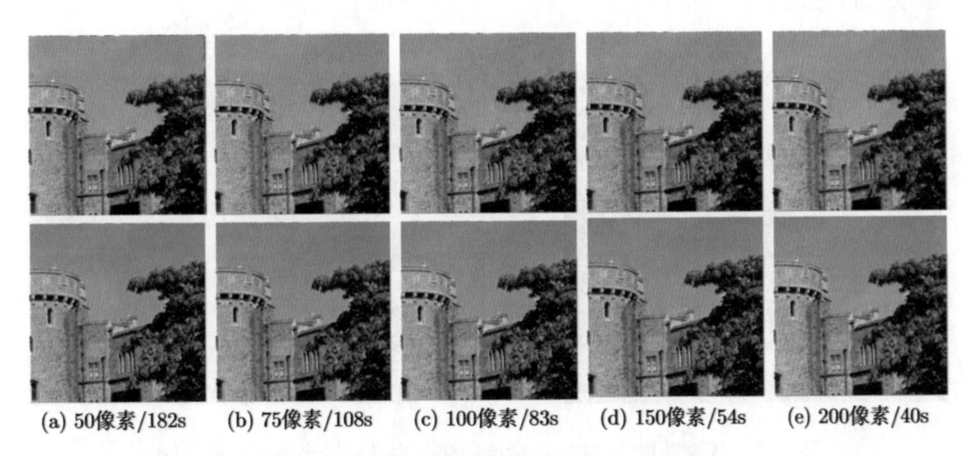

(a) 50像素/182s　(b) 75像素/108s　(c) 100像素/83s　(d) 150像素/54s　(e) 200像素/40s

图 8.6　使用不同超像素尺寸的融合结果

从图 8.6 的第一行中可以清楚地看到，较小的超像素尺寸对应于更好的初始颜色。这一点很好解释，因为超像素尺寸越小则分割越精确。尽管不同超像素尺寸的初始融合结果之间差别较大，但是在变分颜色转移之后，最终融合结果之间的差别很小。仔细观察图 8.6(d)、(e)，尤其是图 8.6(e)，可以在强轮廓边缘发现一些不符合实际的颜色。此外值得注意的是，时间消耗与超像素尺寸成负相关。因此，为了在着色精度和时间消耗之间取得平衡，实验中将平均超像素尺寸设置为 100，即非局部自相似正则项 E_2 的搜索窗口的半径为 $5 \times \sqrt{\dfrac{100}{\pi}} \approx 28$ 像素。

8.3.3.2　保真项分析

对于数据保真项，SVMIC 方法使用 l_0 范数来强制权重变量 $\boldsymbol{\omega}$ 稀疏，使得该模型倾向于在颜色候选集中选择最合适的颜色，但是当有多个候选颜色特别接近以至于很难取舍时可以接受多个选择。图 8.7 中显示了一个示例，以说明权重变量 $\boldsymbol{\omega}$ 如何在稀疏约束下自动选择合适的颜色。

对于圈出的目标超像素 p_1 和 p_2，在参考图像中以同色圆圈圈出特征匹配阶段选取的相似的参考超像素（$K=8$）。超像素 p_1 位于图像发生急剧变化的区域（沿城堡和天空的边界），利用特征匹配到的参考超像素分布在不同的区域，并且只有两个是合理的匹配。相比之下，超像素 p_2 位于图像平滑区域，匹配到的参考超像素都相似。这可以解释为邻域信息在计算基于图像块的特征时起着重要的作用，因此从边缘超像素中提取的特征通常比位于均匀区域超像素的特征的可靠性低。

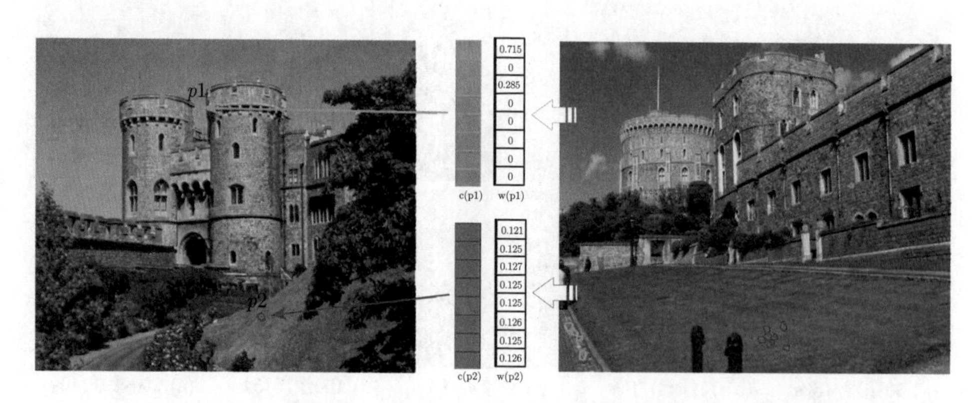

图 8.7 权重变量 ω 如何在稀疏约束下自动选择合适颜色的示例

图 8.7 中也显示了 SVMIC 方法最终确定的最佳权重，该方法通过分配非零权重来自动选择所有匹配的候选颜色，并且颜色相似的候选超像素具有接近的权重值。这足以说明保真项的有效性。

8.3.3.3 正则项分析

（1）超像素加权 TV 项：首先，为了说明超像素加权 TV 项（正则项 E_2）的优势，受有关文献的启发，提出了一种简化的模型来解决基于涂鸦点的图像着色。具体来说，使用 $\mathrm{TV_{wsp}}$ 作为唯一的正则项，并最小化以下能量方程：

$$\min_{\boldsymbol{u}} : \frac{\lambda}{2} \sum_{p \in \Omega_T} \|\mathcal{M}(\boldsymbol{u} - \boldsymbol{f})\|^2 + \mathrm{TV_{wsp}}(\boldsymbol{u}) \tag{8.28}$$

式中，$\boldsymbol{f}$ 是用户给定的涂鸦点的颜色；λ 是权衡正则项影响的参数；$\mathcal{M}$ 为指示该像素点是否有给定颜色的二值掩码，如果是则为 1，否则为 0。Pierre 等人提出最小化的能量方程为：

$$\min_{\boldsymbol{u}} : \frac{\lambda}{2} \sum_{p \in \Omega_T} \|\mathcal{M}(\boldsymbol{u} - \boldsymbol{f})\|^2 + \mathrm{TV_p}(\boldsymbol{u}) \tag{8.29}$$

式中，$\mathrm{TV_p}$ 为 Pierre 等人提出的耦合 TV。

不同正则项的着色结果如图 8.8 所示。可以看到，这两个 TV 正则化约束都能够将涂鸦图像颜色扩散到整个图像。但是仔细观察可发现，在处理具有挑战性的区域（如红色方框中的区域）时，这里提出的超像素加权 TV 项正则化扩散得到的颜色比耦合 TV 的好，这证明了 $\mathrm{TV_{wsp}}$ 的有效性。

(a) 输入涂鸦图像

(b) 耦合TV 正则化的着色结果

(c) 本节提出的$\mathrm{TV_{wsp}}$ 正则化的着色结果

图 8.8　不同正则化项的着色结果

（2）正则项 E_2 和 E_3：接下来讨论两个正则项（式(8.1)中的 E_2 和 E_3）的作用，如图 8.9 所示。通过使权衡两个正则项的权重参数 α 和 β 分别为 0，可以得到只有一个约束的情况下获得的融合结果。图 8.9 显示了特征匹

(a) 输入参考图像

(b) 输入目标图像

(c) 特征匹配融合结果

(d) 没有使用局部一致性约束的融合结果

(e) 没有使用非局部自相似性约束的融合结果

(f) 同时使用两个约束的融合结果

图 8.9　正则项 E_2 和 E_3 的分析

配的融合结果、仅使用局部一致性约束和非局部自相似性约束的融合结果以及同时使用两个约束的融合结果。所有融合结果的色度通道（以 V 通道为例并缩放到 [0,1] 范围）显示在各图左上角。

从图 8.9 中可以看出，尽管使用单个正则化约束可以改善特征匹配的融合结果（见图 8.9(c)），但是仍然存在影响视觉效果的问题。没有使用局部一致性约束的融合结果（见图 8.9(d)）具有严重的光晕效应，这是由于边缘附近某些超像素的错误着色导致的。而没有使用非局部自相似性约束的融合结果（见图 8.9(e)）的颜色过于平滑，轮廓两侧的颜色相互混合。相比之下，同时使用两个约束的融合结果（见图 8.9(f)）更具有视觉吸引力，看起来更舒适。两个正则项约束相互协作，可以纠正不适当的颜色，如城堡–天空和天空–叶子边界附近的颜色。通过观察颜色通道可以更清晰地比较着色结果。另外，实验分析发现提出的 SVMIC 方法对控制两个正则项的权重参数（α 和 β）不是很敏感。因此实验中设置 $\beta = 2$，$\alpha = 1$。

8.3.4 实验对比与分析

下面将提出的 SVMIC 方法的融合结果与其他表现不错的融合方法进行比较，并将 SVMIC 方法扩展到两个彩色图像之间的颜色转移。此外，以下所有实验均是在配备 2.6GHz 英特尔酷睿 i7-4720 CPU 和 16GB RAM 的笔记本电脑上使用 MATLAB 2015a 运行的，融合 256 像素 ×256 像素的参考图像和目标图像大约需要 14s 的时间。

8.3.4.1 基于单幅参考图像的融合

首先将提出的 SVMIC 方法与其他方法进行视觉比较，所比较的都是基于颜色迁移的图像融合方法且仅将一幅彩色图像作为目标图像的颜色参考。为了公平地比较，各种方法的融合结果是使用相关作者建议的参数生成的，而 He 等人提出的方法的融合结果由其提供。此外，目标图像和参考图像包含各种内容，包括山脉、建筑物、天空、人物等。

灰度目标图像、彩色参考图像以及所有方法对应的融合结果都显示在图 8.10 中。注意，He 等人提出的方法需要将输入目标图像调整为短边不大于 256 像素以适应网络，因此相应的着色结果通常具有较低的分辨率。为了便于观察，每个着色结果选择一个矩形区域进行放大并显示在相应结果图像的下方。

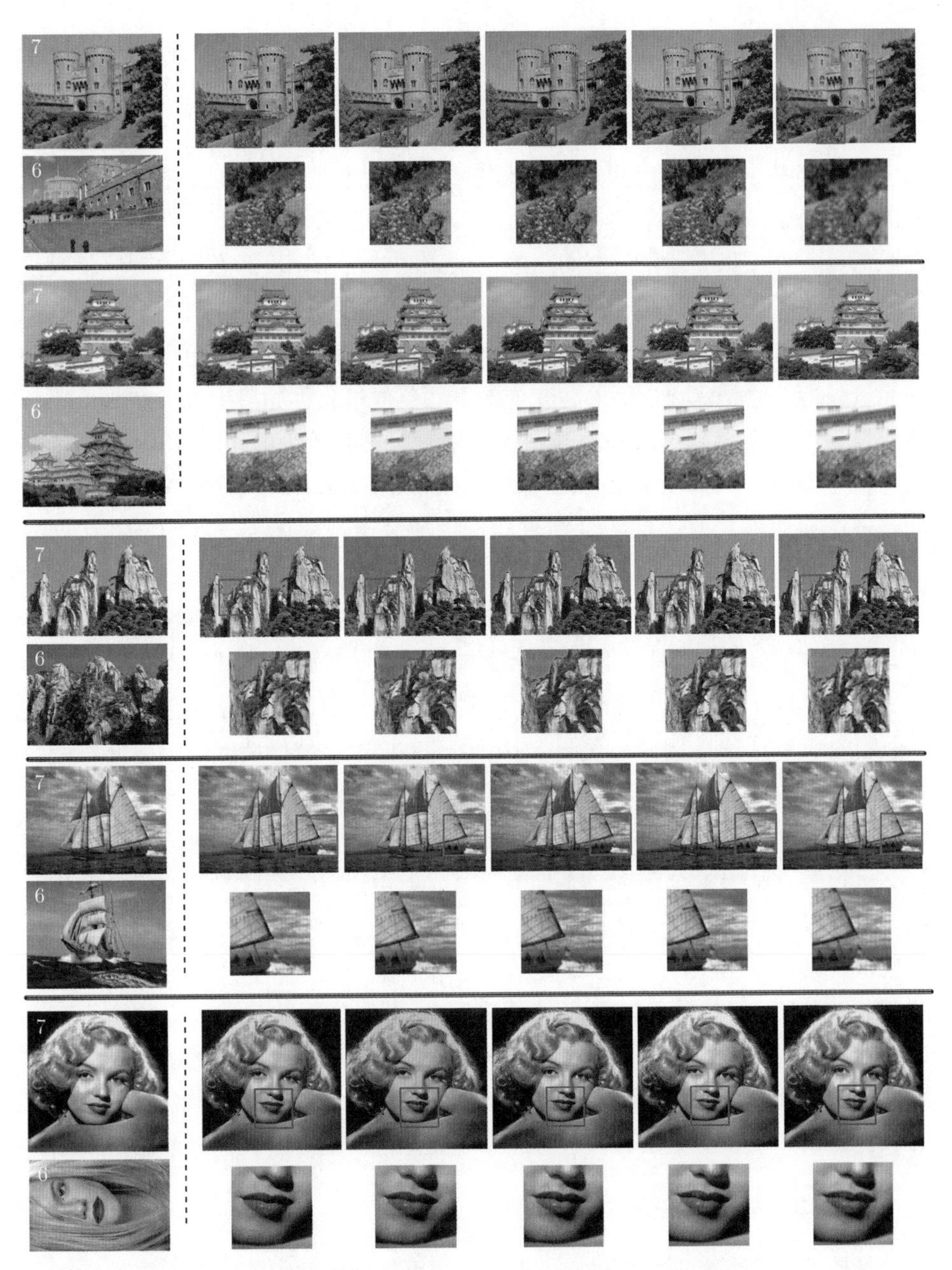

图 8.10　着色结果视觉比较（第 1 列为灰度目标图像和彩色参考图像，第 2~6 列分别为提出的 SVMIC 方法、Gupta 等人提出的方法、Welsh 等人提出的方法、Pierre 等人提出的方法以及 He 等人提出的方法的融合结果）

尽管 Welsh 等人提出的方法运行速度最快，效率最高，但它总是给出最差的融合结果。从图 8.10 中可以看出，大多数融合结果都含有明显不适当的颜色（见图 8.10 中第 1 行的草坪和第 2 行的天空）。出现大量颜色错误匹配的主要原因是该方法采用像素到像素的颜色扩散方案，匹配标准是当前像素附近的统计特征。如此简单的特征可以快速计算，但是对于相似度匹配来说可靠性较低。此外，在没有任何空间连续性约束的情况下，目标像素的颜色仅取决于匹配的参考像素，这就会导致颜色的不连续。

Pierre 等人提出的亮度–色度模型可以保留图像轮廓，并在一定程度上抑制光晕效应。但是，融合结果高度依赖于颜色候选集。如果生成了高质量的颜色候选集，则会得到令人满意的融合结果，仅具有较少的伪影（见图 8.10 中的第 2 行和第 4 行）。但是在图像纹理复杂的情况下，颜色候选集无法提供足够多的正确颜色，因此融合结果图像可能会出现颜色不一致的问题（见图 8.10 中第 1 行的城堡和第 3 行的树）。

由于使用了级联特征匹配方案，Gupta 等人提出的方法得到的融合结果具有更可靠的颜色分配，并且增加色彩饱和度的后处理措施使其在视觉上更具吸引力。但是仔细观察后发现，大多数融合结果仍然出现了由颜色不匹配导致的颜色不一致现象。例如，在图 8.10 的第 2 行中，城堡墙壁的一部分被错误地分配了绿色的树叶颜色。此外，该方法中使用的级联特征匹配和空间投票过程都影响了处理效率。

尽管融合结果的分辨率较其他方法低，但由于仅需关注颜色空间，因此仍然可以通过融合结果来评估基于深度学习的方法。显然，从整体来看，该方法的融合结果都很自然，但是仔细看图像轮廓周围会发现一些不自然的颜色（见图 8.10 中第 1 行的树木和第 2 行的墙壁）。此外，一些尺寸较小的物体无法正确着色。例如，第 3 行图像的红色框中的植物颜色接近石头的颜色。相比之下，由于较少的颜色误匹配以及更清晰的图像轮廓，提出的 SVMIC 方法得到的融合结果在视觉上更具有吸引力。

8.3.4.2 基于多幅参考图像的融合

在基于单幅参考图像的融合实验中，如果目标图像中的每个物体都可以在参考图像中匹配到相似物体，则可以得到令人满意的融合效果。但是，参考图像并不总是与目标图像相似的，当目标图像中的某一部分并不能在参考图像中搜索到相似物体时，融合效果就会大打折扣。实际上，所提出的 SVMIC 方法能够融合的参考图像的数量并不是固定的，可以选择一幅也可以选择多幅参考图像作为输入以提供更多的颜色候选。SVMIC 方法分别使用单幅和多幅参考图像的融合结果如图 8.11 所示。其中，使用两幅参考图像的融合结果见图 8.11(d)，与只使用其中一幅参考图像的融合结果（见图 8.11(e)、(f)）相比，使用两幅参考图像的融合结果更加自然和生动。

(a) 灰度目标图像　(b) 彩色参考图像1　(c) 彩色参考图像2

(d) 使用两幅参考图像的融合结果　(e) 仅使用参考图像 1 的融合结果　(f) 仅使用参考图像 2 的融合结果

图 8.11　SVMIC 方法分别使用单幅和多幅参考图像的融合结果

8.3.4.3　用户调研

为了进一步验证 SVMIC 方法的优越性，除视觉比较外，还需要进行定量比较。在图像处理领域，某些信号度量，如峰值信噪比（PSNR）和结构相似性度量（SSIM），经常用于评估图像重建结果的质量。但是，这些指标并不适用于基于颜色迁移的图像融合任务，因为融合结果高度依赖于参考图像，因此融合结果的优劣并不能通过与原始彩色图像的相似性来衡量。这里采用衡量该任务的用户调研来定量评估 SVMIC 方法与其他对比方法。

下面利用 2AFC（双向替代选择）范式来设计用户调研。为了使比较更加直观和有意义，仅使用图 8.10 中的融合结果，涉及的方法仍然是图 8.10 中的五种方法。100 个不同年龄段的用户被邀请参加此项用户调研，对于每个目标图像，有 $C_5^2 = 10$ 对融合结果对比以确保任何两种方法都进行了直接比较。用户被要求从每一组融合结果中选择一个看起来更好的并点击该图像。图像对的出现顺序是随机的，以避免产生偏差。首先统计每个融合结果的用户点击总数，然后计算每种方法的五个融合结果图像的平均点击次数，统计结果如图 8.12 所示。最高的平均点击次数意味着 SVMIC 方法的融合结果最受用户喜爱。同时，最低的标准偏差表示尽管图像内容不同，SVMIC 方法的着色效果都一如既往地令人满意。

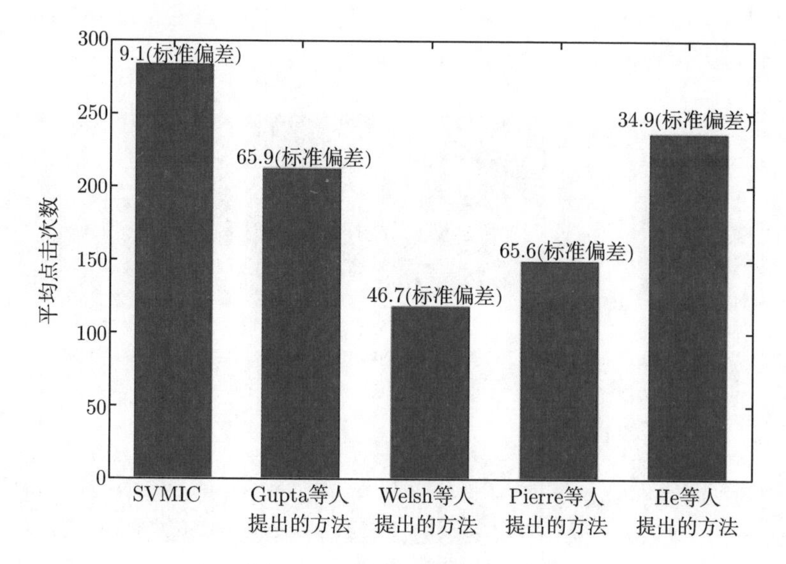

图 8.12　用户调研统计结果

8.3.4.4　迁移运用——颜色转移

相比较前文研究的灰度图像与彩色图像的融合，颜色转移任务通过借用参考图像的颜色特征来改变目标图像的颜色。两项任务之间的主要区别是颜色转移的目标图像是彩色图像而不是灰度图像。学术界已经提出了许多方法来解决颜色转移问题。提出的 SVMIC 方法稍作修改，也可以迁移运用到颜色转移任务中。第一个改变是，在进行目标图像的超像素分割时直接对彩色图像进行分割，这对于区分亮度相似但色度不同的区域会更为准确。第二个改变是，在 RGB 空间的所有三个通道中计算多级特征，以使其更加可靠。

将 SVMIC 方法的颜色转移结果与其他方法进行比较，如图 8.13 所示。其中，Xiao 等人提出的方法是为颜色转移任务而设计的方法，Luan 等人、Li 等人提出的方法是两种用于真实感图像风格迁移的深度学习方法。可以看到，Xiao 等人提出的方法得到的结果存在明显的伪影。在 Luan 等人提出的方法得到的结果中，图像只有部分颜色被改变而剩余部分变化不大。尽管图像细节存在部分损失（如花朵图像右下角的叶子纹理），Li 等人提出的方法能够获得鲜艳的色彩效果，但它要求用户手动绘制一些蒙版或利用标签图像来分配对应关系（天空到天空，房屋到房屋），这大大影响了处理效率。相比之下，SVMIC

方法的颜色转移结果没有明显的伪影，并且很好地保留了图像细节，颜色几乎都从参考图像正确转移到了目标图像。

(a) 输入目标图像 (b) 参考图像 (c) Xiao等人提出的方法 (d) Luan等人提出的方法 (e) Li等人提出的方法 (f) SVMIC 方法

图 8.13　颜色转移结果比较参考图像

8.3.4.5　迁移运用——遥感图像光谱恢复

大量实验表明，SVMIC 方法在基于颜色迁移的图像融合方面优于其他方法。下面将该方法应用于遥感图像的光谱恢复，即选用地物类别相似的 MS 图像作为参考图像，为 PAN 图像进行光谱恢复，结果如图 8.14 所示。其中 PAN 图像与用于参考的 MS 图像（仅使用 RGB 通道）均来自同一卫星拍摄的不同区域的图像。从融合结果中可以看出，PAN 图像经过光谱信息融合之后成为 MS 图像，没有明显的人工痕迹，这表明 SVMIC 方法可以很好地进行 PAN 图像的光谱恢复。

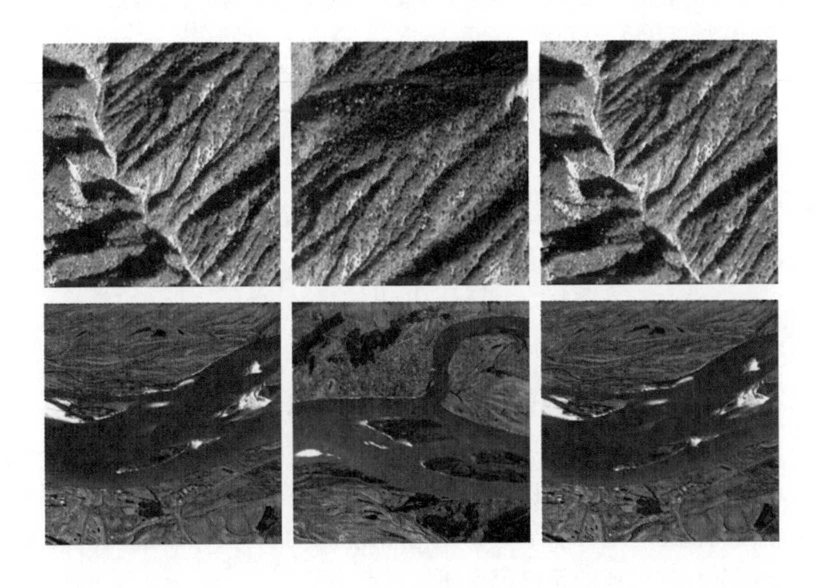

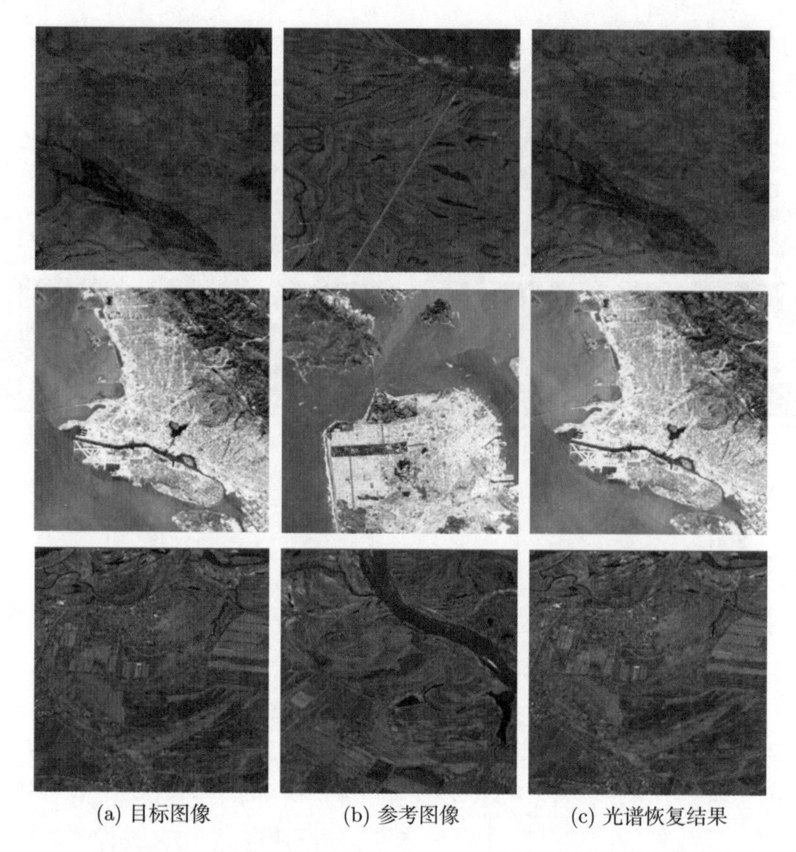

(a) 目标图像　(b) 参考图像　(c) 光谱恢复结果

图 8.14　SVMIC 方法为 PAN 图像进行光谱恢复的结果

8.4 基于风格迁移的图像融合

本节在风格迁移任务的启发下提出了一种在 CIELab 颜色空间中基于参考图像的快速融合框架，利用 CNN 强大的学习能力实现快速精确的融合。简便起见，该网络框架称为 SDEC-Net。

8.4.1 网络构建

图 8.15 给出了 SDEC-Net 的整体结构，其中目标图像标记为 $\boldsymbol{T}$，参考图像标记为 $\boldsymbol{R}$。模型由迁移子网络（Transfer-subnet）和着色子网络（Colorization-subnet）构成。迁移子网络主要负责将目标图像基于参考图像风格化处理以获得目标图像的粗略色度图。着色子网络利用随机采样策略和编码器–解码器架构修正迁移子网络生成的粗略色度图。

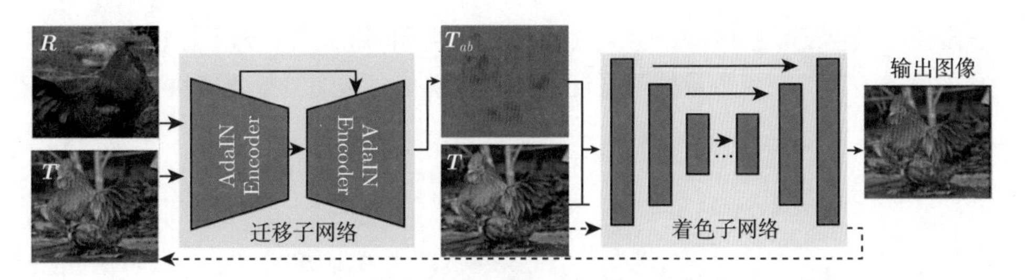

图 8.15　SDEC-Net 的整体结构

总体而言，目标图像与参考图像数据对缺失是基于颜色迁移的图像融合任务的一大难点，而提出的 SDEC-Net 串联两个子网络的方式能够有效解决该问题。一方面，两步优化的方式能够弥补特征不准确映射带来的不理想着色；另一方面，利用自适应归一化（AdaIN）融合方式取代显性方式计算图像间的相似度，不仅能够降低对参考图像苛刻的要求，其轻量性还能帮助模型实现快速融合。下面分别对两个子网络进行详细介绍。

8.4.1.1　迁移子网络

迁移子网络主要受到艺术风格迁移任务的启发，首先利用 VGG-19 抽取多层特征，然后在特征层面进行多尺度的 AdaIN 融合，最后借助重建模块由特征域转换为图像域，完成颜色的迁移。对于缺乏数据集的基于颜色迁移的图像融合任务而言，任意给定一幅参考图像，目标图像经过迁移子网络都能生成与参考图像颜色相似的颜色通道，再交给优化网络处理，可以解决数据集缺失问题。但在复杂语义图像或者目标图像和参考图像物体种类差别较大的情形下，融合效果并不理想。因此，针对上述情形，借鉴 Li 等人提出的方法，利用两幅图像的语义信息，在语义范围内做更为细致的融合。基于上述思想，图 8.16 给出了迁移子网络的结构。

迁移子网络采用了常见的编码器–解码器框架，该框架被证实在图像生成任务上有较好的效果。将目标图像和参考图像作为输入，输出初始色度图 $\boldsymbol{T}_{ab}$，其主干网络使用预训练的 VGG-19（Conv1~Conv4）来提取图像特征。与大多数艺术风格转换模型不同，提出的 SDEC-Net 用单编码器–解码器网络替换多编码器–解码器网络，防止 VGG-19 网络属性被破坏而导致无法提取有效特征，从而放大伪影。在特征匹配和融合方法中，WCT 利用奇异值分解，将内容特征映射到风格特征，该方法在输入图像分辨率较大的情形下，计算开销巨大。因此，为了更快地进行特征匹配与融合，迁移子网络利用 AdaIN 操作，进一步减少颜色迁移的时间，保证网络的轻量性。除此之外，为了在迁移过程中减少细节丢失，利用少量的跳层连接，将浅层信息传递给重建模块。

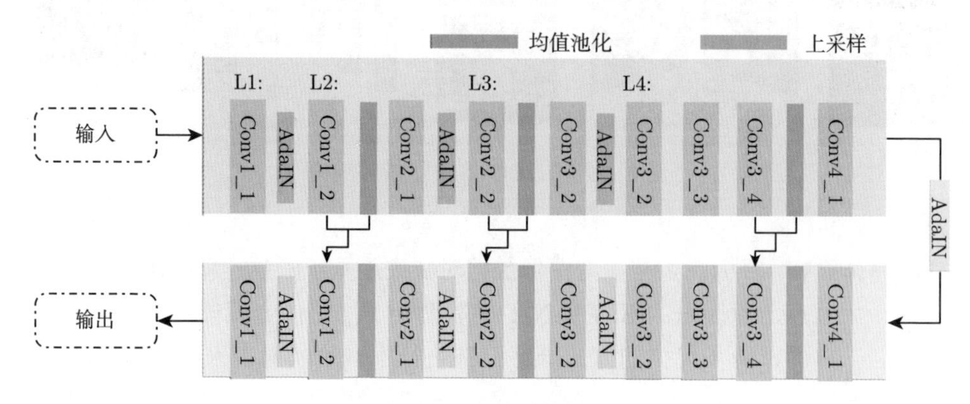

图 8.16　迁移子网络的结构

整个迁移子网络由三个子模块组成：特征抽取层、特征融合层和图像重建层。下面详细介绍每个模块的原理及其作用。

1. 特征抽取层

特征抽取层一般指单独的卷积块，目的是将输入图像 $\boldsymbol{X}_{\text{input}} \in \mathbb{R}^{(C_{\text{in}} \times H \times W)}$ 转化为特征图 $\boldsymbol{X}_{\text{feature}} \in \mathbb{R}^{(C_{\text{out}} \times H \times W)}$，其中 H、W 分别为图像的高与宽，C_{out} 为特征图数量（特征通道数），C_{in} 为输入图像的通道数或前一网络层的输出通道数。图像利用不同卷积核得到不同的特征图，且在不同深度的卷积操作有不同的作用。浅层卷积能够提取颜色、边缘等信息，深层卷积能够挖掘图像语义层面的信息。其中卷积核的大小决定感受野的大小。一般来说，感受野越大，卷积操作对图像特征提取的效果越好，但参数量也会越多。特征卷积层的卷积核参数由数据训练而来，在损失函数的指导下自动学习对该任务最优的参数，从而为网络提取到高效、强健壮性的图像特征。

对于计算机视觉任务，研究者通常会使用预训练的卷积网络模型来提取图像特征，在抽取特征的基础上进行下游任务（如目标检测、语义分割）。基于颜色迁移的融合任务存在一个问题：由于目标图像是单波段，而参考图像是 RGB 三波段，故无法使用相同的抽取网络去提取特征。尽管可以利用灰度图重新训练一个单波段图像特征提取网络，但任务量较大且丢弃色度信息会影响所提取特征的质量。为了确保提取特征的可靠性，SDEC-Net 利用预训练的融合网络为灰度目标图像提供“初始颜色”，再使用原始 VGG-19 网络来提取图像特征。尽管“预着色”的结果可能并不精确，但是实验证明，模型在预着色数据集上的分类准确率，明显高于只用灰度图像数据集训练的网络。在视觉效果上，经过“预着色”后的目标图像的迁移子网络中间结果的可视化输出也明显更优。实际上，“预着色”的网络模型可以复用着色子网络，具体实现见后文。

2. 特征融合层

特征融合分为两类：图像自身的特征融合和图像间的特征融合。图像自身的特征融合有通道拼接和通道相加两种形式，如图 8.17 所示。通道拼接是在通道维度上将不同特征拼接在一起，数学表达式如下：

$$X_{\text{feat}}^{(i)} = F_{\text{layer}}^{(i)}([X_{\text{feat}}^{(0)}, X_{\text{feat}}^{(1)}, \cdots, X_{\text{feat}}^{(i-1)}]) \tag{8.30}$$

式中，$F_{\text{layer}}^{(i)}$ 表示第 i 个融合层，一般用卷积层对融合特征做线性变换；$X_{\text{feat}}^{(i)}$ 表示该层的输出特征图；$[\cdot]$ 表示通道维度上的拼接。简言之，在输入到卷积层之前通过维度拼接将不同层的结果结合在一起，再通过卷积层将特征融合，得到新的特征信息。相比于通道拼接方式，通道相加的方式简单直接，对显存的需求更小，常常被用在残差学习中来扩展网络的深度，防止训练中出现梯度爆炸或梯度消失问题。

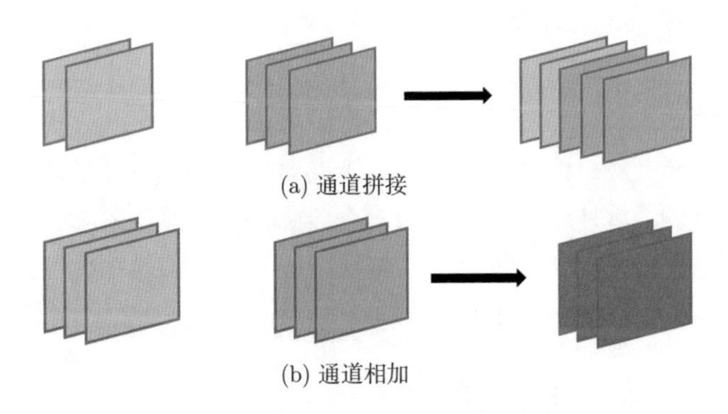

图 8.17　图像自身的特征融合的两种形式

SDEC-Net 采用的融合方式为通道拼接，但是对拼接后的特征图直接应用 3×3 的卷积操作会带来较大的计算开销，因此所使用的融合层 $F_{\text{layer}}^{(i)}$ 通常由两个串联的卷积核组成，分别为 1×1 卷积核和 3×3 卷积核。其中 1×1 卷积核也称为瓶颈层，主要负责对特征图进行降维。相比较直接应用 3×3 卷积核，先应用 1×1 卷积核操作可以在减少通道数量和参数量的同时，又能起到一定程度的融合作用。

对于颜色迁移任务，图像的内容和风格属于不同特征空间，因此图像间的特征融合更为复杂。迁移子网络借助 AdaIN 完成融合。AdaIN 是实例归一化（IN）的一种变体。IN 的成功得益于其对图像内容的不变性，且 IN 中的仿射参数可以改变输出图像风格。AdaIN 则针对每个样本的每个通道独立自适应地计算均值和方差。对于内容输入 $\boldsymbol{X}$，风格输入 $\boldsymbol{Y}$，AdaIN 操作的表达式为：

$$\mathrm{AdaIN}(\boldsymbol{X},\boldsymbol{Y})=\sigma(\boldsymbol{Y})(\frac{\boldsymbol{X}-\mu(\boldsymbol{X})}{\sigma(\boldsymbol{X})}+\mu(\boldsymbol{Y}) \tag{8.31}$$

式中，$\mu(\cdot)$、$\sigma(\cdot)$ 分别表示求均值和标准差操作。AdaIN 操作应用在迁移子网络中的每个卷积层之后。在此基础上，对于参考图像特别复杂的一类情况，可借助 Li 等人提出的方法实现实例之间的特征融合。总之，经过 AdaIN 操作融合后的特征包含了目标图像内容和参考图像颜色等信息，再利用图像重建生成初步的颜色通道。

3. 图像重建层

图像重建层是指伴随着上采样方法，将特征空间映射到图像空间的网络层。图 8.18 展示了三种从图像特征到图像的重建方式。其中，图 8.18(a) 展示的是从高层特征跨分辨率重建图像，该重建方法丢失的图像信息过多，往往只能保存高层语义信息。图 8.18(b) 展示的是从高层特征由低分辨率到高分辨率渐进地完成图像重建，相比较第一种直接重建方式，渐进式重建有后续网络辅助，重建压力小，重建效果好。图 8.18(c) 展示的是目前主流的重建方式，在深层网络重建过程中，利用浅层网络特征指导重建，恢复图像的细节信息。三种重建的数学表达式分别如下：

$$I_{\mathrm{out}}=F_{\mathrm{layer}}^{1}([X_{\mathrm{feat}}^{(i)}])$$

$$I_{\mathrm{out}}=F_{\mathrm{layer}}^{1}(F_{\mathrm{layer}}^{i-1}([X_{\mathrm{feat}}^{(i)}]))$$

$$I_{\mathrm{out}}=F_{\mathrm{layer}}^{1}(F_{\mathrm{layer}}^{i-1}([\mathrm{us}(X_{\mathrm{feat}}^{(i)},X_{\mathrm{feat}}^{(i-l)}]))$$

式中，$X_{\mathrm{feat}}^{(i)}$ 表示特征提取底层特征；$\mathrm{us}(\cdot)$ 表示上采样操作；$X_{\mathrm{feat}}^{(i-l)}$ 表示在编码器–解码器网络中维度与深层特征相对应的浅层特征。迁移子网络中前两部分提取了目标图像和参考图像的多级特征，接着利用图像本身融合和图像间的融合特征，以由粗到细的方式（见图 8.18(c)）完成图像重建。

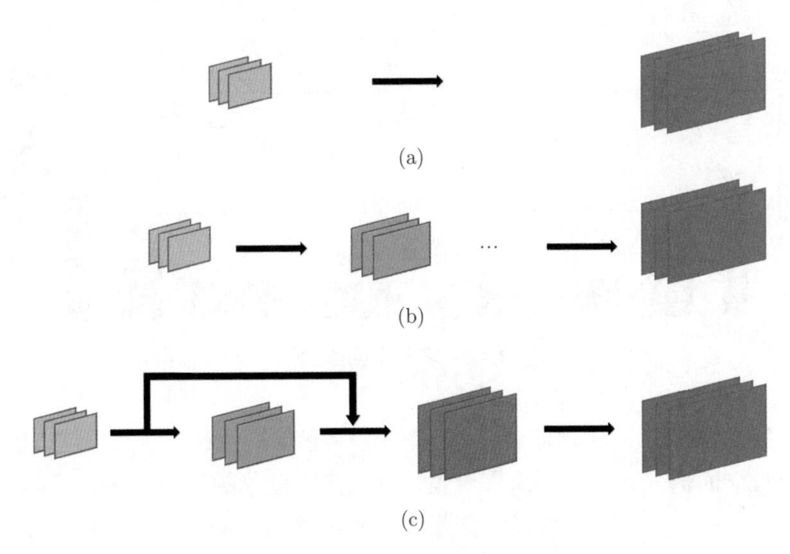

(a)

(b)

(c)

图 8.18　三种从图像特征到图像的重建方式

8.4.1.2　着色子网络

着色子网络采用“以点及面”的颜色补全策略来解决成对数据集缺失的问题。具体而言，首先通过随机采样的方式提取迁移子网络生成的颜色信息，然后模拟基于涂鸦点的着色方法，用这些额外的信息来指导图像着色。这种通过几个涂鸦点就能为图像中的物体着色的方式可以消除边界伪影，获得理想的着色效果。

由迁移子网络得到的初始色度图 $\boldsymbol{T}_{ab}$ 是粗糙的，所以还会伴随伪影。当给定的参考图像与目标图像在语义上有较大出入时，该问题尤为明显。为此，我们提出用着色子网络来优化迁移子网络得到的初始色度图 $\boldsymbol{T}_{ab}$。

着色子网络用已知的灰度目标图像的亮度 L 和初始色度图 $\boldsymbol{T}_{ab}$ 作为输入，输出优化过的色度图。但是训练这样的着色子网络并不容易：一方面，基于颜色迁移的融合任务没有标签数据的监督信息；另一方面，着色子网络需要能够识别语义信息，不仅将参考图像“正确的颜色”传播到目标图像“正确的区域”，还能够借鉴参考图像合适的颜色，应用于目标图像中与参考图像无法匹配的区域。换言之，着色子网络能够兼具自动着色和基于用户指导着色两者的优点。下面将围绕这两点说明如何设计着色子网络。图 8.19 给出了着色子网络的结构。

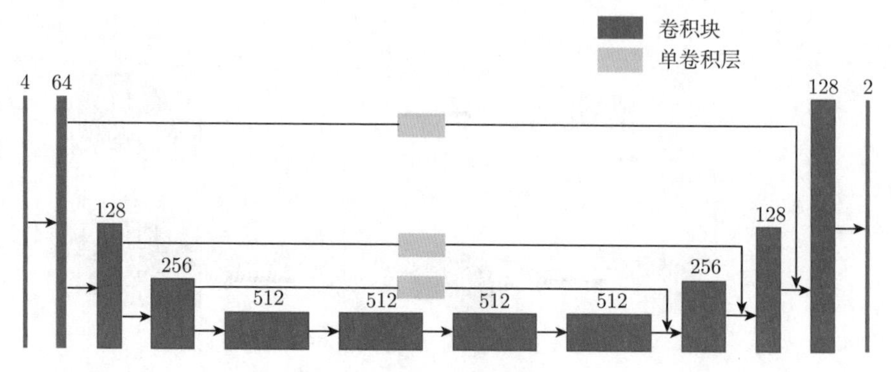

图 8.19　着色子网络的结构

颜色补全：由于缺乏监督信息，直接将迁移子网络得到的粗糙 $\boldsymbol{T}_{ab}$ 作为着色子网络的输入，会产生积累误差，放大错误颜色的影响。仔细观察 $\boldsymbol{T}_{ab}$ 会发现，目标图像中相关物体已经借鉴了参考图像物体的颜色，只是在边界或者部分区域出现不理想的融合效果。这种现象是符合预期的，因为迁移子网络处理的是在非监督的情况下，给定任意一幅参考图像来完成颜色迁移，无法保证融合后的颜色完全合理。在得到初步结果后，将色度空间的优化交给着色子网络。

"窥探"思想指的是利用学习到的图像物体特征来恢复完整图像，这种思想被广泛应用在计算机视觉任务中，如图像补全、移除图像中的部分物体等。在图像分类任务中，通过随机移除部分区域，学习具有更高健壮性的图像特征。着色子网络借鉴该思想来实现颜色补全功能，利用迁移子网络提供的部分颜色信息，恢复完整图像的颜色，消除迁移带来的伪影和不理想的颜色。着色子网络通过对 $\boldsymbol{T}_{ab}$ 采样，将采样后的色度图和原始亮度图作为输入，生成优化后的 $\boldsymbol{T}_{ab}$。

图 8.20(a) 为目标图像，其中红色框中的颜色块代表对 $\boldsymbol{T}_{ab}$ 采样后的结果，图 8.20(b) 为表示着色子网络生成的着色图像。颜色块的大小及采样密度对最终着色结果都会有明显的影响：颜色块过小，会造成部分区域无法得到颜色补全；采样密度过大，错误颜色出现概率高，会影响着色结果的视觉效果。通过大量实验，SDEC-Net 找到一种合适的采样方法：随机在 $\boldsymbol{T}_{ab}$ 中采样不同大小的颜色块，并计算平均值作为对应图像块的颜色值。对于每一幅图像，用 P 为 $\dfrac{1}{8}$ 的几何分布指定采样颜色点的个数。实验发现，采样的点位于图像的中

心位置有利于得到更好的着色效果。采样点的位置由 2-D 高斯函数决定，其均值和方差定义为：

$$\mu = \frac{1}{2}[H, W]^{\mathrm{T}}, \quad \varSigma = \mathrm{diag}([(\frac{H}{4})^2, (\frac{W}{4})^2]) \tag{8.32}$$

颜色块的大小从 1×1 至 9×9 的尺寸中随机获取。颜色补全网络可表达为：

$$\boldsymbol{I}_{\mathrm{out}} = F(\boldsymbol{T}, S_{ab}; \theta) \tag{8.33}$$

式中，S_{ab} 代表从 $\boldsymbol{T}_{ab}$ 中采样的颜色信息；θ 表示网络参数。

(a) 目标图像　　(b) 着色图像

图 8.20 颜色补全样例

复用着色子网络： 迁移子网络对目标灰色图像进行预着色，为了不引入额外的预着色网络，SDEC-Net 选择调整着色子网络的网络输入和结构，使其能实现自动着色和基于采样颜色信息着色两种功能。引入二值掩码 $\boldsymbol{M}$，通过给采样的颜色块对应位置赋值的方式，实现着色子网络功能的切换。即采样的颜色块位置对应的掩码位置的值设为 1，其他位置设为 0。当掩码 $\boldsymbol{M}$ 为全 0 时，表示不使用任何额外颜色信息，即退化为自动着色。迁移子网络可通过将掩码全部置为 0，完成对目标图像的“预着色”。当掩码为全 1 时，表示完全借助迁移子网络生成的 $\boldsymbol{T}_{ab}$，这种情况下着色子网络会直接复制 $\boldsymbol{T}_{ab}$，无法对其进行优化。图 8.21 展示了 $\boldsymbol{T}_{ab}$ 与掩码的对应关系。

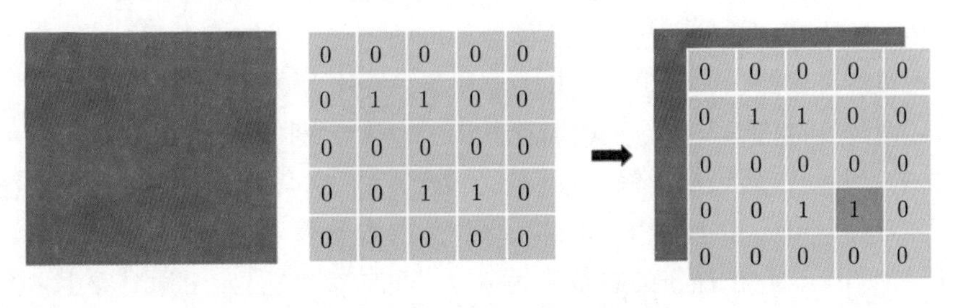

图 8.21 $\boldsymbol{T}_{ab}$ 与掩码的对应关系

在颜色补全网络基础上引入二值掩码 $\boldsymbol{M}$，此时整体着色子网络表示为：

$$\boldsymbol{I}_{\text{out}} = F(\boldsymbol{T}, S_{ab}; \boldsymbol{M}; \theta) \tag{8.34}$$

8.4.1.3 膨胀卷积和感受野

着色子网络主要利用颜色补全技术来完成着色，这对语义特征的抽取提出了较高要求。由点及面的着色方法依赖于全局特征和局部特征的结合，而 CNN 的一大优势在于局部性，以及参数共享。尽管可以选择大的卷积核，获取更大的感受野来融合局部信息和全局信息，但同时大卷积核会带来较大的计算开销。因此，SDEC-Net 在着色子网络的设计中引入了膨胀卷积来实现特征提取和特征融合。下面将从网络和感受野的角度，介绍什么是感受野、感受野大小对 CNN 的影响、膨胀卷积在计算机视觉任务的应用以及着色子网络的实现细节。

感受野：目前提出的神经网络是模拟人脑神经学，神经学中的神经元感知周围环境并做出反应，传递给其他神经元。神经网络由可训练的参数堆砌而成来模拟生物神经元，并用激活层的非线性映射模拟对环境做出反应。在神经学中，视觉中枢的感受野表示感受（受到刺激）的区域。在 CNN 中，感受野表示一个神经元（卷积核）在图像中的作用范围。卷积核越大，作用的范围越大，即感受野越大。在级联网络中，由于下采样的原因，处于深层位置卷积核的感受野远大于浅层的感受野。

如图 8.22 所示，左图绿色区域为一个 5×5 的图像。现有一卷积层：卷积核为 3×3，步长为 1，填充边长为 0。该卷积核应用在 5×5 的图像上，生成图像即中间蓝色图中的每一个元素均受到原始图像 3×3 大小区域的影响（由卷积核决定），因此称当前卷积层的感受野为 3×3。在 CNN 中，往往通过叠加卷积层来抽取特征，其背后依据在于：随着网络变深，深层特征的每个像素反映了对输入图像更大范围的影响。对蓝色特征图应用相同参数的 3×3 卷积核，输出 1×1 卷积核特征，该卷积层的感受野为整个 5×5 的图像。这也是 CNN 设计的一大思想：放弃大卷积核，叠加多个小卷积核来获得相同感受野。两个连续的 3×3 卷积核拥有 5×5 的感受野，但在参数量上远远小于 5×5 的参数量。假设给定输入特征形状为 $C_{64} \times H_{\text{in}} \times W_{\text{in}}$，期望输出特征为 $C_{128} \times H_{\text{out}} \times W_{\text{out}}$。两个 3×3 卷积操作的参数量为 $64 \times 3 \times 3 \times 2 \times 128$，而单独一个 5×5 卷积操作的参数量为 $64 \times 5 \times 5 \times 128$。对于通道数更多的特征，用膨胀卷积带来的计算量优势愈加明显。

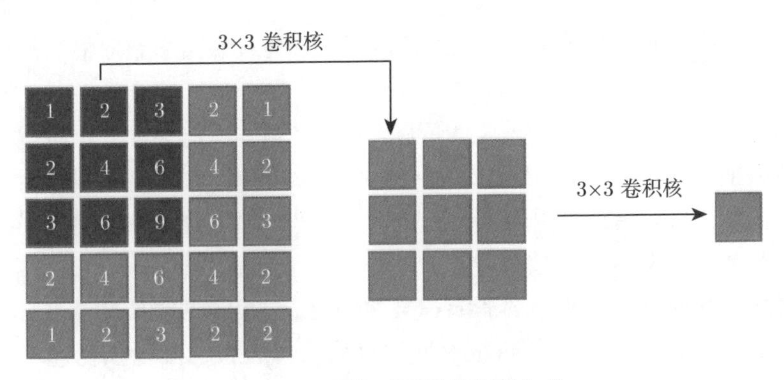

图 8.22　图像感受野的实现方式

从抽取特征信息层面，假设存在一只鸟的图像，卷积网络通过感受野提取的局部信息有鸟嘴、脚、头以及翅膀等，对这些局部信息的简单融合就能完成基本的分类任务。而对于复杂的图像如骑在马上的人，需要结合人的特征和马的特征才能得到场景信息。因此，对于不同的任务需要设计不同的网络结构，来获取不同的感受野。在很多端侧设备中，还需要考虑感受野和网络参数之间的关系，选择合适的方案来达到性能和时间上的平衡。总之，感受野是深度学习方法所需要关注的一大要素。

着色与感受野：着色子网络中需要用到颜色补全技术，合适的感受野能够结合局部特征信息和全局特征信息，从而很好地恢复图像物体的完整颜色。较小的感受野只能恢复小区域的颜色，很难学习到物体的完整特征，需要借助密集采样才能弥补颜色缺失。尽管较大的感受野能够抽取到较为完整的特征，但在颜色补全过程中，缺少对物体的细节处理。如图 8.23 所示，黑框表示对房子进行颜色补全，左图有较大的感受野，能够学习整个墙面的特征信息，但是大感受野很难处理一些细节问题，如第二个窗户会受到墙面颜色的影响；右图由于感受野受限，通过给定墙面某一块像素颜色，只能正确恢复周围小部分区

图 8.23　感受野对着色的影响

域的颜色。从上面的分析可知，在着色网络中如何设计网络获取恰当的感受野尤为重要。

尽管大感受野也会存在一定的问题，但为了减少采样负担，仍希望着色子网络能够抽取偏全局的特征信息。另外，希望参数和计算开销尽可能小。因此，在着色子网络中，选择应用膨胀卷积技术，在扩张感受野来抽取偏全局特征的同时，又能保证网络的轻量性。

膨胀卷积原理与实现：膨胀卷积又称为空洞卷积（Dilated Convolution），主要用来解决传统卷积层的特征空间层级化信息丢失与图像恢复任务中小物体无法重建等问题。卷积核大小相同的普通卷积与膨胀卷积相比，参数量相同但卷积核（权重）位置不同。卷积核如图 8.24 所示，图 8.24(a) 是普通的 3×3 卷积核，其感受野是 3×3；图 8.24(b) 是膨胀系数为 2 的 3×3 卷积核，但其感受野为 5×5。比较图 8.24(b) 中卷积核和感受野的关系发现：卷积核以一定的比例向外扩张，除了特定权重的位置，其他空的位置用 0 填充，该比例称为膨胀系数。图 8.24(b) 中的 3×3 卷积核，在膨胀系数为 2 的作用下，特征域空间的作用范围为 5×5，扩大了感受野，融合了更广的图像信息。

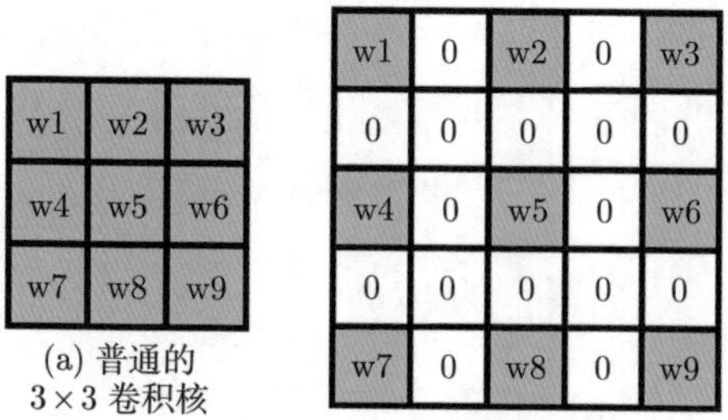

w1	w2	w3
w4	w5	w6
w7	w8	w9

(a) 普通的
3×3 卷积核

w1	0	w2	0	w3
0	0	0	0	0
w4	0	w5	0	w6
0	0	0	0	0
w7	0	w8	0	w9

(b) 膨胀系数
为2的3×3 卷积核

图 8.24　卷积核

尽管膨胀卷积能够缓解下采样与上采样造成的图像信息缺失问题，但是膨胀卷积在图像上的作用域不连续，单独使用膨胀卷积会出现空洞现象，即有些像素并没有参与到卷积运算中。改进方法一般是通过叠加不同膨胀系数的膨胀卷积来叠加感受野，以保证图像信息都能被利用。图 8.25 展示了应用两次膨胀卷积的感受野变化。

两个 3×3 的普通卷积核的感受野是 5×5，如果使用膨胀系数大于 1 的膨胀卷积则可以进一步扩大感受野。在图 8.25 中，两个膨胀系数分别为 1 和 2 且步长为 1 的无填充卷积构造的感受野为 7×7。相比较 5×5 的卷积核，该方式进一步扩大了感受野，获得更好特征的同时，并不需要引入额外的参数量和计算代价。因此，着色子网络的融合层用膨胀卷积替换普通卷积，提取偏全局的图像特征来完成颜色补全。

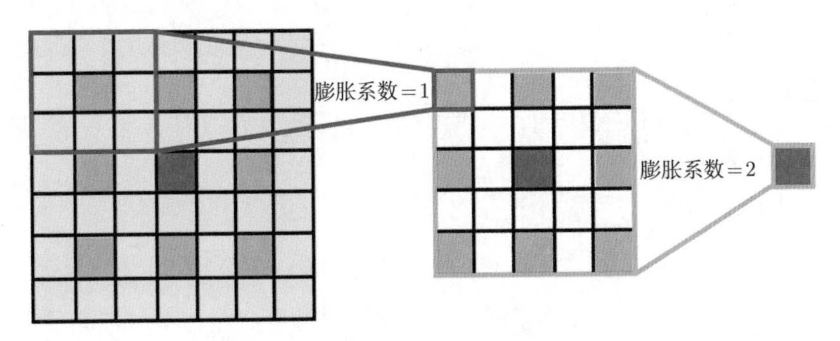

图 8.25 应用两次膨胀卷积的感受野变化

8.4.1.4 双子网络损失函数

在机器学习中，给定样本 (x_i, y_i)，模型学习 $x \rightarrow y$ 之间的映射关系，而损失函数被用来估计预测值 $f(x)$ 和真实值 y 之间差异程度。损失函数常常被表示为：

$$L(x,y) = G(f(x),y) \tag{8.35}$$

式中，$G(\cdot,\cdot)$ 为非负值损失函数。损失函数越小，表示模型的拟合能力越强。利用损失函数，整个模型优化的目标为：

$$\hat{\theta} = \arg\min \frac{1}{N}\sum_{i=1}^{N} L(y_i, f(x_i,\theta)) + \lambda\phi(\theta) \tag{8.36}$$

式中的第二项是用来控制模型复杂程度的正则项，防止模型过拟合。SDEC-Net 的两个子网络因为任务不同分别用不同的损失函数来训练。迁移子网络需要完成任意参考图像与目标图像的融合，并没有直接的监督信息，因此只利用重构损失来完成子网络的训练。这种方式虽然简单，但得益于 AdaIN 融合操作，仍能得到不错的融合效果。迁移子网络利用均方误差损失（Mean Squared Error，MSE）指导网络从特征图像恢复到输入图像：

$$L_{\mathrm{MSE}}(x,y) = \frac{1}{W \times H}\sum_{i}\sum_{j}(f(x_{(i,j)}) - y_{(i,j)})^2 \tag{8.37}$$

式中，(i,j) 表示图像位置坐标。在深度网络中，MSE 由于具有较快的收敛性，被广泛应用于图像恢复任务中。此外，迁移子网络还引入风格迁移网络中常用的感知损失（Perceptual Loss），它比较的是输入图像与输出图像由 VGG 网络抽取的特征之间的相似性，使得输出图像的高层语义信息接近输入特征。感知损失在数学上可表达为：

$$L_{\text{per}}(x,y)=\frac{1}{W\times H}\sum_{j}(\phi_j(f(x))-\phi_j(y))^2 \tag{8.38}$$

迁移子网络总损失为：

$$L_{\text{tran}}=L_{\text{MSE}}+\lambda L_{\text{per}} \tag{8.39}$$

式中，λ 表示权重参数。迁移子网络在推理阶段的生成图像不仅拥有目标图像的结构，还融合了参考图像的颜色信息。

着色子网络的主要任务是颜色补全，可利用主流的着色网络损失函数。在前文分析中，现有的方法是在 Lab 颜色量化空间上预测色度双通道，MSE 损失会倾向于生成该组颜色通道的平均值，造成生成图像颜色偏黄，并且对异常数据与罕见颜色过于敏感。着色子网络用 Huber 损失替换 MSE。相比于 MSE，Huber 损失对异常数据更加健壮且整个训练过程中能够动态调整梯度，指导子网络完成指定颜色补全的训练。Huber 损失定义为：

$$L_{\text{h}}=\begin{cases}\dfrac{1}{2}(y-f(x))^2, & |y-f(x)|\leqslant\delta\\ \delta|y-f(x)|-\dfrac{1}{2}\delta^2, & \text{其他}\end{cases} \tag{8.40}$$

迁移子网络在“预着色”时会复用着色子网络，调整着色子网络的损失，加入掩码信息来监督参考颜色信息，数学表达式为：

$$L_{\text{c}}=L_{\text{h}}((1+\lambda\boldsymbol{M})\odot F_{\text{c}}(x),(1+\lambda\boldsymbol{M})\odot y) \tag{8.41}$$

调整后的着色子网络损失能够指导网络学习颜色补全，同时也有自动着色功能。

8.4.2 消融实验

为了验证提出的两个子网络对基于颜色迁移的图像融合是否有效，下面将进行消融实验，分析两个子网络对该任务的影响。

图 8.26 展示了子网络消融实验的视觉效果。其中图 8.26(a) 表示灰度目标图像，右下角显示了彩色参考图像。首先，只使用着色子网络，通过提供空 ab 通道和全 0 掩码作为输入，利用其自动着色功能为目标图像着色，结果显示在图 8.26(b) 中。此时着色子网络仅利用从训练数据集学习的先验信息，为物体提供可能的颜色（天空是蓝色，草是黄色，狮子的皮毛是棕色）。由于参考图像无法提供颜色信息，因此着色图像的色彩是欠饱和的，视觉效果较差。其次，为了公平比较发挥出迁移子网络的优势，先利用着色子网络为目标图像"预着色"，以便在相似的图像特征空间进行特征抽取和融合，再利用迁移子网络进行颜色迁移，图 8.26(c) 为迁移子网络的着色结果。可以清晰地看到，尽管有了"预着色"处理，但是迁移子网络缺乏局部细节处理能力，很难控制物体边界上的颜色，例如，狮子毛发的颜色会蔓延到分界处的天空和草地。最后，图 8.26(d) 显示了 SDEC-Net 方法生成的融合结果。先利用迁移子网络对目标图像和参考图像进行特征抽取，融合得到初步的颜色信息，再利用着色子网络对其优化得到最终的彩色融合结果。相较图 8.26(b) 和图 8.26(c)，图 8.26(d) 具有较高的色彩饱和度和较少的伪影，在视觉效果上明显优于两个单独的子网络生成的图像。

(a) 目标图像和参考图像

(b) 着色子网络

(c) 迁移子网络

(d)SDEC-Net 方法

图 8.26　子网络消融实验的视觉效果

8.4.2.1　AdaIN 与 WCT

风格迁移任务中常用的特征融合方法是 WCT（Whitening and Coloring Transform），该方法通过目标图像和风格图像的特征协方差来进行匹配。与 AdaIN 一样，经过 WCT 融合后的特征再借助解码器完成特征到图像的重建。尽管 WCT 也能完成特征融合，但与 AdaIN 的不同之处在于：WCT 的白化（Whitening Transform）部分只保留图像内容的全局结构，忽略局部结构。图 8.27 展示了 WCT 白化结果。

具体地讲，WCT 需要对协方差矩阵进行 SVD（Singular Value Decomposition），该操作与 AdaIN 相比，计算时间更长，无法满足 SDEC-Net 的迁移子网络需要快速完成颜色迁移的要求。表 8.1给出了迁移子网络分别应用 WCT 和 AdaIN 运行时间的比较。

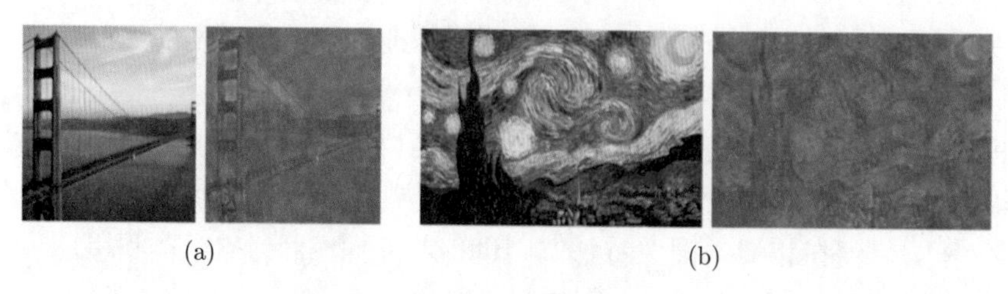

(a) (b)

图 8.27 WCT 白化结果

表 8.1 WCT 和 AdaIN 运行时间的比较

图像尺寸	256 像素 ×256 像素	512 像素 ×512 像素	1024 像素 ×1024 像素
SDEC-Net 应用 WCT	0.68s	1.22s	2.18s
SDEC-Net 应用 AdaIN	0.04s	0.14s	0.59s

图 8.28 给出了修改后的迁移子网络分别应用 AdaIN 和 WCT 在风格迁移任务上的视觉效果比较。其中图 8.28(a) 为应用 AdaIN 的结果，图 8.28(b) 为应用 WCT 的结果。WCT 在原始论文中利用的是多级编码器-解码器结构，该结构需要同时训练多个解码器来恢复重建，而本文提出的基于单编码器-解码器的 AdaIN 结构，不仅能够减少模型参数、加快运行速度，而且极大程度地消除了基于单编码器的 WCT 带来的“斑点”影响。

(a) AdaIN

(b) WCT

图 8.28 迁移子网络分别应用 AdaIN 和 WCT 在风格迁移任务上的视觉效果比较

8.4.2.2　AdaIN 与迁移子网络

下面进一步探讨迁移子网络中 AdaIN 的作用，分析其在迁移子网络中的位置及数量对特征融合结果的影响。

图 8.29 显示了在迁移子网络不同位置使用 AdaIN 的结果，其中图 8.29(a) 为迁移子网络的输入图像对，即待融合图像对，图 8.29(b) 表示同时在编码器–解码器中使用 AdaIN 的融合结果，图 8.29(c)、图 8.29(d) 分别表示在迁移子网络的编码器、解码器中使用 AdaIN 的融合结果。从三种融合结果的对比中可以看出，图 8.29(b) 颜色更加鲜艳，视觉层次更加丰富。因此，SDEC-Net 将 AdaIN 应用在迁移子网络的每一个卷积层中。

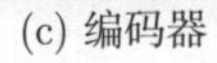

(a) 输入图像对　(b) 编码器–解码器　(c) 编码器　(d) 解码器

图 8.29　在迁移子网络不同位置使用 AdaIN 的结果

为了进一步融合网络的多级特征，迁移子网络通过跳层连接方式来融入浅层信息，以此来恢复图像必要的细节信息。在跳层模块中的卷积层后也加入 AdaIN 融合操作，融合效果如图 8.30 所示，其中图 8.30(a) 为输入图像对，图 8.30(b) 和图 8.30(c) 分别为迁移子网络的跳层模块不含 AdaIN 融合操作和含 AdaIN 融合操作的效果。从图 8.30(b) 和图 8.30(c) 的黄色框对比可以看出，在跳层模块中加入 AdaIN 融合操作的迁移结果变化不大，因此在设计迁移子网络过程中，仍选择只在编码器–解码器中加入 AdaIN 融合操作。

(a) 输入图像对　(b)不含AdaIN融合操作　(c)含AdaIN融合操作

图 8.30　在跳层模块中加入/不加入含 AdaIN 融合操作的效果

8.4.2.3 预着色分析

前文分析了基于颜色迁移的图像融合任务的输入是单通道的目标图像和三通道的参考图像。如果两幅输入图像用同一个特征抽取网络，得到的图像特征处于不同的特征空间，那么接下来的特征匹配融合会出现较大的误差。尽管可以利用单通道数据集重新训练特征抽取网络，但与彩色图像的特征抽取相比，仍然存在不小的误差。为了验证以上分析，利用 VGG-19 特征抽取网络在 ImageNet 上测试分类精确度，实验结果见表 8.2。从表 8.2中可以看到，原始的 VGG-19 网络在 ImageNet 上的彩色图像数据集中的 Top-1 识别率达到 73.10%，但在灰度图像数据集上只有 59.69%。尽管重新在单通道灰度图像数据集上训练得到的“灰度 VGG-19”的识别率能够达到 68.78% ，但仍无法逼近彩色图像的识别率。SDEC-Net 所使用的“预着色”图像，可以将目标图像初步进行着色，得到三通道图像，再利用 VGG-19 对其进行分类，识别率已经比较接近彩色图像了。

表 8.2 VGG-19 特征抽取网络在 ImageNet 上测试分类精确度

特征抽取方法	图像数据集	Top-1 识别率/%	Top-5 识别率/%
原始 VGG-19	彩色图像	73.10	91.24
原始 VGG-19	灰度图像	59.69	80.56
灰度 VGG-19	灰度图像	68.78	85.64
原始 VGG-19	“预着色”图像	70.23	88.73

此外，针对 SDEC-Net 使用的“预着色”图像与重新训练“灰度 VGG-19”做进一步的对比，从视觉效果上探讨不同特征抽取方式对颜色迁移的影响。图 8.31 展示了迁移子网络的中间结果，从左到右依次为目标图像、参考图像、“灰度 VGG-19”图像及“预着色”图像。可以看出，“预着色”图像抽取的特征更接近参考图像的特征空间，其融合结果更加合理，展示的颜色信息更加丰富。

8.4.2.4 颜色补全

SDEC-Net 的整体融合流程为：迁移子网络提供粗略的色度通道，着色子网络负责修复不准确的颜色。由于缺乏成对数据集，着色子网络无法直接学习修复能力，只能利用随机采样和颜色补全功能实现间接修复。下面通过实验来说明随机采样的作用，并验证采样训练方式能否学习到颜色补全能力。

(a) 目标图像　(b) 参考图像　(c) “灰度 VGG-19” 图像　(d) “预着色” 图像

图 8.31　迁移子网络的中间结果

颜色补全实例如图 8.32 所示。图 8.32(a) 为灰度单通道图像，图 8.32(b)、(d) 为分别给予图 8.32(c)、(e) 所示的采样颜色块后着色子网络生成的图像。从第一行图像中可以看出，当只采样两个背景颜色块时（见图 8.32(c)），无法给予房子准确的颜色信息（见图 8.32(b)），此时的着色子网络只能利用训练集的先验信息对图像着色；当采用特定的采样策略进行采样时，得到的颜色块（见图 8.32(e)）的颜色信息涵盖了多个物体，如房子、天空、树木等，此时着色子网络生成的彩色图像（见图 8.32(d)）符合预期。第二行图像表明迁移子网络生成的颜色通道在某些情况下是不准确的，如图 8.32(b) 中天空的左半部分蒙上了绿色块，利用采样和颜色补全能够缓和迁移子网络带来的问题。尽管无法保证采样的颜色块都是合理的，但从上述的实验结果来看，即使引入了部分错误的颜色块，着色子网络仍能通过颜色补全的方式取得较好的着色效果。

着色子网络能够完成颜色通道优化的主要原因在于采样颜色块的数量、位置及尺寸大小的随机性。具体地讲，在着色子网络的训练过程中，SDEC-Net 利用多个训练周期来完成不同采样率的训练，这种随机训练方式不仅使网络学习到将局部颜色传播到整体图像的能力，还能防止网络“记住”物体颜色。另外，虽然在训练时并没有考虑被采样的颜色通道可能是错误的这一情况，但通过分析迁移子网络的生成结果可以发现，大多数错误的颜色来自物体与背景的边界处，占图像的比例较小，因此在网络推理中，SDEC-Net 利用高斯函数来控制采样位置，使得大多数采样块位于图像中间，少量位于图像背景。除此之外，为了进一步降低错误颜色块对后续颜色补全的影响，又将颜色块采样的尺寸限制在 7 像素 ×7 像素。实验表明，该尺寸对少量错误颜色块不敏感，能达到较好的着色效果。综上所述，着色子网络的随机性决定了即使在给定少量错误颜色输入的情况下，仍能取得不错的视觉效果。

(a) 灰度单通道图像　(b) 生成图像　(c) 采样颜色块　(d) 生成图像　(e) 采样颜色块

图 8.32　颜色补全实例

8.4.3　实验对比与分析

下面将提出的 SDEC-Net 与现有方法进行比较。在基于颜色迁移的图像融合任务中，与传统方法和深度学习方法进行比较，主要从量化指标和视觉效果两个角度来分析和评价不同方法的优劣。

8.4.3.1　量化指标

客观指标：将基于颜色迁移的图像融合任务视为一种特殊的重建任务，可用常见的衡量重建任务的指标（如 PSNR 和 SSIM）来比较不同方法的生成结果，即利用输入灰度图像的原始彩色版本作为参考图像来“伪造”重建任务。需要注意的是，较高的 PSNR 和 SSIM 指标不一定意味着该方法生成的融合图像较好，因为融合后图像的颜色应接近参考图像，而不是原始的彩色图像。表 8.3给出了五种融合方法在 15 个输入图像对上的平均指标结果。从表中可以看出，提出的 SDEC-Net 有最高的 PSNR 和 SSIM，这在一定程度上说明了该方法的有效性。另外，深度学习方法在两种指标上都要优于传统方法。

表 8.3　五种融合方法在 15 个输入图像对上的平均指标结果

指标	Welsh等人提出的方法	Pierre等人提出的方法	Gupta等人提出的方法	He等人提出的方法	SDEC-Net
PSNR	18.37	19.40	21.87	21.56	22.61
SSIM	0.825	0.876	0.917	0.915	0.923

主观指标：基于颜色迁移的图像融合是非常主观的任务，并没有绝对的标准来度量。下面通过进行一项用户调查来体现 SDEC-Net 与同类方法相比较的优势，所使用的基准数据集为其他论文中出现过的 15 个输入图像对，涉及多种图像内容，如景观、建筑物、人类、动物等。50 名来自不同年龄、不同专业的大学生被邀请从五种融合方法的结果中选择他们认为最接近参考图像颜色且含有较少伪影的方法。为了公平比较，在展示目标图像和参考图像后，按照随机顺序给出五种不同方法的融合结果。收集调查结果后，对于每对图像和每种方法，计算用户偏好的点击总数，其统计结果盒图如图 8.33 所示。这里的盒图指的是利用一组数据的最大值、最小值、中位数及上下四分位数来描述数据的分散情况。

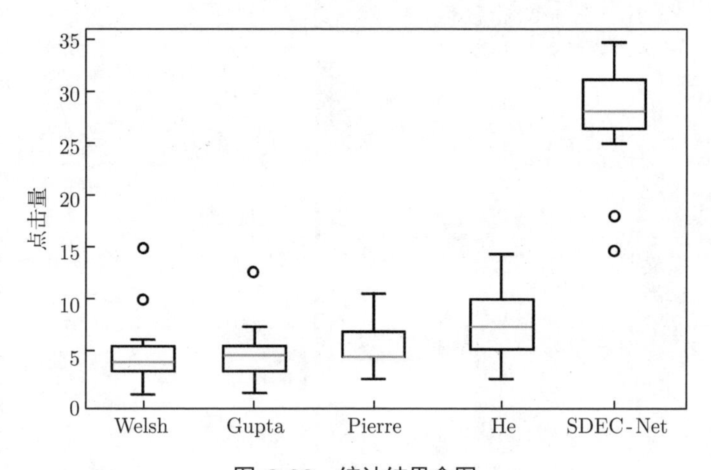

图 8.33 统计结果盒图

如图 8.33 所示，以 Welsh、Gupta、Pierre 等人提出的方法为代表的传统方法点击总数明显低于深度学习方法，即 He 等人提出的方法及 SDEC-Net。此外，从图 8.33 中圆圈位置（表示异常值）可以看出该融合任务的主观性，不同人对同一方法的融合结果的评价有较大出入。同为深度学习方法，SDEC-Net 明显优于 He 等人提出的方法，其主要原因在于 He 等人提出的方法对参考图像有所依赖，当提供的参考图像与目标图像语义信息有较大差别时，融合效果较差，这一点在后续的视觉效果比较中将详细说明。

8.4.3.2 视觉效果

下面选取 68 个输入图像对作为测试集，分别使用上述五种融合方法对其进行颜色融合，并在图 8.34 中展示了几组代表性的融合结果。第一行和第二行分别为目标图像和参考图像，其余五行从上往下分别为 Welsh 等人提出的方法、Pierre 等人提出的方法、Gupta 等人提出的方法、He 等人提出的方法及 SDEC-Net 的融合结果。从图 8.34 中可以看出，在融合结果图像的色彩饱和度方面，传统方法的着色结果明显逊色于最后两种深度学习方法。通过比较结果图像前景物体与背景之间的颜色过渡可以发现，后两行分界更清晰，这体现了深度学习方法在特征抽取上的优势。在深度学习方法间的比较中可以看出，SDEC-Net 的融合结果在视觉效果上略优于 He 等人提出的方法的融合结果，其主要体现在第五列厨房和第六列人物脸部的色彩上。

图 8.34　基于颜色迁移的图像融合方法的视觉比较（第 1 行和第 2 行分别为目标图像和参考图像，第 3~7 行分别为 Welsh 等人提出的方法、Pierre 等人提出的方法、Gupta 等人提出的方法、He 等人提出的方法以及 SDEC-Net 的融合结果）

He 等人提出的方法和 SDEC-Net 都是由两个子网络构成的，并且都考虑了输入图像对不相关的情形。因此，下面进一步通过做对比实验来说明两者的差异。

针对输入图像对语义信息较为复杂的情形，图 8.35 给出了两种方法的融合结果，可以看出两种方法都能够正确匹配目标图像和参考图像间的大部分物体，如图 8.35(c)、(d) 中绿色框部分。He 等人提出的方法利用第一个相似性子网络来显性计算目标图像和参考图像之间的相似度，再根据相似度结合另一个子网络完成最终的颜色融合。该方法的一大问题在于当两幅图像间的内容差别较大时，相似度计算不准确，导致细节部分的颜色融合较差。观察图 8.35(c)、(d) 中红色框部分，尽管目标图像中的树未能在参考图像中找到相匹配的物体，但两方法都根据场景信息给予了恰当的颜色。仔细比较图 8.35(c)、(d) 中黑色框部分，He 等人提出的方法的颜色明显没有 SDEC-Net 的颜色自然。相比 He 等人提出的方法，SDEC-Net 的着色子网络的随机采样策略能够进一步提升最终融合结果。该策略不仅能够降低迁移子网络错误的颜色信息带来的影响，而且对于没有匹配到的对象，可根据数据先验信息完成“半自动”着色，如图 8.35(d) 中黄色框部分内围巾颜色的生成。

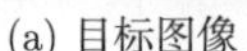

(a) 目标图像　(b) 参考图像　(c) He 等人提出的方法　(d) SDEC-Net

图 8.35 SDEC-Net 与 He 等人方法的融合结果

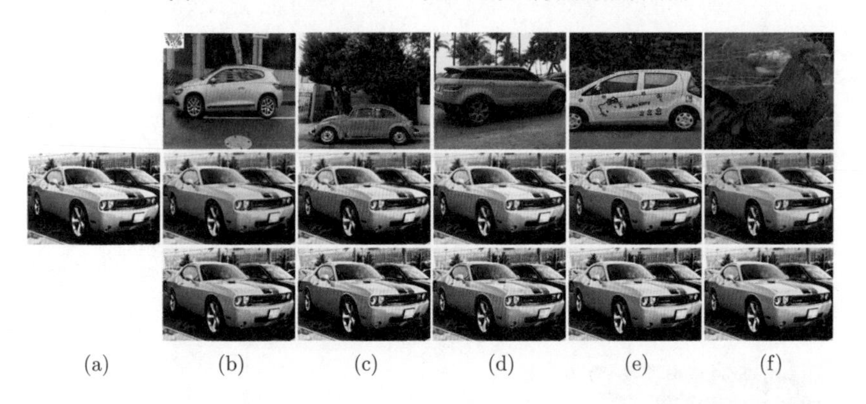

(a)　(b)　(c)　(d)　(e)　(f)

图 8.36 不同参考图像对 SDEC-Net 与 He 等人提出的方法融合结果的影响

图 8.36 给出了不同参考图像对 SDEC-Net 与 He 等人提出的方法的融合结果的影响，其中图 8.36(a) 为包含汽车的目标图像，第一行为不同的参考图像，第二行和第三行分别展示了 He 等人提出的方法和 SDEC-Net 在对应参考图像指导下的融合结果。当参考图像也包含汽车时（见图 8.36(b)～图 8.36(e)），尽管汽车颜色和形状不同，但两种方法都能正确匹配图像，SDEC-Net 的融合

结果的颜色更加饱和与鲜艳。当提供一幅与目标图像内容无关的参考图像时（见图 8.36(f)），He 等人提出的方法无法计算两幅图像之间的相似度，生成的融合结果颜色不自然，而 SDEC-Net 仍能获得不错的视觉效果。由此可见，He 等人提出的相似子网络对参考图像的要求较为严格，任何无法匹配到的物体，都可能导致不自然的融合结果。SDEC-Net 的迁移子网络对参考图像的要求较低，理论上任意一幅图像，都可生成较为合理但不一定准确的结果，再利用着色子网络的随机采样策略进一步修复得到最终着色图像。

8.5 基于生成对抗网络的图像融合

8.4 节提出的 SDEC-Net 利用两个子网络解决成对数据集缺失问题，借助迁移子网络的 AdaIN 融合模块，不仅能够减少对参考图像的强依赖，还能快速生成初步的颜色信息，再利用着色子网络优化，完成图像融合。尽管该方法能够生成不错的融合结果，但从严格意义上来说，它并非端到端结构，需要明确两个子网络的功能，且对于研究者而言训练难度过大。尤其是着色子网络，需要在不同的训练周期调整训练方式，通过输入掩码 $\boldsymbol{M}$ 来选择是进行颜色补全还是自动着色。

本节介绍基于生成对抗网络（GAN）的融合方法 GAN-CNet，该方法是 SDEC-Net 的衍生方法，旨在降低双子网络模型的复杂度和训练难度。仔细分析两个子网络中的模块，迁移子网络和着色子网络都利用了编码器–解码器的网络结构，这意味着两者有重复的特征抽取和特征重建模块。首先，GAN-CNet 需要解决如何在一个网络中复用两个子网络共有的模块的问题。另外，SDEC-Net 结构能够发挥作用的关键在于迁移子网络的 AdaIN 特征融合操作，如何在一个网络中引入 AdaIN 是 GAN-CNet 另一个需要克服的难题。同样，在面对训练数据集缺失问题时，选择怎样的训练方式直接影响最终的融合结果。

8.5.1 网络构建

GAN-CNet 的网络结构如图 8.37 所示，主干网络是条件 GAN，由生成器和判别器构成。判别器采用了 PatchGAN 结构，以目标图像和参考图像的颜色特征为条件，输出真实图像和融合图像的二分类结果。生成器利用编码器–解码器网络结构，将目标图像和参考图像作为输入，输出能瞒过判别器的融合图像。与 SDEC-Net 相比，单个 GAN 结构替代了双子网络结构。在推理时只需利用生成器即可完成融合，降低了模型的复杂度。由于 AdaIN 在特征融合上的优势，因此 GAN-CNet 仍借助该模块完成目标图像和参考图像的颜色融合。与 SDEC-Net 计算图像特征间的统计信息不同，GAN-CNet 利用一个分支网络对参考图像进行处理，生成 AdaIN 所需要的参数，并将其嵌入到生成器的归一化层中。针对参考数据集缺失问题，GAN-CNet 采用了最简单的方式，借助图像增强手段如随机旋转、平移、对比度增强等，来模拟参考图像。GAN-CNet 端到端的框架设计及其单网络结构极大地简化了模型的训练难度。下面分别介绍生成器、判别器、损失函数及其训练方式。

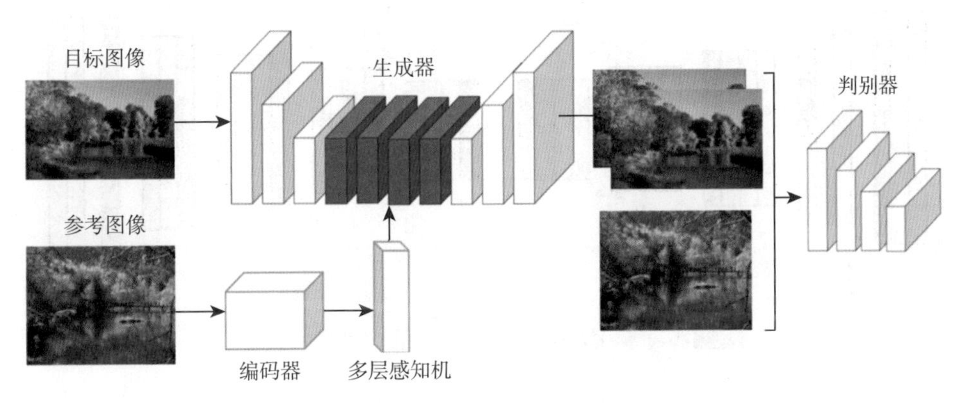

图 8.37　GAN-CNet 的网络结构

8.5.1.1　生成器

GAN-CNet 的生成器由编码器-解码器网络和分支网络构成。编码器–解码器网络是一种设计思想，该思想被广泛应用在各个领域中。在生活中，电话传输是一个典型例子，它将声音信号转换成电信号后进行传输，在接收端再将电信号转换为声音。在机器学习中，利用该思想可以完成自然语言处理的相关任务，如机器翻译、自动摘要、图像转文字等。对于一些任务直接由输入 x 到输出 y 是困难的。例如，句子翻译的长度不是固定的，因此需要借助中间域 z，先将输入 x 转换成中间域 z，再将 z 映射到 y。在神经网络中，应用上述思想的网络结构被称为编码器–解码器网络。

在计算机视觉任务中，编码器–解码器网络也得到了广泛应用，其中经典的一项工作是被应用于分割任务中的全卷积网络（Fully Convolutional Network，FCN)。FCN 用卷积替代网络中的全连接层，为了从特征图像恢复到输入图像尺寸，采用了反卷积运算。FCN 是标准的编码器–解码器网络，实际上对于密集性预测任务都可以采用该结构。所谓密集性预测任务指的是输出的图像尺寸和输入的相同，并且对每个像素做预测。

图 8.38 展示了 FCN 的结构，也是 GAN-CNet 所使用的编码器–解码器网络的基本结构。编码器部分由一系列卷积层和池化层构成，对原始图像做编码，并降低分辨率，抽取图像高级特征。解码器部分由多个上采样层和反卷积层组成，对编码器抽取的图像特征做解码操作，由特征域逐级恢复到图像域。

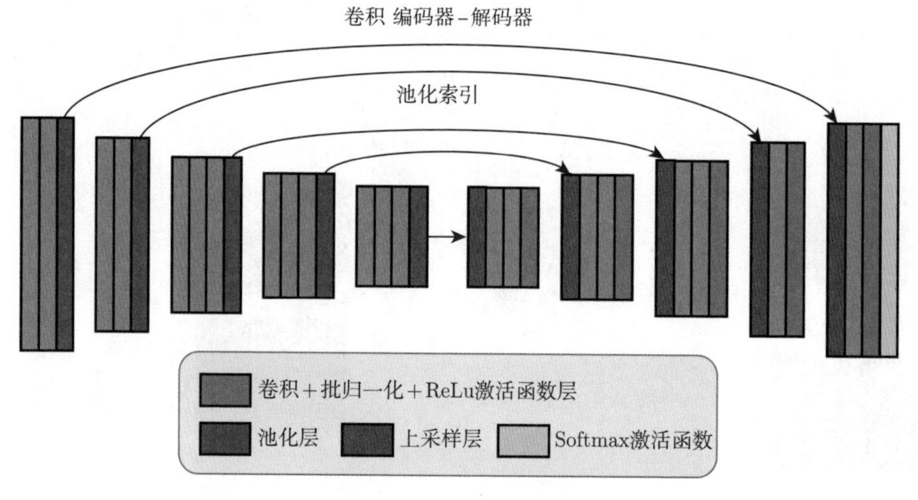

图 8.38　FCN 的结构

具体地说，GAN-CNet 的生成器的主体部分由八个编码块和八个解码块构成，每个编码块包含一个卷积层、一个激活层和一个 AdaIN 层；每个解码块包含一个反卷积层、一个激活层和一个 AdaIN 层。为了防止过度迁移颜色，第八个编码块和第八个解码块不包含 AdaIN 层。GAN-CNet 的生成器的分支网络由特征抽取模块和多层感知器（MLP）构成。特征抽取模块处理彩色参考图像，以获得高层语义颜色信息；MLP 负责进一步处理抽取模块得到的特征，得到编码器–解码器网络中的归一化参数。简言之，生成器的主体部分利用分支网络和彩色参考图像来实现颜色迁移。分支网络的特征抽取模块可以是预训练网络，如 VGG-19 的编码网络；MLP 由三个全连接层构成，所需要生成参数的个数等于归一化层特征数量的两倍。

SDEC-Net 的迁移子网络和着色子网络以及 GAN-CNet 的生成器都采用了编码器–解码器网络结构，这是由任务本身决定的。着色网络的输出为与输入尺寸一致的颜色通道，需要对每个像素做 ab 通道的预测，属于密集型预测任务，因此都采用编码器–解码器网络结构思想，但具体的设计大相径庭。SDEC-Net 的迁移子网络利用 VGG-19 的前五层结构作为编码器来抽取特征，再按分辨率设计解码器，恢复与输入图像尺寸一致的双颜色通道；着色子网络的编码器和解码器是根据所设计模块对于融合任务的理论优势并通过实验得来的；GAN-CNet 的生成器在特征抽取和重建的基础上，结合额外的分支网络运算得到的参数，构成完整的编码器–解码器网络。除此之外，三者结合浅层图像特征信息的方式有所不同。SDEC-Net 的迁移子网络通过将当前编码层和相邻层的信息融合传递给对应的解码层来获取更好的颜色迁移效果；而着色子网络和 GAN-CNet 的生成器选择更为朴素的跳层连接。

8.5.1.2 判别器

GAN-CNet 通过引入域信息施加约束来控制网络生成的内容，使得无监督网络变成有监督的生成对抗模型。常见的监督信息包含类别、文本描述以及研究者自定义的规则等，这里引入目标图像和参考图像作为条件，监督生成图像的颜色信息是否符合参考图像颜色。显然，判别器的输入为灰度目标图像、彩色参考图像以及生成器生成的图像。

判别器采用了 PatchGAN 的设计思想。普通 GAN 的判别器只输出真或假来评价整幅图像，这对于密集型预测任务是极不友好的，常常会丢失图像细节信息。PatchGAN 的输出结果为 $N \times N$ 的矩阵，矩阵中的每个元素都拥有一定范围的感受野，对应图像的一个块。显然，相比于普通 GAN，PatchGAN 对局部块分类的方式，能够关注到图像的细节，确保生成器具有更好的生成效果。在具体实现过程中，并不需要显性地对图像进行划分，只需要使用步长大于 1 的卷积或其他下采样操作即可实现。下面详细介绍判别器的网络结构以及每一层对应的感受野与图像的关系。

表 8.4 给出了判别器的网络结构，它包含五个卷积核大小为 4×4 卷积层，前三层卷积步长设置为 2，从而获取大感受野，后两层卷积步长设置为 1，完成特征信息的整合与分类。对于分辨率为 256 像素 ×256 像素的输入图像而

表 8.4 判别器的网络结构

Conv2d(5, 64, 4, 2, 1)
LeakyReLU(negative_slope=0.2, inplace)
Conv2d(64, 128, 4, 2,1) + BatchNorm2d(128)
LeakyReLU(negative_slope=0.2, inplace)
Conv2d(128, 256, 4, 2, 1) + BatchNorm2d(256)
LeakyReLU(negative_slope=0.2, inplace)
Conv2d(256, 512, 4, 1,1) + BatchNorm2d(512)
LeakyReLU(negative_slope=0.2, inplace)
Conv2d(512, 1, 4, 1, 1)

言，经过判别器网络后得到 30 像素 ×30 像素的输出图像。

8.5.1.3 损失函数

GAN-CNet 的对抗训练损失主要分为两部分：生成器损失和判别器损失。下面详细介绍 GAN-CNet 的训练方式及损失函数的设计。

GAN-CNet 的生成器和判别器通过迭代训练来达到平衡，生成器旨在提高能瞒过判别器的生成样本能力，而判别器不断优化来识别生成数据。在训练过程中，整体网络训练分为两部分，首先初始化生成器和判别器，在每一次迭代过程中：

（1）固定生成器的网络参数，将真实数据和生成数据分别交给判别器做二分类预测，得到的损失只用来更新判别器；

（2）固定判别器的网络参数，将生成器的生成数据交给判别器做二分类预测，得到的损失只用来更新生成器。

生成对抗模型收敛的重要表现是判别器无法区分某样本是来自真实数据还是生成数据。生成对抗网络较难训练，在训练初期，如果生成器过弱，判别器较易判别样本是来自真实图像还是由生成器生成，则导致无可用的梯度来优化生成器。同样，如果生成器过强，判别器无法判别样本是否由生成器生成，则导致判别器梯度过大，失去生成器与判别器之间的平衡，一直无法收敛。GAN-CNet 的判别器损失描述为：

$$L_D = E_{x\sim P_{\text{data}}}[\log_2 D(x,C,y)] + E_{x\sim P_{\text{data}}}[\log_2(1-D(x,C,G(x,C)))] \tag{8.42}$$

生成器损失一般可以描述为：

$$L_G = E_{x\sim P_{\text{data}}}[\log_2(1-D(x,C,G(x,C)))] \tag{8.43}$$

式中，D 表示判别器；G 表示生成器；x 表示灰度目标图像；C 表示参考图像的特征条件；y 表示目标图像的原彩色信息。此外，生成器还引入 $\text{smooth}_{\text{L1}}$ 损失来控制融合图像不要偏离目标图像的原彩色版本。$\text{smooth}_{\text{L1}}$ 是一种结合了 L_1 损失和 L_2 损失优点的损失函数。完整的生成器损失可描述为：

$$L_G' = E_{x\sim P_{\text{data}}}[\log_2(1-D(x,C,G(x,C)))] + \lambda\text{smooth}_{\text{L1}}(y,G(x,C)) \tag{8.44}$$

式中，λ 为权重因子，一般设置为 0.1。引入 $\text{smooth}_{\text{L1}}$ 损失的目的有两个：第一是减轻对参考图像的依赖；第二是确保在目标图像与参考图像语义差别较大的情形下仍能得到不错的融合结果。

8.5.2 实验对比与分析

GAN-CNet 针对 SDEC-Net 做了一些改进，去除复杂的双子网络结构，用一个生成器网络完成图像融合，SDEC-Net 中迁移子网络的 AdaIN 参数则由一个分支网络学习而来。改进后的 GAN-CNet 能够以端到端的方式进行训练，降低了模型的复杂度和训练难度。图 8.39 显示了三组 GAN-CNet 的融合结果，其中第一行为待融合的灰度目标图像和彩色参考图像，第二行为经过 GAN-CNet 融合的结果。从前两个例子（图 8.39 第一列和第二列）中可以看出，GAN-CNet 的分支网络确实能够充分利用参考图像的颜色信息，其多层感知器生成的参数也能够被主干网络的编码器–解码器所利用，从而验证了 GAN 加分支网络的结构完成图像融合是完全可行的。对比图 8.39 第三列的输入图像与输出图像，可以看到参考图像公交车的颜色没有很好地迁移到目标图像的双层巴士上。出现该现象可能的原因有：① GAN-CNet 的参考图像通过图像增强手段模拟得到，因此在泛化能力上要差于 SDEC-Net 的双子网络设计，即在推理过程中对参考图像有较高的要求；② 直接对灰度目标图像进行特征抽取的效果要差于彩色图像，使用“预着色”图像能更好地提取、融合特征，尽管会引入额外的网络和计算开销。总体上，GAN-CNet 融合是可行的。

图 8.39　三组 GAN-CNet 的融合结果

8.6 本章小结

本章针对基于颜色迁移的图像融合任务，提出了三种新颖的图像融合方法。首先提出了一种基于超像素的图像融合模型 SVMIC，对于给定的灰度目标图像和包含相似地物的彩色参考图像，分别提取两个图像的每个超像素的多级特征，采用具有置信度分配的自上而下的特征匹配方案，为每个目标超像素选择一组候选颜色，并设计了一个变分模型为每个目标超像素从候选颜色中确定最合适的颜色。然后在风格迁移任务的启发下提出了两种在 CIELab 颜色空间中基于参考图像的快速融合框架，利用 CNN 强大的学习能力实现快速精确的融合。其中，SDEC-Net 由迁移子网络和着色子网络构成，迁移子网络主要负责将目标图像基于参考图像风格化处理以获得目标图像的粗略色度图，着色子网络利用随机采样策略和编码器–解码器架构修正迁移子网络生成的粗略色度图。最后为了降低双子网络模型的复杂度和训练难度，实现完全的端对端训练，在 SDEC-Net 的基础上又提出了衍生方法 GAN-CNet，它由生成器和判别器构成，判别器以目标图像和参考图像的颜色特征为条件，输出真实图像和融合图像的二分类结果，生成器利用编码器–解码器网络结构，将目标图像和参考图像作为输入，输出能瞒过判别器的融合图像。大量实验均表明了所提出方法的有效性。

第9章

图像融合的应用与发展趋势

9.1 引言

本书的前 8 章以遥感图像融合为例，介绍了全色图像与多光谱图像融合相关的背景知识、基础理论以及不同的融合思路。其研究思想可以推广应用于其他类型的图像融合，感兴趣的读者可以自行查阅其他资料进行深入了解。本章对常见的图像融合的应用和发展趋势进行介绍。

9.2 图像融合的落地应用

本节从遥感图像融合的应用出发，简要介绍几个典型的应用场景，同时也对图像融合在其他领域的常见应用进行介绍，如摄影可视化、目标追踪、医学诊断等，直观地展示图像融合的重要性。

9.2.1 遥感图像融合应用

由于遥感图像具有宏观、动态、快速、多源等特点，因此被广泛应用在关乎国计民生的各种遥感监测任务中。遥感监测是指通过分析多光谱/高光谱图像从而实现对陆地、海洋和天气的观察和调查，但是直接由卫星获取的遥感图像空间分辨率或者光谱分辨率不能满足相关应用的要求，制约了遥感监测精度的进一步提高。幸运的是，全色锐化技术可以提高多光谱/高光谱图像的空间分辨率，同时保持光谱分辨率。因此，技术人员引入图像融合对遥感图像进行预处理，大大提高了相关监测任务的性能。常见的遥感监测任务包括土地覆盖分类、森林资源调查、矿产勘探以及农业管理等。

9.2.1.1 土地覆盖分类

地球表面变化最明显的指标是土地覆盖。最近的研究表明，目前土地覆盖的变化对地球表面的各个方面产生了越来越大的负面影响，如陆地生态系统、水平衡、生物多样性和气候等。其中，陆地生态系统的影响最受研究人员的关注，因为其在全球碳循环中发挥着至关重要的作用。草原占世界陆地面积的三分之一，是陆地生态系统的重要组成部分。例如，位于西伯利亚针叶林和中亚沙漠之间广阔的蒙古草原生态系统被认为是世界上最宝贵的生态系统之一。然而，由于气候变化（如气候变暖趋势、极端气候事件频率增加）以及土地覆盖变化（如放牧密度和采矿业增加），草原和牧民正在受到严重的负面影响。同时，许多研究报告称，在温带草原地区，放牧地区往往比非放牧地区具有更大的生物多样性。这表明，更好的草地管理将更好地服务于牧民。因此，任何一个国家都希望能够得到准确且长期的土地覆盖图信息，这对经济发展至关重要。另外，土地覆盖分类在土地资源管理、城市规划、精准农业和环境保护等许多应用中也发挥着重要作用。近年来，高分辨率遥感图像越来越多，为大覆盖和多时相地表覆盖制图开辟了新途径。然而原始卫星图像数据缺少丰富的细节，给土地覆盖分类带来了更多挑战。图像融合能够赋予卫星图像更丰富的细节信息，大大提高土地覆盖分类的准确率。

9.2.1.2 森林资源调查

森林资源是国家最重要的自然资源之一。保护森林资源不受破坏，对于维护区域生态平衡和社会健康和谐发展具有重要意义。森林资源调查具有地域广、周期长、操作繁杂、无统一技术标准等特点，这导致了森林资源数据的获取和更新速度大大落后于生产和应用需求。早期的森林资源调查采用地形图作为底图，调查难度高，需要耗费大量的人力物力，精度却得不到保证。随着我国卫星对地观测技术的快速发展，越来越丰富的遥感卫星图像数据为森林资源动态监测提供了机遇。卫星提供的原始图像数据空间分辨率或者光谱分辨率较低，无法保证足够的检测精度。而经过融合得到的高分辨率遥感数据可以清晰地表现森林资源的分布特征和空间关系，并详细解释其内部结构特征，使相关的资源调查人员能够更好地解释。因此，应用图像融合技术获取高分辨率遥感数据以进行森林资源调查是大势所趋。

9.2.1.3 矿产勘探

高光谱遥感结合了两种传感形式：成像和光谱学。成像系统捕获与在某些光谱带上集成的反射和/或发射电磁辐射功率的空间分布相关的远程场景图像；光谱学则可以测量随光的波长或频率变化的功率，捕获与所测材料的化学成分相关的信息。高光谱传感器通常以 10nm 和 20nm 的间隔进行测量，波段数为 100 或更多，因此可以比标准多光谱图像更好地区分材料，并且在环境地质学、植物科学、水科学、生物量估计、自然灾害影响监测等各个研究领域取得了很大进展。

尽管高光谱图像具有更高的光谱分辨率，可以更好地区分各种矿物，但由于技术限制，它们的空间分辨率较低，往往会出现一种以上的矿物材料落入一个图像元素（像元）中的情况。在这种情况下，虽然可以在混合像元中估计矿物的含量，但无法准确定位它们的空间位置，这阻碍了高光谱图像在矿产勘探中的使用。另外，多光谱图像通常具有较高的空间分辨率，在提供空间细节方面优于高光谱卫星图像。因此，将高光谱图像和多光谱图像的优越特征相融合就可以获得既具有高空间分辨率也具有高光谱分辨的图像数据，从而在矿产勘探中提供更准确的信息。

9.2.1.4 农业管理

尽管我国现有政策鼓励国内生产以促进自给自足，但目前的统计数据仍然显示水稻产量下降，而进口量却逐渐增加。出现这一情况的主要原因有消费需求的快速增长、政府对国内水稻产量的高估、水稻生产和消费地区之间缺乏足够的交通联系以及过度施肥导致严重的土壤和水污染。为此，受人口增长、经济快速发展、城市化进程、生态修复工程下的退耕还林还草、农业结构调整和土地退化等因素的影响，了解农业用地的管理方式至关重要。

为了更好地了解水稻种植的农业用地与经济和粮食安全的相应联系，我国创建了区域作物监测系统，分别为政府和农业部门的政策和决策者提供有价值的信息。这些系统主要使用来自光学遥感的数据结合农业气象特性数据（如土壤水分）来监测作物种植面积、干旱动态及作物生长模式、太阳辐射、降水和温度。然而，这些基于光学的传感器具有一定的局限性，易受持续的云层或积雪覆盖以及作物监测所需的中分辨率卫星传感器数据的低时间覆盖所影响。为了以合理适中的空间分辨率在大面积上有效地绘制和确定稻田的空间分布，通常将在水稻生长季节获取的多时相图像和微波遥感数据进行融合，促进稻田与周围土地覆盖类别的有效划分，从而能够更好地进行农业管理。

9.2.2 图像融合的其他应用

图像融合可以有效地整合来自不同源图像的信息，为下游任务提供更合适的输入，从而提高这些应用的性能。因此，除了遥感图像融合，其他类型的图像融合也在日常的生产和生活中起到了巨大的作用。

9.2.2.1 摄影可视化

摄影可视化是为了更好地展示数字成像设备的捕获结果，致力于改善用户的视觉体验。然而，数字成像设备通常具有预定义的景深和有限的动态范围，这意味着成像设备直接输出的图像可能并不受欢迎。图像融合可以结合在不同镜头设置下拍摄的图像中的有效信息，生成具有适当曝光的全聚焦图像，从而大大提高摄影质量。图 9.1 与图 9.2 分别显示了多聚焦图像与多曝光图像的融合实例，可以看出融合后的图像比融合前的任一图像都具有更丰富的信息。目前，图像融合技术已被集成到一些数字成像设备中，包括相机、手机等。

(a) 近聚焦图像

(b) 远聚焦图像

(c) 融合结果

图 9.1 多聚焦图像的融合实例

(a) 过曝光图像

(b) 欠曝光图像

(c) 融合结果

图 9.2 多曝光图像的融合实例

9.2.2.2　RGBT 目标追踪

目标追踪是在视频的后续帧中找到当前帧中定义的感兴趣对象。最常见的是单模追踪，如基于可见光模态的追踪和基于红外模态的追踪。然而，由于单一模态表示的限制，这些追踪方法并不健壮。具体而言，可见图像包含丰富的纹理细节，更符合人类视觉感知，但是其成像质量取决于成像环境，这意味着目标追踪的性能在夜间或光线不足的情况下无法得到保证。同样，红外图像缺乏纹理和细节信息，场景立体感较差，在某些情况下也不可靠，但是红外图像具有显著的对比度，即使在恶劣天气下也能有效地从背景中突出目标。因此，衍生出一种新的目标追踪技术路线，即 RGBT 目标追踪，融合红外图像和可见光图像中的互补信息，产生具有高对比度和丰富纹理的结果，从而使目标追踪更加健壮，可见光与近红外图像融合实例如图 9.3 所示。

(a) 近红外图像　(b) 可见光图像　(c) 融合结果

图 9.3　可见光与近红外图像融合实例

9.2.2.3　医学诊断

绝大多数医学诊断是由计算机或医生分析医学图像做出的。不同模态的医学图像的成像机制是多种多样的，不同医学成像对患者身体的不同信息侧重点也不同。常见的医学模态包括计算机断层扫描（CT）、磁共振成像（MRI）、正电子发射断层扫描（PET）、单光子发射计算机断层扫描（SPECT）和超声。其中，一些模态侧重于描述器官和组织的结构，而另一些模态侧重于描述区域代谢的强度。在这种情况下，融合不同模态的医学图像将大大提高诊断的准确性和效率，同时减少冗余信息并提高图像质量。此外，医学图像融合可以促进疾病判定和病灶定位的同步实现，将大大提高诊断效率，节省后续治疗时间。医学图像融合实例如图 9.4 所示，将 MRI 图像与 SPECT 图像进行融合，可以更直观地观察病变情况。正是由于这些吸引人的好处，图像融合已被集成到一些医疗诊断设备中，以帮助医务人员完成高质量的诊断。

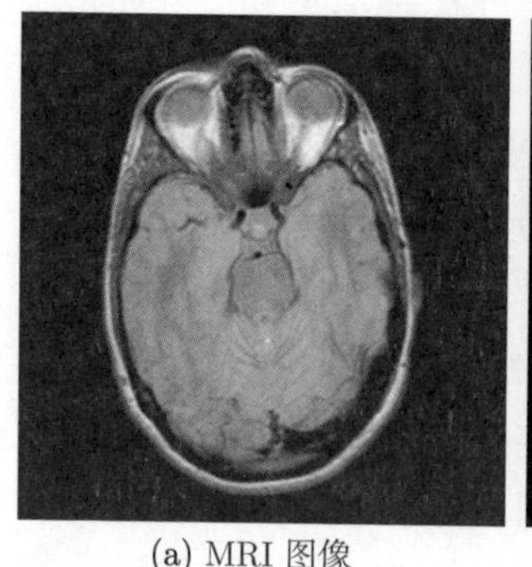
(a) MRI 图像

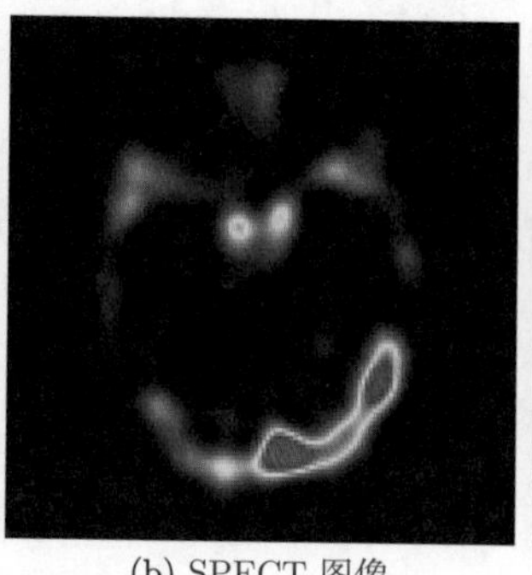
(b) SPECT 图像

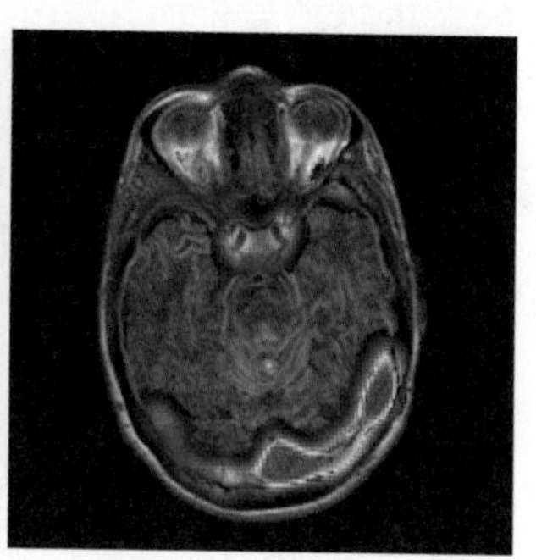
(c) 融合结果

图 9.4 医学图像融合实例

9.3 图像融合的未来发展展望

图像融合作为一种增强技术，在摄影可视化、目标追踪、医学诊断和遥感监测等各个领域都发挥了至关重要的作用。近年来，研究者们提出了越来越多的图像融合方法来提高融合性能，其中以深度学习相关方法为主。尽管深度学习方法大大提高了图像融合的性能和效率，但目前的图像融合仍然存在一些挑战。

不同分辨率的图像融合：通常，由于传感器原理的不同，源图像的分辨率也不同。克服分辨率差异，充分利用不同源图像中的信息实现有效融合是一个挑战。尽管已经提出了一些方法来解决不同分辨率的图像融合，但仍然存在一些亟待解决的问题，如采用的上采样策略是否足够合理等。未来一个比较大的趋势是有机结合图像超分辨率和图像融合任务的特点来设计深度网络。

面向任务的图像融合：图像融合的初衷是为后续应用提供更高质量的输入。然而，在很多图像融合任务中，现有的图像融合方法在考虑融合策略时并没有考虑融合与后续应用的相关性，这往往导致融合结果非常主观。未来的研究可以考虑将后续任务的准确性引入融合阶段的融合策略设计中，从决策层面指导融合过程。

实时图像融合：从应用需求来看，图像融合是很多视觉任务的预处理步骤，其性能直接影响整个任务的准确率。一些实际应用对算法的实时性要求很高。

然而，当前图像融合方法中复杂的变换分解和迭代优化导致运算效率较低，限制了图像融合在视频监控等一系列实时任务中的应用。因此，开发实时图像融合算法具有重要意义，这将使图像融合具有更广阔的应用前景。

融合质量评估：由于大多数图像融合任务中没有真正的参考图像，评估融合结果的优劣非常具有挑战性。因此，设计具有更多表征能力的无参考度量对于图像融合领域来说非常重要。一方面，提出的指标可用于构建深度网络的损失函数以指导更高质量的融合；另一方面，新设计的指标也可以公平地评估融合结果，以促进后续的融合研究。距离度量学习可能是融合质量评估的不错选择。

基于以上回顾和展望，图像融合远远没有达到研究终点，未来让我们拭目以待。

参考文献

[1] ROCKINGER O. Image sequence fusion using a shift-invariant wavelet transform[C]// Proceedings of the IEEE International Conference on Image Processing: volume 3. IEEE, 1997: 288-291.

[2] DU J, LI W, LU K, et al. An overview of multi-modal medical image fusion[J]. Neurocomputing, 2016, 215: 3-20.

[3] PAJARES G, DE LA CRUZ J M. A wavelet-based image fusion tutorial[J]. Pattern Recognition, 2004, 37(9): 1855-1872.

[4] YANG B, JING Z. Image fusion using a low-redundancy and nearly shift-invariant discrete wavelet frame[J]. Optical Engineering, 2007, 46(10): 107002.

[5] DE I, CHANDA B. A simple and efficient algorithm for multifocus image fusion using morphological wavelets[J]. Signal Processing, 2006, 86(5): 924-936.

[6] LIU K, KUN L, LI H, et al. Fusion of infrared and visible light images based on region segmentation[J]. Chinese Journal of Aeronautics, 2009, 22(1): 75-80.

[7] MERTENS T, KAUTZ J, VAN REETH F. Exposure fusion[C]//Pacific Conference on Computer Graphics and Applications. IEEE, 2007: 382-390.

[8] GOSHTASBY A A. Fusion of multi-exposure images[J]. Image and Vision Computing, 2005, 23(6): 611-618.

[9] GHASSEMIAN H. A review of remote sensing image fusion methods[J]. Information Fusion, 2016, 32: 75-89.

[10] ZHANG H, XU H, TIAN X, et al. Image fusion meets deep learning: A survey and perspective [J]. Information Fusion, 2021, 76: 323-336.

[11] RUBINSTEIN R, BRUCKSTEIN A M, ELAD M. Dictionaries for sparse representation modeling[J]. Proceedings of the IEEE, 2010, 98(6): 1045-1057.

[12] AIAZZI B, BARONTI S, SELVA M. Improving component substitution pansharpening through multivariate regression of MS + Pan data[J]. IEEE Transactions on Geoscience and Remote Sensing, 2007, 45(10): 3230-3239.

[13] AMRO I, MATEOS J, VEGA M, et al. A survey of classical methods and new trends in pansharpening of multispectral images[J]. EURASIP Journal on Advances in Signal Processing, 2011, 2011(1): 1-22.

[14] CHU H, ZHU W. Fusion of IKONOS satellite imagery using IHS transform and local variation [J]. IEEE Geoscience and Remote Sensing Letters, 2008, 5(4): 653-657.

[15] TU T M, HUANG P S, HUNG C L, et al. A fast intensity-hue-saturation fusion technique with spectral adjustment for IKONOS imagery[J]. IEEE Geoscience and Remote Sensing Letters, 2004, 1(4): 309-312.

[16] GONZALEZ-AUDICANA M, SALETA J, CATALAN R, et al. Fusion of multispectral and panchromatic images using improved IHS and PCA mergers based on wavelet decomposition [J]. IEEE Transactions on Geoscience and Remote Sensing, 2004, 42(6): 1291-1299.

[17] CHOI M. A new intensity-hue-saturation fusion approach to image fusion with a tradeoff parameter[J]. IEEE Transactions on Geoscience and Remote Sensing, 2006, 44(6): 1672-1682.

[18] ZHOU X, LIU J, LIU S, et al. A GIHS-based spectral preservation fusion method for remote sensing images using edge restored spectral modulation[J]. ISPRS Journal of Photogrammetry and Remote Sensing, 2014, 88: 16-27.

[19] TU T M, SU S C, SHYU H C, et al. A new look at IHS-like image fusion methods[J]. Information Fusion, 2001, 2(3): 177-186.

[20] SHAHDOOSTI H R, GHASSEMIAN H. Combining the spectral PCA and spatial PCA fusion methods by an optimal filter[J]. Information Fusion, 2016, 27: 150-160.

[21] AIAZZI B, BARONTI S, SELVA M, et al. Enhanced Gram-Schmidt spectral sharpening based on multivariate regression of MS and pan data[C]//IEEE International Geoscience and Remote Sensing Symposium. IEEE, 2006: 3806-3809.

[22] AIAZZI B, BARONTI S, LOTTI F, et al. A comparison between global and context-adaptive pansharpening of multispectral images[J]. IEEE Geoscience and Remote Sensing Letters, 2009, 6(2): 302-306.

[23] ZHOU J, CIVCO D, SILANDER J. A wavelet transform method to merge landsat TM and SPOT panchromatic data[J]. International Journal of Remote Sensing, 1998, 19(4): 743-757.

[24] SHAH V P, YOUNAN N H, KING R L. An efficient pan-sharpening method via a combined adaptive PCA approach and contourlets[J]. IEEE Transactions on Geoscience and Remote Sensing, 2008, 46(5): 1323-1335.

[25] UPLA K P, JOSHI M V, GAJJAR P P. An edge preserving multiresolution fusion: Use of contourlet transform and MRF prior[J]. IEEE Transactions on Geoscience and Remote Sensing, 2015, 53(6): 3210-3220.

[26] JOSHI M V, BRUZZONE L, CHAUDHURI S. A model-based approach to multiresolution fusion in remotely sensed images[J]. IEEE Transactions on Geoscience and Remote Sensing, 2006, 44(9): 2549-2562.

[27] BALLESTER C, CASELLES V, IGUAL L, et al. A variational model for P+XS image fsion [J]. International Journal of Computer Vision, 2006, 69(1): 43-58.

[28] FASBENDER D, RADOUX J, BOGAERT P. Bayesian data fusion for adaptable image pansharpening[J]. IEEE Transactions on Geoscience and Remote Sensing, 2008, 46(6): 1847-1857.

[29] DONOHO D L. Compressed sensing[J]. IEEE Transactions on Information Theory, 2006, 52 (4): 1289-1306.

[30] YANG J, WRIGHT J, HUANG T, et al. Image super-resolution as sparse representation of raw image patches[C]//Proceedings of the IEEE Conference on Computer Vision and Pattern Recognition. IEEE, 2008: 1-8.

[31] JIANG C, ZHANG H, SHEN H, et al. A practical compressed sensing-based pan-sharpening method[J]. IEEE Geoscience and Remote Sensing Letters, 2011, 9(4): 629-633.

[32] WEI Y, YUAN Q, SHEN H, et al. Boosting the accuracy of multispectral image pansharpening by learning a deep residual network[J]. IEEE Geoscience and Remote Sensing Letters, 2017, 14(10): 1795-1799.

[33] HUANG W, XIAO L, WEI Z, et al. A new pan-sharpening method with deep neural networks [J]. IEEE Geoscience and Remote Sensing Letters, 2015, 12(5): 1037-1041.

[34] YUAN Q, WEI Y, MENG X, et al. A multiscale and multidepth convolutional neural network for remote sensing imagery pan-sharpening[J]. IEEE Journal of Selected Topics in Applied Earth Observations and Remote Sensing, 2018, 11(3): 978-989.

[35] WANG D, LI Y, MA L, et al. Going deeper with densely connected convolutional neural networks for multispectral pansharpening[J]. Remote Sensing, 2019, 11(22): 2608.

[36] VITALE S, SCARPA G. A detail-preserving cross-scale learning strategy for CNN-based pansharpening[J]. Remote Sensing, 2020, 12(3): 348.

[37] WANG Z, BOVIK A C. A universal image quality index[J]. IEEE Signal Processing Letters, 2002, 9(3): 81-84.

[38] ALPARONE L, BARONTI S, GARZELLI A, et al. A global quality measurement of pan-sharpened multispectral imagery[J]. IEEE Geoscience and Remote Sensing Letters, 2004, 1 (4): 313-317.

[39] BURT P J. A gradient pyramid basis for pattern-selective image fusion[J]. Society for Information Displays International Symposium Digest of Technical Papers, 1992: 467-470.

[40] KOLEV V, COOKLEV T, KEINERT F. Design of a simple orthogonal multiwavelet filter by matrix spectral factorization[J]. Circuits, Systems, and Signal Processing, 2020, 39(4): 2006-2041.

[41] MAYER D G, KINGHORN B, ARCHER A A. Differential evolution–an easy and efficient evolutionary algorithm for model optimisation[J]. Agricultural Systems, 2005, 83(3): 315-328.

[42] XIN Y. Evolutionary computation: theory and applications[M]. World scientific, 1999.

[43] LI M, CAI W, TAN Z. A region-based multi-sensor image fusion scheme using pulse-coupled neural network[J]. Pattern Recognition Letters, 2006, 27(16): 1948-1956.

[44] PUSHPARAJ J, HEGDE A V. Evaluation of pan-sharpening methods for spatial and spectral quality[J]. Applied Geomatics, 2017, 9(1): 1-12.

[45] RAHMANI S, STRAIT M, MERKURJEV D, et al. An adaptive ihs pan-sharpening method [J]. IEEE Geoscience and Remote Sensing Letters, 2010, 7(4): 746-750.

[46] LEUNG Y, LIU J, ZHANG J. An improved adaptive Intensity-Hue-Saturation method for the fusion of remote sensing images[J/OL]. IEEE Geoscience and Remote Sensing Letters, 2014, 11(5): 985-989. DOI: 10.1109/LGRS.2013.2284282.

[47] HE K, SUN J, TANG X. Guided image filtering[J/OL]. IEEE Transactions on Pattern Analysis and Machine Intelligence, 2013, 35(6): 1397-1409. DOI: 10.1109/TPAMI.2012.213.

[48] SHAH V P, YOUNAN N H, KING R L. An adaptive PCA-based approach to pan-sharpening [C]//Image and Signal Processing for Remote Sensing: volume 6748. SPIE, 2007: 11-19.

[49] WANG Y, CAI Z, ZHANG Q. Differential evolution with composite trial vector generation strategies and control parameters[J]. IEEE Transactions on Evolutionary Computation, 2011, 15(1): 55-66.

[50] SHAN Q, JIA J, AGARWALA A. High-quality motion deblurring from a single image[J]. Acm Transactions on Graphics, 2008, 27(3): 1-10.

[51] BOYD S, VANDENBERGHE L. Convex optimization[M]. Cambridge University Press, 2004.

[52] YIN W, OSHER S, GOLDFARB D, et al. Bregman iterative algorithms for l1-minimization with applications to compressed sensing[J]. SIAM Journal on Imaging Sciences, 2008, 1(1): 143-168.

[53] TAI X, WU C. Augmented Lagrangian method, dual methods and split bregman iteration for ROF model[C]//Scale Space and Variational Methods in Computer Vision. 2009: 502-513.

[54] CHAN T F, GOLUB G H, MULET P. A nonlinear primal-dual method for total variation-based image restoration[J]. SIAM Journal on Scientific Computing, 1999, 20(6): 1964-1977.

[55] CHAMBOLLE A. An algorithm for total variation minimization and applications[J]. Journal of Mathematical Imaging and Vision, 2004, 20(1): 89-97.

[56] HADLOCK C R. Causality: models, reasoning, and inference[J]. Philosophical Review, 2001, 110(471): 639.

[57] AIAZZI B, ALPARONE L, BARONTI S, et al. An MTF-based spectral distortion minimizing model for pan-sharpening of very high resolution multispectral images of urban areas[C]// The Workshop on Remote Sensing and Data Fusion Over Urban Areas. 2003: 90-94.

[58] KHAN M M, CHANUSSOT J, CONDAT L, et al. Indusion: Fusion of multispectral and panchromatic images using the induction scaling technique[J]. IEEE Geoscience and Remote Sensing Letters, 2008, 5(1): 98-102.

[59] WALD L, RANCHIN T, MANGOLINI M. Fusion of satellite images of different spatial resolutions: Assessing the quality of resulting images[J]. Photogrammetric Engineering & Remote Sensing, 1997, 63(6): 691-699.

[60] LEVIN A, LISCHINSKI D, WEISS Y. A closed-form solution to natural image matting[J]. IEEE Transactions on Pattern Analysis and Machine Intelligence, 2008, 30(2): 228-242.

[61] LIU W, HUANG J, ZHAO Y. Image fusion based on PCA and undecimated discrete wavelet transform[M]//Neural Information Processing: volume 4233. Springer Berlin / Heidelberg, 2006: 481-488.

[62] CAI J F, CHAN R H, SHEN Z. A framelet-based image inpainting algorithm[J]. Applied Computational Harmonic Analysis, 2008, 24(2): 131-149.

[63] CAI J, JI H, LIU C, et al. Framelet-based blind motion deblurring from a single image[J]. IEEE Transactions on Image Processing, 2012, 21(2): 562-572.

[64] CHAI A, SHEN Z. Deconvolution: A wavelet frame approach[J]. Numerische Mathematik, 2007, 106(4): 529-587.

[65] SAPIRO G. Geometric partial differential equations and image processing[M]. Cambridge University Press, 2001.

[66] BERTOCCHI C, CHOUZENOUX E, CORBINEAU M C, et al. Deep unfolding of a proximal interior point method for image restoration[J]. Inverse Problems, 2020, 36(3): 034005.

[67] LECUN Y, BOTTOU L, BENGIO Y, et al. Gradient-based learning applied to document recognition[J]. Proceedings of the IEEE, 1998, 86(11): 2278-2324.

[68] SZEGEDY C, LIU W, JIA Y, et al. Going deeper with convolutions[C]//Proceedings of the IEEE Conference on Computer Vision and Pattern Recognition. 2015: 1-9.

[69] HE K, ZHANG X, REN S, et al. Deep residual learning for image recognition[C]//Proceedings of the IEEE Conference on Computer Vision and Pattern Recognition. 2016: 770-778.

[70] DAUBECHIES I, HAN B, RON A, et al. Framelets: MRA-based constructions of wavelet frames[J]. Applied and Computational Harmonic Analysis, 2003, 14(1): 1-46.

[71] TAI Y, YANG J, LIU X. Image super-resolution via deep recursive residual network[C]// Proceedings of the IEEE Conference on Computer Vision and Pattern Recognition. 2017: 3147-3155.

[72] LI C, WAND M. Combining markov random fields and convolutional neural networks for image synthesis[C]//Proceedings of the IEEE Conference on Computer Vision and Pattern Recognition. 2016: 2479-2486.

[73] DONG W, WANG P, YIN W, et al. Denoising prior driven deep neural network for image restoration[J]. IEEE Transactions on Pattern Analysis and Machine Intelligence, 2019, 41 (10): 2305-2318.

[74] FU X, LIN Z, HUANG Y, et al. A variational pan-sharpening with local gradient constraints [C]//Proceedings of the IEEE Conference on Computer Vision and Pattern Recognition. 2019: 10265-10274.

[75] WANG T, FANG F, LI F, et al. High-quality bayesian pansharpening[J]. IEEE Transactions on Image Processing, 2019, 28(1): 227-239.

[76] NING Q, DONG W, SHI G, et al. Accurate and lightweight image super-resolution with model-guided deep unfolding network[J]. IEEE Journal of Selected Topics in Signal Processing, 2021, 15(2): 240-252.

[77] HE M, CHEN D, LIAO J, et al. Deep exemplar-based colorization[J]. ACM Transactions on Graphics, 2018, 37(4): 47:1-15.

[78] HUANG T, DONG W, YUAN X, et al. Deep gaussian scale mixture prior for spectral compressive imaging[C]//Proceedings of the IEEE Conference on Computer Vision and Pattern Recognition. 2021: 16216-16225.

[79] VIVONE G, RESTAINO R, DALLA MURA M, et al. Contrast and error-based fusion schemes for multispectral image pansharpening[J]. IEEE Geoscience and Remote Sensing Letters, 2014, 11(5): 930-934.

[80] VIVONE G, ALPARONE L, CHANUSSOT J, et al. A critical comparison among pansharpening algorithms[J]. IEEE Transactions on Geoscience and Remote Sensing, 2015, 53(5): 2565-2586.

[81] LEVIN A, LISCHINSKI D, WEISS Y. Colorization using optimization[M]//ACM SIGGRAPH Papers. 2004: 689-694.

[82] YATZIV L, SAPIRO G. Fast image and video colorization using chrominance blending[J]. IEEE Transactions on Image Processing, 2006, 15(5): 1120-1129.

[83] DI BLASI G, REFORGIATO D. Fast colorization of gray images[J]. Eurographics Italian, 2003.

[84] IRONI R, COHEN-OR D, LISCHINSKI D. Colorization by example.[C]//Rendering Techniques. Citeseer, 2005: 201-210.

[85] GUPTA R, CHIA Y, RAJAN D, et al. Image colorization using similar images[C]//ACM International Conference on Multimedia. 2012: 369-378.

[86] CHENG Z, YANG Q, SHENG B. Deep colorization[C]//Proceedings of the IEEE International Conference on Computer Vision. 2015: 415-423.

[87] ZHANG R, ISOLA P, EFROS A A. Colorful image colorization[C]//Proceedings of the European Conference on Computer Vision. Springer, 2016: 649-666.

[88] DENG J, DONG W, SOCHER R, et al. ImageNet: A large-scale hierarchical image database [C]//Proceedings of the IEEE Conference on Computer Vision and Pattern Recognition. IEEE, 2009: 248-255.

[89] NAZERI K, NG E, EBRAHIMI M. Image colorization using generative adversarial networks [C]//International Conference on Articulated Motion and Deformable Objects. Springer, 2018: 85-94.

[90] TOLA E, LEPETIT V, FUA P. DAISY: an efficient dense descriptor applied to wide-baseline stereo[J]. IEEE Transactions on Pattern Analysis and Machine Intelligence, 2010, 32(5): 815-830.

[91] MOHAN A, PAPAGEORGIOU C, POGGIO T. Example-based object detection in images by components[J]. IEEE Transactions on Pattern Analysis and Machine Intelligence, 2001, 23(4): 349-361.

[92] DALAL N, TRIGGS B. Histograms of oriented gradients for human detection[C]// Proceedings of the IEEE Conference on Computer Vision and Pattern Recognition. IEEE, 2005: 886-893.

[93] LI B, ZHAO F, SU Z, et al. Example-based image colorization using locality consistent sparse representation[J]. IEEE Transactions on Image Processing, 2017, 26(11): 5188-5202.

[94] BUADES A, COLL B, MOREL J. A non-local algorithm for image denoising[C]//Proceedings of the IEEE Conference on Computer Vision and Pattern Recognition. 2005: 60-65.

[95] XU L, LU C, XU Y, et al. Image smoothing via L_0 gradient minimization[C]//Proceedings of the SIGGRAPH Asia Conference. 2011: 1-12.

[96] REINHARD E, ASHIKHMIN M, GOOCH B, et al. Color transfer between images[J]. IEEE Computer Graphics and Applications, 2001, 21(5): 34-41.

[97] SU Z, ZENG K, LIU L, et al. Corruptive artifacts suppression for example-based color transfer[J]. IEEE Transactions on Multimedia, 2014, 16(4): 988-999.

[98] XIAO Y, WAN L, LEUNG C S, et al. Example-based color transfer for gradient meshes[J]. IEEE Transactions on Multimedia, 2013, 15(3): 549-560.

[99] LUAN F, PARIS S, SHECHTMAN E, et al. Deep photo style transfer[C]//Proceedings of the IEEE Conference on Computer Vision and Pattern Recognition. 2017: 4990-4998.

[100] HUANG X, BELONGIE S. Arbitrary style transfer in real-time with adaptive instance normalization[C]//Proceedings of the IEEE International Conference on Computer Vision. 2017: 1501-1510.

[101] ULYANOV D, VEDALDI A, LEMPITSKY V. Instance normalization: The missing ingredient for fast stylization[A]. 2016.

[102] XIAO C, HAN C, ZHANG Z, et al. Example-based colourization via dense encoding pyramids [C]//Computer Graphics Forum: volume 39. Wiley Online Library, 2020: 20-33.

[103] ISOLA P, ZHU J Y, ZHOU T, et al. Image-to-image translation with conditional adversarial networks[C]//Proceedings of the IEEE Conference on Computer Vision and Pattern Recognition. 2017: 1125-1134.

[104] LONG J, SHELHAMER E, DARRELL T. Fully convolutional networks for semantic segmentation[C]//Proceedings of the IEEE conference on computer vision and pattern recognition. 2015: 3431-3440.

[105] JIANG X, MA J, XIAO G, et al. A review of multimodal image matching: Methods and applications[J]. Information Fusion, 2021, 73: 22-71.

[106] LIU J, SHANG J, LIU R, et al. Attention-guided global-local adversarial learning for detail-preserving multi-exposure image fusion[J]. IEEE Transactions on Circuits and Systems for Video Technology, 2022, 32(8): 5026-5040.

[107] LEE C H, CHEN L H, WANG W K. Image contrast enhancement using classified virtual exposure image fusion[J]. IEEE Transactions on Consumer Electronics, 2012, 58(4): 1253-1261.

[108] LIU S, ZHANG Y. Detail-preserving underexposed image enhancement via optimal weighted multi-exposure fusion[J]. IEEE Transactions on Consumer Electronics, 2019, 65(3): 303-311.

[109] KINOSHITA Y, SHIOTA S, KIYA H. Automatic exposure compensation for multi-exposure image fusion[C]//Proceedings of the IEEE International Conference on Image Processing. IEEE, 2018: 883-887.

[110] RAJALINGAM B, PRIYA R. Hybrid multimodality medical image fusion technique for feature enhancement in medical diagnosis[J]. International Journal of Engineering Science Invention, 2018, 2(Special issue): 52-60.

[111] PURE A A, GUPTA N, SHRIVASTAVA M. An overview of different image fusion methods for medical applications[J]. International Journal of Scientific and Engineering Research, 2013, 4(7): 129-133.

[112] COLDITZ R R, WEHRMANN T, BACHMANN M, et al. Influence of image fusion approaches on classification accuracy: a case study[J]. International Journal of Remote Sensing, 2006, 27(15): 3311-3335.

[113] BURT P J, ADELSON E H. The laplacian pyramid as a compact image code[M]//Readings in computer vision. Elsevier, 1987: 671-679.

[114] HUNTSBERGER T L, JAWERTH B D. Wavelet-based sensor fusion[C]//Sensor Fusion VI: volume 2059. SPIE, 1993: 488-498.

[115] CHIPMAN L J, ORR T M, GRAHAM L N. Wavelets and image fusion[C]//Proceedings of the IEEE International Conference on Image Processing: volume 3. IEEE, 1995: 248-251.

[116] NIKOLOV S, HILL P, BULL D, et al. Wavelets for image fusion[M]//Wavelets in signal and image analysis. Springer, 2001: 213-241.

[117] WANG Z, MA Y. Medical image fusion using m-PCNN[J]. Information Fusion, 2008, 9(2): 176-185.

[118] HE C, LIU Q, LI H, et al. Multimodal medical image fusion based on IHS and PCA[J]. Procedia Engineering, 2010, 7: 280-285.

[119] DANESHVAR S, GHASSEMIAN H. MRI and PET image fusion by combining IHS and retina-inspired models[J]. Information Fusion, 2010, 11(2): 114-123.

[120] JINNO T, OKUDA M. Multiple exposure fusion for high dynamic range image acquisition [J]. IEEE Transactions on Image Processing, 2011, 21(1): 358-365.

[121] LI S, KANG X, FANG L, et al. Pixel-level image fusion: A survey of the state of the art[J]. Information Fusion, 2017, 33: 100-112.

[122] SCHOWENGERDT R A. Remote sensing: models and methods for image processing[M]. Elsevier, 2006.

[123] MOHAMMADZADEH A, TAVAKOLI A, VALADAN ZOEJ M J. Road extraction based on fuzzy logic and mathematical morphology from pan-sharpened ikonos images[J]. The Photogrammetric Record, 2006, 21(113): 44-60.

[124] DO M N, VETTERLI M. The contourlet transform: an efficient directional multiresolution image representation[J]. IEEE Transactions on Image Processing, 2005, 14(12): 2091-2106.

[125] GANGKOFNER U G, PRADHAN P S, HOLCOMB D W. Optimizing the high-pass filter addition technique for image fusion[J]. Photogrammetric Engineering & Remote Sensing, 2007, 73(9): 1107-1118.

[126] Chen C, Li Y, Liu W, et al. SIRF: Simultaneous satellite image registration and fusion in a unified framework[J]. IEEE Transactions on Image Processing, 2015, 24(11): 4213-4224.

[127] MASCARENHAS N, BANON G, CANDEIAS A. Multispectral image data fusion under a Bayesian approach[J]. International Journal of Remote Sensing, 1996, 17(8): 1457-1471.

[128] MOLINA R, VEGA M, MATEOS J, et al. Variational posterior distribution approximation in Bayesian super resolution reconstruction of multispectral images[J]. Applied and Computational Harmonic Analysis, 2008, 24(2): 251-267.

[129] VEGA M, MATEOS J, MOLINA R, et al. Super resolution of multispectral images using TV image models[C]//International Conference on Knowledge-Based and Intelligent Information and Engineering Systems. Springer, 2008: 408-415.

[130] CANDES E J, ROMBERG J K, TAO T. Stable signal recovery from incomplete and inaccurate measurements[J]. Communications on Pure and Applied Mathematics: A Journal Issued by the Courant Institute of Mathematical Sciences, 2006, 59(8): 1207-1223.

[131] DENG C, WANG S, CHEN X. Remote sensing images fusion algorithm based on shearlet transform[C]//International Conference on Environmental Science and Information Application Technology: volume 3. IEEE, 2009: 451-454.

[132] MASI G, COZZOLINO D, VERDOLIVA L, et al. Pansharpening by convolutional neural networks[J]. Remote Sensing, 2016, 8(7): 594.

[133] YANG J, FU X, HU Y, et al. PanNet: A deep network architecture for pan-sharpening[C]// Proceedings of the IEEE International Conference on Computer Vision. 2017: 1753-1761.

[134] CHEN C. Twenty-five years of pansharpening: A critical review and new developments[J]. Signal and image processing for remote sensing, 2012: 554-601.

[135] PAN Z, YU J, HUANG H, et al. Super-resolution based on compressive sensing and structural self-similarity for remote sensing images[J]. IEEE Transactions on Geoscience and Remote Sensing, 2013, 51(9): 4864-4876.

[136] AIAZZI B, ALPARONE L, BARONTI S, et al. MTF-tailored multiscale fusion of high-resolution ms and pan imagery[J]. Photogrammetric Engineering & Remote Sensing, 2006, 72(5): 591-596.

[137] ALPARONE L, AIAZZI B, BARONTI S, et al. Multispectral and panchromatic data fusion assessment without reference[J]. Photogrammetric Engineering & Remote Sensing, 2008, 74 (2): 193-200.

[138] YANG B, JING Z L, ZHAO H T. Review of pixel-level image fusion[J]. Journal of Shanghai Jiaotong University (Science), 2010, 15(1): 6-12.

[139] ADELSON E H, ANDERSON C H, BERGEN J R, et al. Pyramid methods in image processing[J]. RCA engineer, 1984, 29(6): 33-41.

[140] 刘贵喜, 杨万海. 基于多尺度对比度塔的图像融合方法及性能评价[J]. 光学学报, 2001, 21(11): 1336-1342.

[141] AMOLINS K, ZHANG Y, DARE P. Wavelet based image fusion techniques—an introduction, review and comparison[J]. ISPRS Journal of photogrammetry and Remote Sensing, 2007, 62 (4): 249-263.

[142] KEINERT F. Wavelets and multiwavelets[M]. Chapman and Hall/CRC, 2003.

[143] LABATE D, LIM W Q, KUTYNIOK G, et al. Sparse multidimensional representation using shearlets[C]//Wavelets XI: volume 5914. SPIE, 2005: 254-262.

[144] BURKE E K, KENDALL G. Search methodologies[M]. Springer, 2014.

[145] 王磊, 潘进, 焦李成. 基于免疫策略的进化算法[J]. 自然科学进展: 国家重点实验室通讯, 2000, 10 (5): 451-455.

[146] 王圣尧, 王凌, 方晨. 分布估计算法研究进展[J]. 控制与决策, 2012, 27(7): 961-966.

[147] ZHANG Q, LI H. MOEA/D: A multiobjective evolutionary algorithm based on decomposition [J]. IEEE Transactions on Evolutionary Computation, 2007, 11(6): 712-731.

[148] 刘丛. 基于进化算法的聚类方法研究[D]. 上海: 华东师范大学, 2013.

[149] ZORAN L F. Quality evaluation of multiresolution remote sensing images fusion[J]. UPB Sci Bull Series C, 2009, 71(01).

[150] WANG Z, BOVIK A C. Mean squared error: Love it or leave it? a new look at signal fidelity measures[J]. IEEE Signal Processing Magazine, 2009, 26(1): 98-117.

[151] 王大凯, 侯榆清, 彭进业. 图像处理的偏微分方法[M]. 北京: 科学出版社, 2008.

[152] 王伟. 几何变分理论在图像处理中的应用[D]. 上海: 华东师范大学, 2010.

[153] GOLDSTEIN T, OSHER S. The split bregman method for l1-regularized problems[J]. SIAM Journal on Imaging Sciences, 2009, 2(2): 323-343.

[154] BERTALMIO M, CASELLES V, PROVENZI E, et al. Perceptual color correction through variational techniques[J]. IEEE Transactions on Image Processing, 2007, 16(4): 1058-1072.

[155] PETROVIC V. Subjective tests for image fusion evaluation and objective metric validation [J]. Information Fusion, 2007, 8(2): 208-216.

[156] ZHENG S, SHI W, LIU J, et al. Multisource image fusion method using support value transform[J]. IEEE Transactions on Image Processing, 2007, 16(7): 1831-1839.

[157] RANCHIN T, WALD L. The wavelet transform for the analysis of remotely sensed images [J]. International Journal of Remote Sensing, 1993, 14(3): 615-619.

[158] SIMON M K. Probability distributions involving gaussian random variables[M]. Springer US, 2006.

[159] CARPER T, LILLESAND T, KIEFER R. The use of intensity-hue-saturation transformations for merging SPOT panchromatic and multispectral image data[J]. IEEE Geoscience and Remote Sensing Letters, 1990, 56(4): 459-467.

[160] HE K, SUN J, TANG X. Single image haze removal using dark channel prior[C]//Proceedings of the IEEE Conference on Computer Vision and Pattern Recognition. 2009: 1956-1963.

[161] DU Q, YOUNAN N, KING R, et al. On the performance evaluation of pan-sharpening techniques[J]. IEEE Geoscience and Remote Sensing Letters, 2007, 4(4): 518-522.

[162] VIJAYARAJ V, HARA C, YOUNAN N. Quality analysis of pansharpened images[C]//IEEE International Geoscience and Remote Sensing Symposium: volume 57. 2004: 85-88.

[163] PARCHARIDIS I, TANI L. Landsat TM and ERS data fusion: a statistical approach evaluation for four different methods[C]//IEEE International Geoscience and Remote Sensing Symposium: volume 5. 2000: 2120-2122.

[164] SANKARASUBRAMANIAN R M K. Multi-focus image fusion based on the information level in the regions of the images[J]. Journal of Applied and Theoretical Information Technology, 2007, 3(1): 80-85.

[165] NUNEZ J, OTAZU X, FORS O, et al. Multiresolution-based image fusion with additive wavelet decomposition[J]. IEEE Transactions on Geoscience and Remote Sensing, 1999, 37 (3): 1204-1211.

[166] CAI J F, OSHER S, SHEN Z. Split bregman method and frame based image restoration[J]. Notices of the American Mathematical Society, 2009, 8(2): 337-369.

[167] 周福林, 段成荣. 留守儿童研究综述[J]. 人口学刊, 2006(3): 60-64.

[168] ZEILER M D, FERGUS R. Visualizing and understanding convolutional networks[C]// Proceedings of the European Conference on Computer Vision. Springer, 2014: 818-833.

[169] SIMONYAN K, ZISSERMAN A. Very deep convolutional networks for large-scale image recognition[A]. 2014.

[170] CHAN R, CHAN T F, SHEN L, et al. Wavelet deblurring algorithms for spatially varying blur from high-resolution image reconstruction[J]. Linear Algebra and Its Applications, 2003, 366(2): 139-155.

[171] CHAN R H, RIEMENSCHNEIDER S D, SHEN L, et al. Tight frame: an efficient way for high-resolution image reconstruction[J]. Applied and Computational Harmonic Analysis, 2004, 17(1): 91-115.

[172] DONG B, SHEN Z. MRA-based wavelet frames and applications[J]. IAS Lecture Notes Series, Summer Program on "The Mathematics of Image Processing", Park City Mathematics Institute, 2010, 19.

[173] JIA R Q, SHEN Z. Multiresolution and wavelets[J]. Proceedings of the Edinburgh Mathematical Society, 1994, 37(2): 271-300.

[174] RAD M S, BOZORGTABAR B, MARTI U V, et al. SROBB: Targeted perceptual loss for single image super-resolution[C]//Proceedings of the IEEE International Conference on Computer Vision. 2019: 2710-2719.

[175] DAHL R, NOROUZI M, SHLENS J. Pixel recursive super resolution[C]//Proceedings of the IEEE International Conference on Computer Vision. 2017: 5439-5448.

[176] HUANG H, HE R, SUN Z, et al. Wavelet-SRNet: A wavelet-based CNN for multi-scale face super resolution[C]//Proceedings of the IEEE International Conference on Computer Vision. 2017: 1689-1697.

[177] ALPARONE L, BARONTI S, AIAZZI B, et al. Spatial methods for multispectral pansharpening: Multiresolution analysis demystified[J]. IEEE Transactions on Geoscience and Remote Sensing, 2016, 54(5): 2563-2576.

[178] WU Z C, HUANG T Z, DENG L J, et al. VO+Net: An adaptive approach using variational optimization and deep learning for panchromatic sharpening[J]. IEEE Transactions on Geoscience and Remote Sensing, 2022, 60: 1-16.

[179] JIANG Y, DING X, ZENG D, et al. Pan-sharpening with a hyper-laplacian penalty[C]//Proceedings of the IEEE International Conference on Computer Vision. 2015: 540-548.

[180] ZHANG H, XU H, XIAO Y, et al. Rethinking the image fusion: A fast unified image fusion network based on proportional maintenance of gradient and intensity[C]//Proceedings of the AAAI Conference on Artificial Intelligence: volume 34. 2020: 12797-12804.

[181] DONG W, ZHOU C, WU F, et al. Model-guided deep hyperspectral image super-resolution [J]. IEEE Transactions on Image Processing, 2021, 30: 5754-5768.

[182] RONNEBERGER O, FISCHER P, BROX T. U-net: Convolutional networks for biomedical image segmentation[C]//International Conference on Medical image computing and computer-assisted intervention. Springer, 2015: 234-241.

[183] CAI J, HUANG B. Super-resolution-guided progressive pansharpening based on a deep convolutional neural network[J]. IEEE Transactions on Geoscience and Remote Sensing, 2020, 59(6): 5206-5220.

[184] WANG Y, DENG L J, ZHANG T J, et al. SSconv: Explicit spectral-to-spatial convolution for pansharpening[C]//ACM International Conference on Multimedia. 2021: 4472-4480.

[185] WELSH T, ASHIKHMIN M, MUELLER K. Transferring color to greyscale images[J]. ACM Transactions on Graphics, 2002, 21(3): 277-280.

[186] BUGEAU A, TA V, PAPADAKIS N. Variational exemplar-based image colorization.[J]. IEEE Transactions on Image Processing, 2014, 23(1): 298-307.

[187] DESHPANDE A, LU J, YEH M C, et al. Learning diverse image colorization[C]//Proceedings of the IEEE Conference on Computer Vision and Pattern Recognition. 2017: 6837-6845.

[188] WANG J, WANG X. VCells: Simple and efficient superpixels using edge-weighted centroidal voronoi tessellations[J]. IEEE Transactions on Pattern Analysis and Machine Intelligence, 2012, 34(6): 1241-1247.

[189] BAY H, TUYTELAARS T, GOOL L. SURF: Speeded up robust features[J]. Computer Vision and Image Understanding, 2006, 110(3): 404-417.

[190] KANG S H, MARCH R. Variational models for image colorization via chromaticity and brightness decomposition[J]. IEEE Transactions on Image Processing, 2007, 16(9): 2251-2261.

[191] MAIRAL J, BACH F, PONCE J, et al. Non-local sparse models for image restoration[C]//Proceedings of the IEEE International Conference on Computer Vision. 2010: 2272-2279.

[192] YU F, KOLTUN V. Multi-scale context aggregation by dilated convolutions[A]. 2015.

[193] JOHNSON J, ALAHI A, FEI-FEI L. Perceptual losses for real-time style transfer and super-resolution[C]//Proceedings of the European Conference on Computer Vision. Springer, 2016: 694-711.

[194] JACOBS S M, NAIMAN R J. Large african herbivores decrease herbaceous plant biomass while increasing plant species richness in a semi-arid savanna toposequence[J]. Journal of Arid Environments, 2008, 72(6): 891-903.

[195] ZHANG X, YE P, LEUNG H, et al. Object fusion tracking based on visible and infrared images: A comprehensive review[J]. Information Fusion, 2020, 63: 166-187.

[196] LI Y, ZHAO J, LV Z, et al. Medical image fusion method by deep learning[J]. International Journal of Cognitive Computing in Engineering, 2021, 2: 21-29.

[197] SHAO Z, FU H, LI D, et al. Remote sensing monitoring of multi-scale watersheds impermeability for urban hydrological evaluation[J]. Remote Sensing of Environment, 2019, 232: 111338.

[198] RAJALAKSHMI S, CHAMUNDEESWARI V V. Mapping of mineral deposits using image fusion by pca approach[C]//Proceedings of IEEE International Conference on Computer Communication and Systems. IEEE, 2014: 024-029.

[199] SARALIOĞLU E, GÖRMÜŞ E T, GÜNGÖR O. Mineral exploration with hyperspectral image fusion[C]//Signal Processing and Communication Application Conference. IEEE, 2016: 1281-1284.

缩略词表

MS	Multispectral	多光谱
HS	Hyperspectral	高光谱
PAN	panchromatic	全色
Us	Upsample	上采样
LR	Low Resolution	低分辨率
HR	High Resolution	高分辨率
SR	Super Resolution	超分辨率
CS	Component Substitution	分量替换
MRA	Multiresolution Analysis	多分辨率分析
MTF	Modulation Transfer Function	调制传递函数
MRF	Markov Random Field	马尔可夫随机场
ADMM	Alternating Direction Method of Multipliers	交替方向乘子法
PCA	Principal Component Analysis	主成分分析
ICA	Independent Component Analysis	独立成分分析
TV	Total Variation	全变分
DWT	Discrete Wavelet Transform	离散小波变换
PSO	Particle Swarm Optimization	粒子群算法
ACO	Ant Colony Optimization	蚁群算法
EA	Evolutionary Algorithm	进化算法
GA	Genetic Algorithm	遗传算法
CoDE	Cooperative Differential Evolution	组合差分进化
CNN	Convolutional Neural Network	卷积神经网络
IFOV	Instantaneous Field of View	瞬时视场
MO	Multi-objective Optimization	多目标优化
LPF	Low-Pass Filter	低通滤波器
HOG	Histogram of Oriented Gradients	方向梯度直方图
GT	Ground Truth	真值
CT	Computed Tomography	计算机断层扫描
MRI	Magnetic Resonance Imaging	磁共振成像
IHS	Intensity-Hue-Saturation	强度-色度-饱和度

反侵权盗版声明